U0241433

制冷空调技术创新与实践

张朝晖　主　编
马国远　石文星　徐言生　副主编

中国纺织出版社有限公司　国家一级出版社
全国百佳图书出版单位

内 容 提 要

本书旨在探索创新教育与专业教育结合、创新理论与科技实践结合的模式。内容包括中国制冷空调行业现状、技术创新基础、典型的制冷空调创新技术、学生创新实践作品和创新与发展展望五部分,运用创新专业理论,将创新方法与制冷空调行业具体创新实践有机融合,使读者特别是制冷空调相关专业大学生在生动的专业创新案例中,掌握系统创新方法,燃起创新激情,激发创新潜能,树立创新信心。

图书在版编目(CIP)数据

制冷空调技术创新与实践/张朝晖主编. --北京:中国纺织出版社有限公司,2019.9(2024.1重印)

ISBN 978-7-5180-6559-2

Ⅰ.①制… Ⅱ.①张… Ⅲ.①制冷装置—空气调节器 Ⅳ.①TB657.2

中国版本图书馆 CIP 数据核字(2019)第 180604 号

责任编辑:朱利锋　　责任校对:寇晨晨　　责任印制:何　建

中国纺织出版社有限公司出版发行

地址:北京市朝阳区百子湾东里 A407 号楼　邮政编码:100124

销售电话:010—67004422　传真:010—87155801

http://www.c-textilep.com

中国纺织出版社天猫旗舰店

官方微博 http://weibo.com/2119887771

北京虎彩文化传播有限公司印刷　各地新华书店经销

2024 年 1 月第 3 次印刷

开本:787×1092　1/16　印张:27.5

字数:517 千字　定价:80.00 元

序

　　作为通用工业技术,制冷空调在现代社会的生产、生活和科学研究等方面都有着十分广泛的应用。改革开放的 40 余年,也迎来了我国制冷空调产业的飞速发展,我国已成为全球最大的制冷空调设备生产国和消费国。同时,也应该看到,目前我国制冷空调行业原创性技术还比较缺乏,创新能力尚待进一步提升。我国欲从制冷空调设备的生产大国转变为技术强国,技术创新十分重要。

　　抓创新就是抓发展,谋创新就是谋未来。人才是创新的根基,必须从学生抓起。为了助力于我国高等学校创新人才的培养、帮助培育行业创新人才,中国制冷空调工业协会与北京工业大学于 2007 年发起和组织了中国制冷空调行业大学生科技竞赛,该竞赛旨在培养学生的团队合作精神和实践创新能力,为企业和高校构筑协同育人平台。自 2014 年起,教育部高等学校能源动力类专业教学指导委员会与中国制冷空调工业协会开展合作,联合主办了该竞赛。中国制冷空调工业协会做了大量深入细致的工作,经过多年的实践努力,目前该竞赛已经成为覆盖中国内地(大陆)、香港和台湾地区的具有影响力的全国性大学生专业竞赛,在制冷空调人才培养与专业教育中发挥了重要作用。

　　为进一步培育大学生的创新能力、提升参赛作品质量,中国制冷空调工业协会联合竞赛组织和承办单位多位长期参与竞赛活动的教授,凝练组织竞赛和指导学生创新的 10 余年心得和经验,编写了本书。本书详细地介绍了创新的基础和方法,给出了 30 余项制冷空调典型技术的发展原委和技术实现方法,以及近 20 项学生参加大学生科技竞赛的获奖作品及其专家点评,还特别邀请行业专家撰写了制冷空调领域的创新发展展望,这些内容和写作方式不仅为学生提供了方法论层面上的指导,更有助于学生开阔视野、启迪思维和创新发展。

　　希望这本书能从另外一个角度对学习和从事制冷空调的学生和工作者们有所帮助和启迪。

何雅玲

2019 年 9 月 8 日

前　言

　　党的十九大报告指出，"创新是引领发展的第一动力，是建设现代化经济体系的战略支撑"，这赋予创新驱动发展战略新的历史定位。历史的发展和实践证明，创新是推动民族进步和社会发展的不竭动力。一个民族要想走在时代前列，就一刻也不能没有创新思维，一刻也不能停止各种创新。为认真贯彻落实十九大精神，教育部加大力度推进以突出专业特色为重点的高等学校创新教育及改革，强调创新课程的设置要与专业课程体系有机融合，创新实践活动要与专业实践教学有效衔接。

　　近 20 年来，我国制冷空调相关高校及产业各界一直致力于积极探索具有专业特色的创新教育方法和创新实践，中国制冷空调工业协会联合教育部高等学校能源动力类专业教学指导委员会共同主办的中国制冷空调行业大学生科技竞赛，就是其中经典的案例。这一竞赛自 2007 年开办以来，已累计举办了十多届，由北京工业大学和中国制冷空调工业协会联合发起的这一竞赛独创的包含有创新设计、实践操作技能和知识竞答环节的"三·三"赛制，重点突出对学生创新能力和实践操作能力的考核，经过多年的实践证明能有效促进大学生创新精神和创新能力的培养，也为推动行业的技术创新和产业进步发挥了积极的作用。

　　我国制冷空调行业经过近 30 年的高速发展，已成为全球最大的制冷空调设备制造国，并正向"智造"强国迈进。制冷空调行业要实现高质量发展，唯有创新驱动，技术创新的主体是企业，而高校创新型人才培养才是创新的不竭之源。为此，中国制冷空调工业协会基于组织举办中国制冷空调行业大学生科技竞赛的成功经验和积累的资源，组织 26 所高校及部分行业骨干企业的 80 余位专家合作编写了这本《制冷空调技术创新与实践》，旨在运用创新专业理论，将创新方法与制冷空调行业具体创新实践有机融合，使读者特别是制冷空调相关专业学生读者在生动的专业创新案例中，掌握系统创新方法，燃起创新激情、激发创新潜能、树立创新信心，形成创新思维，在未来的工作中取得更多的创新创造成果。

　　根据创新学及教育学的内在逻辑，全书内容分为五部分：第一章绪论，主要介绍了行业技术发展的总体状况，由中国制冷空调工业协会张朝晖、白俊文撰写；第二章技术创新基础，结合行业技术创新特征及案例，阐述了创新基本方法，并介绍了知识产权相关知识，由顺德职业技术学院徐言生撰写；第三章典型的制冷空调创新技术，汇集了行业几大重点技术领域创新案例，剖析了具体技术的发展脉络及创新技法，共 37 节，分别由丁国良（上海交通大学）、陈江平、王丹东（上海交通大学）、许树学（北京工业大学）、杨欧翔、罗惠芳（珠海格力电器股份有限公司）、陈振华（广东美芝制冷设备有限公司）、李子爱、石文星（清华大学）、陈光明、高能(浙江大学宁波理工学院),黄永毅(佛山芯创智能科技有限公司),何亚屏、邓明(株洲中车时代电气股份有限公司),张乐平[丹佛斯自动控制管理(上海)有限公司],沈俊、李振兴(中国科学院理化技术研究所),吴治将(顺德职业技术学院),袁卫星、王磊鑫(北京航空航天大学),马国远、邵月月(北京工业大学),剧成成(冰轮环境技术股份有限公司),曹锋、宋昱龙(西安交通大学),李岩、李文涛(清华大学),黄翔(西安工程大学),宋祥龙(西安航空学院),徐涛、屈悦(广州大学),马国远、王磊(北京工业大学),李先庭(清华大学),张涛、刘晓华(清华大学),陈二松(南京天加环境科技有限公司),姚如生、黄培炫(广东吉荣空调有限公司),周峰(北京工业大学),张群力(北京建筑大学),吕维成(天津立喆舜保鲜科技有限公司),刘兴华(天津商业大学),田长青(中国科学院理化技术研究所),李成武(海信科龙公司),李宪光(广州市粤联水产制冷工程有限公司),郑松、毕超(福大自动化科技有限公司),荆棘靓、左建冬(大连冷冻机股份有限公司),黄河源、范明升(福建雪人股份有限公司),刘广海、谢如鹤(广州大学),田健、张朝昌[开利空调冷冻研发管理(上海)有限公司],陈焕新(华中科技大学),贺红霞、胡开勇(天津商业大学),国德防、时斌(青岛海尔空调电子有限公司)撰写,全章由北京工业大学马国远汇编;第四章学生创新实践与作品点评,对中国制冷空调行业大学生科技竞赛优秀创新案例从创新方法、技术特点进行点评,学生创新作品由中国制冷空调行业大学生科技竞赛部分参赛学校提供,全章由清华大学石文星汇编;第五章创新与发展展望,对制冷空调行业重点领域技术发展进行展望,并指明创新具体方向,由中国制冷空调工业协会张朝晖、刘璐璐、王若楠、陈敬良撰写。全书最后由张朝晖、马国远、石文星、徐言生统稿。

本书探索将创新教育与专业教育结合、创新理论与科技实践结合,既体现了创新教育的科学性、系统性、理论性,又具有专业教育的逻辑性、实践性、新颖性,它不仅是制冷空调相关专业大学生创新教育和创新实践的指南,也为制冷空调行业技术人员技术创新在具体的实践层面上提供指导,同时也可作为大学生创新教育课程的参考教材。古希腊哲学家苏格拉底曾说过:"教育不是灌输,而是点燃火焰。"希望本书成为点燃大学生创新火焰的火把。

本书的编写工作得到了教育部高等学校能源动力类专业教学指导委员会主任何雅玲院士、副主任王如竹教授以及刘中良教授等的关心和大力支持,他们不仅多次亲临大学生科技竞赛现场参与各个环节的活动,还悉心指导本书的编撰,在此深表感谢。本书总结了中国制冷空调行业大学生科技竞赛取得的丰硕成果,汇聚了十余年来学生的创新设计作品以及各高校的指导经验,分享了大学生亲历创新实践的过程与感悟,内容精彩纷呈。

多年来,中国制冷空调行业大学生科技竞赛还得到了各高等院校和行业企业的大力支持,特别是大金(中国)投资有限公司、比泽尔制冷技术(中国)有限公司、珠海格力电器股份有限公司、青岛海尔空调电子有限公司、浙江盾安人工环境股份有限公司、南京天加环境科技有限公司、广东美的暖通设备有限公司、镇江东方电热科技股份有限公司、江森自控中国、丹佛斯中国、远大科技集团有限公司、广东芬尼克兹节能设备有限公司、重庆通用工业（集团）有限责任公司、上海汉钟精机股份有限公司等一批行业知名企业为竞赛提供了全方位的帮助和支持，为竞赛的成功做出了巨大的贡献；来自上述单位的冯向军、闵娜、滕博、王玉成、刘怀灿、王磊、国德防、刘建涛、陈书舫、潘祖栋、刘东明、杨光也为本书的编写提供了大量的帮助和原始资料。在此，我们向这些单位和个人表示最衷心的感谢。同时本书在撰写过程中也借鉴、参考、引用了大量相关研究机构和同行的创新理论及专业技术研究成果，在此一并致谢。

创新教育，行无止境。本书的撰写只是迈出了制冷空调行业创新教育改革的一小步，寄希望与广大读者相携同行，主动实践，努力探索，积极交流，共同推动创新教育，协力推进技术创新，致力于实现行业高质量发展。

作　者

2019 年 9 月

目　　录

第一章 绪论

人工制冷技术被誉为人类历史上最伟大的发明之一，是现代制冷空调行业的基础，它的发明与发展使人类世界发生了翻天覆地的变化。人工制冷技术的诞生来源于为取代天然冰来实现冷却效果的探索与创造，其发展应用历程，与人类社会的文明进步相生相伴，也为人们生活水平的提升和现代工业文明的发展建设起到了不可替代的重要作用。

一、制冷空调设备应用广泛

随着经济与社会的发展，人工制冷技术及相关产品快速应用于国民经济的各个领域，并发挥着越来越重要的作用。

1. 在农林牧副渔业与食品加工领域的应用

该领域是人工制冷技术应用最早、最广泛的领域。

粮食供给是人类生存的基础，各类主副食品的低温储存保鲜带来了人类文明生活的巨大进步。粮食与种子等的低温储存，能延长储存时间、抑制有害物生长并保证品质，冰箱、谷物冷却机及其他制冷空调产品在这一领域得到广泛使用。

蔬菜、水果、花卉及水产品、动物肉/蛋类等易腐食品的保鲜或储运及售卖，需要各种制冷设施如制冰机、速冻设备、冷冻冷藏库、冷藏集装箱、冷藏车/船、冷冻冷藏箱/陈列柜/展示柜等来完成。

餐饮行业为满足人们对鲜活海产品的需求，出现了大规模的海产品工业化养殖，这就需要有海产品的模拟生存环境，目前海鲜养殖类制冷产品被大范围应用；食用菌工厂化栽培、人工育种等的兴起，催生出满足该类要求的专有制冷装备，如恒温恒湿、恒温加湿空调等产品。

制冷及热泵技术还被应用于冬季的蔬菜大棚升温、动物园某些动物的特殊生存环境控制、北方的热带植物观赏园恒温环境控制等场合。

食品、蔬菜等的真空冷冻脱水干燥，需要用冻干机等有关制冷设备来处理；利用制冷技术的热泵烘干机，近年来越来越多地应用在茶叶、烟叶、木材、药材、果类等各种产品的烘干加工过程中；其他食品如冰激凌、雪糕、冰块、酸奶、饮料等的制作，也离不开相关制冷设备。

2. 在人民日常家居中的应用

随着人类文明的进步，冰箱、冰柜、空调等产品已在人们的日常家居生活中普遍使用，近年来用于提供生活热水的热泵热水机因其高效性得到越来越多的普及应用，另外，国家推行的北方地区"煤改电"治霾措施推动低环境温度空气源热水/热风机的大范围应用。此外，冷/热饮水机、冰酒机、除湿机、热泵干衣机等满足各种不同市场需求的产品也取得了广泛应用，成为人民日常生活中不可或缺的必需品。

3. 在建筑物与交通运输工具中人工环境的创造性应用

正是由于人工制冷技术的发明与发展，使人们处处感受着工作、生活、娱乐等环境的舒适。从办公室到商业中心，包括写字楼、宾馆、餐馆、超市、酒店、购物中心、影剧院、体育馆、大会堂等，以及汽车、火车、轮船、地铁、飞机等场所，处处都能发现相关制冷空调产品的身影。另外，各种工厂车间、冰雪运动场所、环境模拟试验等场合，也离不开制冷技术的开发应用。

4. 在医疗卫生、电子电器、工业过程及国防领域的应用

制冷技术的应用几乎渗透到各个生产技术和科学研究领域。在医疗卫生事业中，许多药物的制备需要低温干燥技术，血浆、疫苗、干细胞和某些特殊药物需要低温储存，低温麻醉、低温手术正在越来有多地得到使用；通信数据机房或基站设备等需要冷却的场合；冶金工业的低温处理、工程施工过程中的特殊工艺、混凝土的低温搅拌和凝结散热、机械加工和运转过程温度控制及润滑油冷却、塑料冷却成型、化学工艺过程乃至核反应堆的冷却，等等，都需要制冷空调产品。另外，在海陆空天及武器装备等国防领域，坦克、军舰、潜艇、飞机、飞船、卫星等装备的安全可靠运转，也都离不开制冷空调技术及产品。

二、我国制冷空调行业发展历程

我国制冷空调行业起步于20世纪前叶，但直到中华人民共和国成立前仅在沿海城市有少数的代理销售国外相关产品并负责安装维修的合营公司，没有形成专门的产业；从1950年到国家第一个五年计划末，在国家计划的主导下，建起了十几家制冷机制造厂并在8所高校设置了供热通风专业，并在第二个五年计划伊始由第一机械工业部组建了行业归口技术研究所——第一机械工业部通用机械研究所，同时在西安交通大学设立了第一个制冷技术（装置）专业，为制冷空调产业的形成打下基础；其后一直到改革开放前，行业在计划经济体制下，按照国家各个五年发展规划的指引缓步前行，行业发展规模有限。这期间在原国家第一机械工业部等主管部门的领导下，由一机部通用机械研究所牵头，以行业联合攻关、联合设计的方式，通过学习参考和模仿借鉴国外技术和产品，其中更多的是向苏联学习，在行业内先后开发试制出了活塞式制冷压缩机、离心式制冷机组、蒸汽喷射式制冷机、螺杆式压缩机、低温（试验）箱、冷风机、单元机、空调机、恒温恒湿机、船用空调冷冻冷藏和设备等多种类型的产品，为我国的工农业生产和国防建设等领域提供必要的装备和服务，也借此形成了我国制冷空调行业基本的科研与生产制造体系。

改革开放以后，随着中国经济的腾飞，中国制冷空调行业进入了一个大发展时期。20世纪80年代在行业内最先得到突出发展的是家用冰箱和冷柜产业。随后在90年代，家用空调器、吸收式制冷机、冷水机组等产品取得大规模的开发应用，推动全行业产业规模的快速扩展。而经济的快速发展和市场应用领域的不断拓展，也引来全球知名品牌纷纷登陆中国市场，一些新兴技术和产品在我国也不断得到了普及推广。到2000年，全行业已发展到规模以上企业近600家，工业总产值较改革开放初期翻了数十倍，行业中生产的各类产品在质量、性能、技术水平等方面均较改革开放前有了大幅度提高，也大大缩小了与国外先进水平的差距，中国也因此成为全球最具有活力的制冷空调产品开发和应用市场。

进入21世纪后，我国的制冷空调行业通过艰苦奋斗、兼收并蓄、开拓创新，在标准体系完善、技术提升、产品能效水平提高、环保冷媒应用、绿色运营等方面均取得了长足的进步。内资企业在消化、吸收国外先进技术的基础上，不断加大技术开发投入，大幅提高自主研发和创新能力，取得显著成效，通过与具有世界先进水平的外资企业的竞争，实现了从学习、模仿、追赶到并行乃至局部超越的跨越式大发展，在行业内逐步形成了一批具有较强竞争力的知名民族品牌；当前先进的制造手段、检测能力和管理模式在行业中日趋普及，产品质量向世界领先水平全面看齐。另外，诸多国际知名企业围绕市场要求的变化，纷纷在中国建起了技术研发中心，直接面向中国市场提供最新的产品和服务，也实现了外资企业的本土化融合与发展。现今全行业制造企业超过千家，从业人数过百万。据中国制冷空调工业协会统计，2018年行业年总产值（含家用冰箱、冰柜、空调器、工商业用制冷空调设备及配件）近7000亿元人民币，其中出口交货值超过1200亿人民币。我国本土生产的制冷空调产品门类齐全，多项产品产量位居世界第一并远销海外，中国已快速成长为全球最大的制冷空调设备生产国，同时也是全球最大的消费市场，制冷空调行业已成为我国装备制造业的有生力量和国民经济的重要组成部分。

三、创新发展是制冷空调行业实现由大到强的必由之路

当前，全球新一轮科技革命与我国经济由高速增长阶段转向高质量发展阶段形成历史性交汇，这也为中国制冷空调行业提供了实现跨越式发展、走向世界前列的良好机遇。对于我国的制冷空调行业而言，通过近四十年的默默耕耘和潜心发展，历经了从无到有、从小到大的巨大变化，取得了举世瞩目的成就，也逐步成长为全球制冷空调产业的发展中心。但我们也应清醒地认识到，与世界制造强国相比，我国制冷空调行业发展还存在许多短板，行业发展不充分、不平衡的矛盾依然突出，"由大到强"之路依然任重道远。

众所周知，全球变暖、臭氧层破坏是当今人类社会共同面临的主要环境问题，全球携手合作面对气候变化一致行动，已成为世界各国的共识，制冷空调设备中所使用的制冷剂的环保替代工作就是具体的行动举措。随着《蒙特利尔议定书》基加利修正案的生效实施，对高GWP的HCFs类制冷剂的限制使用已成为全球同行所面临的新的共同挑战，不断探寻与环境保护、可持续发展相关的优选解决方案，既是我们的目标和责任，也是面向未来的必由之路。

纵观我国制冷空调行业的发展现状，可以看到行业在核心技术与专利开发、关键原材料、零部件和产业装备等方面还存在一系列的薄弱环节，常用的一些控制平台和软件、控制器件和芯片、新型替代制冷剂、润滑油及特种用途的压缩机、高精尖加工检测设备等还存在可见的缺口，有待我们通过持续的创新开发加以弥补完善，推动形成自主的核心技术，实现行业的健康可持续发展。

绿色发展是新时代背景下的创新理念，是建立在生态环境容量和资源承载力的约束条件下，将环境保护作为实现可持续发展重要支柱的一种新型发展模式。制冷空调行业践行绿色发展理念，需要搭建关注制冷空调产品全寿命周期环境效益的绿色产业链，在这方面还没有完全成熟的经验可供借鉴。在构建行业绿色产业链进程中，我们必须充分结合和利用"互联网+""大数据"等新兴技术和业态，集中更多的优势资源实施创新开发，积极探寻新经济时代产业发展与创新技术的互融共生，以新理念开创新模式，推动产业的转型

升级，以此赢得面向未来的高质量发展。

我们现在比历史上任何时期都更接近实现中华民族伟大复兴的目标，创新是时代提出的要求，创新的中国需要有创新思维和创新人才。展望未来，我国的青年一代应以实现"两个一百年"的目标为己任，有的放矢，强化创新意识，开拓创新思维，把自己打造成符合新时代需要的具备创新精神的复合型人才，为中华民族的伟大复兴做出应用的努力和贡献，不负时代赋予我们的责任和要求，成就更加美好的未来。

第二章 技术创新基础

第一节 创新概论

一、创新的含义

著名经济学家约瑟夫·阿罗斯·熊彼特（Joseph Alois Schumpeter）最早提出创新的概念，他指出创新就是建立一种新的生产函数，对生产要素进行重新组合，也就是把一种新的生产要素和生产条件的新组合引入生产体系，由此延伸出一种新的产品、一种新的生产技术、一个新的市场、一种新的供应渠道、一种新的组织形式。熊彼特的创新理论当时主要是限定在经济领域，但这一概念后来扩展到管理领域、教育领域、科学领域、艺术领域等众多领域。

无论哪个领域，创新的含义基本可以理解为：根据一定目的，针对具体的对象，运用新的知识与方法或引入新事物，产生出某种新颖、有价值成果的活动。这里的成果，指的是一种创新成果，它既可以是一种新概念、新设想、新理论，又可以是一项新技术、新工艺、新产品，还可以是一个新制度、新市场、新组织。归纳而言，就是创新应具有目的性、新颖性、价值性等特性。例如，变频空调器的发明，它首先是为了解决定频空调器制冷量与房间负荷不匹配导致房间温度波动大、人体舒适度不理想的问题，这也就是这一发明的目的性；通过变频技术改变压缩机转速来调节制冷量，从定频技术到变频技术，这也就是它的技术先进性；变频空调器最终满足了人体舒适性要求，同时相比定频空调器还有节能等优势，这就是这一发明的价值性。

二、创新的类型

创新可分为原始创新、跟随创新和集成创新三种类型。

1. 原始创新

原始创新是指重大科学发现、技术发明、原理性主导技术等原始性创新活动。原始性创新成果通常具备首创性、突破性、带动性三个特征。首创性是指研究开发成果前所未有，科技的首创性最终转化为标准和法规；突破性是指在原理、技术、方法等某个或多个方面实现重大变革；带动性是指在对科技自身发展产生重大牵引作用的同时，也给经济结构和产业形态带来重大变革。例如，蒸汽压缩式制冷循环的发明就属于重大原始创新，它首创人工制冷方式，根据这一创新发展起来的各类制冷空调技术在人类社会的发展中起到了重大作用。

2. 跟随创新

跟随创新是指在已有成熟技术的基础之上，沿着已经明确的技术道路进行技术创新，如在原有技术之上将技术更加完善，开发出新的功能，等等。例如，前面讲的变频空调器的发明就是在定频空调器技术基础上的一个跟随创新。

3. 集成创新

集成创新是利用各种信息技术、管理技术与工具等，对各个创新要素和创新内容进行选择、集成和优化，形成优势互补的有机整体的动态创新过程。例如，带 WiFi 功能的智能空调，可以通过手机远程对空调器进行设置，这种技术就是典型的集成创新，将互联网技术同空调技术进行了集成。

清华大学过增元院士还提出对创新成果的综合创新度从 3 个维度进行量化评价分类，如图 2-1-1 所示。他将一项具体创新成果从创新的类型、创新的程度、创新的领域大小 3 个维度进行评价，3 个维度评价指标的乘积即为该创新成果的综合评价指标 M，进而得到综合评价指标系数 m，根据这一系数，判断该创新成果属于较小创新、中等创新还是突出创新。

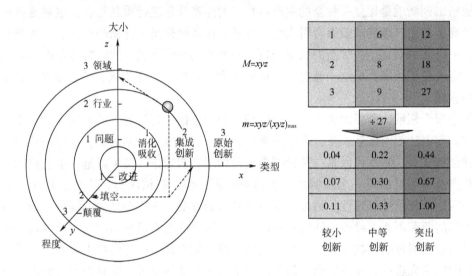

图 2-1-1　创新成果量化评价

参考文献

[1] 徐岩，汪利辉. 理工科大学生创新创业教育实务手册 [M]. 济南：山东人民出版社，2017.

[2] 陈永奎. 大学生创新创业基础教程 [M]. 北京：经济管理出版社，2015.

第二节　创新意识

培养创新型人才，首先是培养和开发其创新意识。

一、创新意识的内涵

创新意识是指人们根据社会和个体生活发展的需要，引起创造新事物的观念和动机，并在创造活动中表现出的意向、愿望和设想。创新意识是人们进行创造活动的出发点和内在动力。具体而言，创新意识应该包括创造动机、创造兴趣、创造情感和创造意志 4 个方面的内涵。创造动机是推动和激励人们发动和维持创造性活动的动力因素；创造兴趣是促进创造活动成功的因素；创造情感是引起、推进乃至完成创造的心理因素；创造意志是在创造过程中克服困难的心理因素。只有在这 4 方面综合培养，才能形成良好的创新意识，才能形成持续的创新能力和创新成果。

二、创新意识的类型

创新意识通常包括综合创新意识、逆向创新意识、还原创新意识、移植创新意识、分离创新意识等几种类型。

1. 综合创新意识

综合创新就是运用综合法则的创新功能去寻求新的创造，其基本模式如图 2-2-1 所示。

图 2-2-1　综合创新模式

综合不是将对象的各个构成要素简单相加，而是按其内在联系合理组合起来，使综合后的整体作用导致创造性的新发现。综合创新一般有两个主要途径：非切割式综合与切割式综合。非切割式综合即直接将两种或两种以上的事物保持各自完整的综合创新模式；切割式综合即截取两种或两种以上事物的某些要素，再将其有机组合成新事物的综合创新模式。在制冷空调技术领域，随处可发现综合创新的实例。例如，冷暖空调发明就是一种非切割式综合创新模式，它将单一制冷功能和单一制热功能空调完整地进行了综合。再如，冷冻室采用风冷、冷藏室采用直冷的风直冷冰箱，则属于切割式综合，它是截取了风冷冰箱和直冷冰箱的一些要素进行的综合。

2. 逆向创新意识

逆向创新是将思考问题的思路反转过来，从构成要素中对立的另一面来思考，以寻找解决问题的新途径、新方法。逆向创新法亦称为反向探求法，它一般有功能反求性、结构性反求和因果关系反求三个主要途径。例如，最早的双门冰箱设计时考虑到压缩机部位温度较高，就将冷藏室设计在下面、冷冻室设计在上面，后面考虑到冷冻室开门次数少、冷藏室开门次数多，为方便人们使用，很多冰箱设计就改成了冷冻室设计在下面、冷藏室设计在上面的结构了，这也就是一种典型的逆向创新思维。

3. 还原创新意识

还原创新就是把创新对象的最主要功能抽出来，集中研究实现该功能的手段和方法，从中选取最佳方案。例如，热泵技术，其主要功能就是通过制冷循环从低温物体中获取热量，如从空气中获取热量就成为空气源热泵，从水中获取热量就成为水源热泵，从地下获取热量就成为地源热泵。

4. 移植创新意识

移植创新指吸收、借用其他学科领域的技术成果来开发新产品。其基本模式如图 2-2-2 所示。在制冷空调领域中，有诸多的移植创新案例，如发明变频技术以后，将这种技术同空调器结合就成为变频空调，同冰箱结合就成为变频冰箱。

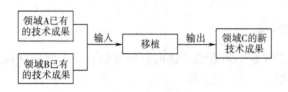

图 2-2-2　移植创新模式

5. 分离创新意识

分离创新是指把某个创造对象分离成多个要素，然后抓住其关键要素进行设计。分离创新的基本途径有结构分离和市场细分两条。结构分离是指对已有产品结构进行分解，并寻找创新的一种模式，如制冷空调设备可以分离成制冷系统和控制系统，可以分别从制冷系统和控制系统方面进行创新，制冷系统还可以进一步分离为换热技术、制冷剂技术等几个方面进行创新。市场细分是指根据消费者的需求、动机及购买行为的多元性和差异性，将整体市场划分为若干子市场，即将消费者分为若干类型的消费群，如市场上开发的专门针对儿童使用的儿童空调，空调器上安装有探测器，当探测到小孩睡眠踢被子后，空调器自动提高房间设定温度，以防小孩着凉。

参考文献

[1] 陈原，闵惜琳，张启人. 创新经纬 [M]. 北京：工业出版社，2012.

第三节　创新能力

创新能力是一个系统、综合的概念，它通常包含以下几种基本能力：发现问题的能力、流畅的思维能力、变通的能力、独立创新的能力、制订方案的能力和评价的能力等。创新能力是由这些基本能力组成的一个有机整体，只有在这几个基本能力协调一致时，创新能力才能得到充分发挥。

一、发现问题的能力

发现问题的能力，是一种发现那些让人难以觉察的、隐藏在习以为常现象背后问题的能力。无论是一些重大发现、发明，还是一些小的技术改进，往往都是科研人员在大家习以为常现象背后觉察、研究后的结果。如热量可以自动从高温物体向低温物体传递而不需消耗任何代价，这是大家习以为常的现象，科学家从这一现象中总结出了热力学第二定律，进而创造卡诺循环和逆卡诺循环基本理论。又如前面提到的儿童空调的案例，也是在大家习以为常的现象背后发现了问题，进而提出了解决方法。

二、流畅的思维能力

流畅的思维能力是指就某一问题情境能顺利产生多种不同的反应，给出多种解决办法和方案的能力。思维流畅是以丰富的知识和较强的记忆力为基础的，并能够根据当前情况所得到的印象和所观察到的事物激活知识，调出大脑中储存的信息，并进行创造性思维，从而提出大量新观点。具有流畅思维能力的科研人员多在学术交流、阅读参考文献、参观专业展览会等活动中进行创造性思维，提出自己的新观点。

三、变通的能力

变通的能力是指思维迅速地、轻易地从一类对象转变到另一类对象的能力。它能够从某种思想转换到另一种思想，或是多角度地思考问题，能用不同分类或不同方式研究问题。变通的能力必须以广博的学识为基础。例如，为解决空气源热泵低温环境下运行的性能问题，在双级压缩制冷循环的基础上进行变通，发明了喷气增焓热泵技术，这种变通的能力也是建立在较深厚的工程热力学、制冷原理等专业理论及应用技术基础上的。

四、独立创新的能力

独立创新的能力是一种寻求不同寻常的思想和新奇的、独特的解决问题的能力。一般人的创新能力，大体是流畅性第一，变通性次之，独创性最低。具有独创能力的人往往与他人不同，独具卓识，能提出新的创见，做出新的发现，实现新的突破，具有开拓性。例如，人工制冷首先是蒸汽压缩式制冷，后面发明了吸收式制冷、吸附式制冷、半导体制冷，这些都属于独立创新。再如，制冷系统中的压缩机，从最早的往复活塞式到旋转式、涡旋式、离心式，也都是独立创新。

五、制订方案的能力

制订方案的能力是指把一个创新的想法变成一个具体的实施方案，它决定了一个创新的设想最终能否实现。制订方案的完整过程包括以下四个基本流程：第一要明确创新目标；第二是分析实现这个创新设想存在的问题和困难以及了解其有利和不利因素；第三是针对需要解决的问题选择采用的主要方法和途径；第四是制订方案的具体实施步骤。在第三章的具体创新案例阐述中基本都包含了这几个基本流程。

六、评价的能力

评价的能力是指通过评审从许多方案中选择出一种方案的能力。为实现一个特定目标，可能会有许多技术方案，这就需要对这些技术方案进行评审。评审主要从方案的科学性、逻辑性、美学、技术、经济和社会等方面进行综合评价。评审过程不仅是一个方案筛选过程，它同时还可以促进创新过程中方案的优化甚至诞生一个全新的方案。目前企业基本上对技术方案的评审都有一个标准化的操作流程。

参考文献

[1] 陈原，闵惜琳，张启人. 创新经纬 [M]. 北京：工业出版社，2012.

第四节　创新思维

一、创新思维的特征

　　思维本质上是具有意识的人脑对客观现实的基本属性和内部规律的自觉的、间接的和概括的反映。思维有多种形式，创新思维是其中一种重要的思维形式，是指以新颖独创的方法解决问题的思维过程，通过这种思维能突破常规思维的界限，以超常规甚至反常规的方法、视角去思考问题，提出与众不同的解决方案，从而产生新颖的、独到的、有社会意义的思维成果。创新思维具有目的性、突破性、突变性等，如图2-4-1所示。

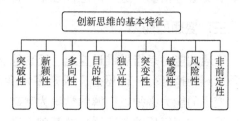

图2-4-1　创新思维的基本特征

表现为逻辑和非逻辑思维两种类型，并可细分为若干其他思维形式，如图2-4-2所示。逻辑思维主要运用概念、判断、推理，包括数理逻辑、归纳逻辑和演绎逻辑，对产品创造进行程序化、数量化或公式化分析，如系统化创新方法。非逻辑思维又叫直觉思维，含联想、创造性想象、形象思维、灵感与顿悟等形式。根据理性分析后的知觉材料，在头脑中重新加以组合和联想，从而形成新构思和感性形象。

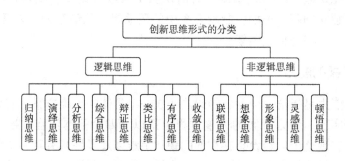

图2-4-2　创新思维形式的一般分类

二、创新思维的内涵

从创新思维的深层内涵来讲，主要有以下几种形式。

1. 形象思维

　　形象思维是人们头脑中对客观事物的外在特点和形象的具体反映，表现为表象、想象和联想，具有形象性、直观性和灵活性特点。其来源于直观形象和固有经验，不受固定程序、规则和逻辑推理的约束。

2. 发散思维

发散思维是指大脑在思维时呈现的一种扩散状态的思维模式，它表现为思维视野广阔，思维呈现出多维发散状。发散思维对问题从不同角度进行探索，从不同层面进行分析，从正反两极进行比较，因而视野开阔，思维活跃，可以产生大量的独特的新思想。

3. 横向思维

横向思维是指不按照常规的思维逻辑推理，而是改变思维视角，触类旁通的思维方法。它的特点是不限制任何范畴，以偶然性概念来逃离逻辑思维，从而可以创造出更多匪夷所思的新想法、新观点、新事物。

4. 逆向思维

逆向思维是对司空见惯的、似乎已成定论的事物或观点反过来思考的一种思维方式。敢于"反其道而思之"，让思维向对立面的方向发展，从问题的反面深入地进行探索，形成一种新的想法。

5. 收敛思维

收敛思维是把大批臆断玄想的思维内容去粗取精、去伪存真，以寻求可能正确答案的思维形式。不同于发散思维，在解决遇到的问题的过程中，收敛思维尽可能利用已有的知识和经验、思路和信息，交汇于研究问题的核心，以便通过分析论证，得出可能的最佳方案。

6. 逻辑思维

逻辑思维是以抽象概念、判断和推理为形式的思维方式。逻辑思维是人脑的一种理性活动，思维主体把感性认识阶段获得的对于事物认识的信息材料抽象成概念，运用概念进行判断，并按一定逻辑关系进行推理，从而产生新的认识。逻辑思维具有规范、严密、确定和可重复的特点。

7. 辩证思维

辩证思维是指按照辩证逻辑的规律，即遵循唯物辩证法的一般原理进行思维。辩证思维的特点是从对象的内在矛盾的运动变化中，从其各个方面的相互联系中进行考察，以便从整体上、本质上完整地认识对象。辩证思维在创新活动中具有统率作用、突破作用和提升作用。

参考文献

[1] 陈原，闵惜琳，张启人. 创新经纬 [M]. 北京：工业出版社，2012.

第五节 创新方法

目前全球已有的创新方法数百种，可以概括为两大类：逻辑思维类（包括科学推理型、组合型、有序思维型等）和非逻辑思维类（包括联想型、形象思维型、列举型、系统分析型等）。这里主要介绍几种典型的创新方法，如"头脑风暴法""综摄法""形态分析法""信息交合法""5W2H法""奥斯本检核表法""移植法""组合法""和田十二法""列举法"等。发明问题解决理论（TRIZ）将在下节单独介绍。

一、头脑风暴法

头脑风暴法是由美国创造学家奥斯本（Alex Faickney Osborn）于1939年首次提出的一种激发性思维的方法，是世界上最早传播的创造技法。头脑风暴法是以小组讨论的形式，无限制地自由联想和讨论，产生新观念或激发创新设想。其具体的运用流程如图2-5-1所示。

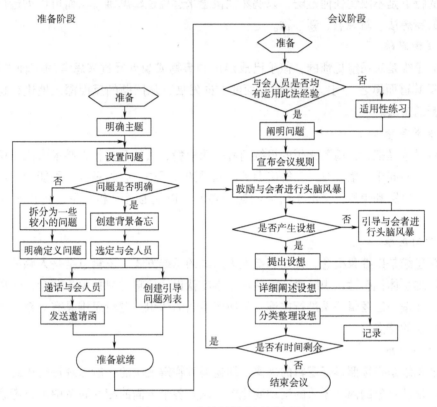

图 2-5-1 头脑风暴法运用流程

1. 头脑风暴法必须遵守的原则

头脑风暴法的关键在于在小组讨论问题的过程中，与会者能够自由发言，能够引发他人的联想，产生连锁反应，为创造性地解决问题提供更多的可能性。为使与会者畅所欲言，互相启发和激励，达到较高效率，头脑风暴法必须严格遵守下列原则。

（1）推迟判断，禁止批评。对别人提出的任何想法都不能批判、不得阻拦。只有这样，与会者才可能在充分放松的心境下，在别人设想的激励下，集中全部精力开拓自己的思路。这个阶段主要是氛围和外部环境的营造。

（2）提倡独立思考、自由畅想。自由想象是产生创新性设想的重要前提。这要求与会者不受熟知的常识和已知的规律束缚，畅所欲言、任意思考、任意想象、天马行空。避免人云亦云、思想僵化。这个阶段主要是心理状态的调试。

（3）追求数量。在有限的时间内提出的设想数量越多，就越有可能获得有价值的创意。这要求与会者要在规定的时间里尽可能提出较多的新设想。这是对信息内容的要求。

（4）综合改善。鼓励巧妙地利用和改善他人的设想。这是激励的关键所在。每个与会者都要从他人的设想中激励自己，从中得到启示，或补充他人的设想，或将他人的若干设想综合起来提出新的设想等。

2. 头脑风暴法实施要点

头脑风暴法通常采用专家小组会议的形式进行，其流程分为两个阶段：会前准备阶段和会议执行阶段。在会前准备阶段，会议召集者要在会前明确会议的主题，创建引导问题目录，并选定与会人员。在会议执行阶段，会议开始时，如果与会人员没有头脑风暴经验，召集者可以带领大家先做一些适应性的练习，以敞开思路，然后阐明该次会议的目标议题，鼓励大家进行头脑风暴。接着由各与会人员提出自己的设想，详细阐述设想。如果与会者没有提出相关的设想，召集者需做相应的引导，鼓励大家积极思考，最大限度地发挥个人的创造力。与会人员的设想都发表完毕后，将获得的设想进行分类整理，在整个发表、阐述、整理设想的过程中，要做好相关的记录工作。

在头脑风暴法实施过程中不可避免地会受到一些人为因素的影响，如成员间的矛盾，强势人员对会议的支配，专家或权威人员的潜在压力，违背延迟评价后的消极影响等。此外也存在效率不高的问题。这些问题可以通过加强主持人的控制能力、选择与会人员等方式尽量予以避免。

二、综摄法

综摄法是由威廉·戈登（W. J. Gordon）于1944年提出，是指以外部事物或已有的发明成果为媒介，并将它们分成若干要素，对其中的要素进行讨论研究，综合利用激发出来的灵感，来发明新事物或解决问题的方法。其运用流程如图2-5-2所示。

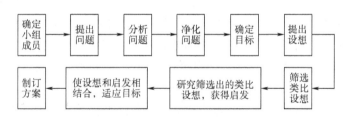

图2-5-2　综摄法运用流程

1. 综摄法的基本原则

（1）异质同化。异质同化就是"变陌生为熟悉"的过程，是一种设法把自己初次接触到的事物或新的发现联系到自己早已熟悉的事物中去的思维方式。是把陌生的事物看成熟悉的事物，用熟悉的观点和角度认识陌生事物，认为陌生的事物具有与熟悉事物同样的性质、功能、构造、用途等，从而达到把陌生事物熟悉化，把陌生问题转化为熟悉问题，得到关于新事物的创造构想。

（2）同质异化。同质异化就是"变熟悉为陌生"的过程，它是通过新的见解找出自己非常熟悉的事物中的异质观点。就是要用陌生的眼光看待熟悉的事物，达到利用与以往的观点和角度完全不同的观点和角度来观察异质的事物，找出已知事物的新性质、新用途、新功能、新结构、新结合等。

2. 综摄法采用的方法

在具体实施上述两项原则时，常采用以下几种类比的方法。

（1）拟人类比。即将创造对象加以"拟人化"，从人体某一部分的动作得到启发、收到创造效果的一种方法。在机械设计中，常采用这种"拟人化"设计。例如，挖土机模拟人手的抓捕动作，机器主臂模拟人的肘臂左右上下弯曲，挖斗模拟人手掌。

（2）直接类比。从自然界或者已有的成果中找寻与创造对象相类似的东西。例如，有了太阳能电池，就能通过直接类比而构想出太阳能空调、太阳能冰箱、太阳能热泵热水器等。

（3）象征类比。这种类比法是以问题的形象、名称、符号或词汇进行类比，以间接反映和描述问题的特质来启发孕育创新性设想。例如，设计单温冰箱，从"单温"这个词出发，可以列举出单温冷藏箱、单温冷冻箱，还可以列举出各种用途的单温冰箱，如便携式、车载式等，然后根据市场需求，寻求各种对应设计构思，从中选取适配方案。

与头脑风暴法运用流程相似，也是采用会议的方式进行，只是对参会人员有所要求，需要选取具有不同知识背景的人员组成创新小组，而不是选取同一领域的专家。

三、形态分析法

1. 形态分析法的概念

形态分析法由瑞士天文学家弗里茨·兹维基（Fritz Zwicky）于1942年提出，是一种系统化构思和程式化解题的创新方法，通过将对象分解为若干相互独立的基本要素，找出实现每个要素功能要求的所有可能的技术方式，然后加以排列组合，从中寻求创新性设想来进行创新。其特点是把研究对象或问题，分为一些基本组成部分，然后对每一个基本组成部分单独进行处理，分别提供各种解决问题的方法或方案，最后形成解决整个问题的总方案。这时会有若干个总方案，因为不同的组合关系会得到不同的总方案。所有总方案中每一个是否可行，必须采形态学方法进行分析。

因素和形态是形态分析中的两个基本概念。所谓因素，是指构成某种事物各种功能的特性因子；所谓形态，是指实现事物各种功能的技术手段。例如，一种工业产品，可将反映该产品特定用途或特定功能的性能指标作为基本因素，而将实现该产品特定用途或特定功能的技术手段作为基本形态。形态分析是对创造对象进行因素分解和形态集合的过程。在这一过程中，发散思维和收敛思维起着重要作用。在创造过程中，应用形态分析的基本途径，是先将创造课题分解为若干相互独立的基本因素，找出实现每个因素要求的所有可能的技术手段，然后加以系统聚合，从而得到多种解决问题的方案，经筛选可获得最佳方案。

2. 形态分析法的通常步骤

（1）确定研究课题。明确用此法所要解决的问题（发明、设计）。

（2）要素提取。将要解决的问题按重要功能分解成基本组成部分，列出有关的独立因素。确定的基本因素在功能上应是相对独立的，因素的数目一般以 3~7 个为宜。

（3）形态分析。按照发明对象对各独立要素所要求的功能，详细列出各要素全部可能的形态。

（4）编制形态表。将上述的分析结果编入形态表内。要素用 i 表示，要素的形态用 j 表示，每个要素的具体形态只用符号表示。

（5）形态组合。按照对发明对象的总体功能要求，分别将各要素的不同形态形式进行组合而获得尽可能多的合理设想。

（6）优选。即从组合方案中选优，并具体化。

例如，针对房间空调器的组成要素及形态就可以列出如表 2-5-1 所示的分析表。

表 2-5-1 房间空调器的组成要素及形态分析表

序号	组成要素形态	1	2	3	形态数
1	压缩机类型	滚动转子式	涡旋式	—	2
2	制冷剂类型	HCs	HCFs	天然工质	3
3	室外换热器形式	翅片管式	平行流式	—	2
4	节流方式	毛细管	电子膨胀阀	热力膨胀阀	3
5	运行方式	定频	交流变频	直流调速	3
可能方案数：$2\times3\times2\times3\times3=108$					

四、信息交合法

信息交合法由我国学者许国泰于 1983 年提出。它是一种在信息交合中进行创新的思维技巧，即把物体的总体信息分解成若干个要素，然后把这种物体与人类各种实践活动相关的用途进行要素分解，把两种信息要素用坐标法连成信息坐标 X 轴与 Y 轴，两轴垂直相交，构成"信息反应场"，每个轴上各点的信息可以依次与另一轴上的信息交合，从而产生新的信息。信息交合法具体的运用流程如图 2-5-3 所示。

图 2-5-3 信息交合法运用流程

运用信息交合法的第一步是要确定待解决的问题。第二步针对目标问题，构造信息场。在构造信息场时，一方面将该物体的功能进行分解，并将该物体所能实现的每一种功能分别投射到 X 轴上，每一个功能与 X 轴上的一个点相对应；另一方面选择物体某一属性（例如颜色），对其信息进行分解（将颜色分为红、黄、橙、绿、青、蓝、紫等），并将分解出的属性值投射到 Y 轴上，每一个属性值与 Y 轴上的一个点相对应。X 轴和 Y 轴垂直相交便构成了该物体的信息场。第三步通过将坐标轴中各个坐标点进行相互组合，从而获得大量的创新性设想方案。第四步在所获得的设想中，筛选出适宜的方案。第五步是执行方案。

五、"5W2H"法

"5W2H"法是"二战"中美国陆军兵器修理部首创。发明者用五个以 W 开头的英语单词和两个以 H 开头的英语单词进行设问，发现解决问题的线索，寻找发明思路，进行设计构思，从而创造出新的发明，这就是"5W2H"法。"5W2H"法的具体内容及步骤如下。

（1）What：做什么？目的是什么？

（2）How：怎样？怎样做？

（3）Why：为什么？为什么要这么做？

（4）When：何时？何时来做？

（5）Where：哪里？在哪里做？

（6）Who：谁？由谁来承担？

（7）How Much：多少？做到什么程度？

在创新活动中，使用"5W2H"法将问题的主要方面一一列举出来，减少了思考问题的遗漏和解决问题的盲目性，广泛用于企业管理和技术活动。

六、奥斯本检核表法

奥斯本检核表法是以该技法的发明者奥斯本命名的一种创新技法。它是根据需要研究的对象的特点列出有关问题，形成检核表，然后一个一个地来核对讨论，从而发掘出解决问题的大量设想，它引导人们根据检核项目的一条条思路来求解问题，以力求进行比较周密的思考。奥斯本检核表法的具体检核项目如表 2-5-2 所示，它主要用于新产品的研制开发。

表 2-5-2　奥斯本检核表法

检核项目	含义
能否他用	现有事物有无其他用途，保持不变能否扩大用途，稍加改变有无其他用途
能否借用	能否引入其他的创造性设想，能否模仿别的东西，能否从其他领域、产品、方案中引入新的元素、材料、造型、原理、工艺、思路
能否改变	现有事物能否做些改变，如颜色、声音、味道、式样、花色、音响、品种、意义、制造方法，改变后效果如何
能否扩大	现有事物可扩大使用范围，能否增加使用功能，能否添加零部件以延长它的使用寿命，增加长度、厚度、强度、频率、速度、数量、价值
能否缩小	现有事物能否体积变小、长度变短、重量变轻、厚度变薄以及拆分或省略某些部分（简单化），能否浓缩化、省力化、方便化、短路化

续表

检核项目	含义
能否代替	现有事物能否用其他材料、元件、结构、动力、设备、方法、符号、声音等代替
能否调整	现有事物能否变换排列顺序、位置、时间、速度、计划、型号，内部元件可否交换
能否调整	现有事物能否从里外、上下、左右、前后、横竖、主次、正负、因果等相反的角度颠倒过来用
能否组合	能否进行原理组合、材料组合、部件组合、形状组合、功能组合、目的组合

在创新过程中，可以根据表2-5-2中的条目逐一分析问题的各个方面，这对人们的发散思维有很大的启发作用，突破了不愿提问或不善提问的心理障碍，有利于提高创新的成功率。不过在运用此方法时，还要注意几个问题，它还要和具体的知识经验相结合，还要依赖人们的具体思考。

七、移植法

移植法是将某一领域已有的新原理、新技术和新方法移植、应用或渗透到其他领域中去的创新方法。一般有原理移植、方法移植、功能移植、结构移植等几种形式。移植法实质上也是一种侧向思维方法。

1. 原理移植

原理移植即将某种原理向新的领域类推或外延。不同领域的事物总是有或多或少的相通之处，其原理也可相互借用。如磁性物质同性相斥推广到机械设计中，诞生了磁悬浮轴承，磁悬浮轴承技术应用到离心式制冷压缩机中，压缩机内没有了机械摩擦，压缩机的效率大大提高。

2. 方法移植

方法移植即将已有技术、手段或解决问题的途径应用于新的领域。例如，"发泡"是蒸馒头、做面包时使其松软的方法，人们先后把这种方法用到其他领域，如制冷空调行业常用的各类发泡保温材料。

3. 功能移植

功能移植即将某事物的功能移植到其他事物上。许多物品都有一种已为人知的主要功能，但还有其他许多功能可以开发利用。例如，如冷暖空调器制热运行时可以对空气加热，但如果对水加热就成为热泵热水器。

4. 结构移植

结构移植即将某种事物的结构形式或结构特征移植到另一事物上。例如，前面讲的磁悬浮制冷压缩机，就是将磁悬浮轴承结构移植到制冷压缩机中，代替了原用的滑动轴承。

移植法在很大程度上是一种试探性方法，移植到载体的功能、结构、原理、材料要经过适应性调整并且经过验证才能证明新事物有生命力。

八、组合法

组合法是指从两种或两种以上事物或产品中抽取合适的要素重新组织，构成新的事物或新的产品的创新技法。在技术创新中也就是将多个独立的技术要素（现象、原理、材料、工艺、方法、物品、零部件等）进行重新组合，以获得新产品、新材料、新工艺，或使原有产品的功能更齐全、工艺更先进。例如，将几种不同的制冷剂混合形成新的混合制冷剂，将铜管和铝片组合成为翅片管换热器，还有将信息技术同空调技术组合形成智能空调等。在技术领域常用的组合法有同物组合、异类组合、结构重组组合、概念组合、共享与补代组合、综合性组合、材料组合、组件组合、技术原理与技术手段组合、现象组合等。如模块式空调的设计属于同物组合，将截止阀同电动机组合形成电子膨胀阀属于异类组合，前面讲的将冰箱的冷冻室放在下部的设计属于结构重组组合，混合制冷剂的研制属于材料组合。各种组合法在制冷空调领域创新活动中应用的例子很多，这里不一一列举。

九、和田十二法

和田十二法是我国学者许立言、张福奎在奥斯本检核表法的基础上，借用其基本原理，加以创造而提出的一种思维技法。它表述简捷，便于掌握，从 12 个角度提问，更具有启发和发散性，有助于对问题深刻理解。和田十二法具体如下。

（1）加一加。可在这件东西上添加些什么吗？把它加大一些，加高些，加厚一些，行不行？把这件东西和其他东西加在一起，会有什么结果？需要加上更多时间或次数吗？

（2）减一减。能在这件东西上减去些什么吗？把它减小一些，降低一些，减轻一些，行不行？可以省略取消什么吗？可以降低成本吗？可以减少次数吗？可以减少些时间吗？

（3）扩一扩。使这件东西放大，扩展会怎样？功能上能扩大吗？

（4）缩一缩。使这件东西压缩，缩小会怎样？能否折叠？

（5）变一变。改变一下形状、颜色、音响、味道、气味会怎样？改变一下次序会这样？

（6）改一改。这种东西还存在什么缺点？还有什么不足之处？需要加以改进吗？它在使用时，是不是给人带来不便和麻烦？有解决这些问题的方法吗？

（7）联一联。每件东西或事物的结果，跟它的起因有什么联系？能从中找出解决问题的办法吗？把某些东西与要研究的事情联系起来，能帮助我们达到什么目的吗？

（8）学一学。有什么事物可以让自己模仿、学习一下吗？模仿它的形状和结构会有什么结果？学习它的原理技术，又会有什么结果？

（9）替一替。这件东西有什么东西能够代替？如用别的材料、零件、方法等，行不行？

（10）搬一搬。把这件东西搬到别的地方，还能有别的用途吗？这个想法、经验、道理、技术搬到别的地方，也能用得上吗？

（11）反一反。如果把一件东西或一个事物的正反、上下、左右、前后、横竖、里外颠倒一下，会有什么结果？

（12）定一定。为了解决某一个问题或改进某一件东西，提高学习和工作的效率，防止可能发生的事故或疏漏，需要规定些什么？制订一些什么标准、规章、制度？

十、列举法

列举法是人为地按某种规则列举出创新对象的要素，然后分别加以分析研究，以探求创新的落脚点和最佳方案。列举法包括特征点列举法、缺点列举法、希望点（优点）列举法等几种具体方法。

1. 特征点列举法

特征点列举法主要是通过对发明对象的特征进行分析，并加以罗列，探讨能否改革以及怎样实现改革的方法。例如，空调器列举性能方面的特征包括制冷量、能效比等，列举结构方面的特征包括压缩机、冷凝器等，然后从性能、结构等方面一一进行分析，探讨改进方案。

2. 缺点列举法

缺点列举法就是有意识地列举现有事物对象的缺点，然后分析原因和进行改进，从而创造出新的事物和设计出新的产品。例如，环保制冷剂替代方面，列出环保制冷剂的安全性能、换热性能等缺点，然后分析在制冷系统设计中如何改进。

3. 希望点（优点）列举法

在缺点列举法的基础上出现了希望点列举法，其做法与缺点列举法恰好相反。如何开发智能空调器的过程中，可以通过会议、访谈等多种方式征求消费者对产品的希望点，借以开拓设计思路。

参考文献

[1] 陈永奎. 大学生创新创业基础教程 [M]. 北京：经济管理出版社，2015.
[2] 陈原，闵惜琳，张启人. 创新经纬 [M]. 北京：工业出版社，2012.

第六节 TRIZ 理论

TRIZ 理论的含义是发明问题解决理论，英文全称是 Theory of the Solution of Inventive Problems，在欧美国家也可缩写为 TIPS，中文翻译为"萃思"或"萃智"。TRIZ 理论是由苏联发明家根里奇·阿奇舒勒（G. S. Altshuller）创立的。1946 年，阿奇舒勒开始了发明问题解决理论的研究工作。当时阿奇舒勒在苏联里海海军的专利局工作，在处理世界各国著名的发明专利过程中，他发现任何领域的产品改进、技术的变革与创新和生物系统一样，都存在产生、生长、成熟、衰老、灭亡，是有规律可循的，人们如果掌握了这些规律，就能主动地进行产品设计并能预测产品的未来趋势。以后数十年中，在阿奇舒勒的领导下，苏联的研究机构、大学、企业组成了 TRIZ 的研究团体，分析了世界近 250 万份高水平的发明专利，总结出各种技术发展进化遵循的规律模式，以及解决各种技术矛盾和物理矛盾的创新原理和法则，建立一个由解决技术、实现创新开发的各种方法及算法组成的综合理论体系，并综合多学科领域的原理和法则，建立起 TRIZ 理论体系。

一、TRIZ 理论的主要内容

TRIZ 理论体系为人们创造性地发现问题和解决问题提供了系统的理论和方法工具，其内容主要包括两大部分：TRIZ 的基本理论体系和 TRIZ 的解题工具体系，可以归纳为以下六个方面。

（1）创新思维方法与问题分析方法。TRIZ 理论中提供了如何系统地分析问题的科学方法。而对于复杂问题的分析，则包含了科学的问题分析建模方法——物—场分析法，它可以帮助人们快速确认核心问题，发现根本矛盾所在。

（2）技术系统进化法则。针对技术系统进化演变规律，在大量专利分析的基础上，TRIZ 理论总结提炼出 8 个基本进化法则。利用这些进化法则，可以分析确认当前产品的技术状态，并预测未来的发展趋势，开发富有竞争力的新产品。

（3）技术矛盾解决原理。不同的发明创造往往遵循共同的规律。TRIZ 理论将这些共同的规律归纳成 40 个创新原理。针对具体的技术矛盾，可以基于这些创新原理，结合工程实际寻求具体的解决方案。

（4）创新问题标准解法。针对具体问题的物—场模型的不同特征，分别对应有标准的模型处理方法，包括模型的修整、转换、物质与场的添加等。

（5）发明问题解决算法。主要针对问题情境复杂、矛盾及其相关部件不明确的技术系统。它是一个对初始问题进行一系列变形及再定义等非计算性的逻辑过程，实现对问题的逐步深入分析、问题转化，直至问题的解决。

（6）基于物理、化学、几何学等工程学原理而构建的知识库。基于物理、化学、几何学等领域的数百万项发明专利的分析结果而构建的知识库可以为技术创新提供丰富的方案来源。

可见，TRIZ 理论的基本内容体系以自然科学为基础，以辩证法、系统论、认识论为指引，以系统科学与思维科学为支撑，是一个结构完整、融会了交叉学科知识的系统创新理论。相对于传统的创新方法，TRIZ 理论具有鲜明的特点和优势，它成功地揭示了创造发明的内在规律和原理，着力于澄清和强调系统中存在的矛盾，而不是逃避矛盾，其目标是完全解决矛盾，获得最终的理想解，而不是采取折中或者妥协的做法，而且它是基于技术的发展演化规律研究整个设计与开发过程，而不再是随机的行为。

二、TRIZ 理论解决问题的过程

1. 解决创新问题的流程

传统的创新方法中，它无法像求解一个数学问题那样有规律可循，主要是凭借发明者的经验和知识尝试性地去解决，效果不一定理想。但是如果能像求解数学题一样套用具体的程序解决创新性问题，例如求解二元一次方程的过程（图 2-6-1），那么大部分人只要经过学习和训练就能够实现创新。TRIZ 理论正好就是这样一种创新方法。TRIZ 理论解决创新性问题的思路在于它采用科学的问题求解方法。首先，要对一个特殊问题加以分析、定义、明确；其次，根据 TRIZ 理论提供的方法，将需要解决的特殊问题转化为一个类似的标准问题；再次，针对不同的标准问题模型，应用 TRIZ 理论已总结、归纳出的类似的标准解决方法，找到对应的 TRIZ 标准解决方案模型；最后，将类似的标准解决方案模型应用到具体的问题之中，就可以解决特殊问题了（图 2-6-2）。

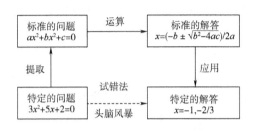

图 2-6-1　数学方程式结题过程

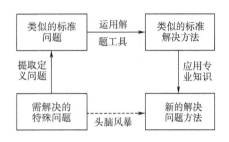

图 2-6-2　TRIZ 理论解决问题的基本思路

2. 解决创新问题的前提

运用 TRIZ 理论解决问题建立在以下三种基本前提下。

（1）技术系统的演变遵循一些重要规律，可以归纳为 8 种原则，如 S 曲线进化原则所遵循的从产生、成长、成熟到衰退的生命周期（图 2-6-3）。

（2）任何技术系统，在它的生命周期内，趋于越来越可行、简单、有效，即更加理想，增加技术系统的理想成为解决创新性问题的一般规律。

（3）创新性问题的解决关键在区分技术系统的问题属性和产生问题的根源，从而选择对应的解决问题模型来消除矛盾。TRIZ 的问题模型有 4 种形式，与之相应的 TRIZ工具也有 4 种（表 2-6-1）。

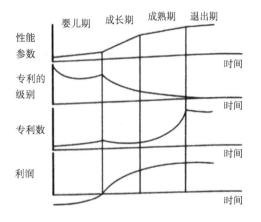

图 2-6-3　产品生命周期曲线

表 2-6-1　技术系统问题的问题模型与解决模型

问题属性	问题根源	问题模型	解决问题工具	解决方案模型
参数属性	技术系统中两个参数之间存在着相互制约	技术矛盾	矛盾矩阵	创新原理
参数属性	一个参数无法满足系统内互相排斥的需求	物理矛盾	分离原理	创新原理
结构属性	实现技术系统功能的某机构要素出现问题	物—场模型	标准解系统	标准解
资源属性	寻找实现技术系统功能的方法与科学原理	怎么做	知识库与效应库	方法与效应

3. 解决创新问题的工具和方法

矛盾是创新设计过程中经常遇到的问题，也是最难解决的问题，可以说创新是在解决矛盾中产生的。阿奇舒勒通过对大量专利文献的分析研究，总结提炼出 39 个参数（表 2-6-2），多是通用的物理、几何和技术性能的参数。在应用矛盾矩阵解决实际问题时，把组成技术矛盾的两个参数分别用 39 个通用参数中的两个来表示，即转化为标准的技术矛盾。如此这样两两组合，39 个通用参数就可以产生约 1300 对典型的技术矛盾。而解决这些矛盾的重要途径之一就是 40 个发明创新原理（表 2-6-3），也是 TRIZ 理论中最重要的、最具有普遍用途的、最实用和适用的解决技术矛盾的行之有效的创新方法。

表 2-6-2 TRIZ 的 39 个参数

序号	参数	序号	参数	序号	参数
1	移动件重量	14	移动件体积	27	物体稳定性
2	固定件重量	15	固定件体积	28	强度
3	移动件长度	16	速度	29	运动物体耐久性
4	固定件长度	17	质量	30	固定物体耐久性
5	移动件面积	18	张力，压力	31	温度
6	固定件面积	19	形状	32	亮度
7	移动件消耗能量	20	物料浪费	33	可使用性
8	固定件消耗能量	21	可靠度	34	可维修性
9	动力	22	测量精度	35	实用性与多用性
10	能量浪费	23	制造精度	36	装置的复杂性
11	物质浪费	24	物体上有害因素	37	控制测试困难程度
12	信息丧失	25	物体产生有害因素	38	自动化程度
13	时间浪费	26	可制造性	39	生产率

表 2-6-3 TRIZ 的 40 个发明创新原理

序号	名称	序号	名称
1	分割原理	9	预先反作用原理
2	抽取原理	10	预先作用原理
3	局部质量原理	11	事先防范原理
4	增加不对称性原理	12	等势原理
5	组合原理	13	反向作用原理
6	多用性原理	14	曲面化原理
7	嵌套原理	15	动态特性原理
8	重量补偿原理	16	未达到或过度的作用原理

序号	名称	序号	名称
17	空间维数变化原理	29	气压和液压结构原理
18	机械振动原理	30	柔性壳体或薄膜原理
19	周期性作用原理	31	多孔材料原理
20	有效作用的连续性原理	32	颜色改变原理
21	减少有害作用的时间原理	33	均质性原理
22	变害为利原理	34	抛弃或再生原理
23	反馈原理	35	物理或化学参数改变原理
24	借助中介物原理	36	相变原理
25	自服务原理	37	热膨胀原理
26	复制原理	38	强氧化剂原理
27	廉价替代品原理	39	惰性环境原理
28	机械系统替代原理	40	复合材料原理

4. TRIZ 理论与传统创新技法比较

和 TRIZ 理论相比，传统创新技法基本都以创新思维的基本规律为基础，是高度概括与抽象的方法，对思维方式特别是形象思维依赖较大，在运用中会受到创新者所具备的知识、经验、技巧水平的制约，且方向发散，创新设想的筛选也较为困难，因而创新成果的产生具有很大的随机性和不确定性。以过去大部分创新发明所采用的试错法为例，爱迪生经过 13 个月的艰苦奋斗，试用了 6000 多种材料，试验了 7000 多次，终于发明了电灯，但这一发明过程效率较低，浪费了较多的时间、人力、物力、财力。

而 TRIZ 理论是在专门研究人员对不同领域已有的创新成果进行分析、总结的基础上得出的关于解决问题方法的理论体系，其原理、法则、程序、步骤、措施等均以科学和技术的方法为基础，具有严密的逻辑性，不过多地依赖于创新主体的灵感、个人知识及经验，不是随机的行为，因而发明或创新过程具有一定的系统化、流程化和确定性。实践证明，运用 TRIZ 理论，可以大大加快创造发明的进程而且能得到高质量的创新产品。

但在实际创新过程中，TRIZ 理论和传统创新技法之间常常需要结合应用，取长补短，才能取得更好的效果。例如，在运用 TRIZ 理论解决发明创新问题时，常常会用到头脑风暴法、形态分析法等传统创新技法。

5. TRIZ 理论的应用

（1）TRIZ 理论应用的范围。发明创新是一种特殊的解决问题的方法和活动，阿奇舒勒把它分为 5 个级别。

第一级是常规设计问题，由专业领域的基础知识对少量不影响产品整体结构的变更，无须发明，大约有 32% 的方法是在这一级，属于最小型发明。例如，为解决空调室外机管路振动问题，在管路系统中增加阻尼块；为解决压缩机噪声问题，给压缩机裹上隔音棉等。

第二级是对现有系统进行改进，由工业领域的已有方法加以解决，使产品系统中的某个组件发生部分变化，即以定性方式改善产品，约45%的方法在这一级，属于小型发明。例如，将CO_2作为高温热泵热水器的制冷剂、用电子膨胀阀代替热力膨胀阀节流等。

第三级是对现有系统进行根本性改造，由工业领域以外的已有方法加以解决，主要是解决矛盾冲突，大约有18%的方法在这一级，属于中型发明。例如，各种混合制冷剂、各种采用变频技术的制冷设备等。

第四级是利用新的方法对现有的系统功能进行升级换代，创造出新的事物，这类方法运用更多的是在科学领域而非技术领域，综合多个学科领域的知识才能找到解决方案，大约有4%的方法在这一级，属于大型发明。例如，离心式制冷压缩机、内螺纹强化管等。

第五级是以科学发现或独创的发明为基础的全新系统，一般是先有新的发现，建立新的知识，然后才有广泛的运用，这一级方法只占1%，属于特大型发明。例如，半导体制冷、声波制冷等。

从以上分级可以看出，生活中的大多数发明创新都属于前三个级别，高级的发明创新数量相当稀少，仅占5%。但是阿奇舒勒认为，第一级最小型发明不算是创新，第五级创新是艰难而又漫长的。因而TRIZ理论基本上是在对中间三个等级的专利发明研究的基础上归纳、总结出来的，所以TRIZ在第二~第四级发明创新中应用得较多。

（2）TRIZ理论应用的领域。TRIZ理论并非针对某个特定的创新问题，而是建立在普遍性原理之上，不局限于特定的应用领域。TRIZ理论自苏联解体后传到国外，最初广泛应用于工程技术领域。后来，TRIZ理论又逐渐向其他领域扩展、渗透，例如，自然科学、社会科学、管理科学、生物科学等领域。

TRIZ理论具有良好的可操作性、系统性和实用性，对于有难度的、复杂的发明创新问题尤为有效。但TRIZ理论体系庞大，包括了诸多内容，而且还在不断发展完善中。相关的概念及解释、TRIZ理论的创新思维方法、技术系统进化法则及应用、创新技术问题及具体的解决方法、40个创新原理的具体应用、ARIZ算法等，在这里未做详细说明，可参阅TRIZ理论相关书籍结合产品发明实例进行创新实践。

参考文献

[1] 谭贞. 创新创意基础教程 [M]. 北京：机械工业出版社，2013.

第七节　知识产权保护与专利申请

知识产权包括工业产权和版权两个部分。在《巴黎公约》中，将专利技术和专有技术都规定在知识产权范畴，虽然二者都是"智力成果"，但由于专有技术和专利技术具有不同特点，故我国将专有技术未列入知识产权法律范围，而是通过反不正当竞争法进行保护。

一、专利技术

1. 专利技术及其特点

专利是受法律规范保护的发明创造，它是指一项发明创造向国家审批机关提出专利申请，并经依法审查合格后向专利申请人授予的在规定的时间内对该项发明创造享有的专有权。我国专利法所称的发明创造包括发明、实用新型和外观设计三类。因此，专利技术是取得专利权的发明创造。

专利权是工业产权之一，具有工业产权所具有的专有性、地域性和时间性特点。

（1）专有性。专利权是一种专有权，这种权利具有独占的排他性。非专利权人要想使用他人的专利技术，必须依法征得专利权人的同意或许可。

（2）地域性。一个国家依照其专利法授予的专利权，仅在该国法律的管辖范围内有效，对其他国家没有任何约束力，外国对其专利权不承担保护的义务。如果一项发明创造只在我国取得专利权，那么专利权人只在我国享有独占权或专有权。

（3）时间性。专利权的法律保护具有时间性，中国的发明专利权期限为20年，实用新型专利权和外观设计专利权期限为10年，均自申请日起计算。

2. 专利的申请与授权

一项发明创造欲取得专利权，则必须经过严格的申请、审查、批准以及复审等法律程序。

（1）实用新型和外观设计专利仅需要形式审查，然后公开、授权（通常公开日就是授权日），即书写规范性非常重要。实用新型和外观设计专利的授权时间一般为从申请之日起一年左右。

（2）发明专利不仅需要形式的初步审查，还需要进行公开、实质性审查、答辩（文字答辩）、授权。发明专利的授权时间一般为从申请之日起三年左右，如果提出提前公开请求，授权时间可以缩短至一年半左右。

（3）不是所有的技术成果都能申请专利。专利法规定以下内容不能申请专利。

①对违反国家法律、社会公德或者妨害公共利益的发明创造，不授予专利权。

②对科学发现、智力活动的规则和方法、疾病的诊断和治疗方法、动物和植物品种以及用原子核变换方法获得的物质均不授予专利权，但对前四项所列产品的生产方法可以依照规定授予专利权。

3. 专利权授予的实质性条件

专利有三种类型，即发明专利、实用新型专利和外观设计专利。发明专利是指对产品、方法或者其改进所提出的新的技术方案，实用新型专利是指对产品的形状、构造或者其结合所提出的适于实用的新的技术方案，外观设计专利是指对产品的形状、图案或其结合以及色彩与形状、图案的结合所作出的富有美感并适于工业应用的新设计。对于外观设计专利而言，当同申请日以前在国内外出版物上公开发表过或者国内公开使用过的外观设计不相同和不相近似，并不得与他人在先取得的合法权利相冲突时即可获得专利权。而发明专利和实用新型专利都属于技术专利，其技术方案必须具有"三性"即新颖性、创造性和实用性才可能取得专利权。但发明专利与实用新型专利又是两种不同的专利形式，其不同点在于一是实用新型的创造性水平要低于发明，二是实用新型仅涉及产品而不包括方法，并且产品必须具有实用性的立体造型。下面就发明专利和实用新型专利的"三性"的判断准则予以说明。

（1）新颖性。发明或者实用新型能否授予专利权的首要的实质性条件，就是判断该专利申请是否具有新颖性。

申请人在提交专利申请之前，要对其发明创造的新颖性作广泛调查和检索查新，对其是否具有新颖性要有正确的判断。新颖性的判断要满足下列条件。

①专利申请日之前，没有同样的发明创造在国内外出版物上公开发表过。这里的出版物，不但包括书籍、报纸、杂志、专利申请文件等纸件，也包括录音带、录像带及唱片等音像件。

②专利申请之日前，在国内没有公开使用过，或者以其他方式为公众所知。所谓公开使用过或者以其他方式为公众所知，是指以商品形式销售，或用技术交流等方式进行传播、应用，以至通过电视和广播为公众所知。

③专利申请日之前，没有同样的发明创造由他人向国家知识产权局提出过专利申请，并且记载在申请日以后公布的专利申请文件中（称抵触申请）。

由此可知，新颖性的判断标准是辨别专利申请的技术方案同上述所视为已有技术或者抵触申请的技术方案单一相比较，是否完全相同。

（2）创造性。发明或者实用新型要获得专利权，必须具备创造性。根据专利法的规定，一项发明专利的创造性必须满足下面两个条件。

①同申请日以前的已有技术相比具有突出的实质性特点。

②同申请日以前的已有技术相比具有显著的进步。

显然，同申请日以前的已有技术相比，一项发明创造具备了新颖性，不一定就有创造性。创造性是判断该专利申请的技术水平的判据。判断创造性没有硬性标准，可以和两份以上对比文件相比较，是以本领域普通技术人员的知识结构和思维方式能够认同作为判断依据。

"突出的实质性特点"是指发明创造与已有技术相比具有明显的本质区别。也就是说，该发明创造不是所属技术领域的普通技术人员能直接从已有技术中得出构成该发明创造的全部必要的技术特征。

"显著的进步"是指该发明创造与最接近的已有技术相比具有长足的进步。这种进步表现在发明创造克服了已有技术中存在的缺点和不足；或者表现在发明创造所代表的某种新技术趋势上；或者反映在该发明创造所具有的优良或意外效果之中。

我国专利法规定，实用新型的创造性，是指同申请日以前已有技术相比，该实用新型有实质性特点和进步。这里可见专利法对实用新型的创造性的要求比发明低，发明专利的"突出的"和"显著的"就是判断发明专利和实用新型专利创造性的区别所在。

（3）实用性。实用性是发明或者实用新型专利申请授予专利权的又一必要条件。专利法规定："实用性，是指该发明或者实用新型能够制造或者使用，并且能够产生积极效果。"

能够制造或者使用，是指发明创造能够在工农业及其他行业的生产中大量制造，并且应用在工农业生产上和人民生活中，同时产生积极效果。这里必须指出的是，专利法并不要求其发明或者实用新型在申请专利之前已经经过生产实践，而是分析和推断在工农业及其他行业的生产中可以实现。

二、专有技术

1. 专有技术的定义与判断

专有技术也称"技术秘密（know-how）"或"技术诀窍"等，目前国际上对专有技术一词还没有公认的定义，但基本上可以理解为：专有技术是一种秘密的技术知识、经验和技巧的总和，既可以表现为书面资料，如设计图纸资料、设计方案、操作程序指南、数据资料等；也可以表现为技术示范、对工程技术人员的培训和口头传授等。

专有技术也即技术秘密，是商业秘密的形式之一。专有技术的判定依据是三个要件：不为公众所知悉、具有商业价值、采取了保密措施。"不为公众所知悉"是指有关信息不为其所属领域的相关人员普遍知悉和容易获得；"具有商业价值"是指具有现实的或者潜在的商业价值，能为权利人带来竞争优势并取得经济利益的相关信息；"采取了保密措施"是指权利人为防止信息泄漏所采取的与其商业价值等具体情况相适应的合理保护措施。

专有技术的判断是一项技术性和法规性都很强的事。值得注意的是，通过自行开发研制或者反向工程等方式获得的技术秘密，不认定为侵犯技术秘密行为。所谓"反向工程"，是指通过技术手段对从公开渠道取得的产品进行拆卸、测绘、分析等而获得该产品的有关技术信息。但是，如果当事人以不正当手段知悉了他人的技术秘密之后，又以反向工程为由主张获取行为合法的仍属于侵犯技术秘密行为。

2. 专有技术与专利技术的区别与联系

专有技术的一般含义是指为制造某一特定产品或使用某一特点的工艺所需要的一切知识、经验和技能，其表现形式既可以是有形的，如图纸、配方、公式、操作指南、技术记录、实验报告等，也可以是无形的，如技术人员所掌握的、不形成书面的各种经验、知识和技巧。无论哪一种形式体现的专有技术，其内容一般都是秘密的，而且对生产具有一定的实用价值。

专有技术与专利技术既有区别又有一定的联系。

（1）专有技术与专利技术的区别。专有技术与专利技术虽然都含有技术知识的成分，都是人类智力活动的成果，但是在法律上两者是有重大区别的。专有技术与专利技术的区别主要表现在以下几个方面。

①专利技术是公开的，而专有技术则是秘密的。按照各国专利法的规定，发明人在申请专利权时，必须把发明的内容在专利申请书中予以披露，并由专利主管部门在官方的《专利公告》上发表，公之于众。但专有技术则尽量保密不予公开，一旦丧失秘密性，就不能得到法律保护。

②专利权有一定的保护期限，按照各国专利法的规定，其有效期一般为10年或20年。但专有技术则无所谓保护期限的问题，只要严守秘密，没有泄露出去，未为公众所知，就受到保护，不过一旦被公开，则任何人都可以使用。因此，在专有技术转让中，一般都订有保密条款，要求被许可人承担保密义务，不得把专有技术的内容透露给第三者。

③专利权是一种工业产权，受有关国家专利法的保护，而专有技术则是没有取得专利权的技术知识，它不是依据专利法的规定求得保护，而主要根据国家反不正当竞争法与商业秘密的有关法规得到法律上的保护。

（2）专有技术与专利技术的联系。专有技术和专利技术具有紧密的联系。

①专有技术与专利技术都是人类创造性思维活动的成果，都是非物质形态的知识产权。

②专有技术与专利技术通常共处于实施一项技术所需的知识总体之中，即实施一项技术有时仅有专利技术是不能完全实施的，必须同时具有专有技术，才能使一项技术得以顺利实施。

③在技术贸易中，一项技术转让合同往往同时包括专有技术与专利技术许可两项内容，它们相互依存，共同完成一项技术的转让交易。

只有了解专利技术和专有技术的区别和联系，才能使技术所有权人明确哪些智力成果需要申请专利，哪些不能申请专利而应以技术秘密的方式进行保护，这样才能实现真正意义上的知识产权保护。

三、专利申请文件的撰写方法

一项发明创造必须经过严格的申请、审查、批准以及复审等法律程序才能取得专利权，其中专利申请是取得专利权的首要任务和必要条件。下面将结合《中华人民共和国专利法》《中华人民共和国专利法实施细则》的相关内容，简要阐述专利申请文件的撰写方法。

1. 专利申请文件的内容及其作用

专利申请文件包括请求书、说明书及其摘要、权利要求书等，提交申请时，这些文件需一式二份。专利法第26条指出了各文件需包含的内容，并阐述了各文件的作用。

（1）请求书。请求书应当写明发明或者实用新型的名称，发明人或者设计人的姓名，申请人姓名或者名称、通信地址以及其他事项。

（2）说明书。说明书应当对发明或者实用新型做出清楚、完整的说明，以所属技术领域的技术人员能够实现为准，即应完全公开保护客体，必要时应当有附图。

（3）说明书摘要。是专利内容的简介，应当简要说明发明或者实用新型的技术要点，有附图的应同时提交摘要附图，以便他人检索、查询时可通过摘要及摘要附图了解其专利的基本信息。

（4）权利要求书。权利要求书应当以说明书为依据，说明要求专利保护的范围，是最重要的法律文件。

当申请人向国务院专利行政部门（国家知识产权局）提交专利申请后，虽然专利法第33条规定可以对其专利文件进行修改，但是对发明和实用新型专利申请文件的修改不得超出原说明书和权利要求书记载的范围。因此，专利文件的撰写至关重要，必须准确无误地反映发明人提出的技术路线。

2. 专利申请文件的撰写方法

（1）专利请求书的写法。专利请求书是一个标准表格，可到国家知识产权局网站

（http：//www.sipo.gov.cn）下载，该表格后附有填表注意事项，详细说明了表格的填写方法和相关手续。

请求书既是一份申请书，又是一个专利的档案材料，记录了专利名称、发明人、申请人、代理人信息、申请文件清单（页数与份数）及其他相关信息。

（2）说明书的写法。说明书应充分公开发明或实用新型的全部技术方案，以使所属领域的技术人员能够实现该技术方案。但必须注意"充分公开"与"技术秘密（know-how）"之间的关系，即在充分公开技术方案的同时，还需保护自己的技术秘密。

根据《专利法实施细则》第18条规定，发明或者实用新型专利申请的说明书应当写明该发明创造的名称，其正文主要包括该发明的所属技术领域、背景技术、发明内容、附图说明、具体实施方式等内容。申请人应当按照此规定方式和顺序撰写说明书，并在说明书每一部分前面写明标题，除非其发明或者实用新型的性质采用其他方式或者顺序撰写能减少说明书的篇幅，并使他人能够准确理解其发明或者实用新型的具体内容。

撰写发明或者实用新型说明书时，应当用词规范、语句清楚，不得使用商业性宣传用语。

说明书包含的主要内容及其写法如下：

①发明创造名称。发明创造（指发明或者实用新型）名称需简单而明确地反映本发明创造的技术内容，采用所属技术领域通用的技术术语。必须注意的是，名称所指的一定是本专利申请所要求保护的客体，如："……检测方法""……装置""……材料"等。发明名称应简短、准确，一般不得超过25个字，并符合国际专利分类表。

②技术领域。该部分需简要写明要求保护技术方案所属的技术领域，即本发明创造直接所属或者直接应用的具体技术领域。需掌握上位及下位概念，所属领域不是上位的也不是发明本身，应与国际专利分类表中最低位置有关。

③背景技术。该部分是阐述与本发明创造相比最为接近的同类现有技术的状况，以体现本发明创造的新颖性和创造性。背景技术包括专利文件、期刊、杂志、手册和书籍等文献。引证专利文件时，需写明专利文件的国别、公开号和公开日期；引证其他文件时，需写明这些文件的详细出处，并客观地指出现有技术存在的问题和缺点，但应仅限于涉及本发明创造的技术方案所能解决的问题和缺点。

此部分内容非常重要，直接关系到专利授权，故在考虑某一技术方案是否构成专利时，需认真进行检索、查新、分析，以确认该技术方案是否符合专利权的授予条件（新颖性、创造性、实用性）。新颖性是专利授权的硬性标准，是指对一个对比文件做出的（如果与一个技术方案相似或相同就被否决）判断；创造性（软性标准）是指对两个及两个以上对比文件做出的判断；而实用性则是指对发明或实用新型本身依据自然科学规律做出是否可以制造或者使用的判断。

④发明内容。该部分是要写明发明或者实用新型所要解决的技术问题（即发明目的）以及解决其技术问题采用的技术方案，并对照现有技术写明发明或者实用新型的有益效果（即应用效果）。

a.发明目的。针对现有技术存在的问题或缺点，归纳出本发明创造的目的，这正是本发明创造所要解决的技术问题（想做什么？）。

发明目的是专利申请的主题，发明人解决什么问题就写什么问题，尽可能缩小目标。在撰写发明目的时，不能把无关的技术带来的效果包括进去，不能在主观上拔高自己的发明，否则很容易给出一个膨胀或夸大的发明目的。虽然发明目的只用几个字或几十个字来表述，但其写法不当有可能导致发明公开不充分或发明创造技术方案不完整的严重后果，最终可能导致专利申请驳回。

发明目的是根据对本发明最接近的现有技术的客观分析而得出的，起承上启下作用。发明目的只针对能解决的问题而提出，故一件专利（发明或者实用新型）一般限于保护一个发明目的的发明构思。但一件专利也可以有多个发明目的，当多个发明目的都与一个总体发明构思相关（即满足专利法第31条规定的单一性原则）时，属于一个总的发明构思的两项以上的发明或者实用新型，可以作为一件申请提出。

b. 技术方案。此部分内容是说明书要求保护客体的主要内容，必须与权利要求书对应，是权利要求书内容的详细说明与解释，其内容是为实现上述发明创造之目的，阐明在本发明创造中所采取的技术措施的集合（怎么做？），技术措施通常由技术特征来体现，技术特征是指：

（a）对于机械产品类的发明创造，应描述其产品的形状、构造或者结构的有机连接或组合和必要的机械配合关系；

（b）对于电子产品类的发明创造，应描述电子装置的线路中各组件或各元件的连接，装置中各部件或各零件的相互关系。描述方法可以用导线连接，或者用信号传递连接，也可以用导线连接和信号传递连接混合的形式。

c. 有益效果。该部分内容是对照现有技术写明应用本发明创造（发明或者实用新型）后会产生何种有益效果，是实现发明目的的具体体现。

⑤附图说明。属于产品类的发明创造或者当说明书内容需要结合附图才能公开充分时，则必须绘制"说明书附图"，并在说明书中对各幅附图进行简略说明。发明或者实用新型的几幅附图可以绘在一张图纸上，并按照"图1，图2，……"顺序编号排列，附在说明书之后；附图的大小及清晰度应当保证在该图缩小到2/3时仍能清晰地分辨出图中的各个细节。

必须注意的是，发明或者实用新型说明书文字部分中未提及的附图标记不得在附图中出现，也不得在说明书文字部分提及；申请文件中表示同一组成部分的附图标记应当一致。附图中除必需的词语外，不应当含有其他注释。

⑥具体实施方式。在发明或者实用新型的具体实施方式中，需详细写明申请人认为实现发明或者实用新型的最佳方式；必要时需举例（给出一个或多个实施例）说明，有附图的应对照附图进行说明，以进一步说明其发明内容。

（3）说明书摘要的写法。说明书摘要应当写明发明或者实用新型专利申请所公开内容的概要，即写明发明或者实用新型的名称和所属技术领域，并清楚地反映所要解决的技术问题、解决该问题的技术方案的要点以及主要用途。

说明书摘要可以包含最能说明发明的化学式；有附图的专利申请，还应当提供一幅最能说明该发明或者实用新型技术特征的附图。附图的大小及清晰度应当保证在该图缩小到4cm×6cm时，仍能清晰地分辨出图中的各个细节。摘要文字部分不得超过300个字。摘要中不得使用商业性宣传用语。

（4）权利要求书的写法。专利法56条规定："发明或者实用新型专利权的保护范围以其权利要求的内容为准，说明书及附图可以用于解释权利要求。"因此，权利要求书必须以说明书为依据，清楚、简要地说明发明或实用新型的技术特征，限定专利申请的保护范围。在专利权授予后，权利要求书是确定发明或者实用新型专利权范围的根据，也是判断他人是否侵权的根据，具有直接的法律效力。

权利要求分为独立权利要求和从属权利要求。权利要求书应当有独立权利要求，也可以有从属权利要求。独立权利要求应当从整体上反映发明或者实用新型的技术方案，记载解决技术问题的必要技术特征；从属权利要求应当用附加的技术特征，对引用的权利要求作进一步限定。撰写权利要求时必须十分严格、准确、需要有高度的法律和技术方面的技巧。

在撰写权利要求书时，如果有多项权利要求，应当用阿拉伯数字顺序编号；使用的科技术语应当与说明书中使用的科技术语一致，可以有化学式或者数学式，但是不得有插图；技术特征可以引用说明书附图中相应的附图标记，该标记应当放在相应的技术特征后并置于括号内，便于理解权利要求。

①独立权利要求的写法。发明或者实用新型的独立权利要求应当包括前序部分和特征部分，按照下列规定撰写。

a. 前序部分。写明要求保护的发明或者实用新型技术方案的主题名称和发明或者实用新型主题与最接近的现有技术共有的必要技术特征（该部分为现有技术特征）。

b. 特征部分。使用"其特征是……"或者类似的用语，写明发明或者实用新型区别于最接近的现有技术的技术特征，这些特征和前序部分写明的特征合在一起，限定发明或者实用新型要求保护的范围。

一项发明或者实用新型应当只有一个独立权利要求，并写在同一发明或者实用新型的从属权利要求之前。

②从属权利要求的写法。发明或者实用新型的从属权利要求应当包括引用部分和限定部分，按照下列规定撰写。

a. 引用部分。写明引用的权利要求的编号及其主题名称。

b. 限定部分。写明发明或者实用新型的附加技术特征。

从属权利要求只能引用在前的权利要求。引用两项以上权利要求的多项从属权利要求，只能以择一方式引用在前的权利要求，并不得作为另一项多项从属权利要求的基础。

参考文献

[1] 石文星，王宝龙，邵双全. 小型空调热泵装置设计［M］. 北京：中国建筑工业出版社，2013.

[2] 创新方法研究会. 中国21世纪议程管理中心创新方法教程：高级［M］. 北京：高等教育出版社，2012.

第八节　专利规避

查找、阅读与分析专利文献是技术创新中极为重要的工作。根据世界知识产权组织

（WIPO）的调查，通过专利文献可以查到全世界每年 90%~95% 的发明成果，而其他技术文献只能记载 5%~10%，且同一发明成果出现在专利文献中的时间比出现在其他媒体上平均早 1~2 年。因此，如果能善于高效地利用专利文献，并通过创造性的思维及使用合适的创意方法，对专利信息进行分析、拆解，则将获得许多最新的技术信息和具有重要商业价值的竞争情报，既可预测产品技术进化、发展趋势，又可做识别竞争对手、规避专利设计之用。

专利规避是一种为避免侵害某一专利的申请专利范围所进行的一种持续性创新与设计活动，同时它又是一种创新新产品的设计、决策过程。专利规避主要是针对竞争对手的专利壁垒，找出其在保护地域、保护内容等方面的漏洞，利用这些漏洞，实现在不侵犯专利权的前提下，"借用"该专利技术。

一、专利规避的基本策略

专利规避的实施，主要通过规避设计进行，专利规避设计实施的策略主要有五类。

（1）借鉴专利文件中技术问题的规避设计。通过专利文件了解新产品的性能指标或技术方案解决的技术问题。

（2）借鉴专利文件中背景技术的规避设计。在此基础上创造出不侵犯该专利权的设计方案。

（3）借鉴专利文件中发明内容和具体实施方案的规避设计。在此过程中，一方面寻找权利要求的概括、疏漏，找出可以实现发明目的，却未在权利要求中加以概括、保护的实施案例或相应变形；另一方面可以通过应用发明内容中提到的技术原理、理论基础或发明思路，创造出不同于权利要求保护的技术方案。

（4）借鉴专利审查相关文件的规避设计。专利权人不得在诉讼中，对其答复审查意见过程中所做的限制性解释和放弃的部分反悔，而这些很有可能就是可以实现发明目的，但又排除在保护范围之外的技术方案。

（5）借鉴专利权利要求的规避设计。这种规避设计是采用与专利相近的技术方案，而缺省至少一个技术特征，或有至少一个必要技术特征与权利要求不同。这是最常见的规避设计，也是与专利保护范围最接近的规避设计。

二、专利规避设计的原则

进行专利规避设计时首先要掌握了专利的侵权判定法则，知道专利的保护范围，才能分析归纳出专利规避设计的具体方法。专利侵权的判断主要依据全面覆盖原则、等同原则、禁止反悔原则、多余指定原则等几个原则。

1. 全面覆盖原则

如果被控侵权物（欲设计的新产品或方法）的技术特征包含了专利权利要求中记载的全部必要技术特征，则落入专利的保护范围。全面覆盖原则主要用来判断侵害对象物中是否构成字面侵权，也就是说技术内容是否"完全相同"，此与"新颖性"是相互对应的。

2. 等同原则

专利权的保护范围包括与该必要技术特征相等同特征所确定的范围。此处的相等同特征是指以相同的手段、实现基本相同的功能、达到基本相同的效果，并且从属领域的普通技术人员无需创造性劳动就能联想的特征。所谓等同原则是指技术特征等同而非整体方案相同。对于故意省略专利权利要求中个别必要技术特征，使其技术方案成为在性能和效果上均不如专利技术方案优越的变劣技术方案，而且这一变劣技术方案明显是由于省略该必要技术特征造成的，应当适用等同原则，认定构成侵犯专利权。

等同原则用于判断在功能、方法及效果是否达到"实质上相同"或者所置换的技术是熟悉该行业者容易推知的或是显而易知的相等技术，此与"进步性"是相互对应的。

3. 禁止反悔原则

我国专利法对禁止反悔原则没有专门规定，2010 年 1 月 1 日实行的《最高人民法院关于审理侵犯专利权纠纷案件应用法律若干问题的解释》第 6 条对禁止反悔原则做出了规定："专利申请人、专利权人在专利授权或者无效宣告程序中，通过对权利要求、说明书的修改或者意见陈述而放弃的技术方案，权利人在侵犯专利权纠纷案件中又将其纳入专利权保护范围的，人民法院不予支持"。

由上述规定可知，禁止反悔原则是指在专利审批、撤销或无效程序中，专利权人为确定其专利具备新颖性和创造性，通过书面声明或者修改专利文件的方式，对专利权利要求的保护范围作了限制承诺或者部分地放弃了保护，并因此获得了专利权，而在专利侵权诉讼中，法院应用等同原则确定专利权的保护范围时，应当禁止专利权人将已被限制、排除或者已经放弃的内容重新纳入专利权保护范围。

4. 多余指定原则

多余指定原则是指在专利侵权判定中，在解释专利独立权利要求和确定专利权保护范围时，将记载在专利独立权利要求中的明显附加技术特征（即多余特征）略去，仅以专利独立权利要求中的必要技术特征来确定专利权利保护范围，判定被控侵权物（产品或方法）是否覆盖专利权利保护范围的原则。

目前，企业越来越重视知识产权保护，为了加强对自身的专利保护，往往把一项技术由多项专利从各个角度进行保护或者在某个技术链上各个环节进行保护，形成"专利池"或者"专利阵"，从而使竞争对手一不小心就可能碰触到"地雷"，被迫支付大量的专利成本。虽然专利规避设计是避免专利陷阱的一种有效手段，但进行专利规避设计是一项技术性和法规性很强的工作，同样要依靠技术创新活动，需要掌握有效的技术创新方法，才能够做到事半功倍。

参考文献

[1] 颜惠庚，杜存臣. 技术创新方法实践——TRIZ 训练与应用 [M]. 北京：化学工业出版社，2013.

第三章　典型的制冷空调创新技术

第一节　小管径换热器技术

一、背景

换热器是热力系统中的重要部件，它的性能好坏直接影响到系统的整体能效。从制冷空调系统节约成本、提高能效和环保的角度考虑，需要发展紧凑式换热器。

房间空调器中采用的换热器类型，基本上均是翅片管式换热器，其中管子采用铜管，翅片采用铝片。将这类换热器做得更加紧凑的一个主要方法，是采用较小管径铜管的换热器替代现有换热器中直径较大的铜管。我国房间空调器开始批量生产时，换热管的外径大多为 9.52mm 或者更大；后续通过努力，将主流的管子外径下降到 7mm。进一步将管径下降至 5mm 及以下，则带来新的好处，也带来了挑战。制冷空调行业中，将管子外径为 5mm 及以下的换热器称为小管径换热器。

采用小管径的好处是很明显的。减小该类型换热器中的换热管直径，能够明显减少铜的消耗量，有效地降低换热器成本。若将管径由 9.52mm 缩小为 5mm，单位管长铜管的表面积减少 47.4%。这就意味着，铜管的厚度不变，单位管长的铜用量减少 47.4%。实际上，由于耐压强度的增加，铜管的壁厚减薄，铜材的减少量可达 62.9%。由于铜管的成本占换热器材料成本的 80% 以上，这就意味着采用更小管径，换热器的材料成本可以降低 50% 以上。

由于换热器管径的缩小，房间空调器应用更小管径的铜管后，能够明显降低制冷剂的充注量。例如，将管径由 9.52mm 缩小为 5mm，则换热器的内容积可以缩小 75.4%。这就意味着管径减小后，系统的充注量仅为原来的 25%。

充注量的减少可以直接减小因为制冷剂对于环境的影响。对于易燃型环保工质（如R290）的应用则更是起到极大的推动工作，因为充注量减少直接降低了采用可燃制冷剂的空调器的危险性。

采用小管径也带来明显的挑战。制冷剂在管子中的传热和压降特性与管径直接相关。换热器采用小管径铜管后，其主要的传热和压降性能也随之发生变化，进而导致系统的性能也发生改变。采用小管径后，同样管长的换热面积明显下降；在同样流量下的传热压降明显上升；原来的基础传热关联式的预测精度大幅下降。这就意味着换热器的设计将不再能够套用原来的经验。同时管径缩小后，由于加工工艺的限制，也对小管径的应用带来了新的挑战。

国内产学研各界经历了十余年合作，使小管径技术的开发与应用走到了国际前列，中国成为世界上最大的小管径换热器生产与应用的国家，也促成了制冷空调换热器技术联盟

本节供稿人：丁国良，上海交通大学。

的成立。目前各个联盟成员单位正在继续通力合作，发展这方面的技术。作者作为该联盟的理事长，代表联盟对小管径换热器技术作一些概括性的介绍。

二、小管径换热器的主要技术问题与解决思路

（一）管径变小对换热器换热量的影响

换热器的换热量受换热面积、换热系数的影响，可由公式（3-1-1）来表示

$$Q = \alpha \cdot A \cdot \Delta T = \alpha \cdot A \cdot (T_{\text{air}} - T_{\text{ref}}) \tag{3-1-1}$$

式中：α——以翅片面积为基准的换热系数，W/（m²·℃）；

　　　A——翅片的换热面积，m²；

　　　ΔT——制冷剂和管外空气之间的传热温差，℃。

1. 管径对换热面积的影响

制冷剂侧换热面积与换热管的直径呈线性相关，如公式（3-1-2）所示。

$$A_{\text{ref}} = \pi \cdot D \cdot l \tag{3-1-2}$$

式中：D——换热管的直径，mm；

　　　l——换热管的长度，mm。

将换热管的管径从目前常用的 7mm 变为管径更小的 5mm，其他参数保持不变，则制冷剂侧的换热面积将下降约 28.6%。

2. 管径对换热系数的影响

制冷剂侧两相区内的换热系数与管径的关系较为复杂。

图 3-1-1 给出了一个典型 R410A 空调器，管内制冷剂侧的换热系数随流量变化情况。可以看出，无论蒸发器还是冷凝器，制冷剂侧的换热系数随着制冷剂流量的增大而增大，且基本上呈线性的关系；管径越小，换热系数随制冷剂流量增大的趋势越明显。

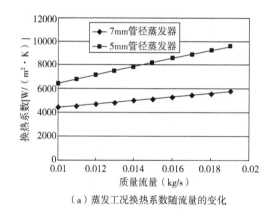

（a）蒸发工况换热系数随流量的变化

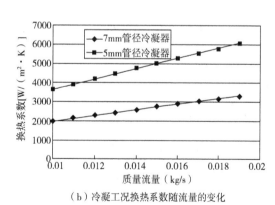

（b）冷凝工况换热系数随流量的变化

图 3-1-1　质量流量在不同管径下对制冷剂侧换热系数的影响

3. 管径对换热器总换热量的影响

当换热管的管径减小后，管内的换热面积减小，但换热系数增加，这两个因素对于换热增加的效果是相反的。对于某一空调器采用 5mm 管代替原来的 7mm 管后，蒸发器换热量比原来增加了 1.5%，冷凝器的换热量比原来增大了 11.3%。表明该空调器在不考虑结

霜工况的前提下，小管径对冷凝器的换热能力提升更为明显。增加的原因，除了管内换热系数增加外，更重要的原因是，小管径导致翅片导热面积增加；因为翅片在管子穿孔时要被截掉一部分面积，管径变小时，被截掉的翅片传热面积也少了。

（二）管径改变对换热器压降的影响

当换热管的管径减小后，由于管内摩擦系数的增大，管内制冷剂的流动阻力加大，因而导致制冷剂的压降也开始上升。压降的上升必然会导致制冷剂相变温度的变化，进而影响到整个系统。特别是对于蒸发器，本身的压降较大，当压降明显上升时，将明显增加传热的不可逆损失，致使 COP 下降。

对于两相区制冷剂的压降，可由公式（3-1-3）进行计算。

$$\frac{\Delta P}{L} = \left[f_{\mathrm{m}} + \left(\frac{x_{\mathrm{o}} - x_{\mathrm{i}}}{x_{\mathrm{m}}} \right) \frac{D_{\mathrm{i}}}{L} \right] G \left(\frac{4m}{\pi D_{\mathrm{i}}^2} \right)^2 \frac{v_{\mathrm{m}}}{D_{\mathrm{i}}} \tag{3-1-3}$$

式中：f_{m}——摩阻系数；

L——管路长度，mm；

D_{i}——管内径，mm；

x_{o}、x_{i}、x_{m}——制冷剂两相区内的出口干度、进口干度和平均干度；

G——制冷剂的质流密度，kg/（m²·s）；

v_{m}——两相区内的平均比容，kJ/（kg·℃）；

由公式（3-1-3）可知，制冷剂的压降与换热管内径的 4 次方呈反比。这说明，管径略微减小，可能导致换热器的压降剧烈提升。

图 3-1-2 所示为某一空调器内压降的变化情况。可以看出，制冷剂侧的压降也是随着制冷剂流量的增大而增大的，且基本上呈线性的关系；5mm 管的压降比 7mm 管的压降要大 5 倍以上。因此管径缩小对换热器的压降影响非常明显。

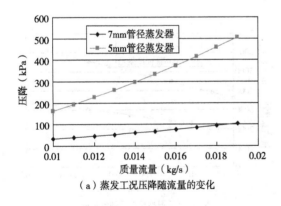
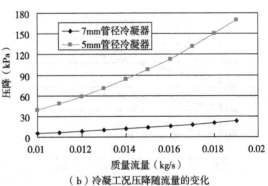

（a）蒸发工况压降随流量的变化　　　　（b）冷凝工况压降随流量的变化

图 3-1-2　质量流量在不同管径下对压降的影响

（三）管径变小对空调器整机性能的影响

由前面分析可知，空调器换热器中的换热管管径减小后，带来的主要影响为：换热面积减少，但换热系数增加；换热量在一定工况下也有相应的增加；摩阻系数增大，制冷剂流动阻力加大，压降上升；蒸发器内蒸发温度下降，冷凝器内冷凝温度上升，进而影响系统效率。制冷剂侧换热系数的增大可以提高换热器的换热性能，但换热面积的减小和制冷剂沿程阻力损失的增大可以降低换热器的换热性能和系统的能效。因此需要理论上综合评估空调器采用更小管径对空调器换热器的影响。

对于一个采用 R410A 工质的空调器进行了具体计算，计算中假设仅对换热器的换热管进行改变，从原来的 7mm 改为 5mm，其他输入参数不变，获得的结果为：

（1）小管径铜管的换热器的传热效率优于大管径铜管的换热器，且其结构更加紧凑。

（2）在单冷系统中，冷凝器可以直接采用更小的管径换热器，不需要做其他优化，可以达到原系统的性能。

（3）单冷系统的蒸发器，冷暖系统的蒸发器和冷凝器，若采用更小的管径换热器，必须对换热器的结构进行优化，减小换热器的压降，否则会导致系统的性能系数（COP）值和能力剧烈下降。

对于每一款具体的空调器，为了在缩小换热管后达到最优的性能，需要专门优化。

（四）管径变小对于制造工艺的影响

空调器采用更小管径后，由于工艺的限制，对小管径的应用也会造成一些挑战，具体包括以下两点。

（1）换热器的管径减小后，由于翅片翻边工艺的限制，其翻边高度将降低。由于翻边高度的降低，造成翅片间距的减小，使得空气侧流动阻力增大，容易积灰且不利于排水和化霜。这就意味着换热器管径减小后，翅片必须做进一步的优化。

（2）换热器的管径减小后，管子承受压应力的强度降低。若采用传统的胀管技术，会使得换热器胀管的报废率较高，特别是在换热器较大的情况下。

（五）解决小管径空调器研发问题的思路

直接在空调换热器中应用小管径铜管替代大管径铜管存在着一些技术难题，这里给出了解决这些难题所需要进行的相关研究，具体如表 3-1-1 所示。

表 3-1-1　解决小管径铜管应用问题的对策

小管径铜管应用的技术难题	解决问题的思路
原来的制冷剂管内流动与传热关联式都是基于较大管径开发，用于小管径时，将产生较大偏差	针对小管径铜管，进行实验测试，并重新开发传热与压降关联式
管径变小导致翅片间距变小，从而使空气侧阻力增大、容易积灰、不易排水化霜	实验研究细管翅片管换热器的空气侧析湿、结霜与压降特性，设计适用于小管径铜管的高效翅片
换热器管径缩小后，为了平衡压降，需要更多流路，从而使得分流不均问题变得很明显。单纯基于试验进行分路设计耗时长，成本高	开发基于图论的翅片管换热器三维分布参数模拟技术，从而使得工程师能够设计和优化适用于小管径的换热器流路。开发适用于小管径分液的低成本的分液装置
换热器形式改变后，也会使得系统设计中的充注量等参数发生改变，需要重新匹配	进行空调器系统的仿真和试验研究，确定小管径空调器系统的最优的充注量等
换热器的管径减小后，管子承受压应力的强度降低。若采用传统的胀管技术会使得换热器胀管的报废率较高，特别是在换热器较大的情况下	改进现有的胀管工艺，提高换热器尺寸较小时的成品率；研究和开发无收缩胀管技术，从而能对任意尺寸大小的换热器进行胀管

三、采用小管径换热器的空调器优化设计

(一) 空调器的优化设计方法

小管径空调器的优化设计方法包括两个部分：一是用小管径换热器仿真软件对室内机和室外机分别进行换热器结构设计及流路优化；二是用空调器系统仿真软件对优化后的室内机和室外机进行性能预测。

空调器优化设计中使用的小管径换热器仿真软件，采用三维分布参数模型，基于图论的概念对换热器的管路连接进行描述，换热和压降计算均采用针对小管径铜管开发的关联式，能够准确预测换热器的稳态特性。小管径换热器仿真软件的主要界面如图 3-1-3 所示。

（a）输入界面　　　　　　　　　　　（b）输出界面

图 3-1-3　小管径换热器仿真软件的主要界面

空调器设计中还使用空调器系统仿真软件对小管径空调器的系统性能进行预测，如图 3-1-4 所示。在软件界面中输入蒸发器、冷凝器、毛细管和压缩机的相关参数及系统运行工况，计算后输出系统能效、制冷量、压缩机功率及过热度和过冷度。

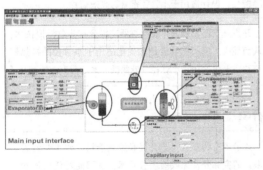
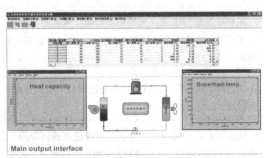

（a）输入界面　　　　　　　　　　　（b）输出界面

图 3-1-4　空调器系统仿真软件的主要界面

小管径空调器的设计中，需要优化的主要参数包括：

（1）室内机流路、换热管管数和排列方式，室内机片型和翅片间距。

（2）室外机流路、换热管管数和排列方式，室外机片型和翅片间距。

（3）毛细管长度和制冷剂充注量。

（二）小管径空调器优化设计案例

下面的设计案例，包括单冷工况及冷暖工况的小管径空调器设计。

设计工况参数由国家标准规定的标准测试工况给出：额定制冷工况下，室内机空气侧的干球/湿球温度为27℃/19℃，室外机空气侧的干球/湿球温度为35℃/24℃；额定制热工况下，室内机空气侧的干球/湿球温度为20℃/15℃，室外机空气侧的干球/湿球温度为7℃/6℃。

1. 单冷工况下小管径空调器的设计

（1）原型机结构参数。以一款单冷的窗机为例，原型机的室内机采用7mm强化管，2排10根U形管，翅片形式为桥片，翅片大小21mm×13mm，流路如表3-1-2所示。

原型机的室外机采用7mm强化管，2排13根U形管，翅片形式为平片，翅片大小21mm×13mm，流路如表3-1-2所示。

（2）设计要求。

①结构参数要求。室内机或室外机采用5mm管，5mm管翅片大小为19.5mm×11.2mm；7mm管翅片大小为21mm×13mm。

②性能要求。单冷工况下新设计的空调器的性能与原型机相当。

（3）设计结果。单冷工况下，对室内机和室外机分别进行优化设计，5组优化方案的设计结果如表3-1-2所示，方案4为最优方案。

表3-1-2 单冷空调器的设计结果

项目		原型机	方案1	方案2	方案3	方案4	方案5
蒸发器	流路						
	管型	φ7mm	φ5mm	φ5mm	φ7mm	φ7mm	φ5mm
	U管数	10	10	11	10	10	11
	翅片	桥片	桥片	桥片	桥片	桥片	桥片
冷凝器	流路						
	管型	φ7mm	φ5mm	φ5mm	φ5mm	φ5mm	φ7mm
	U管数	13	13	14	14	14	13
	翅片	平片	平片	平片	平片	桥片	平片

续表

项目	原型机	方案 1	方案 2	方案 3	方案 4	方案 5
制冷量	1478	1453	1398	1450	1467	1432
EER	2.72	2.67	2.52	2.63	2.70	2.62
功率	543	545	556	550	544	546

2. 冷暖工况下小管径空调器的设计

（1）设计思路。图 3-1-5 所示为冷暖工况下的小管径空调器设计思路，包括以下几点。

①先在制冷工况下对两器进行初步设计。

②仿真初步设计在制热工况下的性能。

③分析仿真结果，在制热工况下设计两器，主要是增加制冷剂流路。冷暖机的室外机在热泵工况下作为蒸发器，采用小管径后压降增大明显，影响制热性能，因此在设计冷暖机的室外机时分路数需要适当增加。

④优化流路及两器结构参数。

⑤得到冷暖工况下的优化方案。

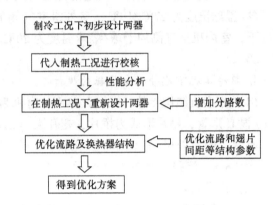

图 3-1-5　冷暖工况下的空调器设计思路

（2）设计案例。下面以一款冷暖两用机为例，详细介绍冷暖工况下空调器的设计。

①原型机结构参数。原型机的室内机采用 7mm 强化管，2 排 16 根 U 形管，翅片间距 1.5mm，翅片大小 19mm×11mm，流路如图 3-1-6（a）所示。原型机的室外机采用 9.52mm 强化管，2 排 20 根 U 形管，翅片间距 1.5mm，翅片大小 24mm×21.65mm，流路如图 3-1-6（b）所示。

②设计要求。

a. 结构参数要求。室内机和室外机均采用 5mm 管，翅片间距 1.3~1.5mm。

b. 性能要求。冷暖工况下新设计的空调器的性能不低于原型机，成本低于原型机。

（3）设计结果。冷暖工况下，对室内机和室外机分别进行优化设计，室内机采用 1.3mm 的翅片间距，2 排 φ5mm 管，流路如图 3-1-7 所示；室外机采用 1.2mm 的翅片间距，3 排 φ5mm 管，设计后的流路如图 3-1-8 所示。

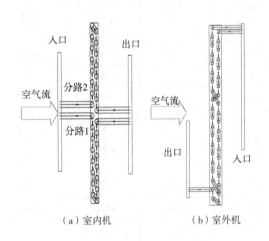

图 3-1-6　原型机流路示意图

制冷和制热工况下的空调器系统性能的仿真结果如表3-1-3所示。由表中数据可知，在冷暖工况下，新设计的小管径空调器的成本下降34.7%，换热量和系统EER与原型机相当。

若不增加室外机的分路数，制热工况下室外机的压降增加2倍以上，严重影响换热性能，因此，在设计冷暖两用的空调器时室外机应多分路以保证制热效果。

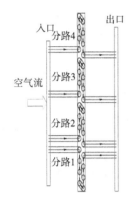

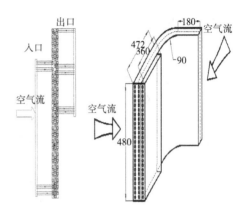

图3-1-7　设计后室内机的流路示意图　　　　图3-1-8　设计后室外机的流路示意图

表3-1-3　冷暖工况下的仿真结果

项目	制冷量（W）	EER	制热量（W）	COP	成本
原型机	2593	3.457	2821	3.57	324.46
设计后	2595	3.465	2823	3.58	211.9
偏差	+0.04%	+0.17%	+0.07	+0.32	-34.7%

四、小管径换热器技术的应用现状与发展趋势

经过十余年的发展，小管径技术得到了很大的发展。应用5mm换热管的空调器已经占到全部空调器产量的20%左右。

管径缩小可以减少铜管的材料，增强换热；由于管径的缩小，能够明显降低系统充注量，减少制冷剂温室气体排放。基于管径缩小的好处，则比5mm管更小的翅片管式换热器开发，也被提出来了。目前更细管径的换热管，比如4mm管和3mm管，也已经可以大规模制造。但4mm管只有少量应用，主要是用于混合管径换热器中。而3mm管并未在空调器中得到规模化的应用、5mm管在空调器中的应用尚处于发展阶段，还有一系列的技术问题需要解决。而4mm及更细管子的批量应用，则尚不成熟。这是因为管径的缩小，同时具有优点和缺点，需要取得一个最佳平衡点。比如，从铜材费用上讲，理论上证明，管径越小，同样传热量消耗的材料越少；但管径小的时候，材料的加工成本会增加，因此综合的成本并不是随着管径一直下降的。

但如果对于系统的充注量严格限定，则因为小管径带来充注量减小的优势，则可以加速小管径换热器的应用。比如 R290 是一种可燃制冷剂，严格限定其充注量对于空调器的安全性是很重要的，因此 R290 空调器均是采用小管径换热器。

参考文献

[1] 任滔，丁国良，韩维哲，等. 空调器中采用小管径的影响分析及研发思路 [J]. 制冷技术，2012，32 (1)：51-54，69.

[2] 尤顺义，张静，林灿洪，等. 小管径内螺纹铜管在空调系统中的应用 [J]. 制冷技术，2010，30 (2)：22-25.

[3] 王婷婷，任滔，丁国良，等. 小管径空调器的优化设计 [J]. 制冷技术，2012，32 (4)：1-4.

[4] 吴扬，李长生，邓斌. 采用小管径铜管空冷换热器的性能成本分析研究 [J]. 制冷技术，2010，30 (2)：19-21.

[5] 吴照国，任滔，丁国良，等. 房间空调器缩小换热器管径的表面反应设计方法 [J]. 制冷学报，2011，32 (4)：47-52.

[6] 魏文建，丁国良，王凯建，等. 含油制冷剂在小管径换热管内流动沸腾换热特性实验研究 [J]. 上海交通大学学报，2006，41 (3)：404-410.

[7] DING G L, HU H T, HUANG X C, et al. Experimental investigation and correlation of two-phase frictional pressure drop of R410A-oil mixture flow boiling in a 5mm microfin tube [J]. International Journal of Refrigeration, 2009, 32 (1)：150-161.

[8] 胡海涛. R410A-润滑油混合物管内流动沸腾换热和压降特性的研究 [D]. 上海：上海交通大学，2008.

[9] 黄翔超. R410A-润滑油混合物小管径管内冷凝冷凝热换和压降特性的研究 [D]. 上海：上海交通大学，2010.

[10] 赵定乾，任滔，丁国良，等. 房间空调器采用 3mm 铜管的设计与性能分析 [J]. 制冷技术，2018，38 (3)：36-41，47.

第二节　全铝微通道平行流换热器

一、背景

我国制冷空调产业发展迅速，2011 年全国空调保有量突破 4 亿台。据电力部门统计，我国夏季空调耗电量约占全国耗电量的 20%，例如，广州等城市的夏季空调耗电量约占全市总耗电量的 40%。为降低空调行业的能耗，国家不断推出新的能效标准，提高空调产品的能效等级。提高空调换热器（包括蒸发器和冷凝器）的换热效率和能力能够降低传热温差，是实现空调能效提升来满足能效等级要求的重要技术手段。家用、商用、客车等空调领域，换热器主要为铜管铝翅片形式，相比于铜管铝翅片换热器，全铝微通道平行流换热器在性能和成本方面均具有显著的潜在优势。

全铝微通道平行流换热器由铝制的集流管、多孔的微通道扁管、铝翅片焊接而成，结

本节供稿人：陈江平、王丹东，上海交通大学。

构和外形如图 3-2-1 所示。研究表明，相比于铜管铝翅片换热器，微通道换热器具有如下优异性能：高性能，传热能力的提高幅度高达 30%；体积小，在相同换热能力条件下，体积可减小 10%~20%；成本低，铝材成本远低于铜材成本，成本下降可达 30%；另外还有重量轻、冷媒充注少、易于大批量生产等优点。

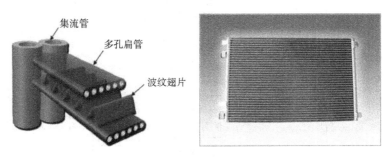

图 3-2-1　全铝微通道平行流换热器的结构和外形

在家用、商用等空调领域，作为铜管铝翅片换热器的替代选择，全铝微通道平行流换热器具有非常大的应用潜力。但是，全铝微通道平行流换热器内部为亚毫米尺度的流动传热，有别于常规毫米尺度的流动传热，因此需要对其进行专门的研究和设计。其中在集流管内部，两相流制冷剂的不均匀分配会引起不同扁管换热能力的不均衡，从而导致微通道换热器能力严重衰减。为此，研究团队通过深入研究微通道换热器传热和流动机理，探索产学研合作新模式，联合高校和企业资源，克服了微通道换热器流量分配控制的技术难题，从而推动了微通道换热器产业化，促使学术成果转化，实现了社会和经济效益。

二、解决问题的方法和思路

(一) 微通道换热器的理论数值模型

为解决微通道平行流蒸发器内部制冷剂气液两相流动的分配不均的技术挑战，首先采用分布参数法建立一维的数值仿真模型，获得基于制冷剂均匀分配的条件，预测蒸发器制冷量、蒸发器制冷剂侧和空气侧压降、空气出口温湿度、蒸发器制冷剂流量等重要性能指标，为蒸发器的设计提供重要参考。然后建立三维的计算流体动力学仿真模型，研究制冷剂两相流在集流管内部的流量分配、压力变化等局部特性，包括入口流量、入口干度、结构等参数对上述参数和总体的影响，在此基础上提出解决两相流不均匀分配的技术方案。图 3-2-2 显示了微通道平行流蒸发器一维仿真模型的流程图，图 3-2-3 显示了微通道平行流蒸发器的三维仿真的压力分布。

(二) 微通道换热器的评价准则

1. 流量分配均匀性

为了研究平行流换热器内的流体流量分配特性，首先需建立流量分配均匀性的评价标准，通过计算流体动力学分析可以得到每一根扁管的流量，引入如下计算方法对单个扁管及整个换热器的流量分配不均匀度进行计算：

$$S_i = (g_i - g_a)/g_a \tag{3-2-1}$$

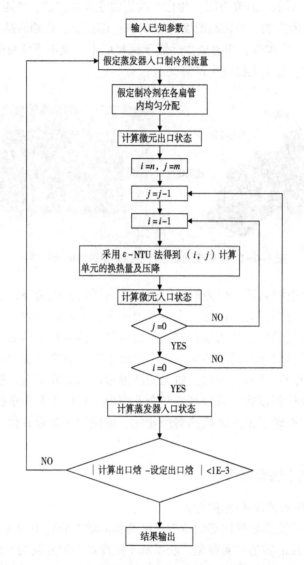

图 3-2-2　微通道平行流蒸发器一维仿真模型的流程图

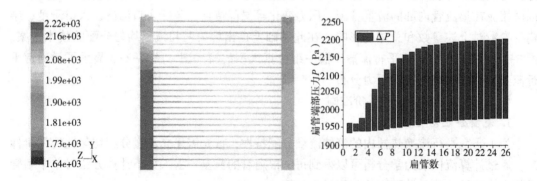

图 3-2-3　微通道平行流蒸发器的三维仿真的压力分布

$$S = \sum_{i=1}^{n} \left| (g_i - g_a)/g_a \right| \qquad (3-2-2)$$

式中：S_i ——单个扁管内流量分配不均匀度；

　　S ——整个换热器的流量分配不均匀度；

　　g_i ——扁管序号为 i 的扁管内的流量；

　　g_a ——平均流量。

整个换热器的流量分配不均匀度 S 是对流量分配均匀性最直观的表述，S 越低，表明整个换热器的流量分配均匀性越好。

2. 集液管压力梯度及扁管两端压差

在平行流换热器集液管内，由于存在进出口、弯头等不对称结构，以及流动距离不同等因素带来的压力损失，集液管内存在压力梯度。通过优化设计可减小集液管内压力梯度，因此通过优化设计集液管内压力梯度 ΔP_{header} 及扁管两端压差 ΔP_1，ΔP_2，…，ΔP_i，也被认为是流量分配均匀性的评价标准之一。

3. 换热器表面温度分布

当平行流换热器内流量分配不均时，某根或数根扁管内工质流量不足，该区域内扁管与空气侧换热量偏低。当换热器加热空气时，换热器表面出现低温区；当换热器冷却空气时，换热器表面出现高温区。通过红外热像仪测量换热器表面温度；或通过热电偶阵列可以得到换热器出风口温度分布，温度分布越均匀，认为换热器内部流量分配越均匀，因此换热器表面温度分布均匀性也被作为评价标准之一。

（三）微通道换热器集流管的可视化实验

为了深入了解制冷剂两相流在蒸发器内部的流动情况，采用可视化方法观测制冷剂在集流管内部的流动特征，总结入口条件对流动状态的影响，从而指导流量分配控制结构的设计。图 3-2-4 为微通道平行流蒸发器的集流管可视化样件。

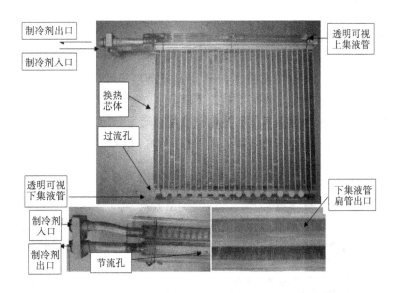

图 3-2-4　微通道平行流蒸发器的集流管可视化样件

可视化的实验结果表明，在集液管入口处，制冷剂两相流呈现出两相混合均匀的泡状流，在集液管后部，两相制冷剂流型逐渐转变成气液分层流。在不同入口流量条件下，制冷剂在蒸发器入口始终为混合均匀的泡状流，这是由于在蒸发器前的膨胀阀内，过冷的单相液态制冷剂经过膨胀阀节流变为混合均匀的两相制冷剂。同时，由于制冷剂入口管管径较小（12mm），两相制冷剂从管径较小的制冷剂入口管进入管径较大的集液管内，产生喷射效应，因此在集液管入口处，两相制冷剂混合均匀，流体状态为包含大量气泡的气液两相混合物。随着制冷剂质量流量增加，集液管内制冷剂的流动状态由泡状流转变为分层流，唯一区别就是气泡的喷射距离，混合均匀的两相制冷剂进入集液管后，其流动状态能维持一段距离，但是由于集液管较长，一定距离后，气泡消失，流态转变为气液两相分离的分层流。制冷剂质量流量为30g/s时，气泡能喷射到集液管1/2处；制冷剂质量流量为80g/s时，气泡能喷射到集液管2/3处；制冷剂质量流量为140g/s时，气泡几乎达到集液管根部，同时还能观察到液体冲击到集液管根部向上甩。图3-2-5为集流管内部两相制冷剂的流动状态。两相制冷剂在集液管入口处混合均匀，流体状态为包含大量气泡的气液两相混合物，混合较为均匀的两相流体喷射一定距离后，出现气液分层现象，流态转变为分层流，液体在入口集液管根部聚集，这与计算流体动力学模拟分析结果吻合；根部较多的液体会使得根部扁管的换热加强，这与蒸发器后部出风温度较低的实验结果吻合。

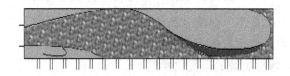

图 3-2-5　集液管内两相制冷剂的流动状态

三、技术方案

（一）微通道蒸发器流量分配控制结构

针对全铝微通道平行流蒸发器的研究结果表明，蒸发器内部的两相流量分配控制主要由集液管内部结构决定；通过在集液管内部设置导流板，可以使集液管压力梯度尽量减小，同时实现两相制冷剂的均匀分配。据此，提出了三种适用于微通道平行流蒸发器的集液管结构，用于控制制冷剂两相流在不同扁管流路的流量分配。表3-2-1显示了三种集液管结构（径向节流结构、轴向节流结构、插管式结构）和常规未优化结构的对比示意。

表 3-2-1　平行流蒸发器的集液管结构

类型	集液管结构	类型	集液管结构
未优化结构		径向节流结构	
轴向节流结构		插管式结构	

未优化结构的蒸发器集液管主要包括制冷剂入口管、集液管上盖板、后端盖、主板（扁管插孔板），以及数十根扁管的插入端部，集液管内部未设置流量分配控制结构。

径向节流结构通过在集液管内适当位置设置带节流孔竖直隔板实现，通过隔板的阻拦作用使压力梯度尽量减小，其特点为：采用带节流孔竖直隔板，工艺性好，隔板位置及节流孔孔径大小可通过实验标定，当蒸发器尺寸变化时便于调整，可对集液管内压力分布进行有效控制。

轴向节流结构通过在集液管内设置带节流孔水平隔板实现，原理与径向节流一致，通过损失一定的制冷剂压力，达到降低集液管内压力梯度的目的。其结构特点与径向节流相比主要区别为：在集液管内隔板为水平放置，节流孔在水平隔板上的位置、形状、孔径等均为可调参数，但是工艺较为复杂。

插管式结构通过使制冷剂流经集液管内管路上的开孔，达到降低集液管内压力梯度、均匀分配两相制冷剂的目的。其结构特点是，制冷剂入口管路插入集液管直到底部，在入口管路插入集液管的部分上开孔，使两相制冷剂从入口管路上的开孔处流出，进入各根扁管。该结构在批量生产制造时，只需将加工好的入口管路插入集液管，工艺性较好。

（二）不同集流管结构的性能评价

1. 未优化流量分配结构

所采用的入口两相制冷剂流量为130kg/h，干度范围为0.25~0.45，间隔0.05。29根扁管出口压力统一设为277kPa，假定过流集液管或出口集液管压力场分布均匀。图3-2-6所示为未优化集液管内部压力分布和制冷剂的质量流量分布情况。根据入口集液管内压力场分布，可见存在明显的压力梯度，压力范围为276.77~277.44kPa，在前三根扁管处存在负压区（相对于出口背压）。根据各根扁管内两相制冷剂质量流量的分配情况，可见，在前四根扁管内存在回流现象，这是因为前面负压区的存在。从理论上分析，当制冷剂从管径较小的入口管路（8mm）进入水力直径较大（20mm）的集液管时，制冷剂流体发生急剧减速，必然出现流体分离，流体分离产生大尺度的分离漩涡，导致"回流现象"，该现象与流体在突然扩张管道中的流动情况类似。流体流过突然扩张管道截面，速度急剧减小时将产生分离，在分离区内，分离漩涡的衰减和阻尼过程产生。

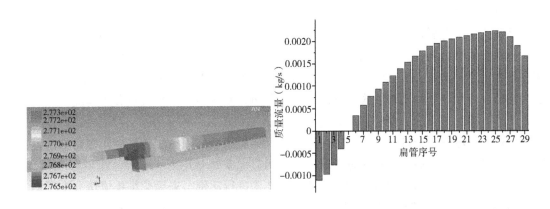

图3-2-6　未优化集液管内部压力分布和制冷剂的质量流量分布

2. 径向节流流量分配控制结构

在未优化集液管的基础上，设置径向节流流量分配控制结构，加入了三块竖直隔板，其中第一块隔板节流孔流通面积占隔板总面积的 70%，第二块流通面积占 50%，第三块流通面积占 30%。图 3-2-7 所示为径向节流流量分配控制结构集液管内部压力分布和制冷剂的质量流量分布情况。结果表明，采用径向节流流量分配控制结构可以明显改善压力分布均匀性，但是集液管入口处的负压区仍然存在，主要是因为径向隔板结构无法消除入口处的喷射效应。从各根扁管内的流量分配看，可见集液管中后部扁管内流量分配较为均匀，虽然前部仍然存在回流现象，但在约 70% 的扁管内，流量分配基本均匀，与未优化相比流量分配均匀性显著提高。

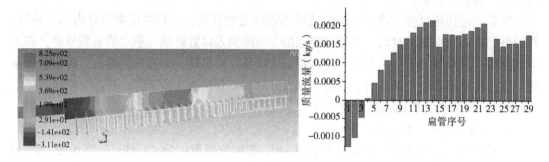

图 3-2-7　径向节流流量分配控制结构集液管内部压力分布和制冷剂的质量流量分布

3. 轴向节流流量分配控制结构

轴向节流流量分配控制结构的特点是在集液管内设置水平放置的隔板，隔板上开有节流孔，可通过调整节流孔数目、位置、大小等来调节两相制冷剂流量分配。研究人员分析了几种水平隔板结构的影响，如图 3-2-8 所示。从集液管内压力场分布看，采用轴向节流流量分配控制结构，集液管入口处负压区完全消除，压力场分布由节流孔位置决定；位于节流孔下方的区域，压力较高；从制冷剂质量流量分配计算结果看，处于节流孔位置下方扁管的质量流量较高，表明通过在恰当位置设置节流孔以及增加节流孔数目可以使流量分配更为均匀。

4. 插管式流量分配控制结构

插管式流量分配控制结构特点是，制冷剂入口管路插入集液管直到底部，在入口管路插入集液管的部分上开孔，使两相制冷剂能从入口管路流出，进入各根扁管。同时，该结构在批量生产制造时，只需将加工好的入口管路插入集液管，其工艺性较好。图 3-2-9 所示为插管式流量分配控制结构集液管内部压力分布和制冷剂的质量流量分布情况。从压力分布图看，插管式流量分配控制结构可以完全消除负压区，向下开孔压力分布更为均匀；从制冷剂质量流量分配计算结果看，向上开孔时，关闭根部开孔能使最后几根扁管内过高的质量流量降低；而向下开孔流量分配均匀性明显优于向上开孔。

采用流量分配均匀性评价标准对上述几种结构进行评价，未优化结构流量分配不均匀度 S 达到 20.0；径向节流结构流量分配控制结构 S 值为 14.7，主要原因是前三根扁管存在回流，其他大部分扁管流量分配较为均匀；轴向节流结构流量分配控制结构经过多次调

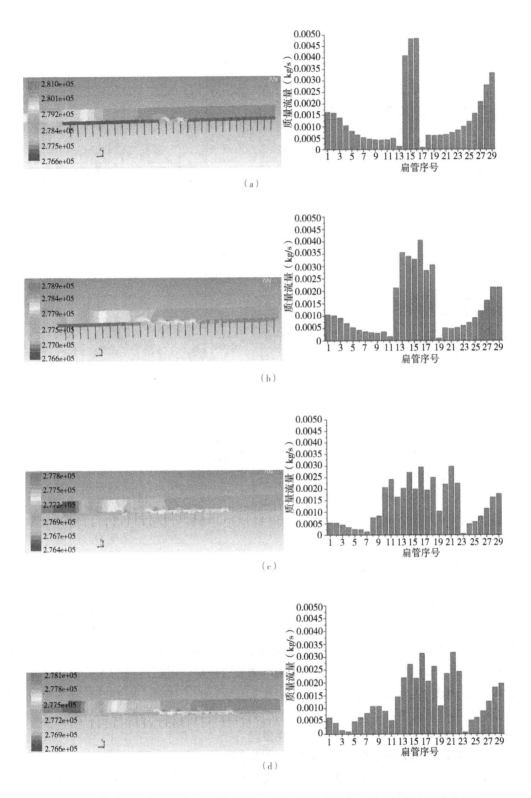

图 3-2-8 轴向节流流量分配控制结构集液管内部压力分布和制冷剂的质量流量分布

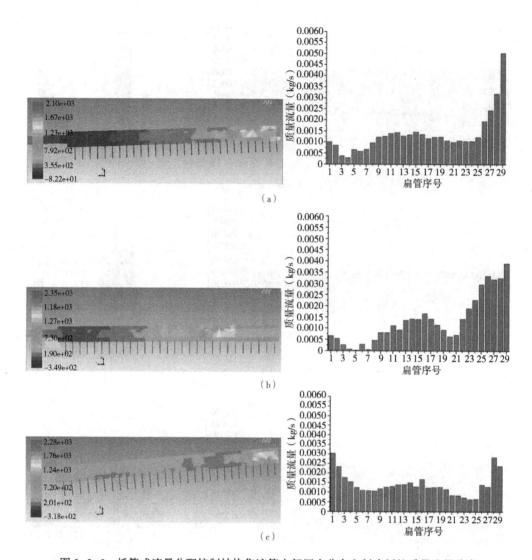

图 3-2-9　插管式流量分配控制结构集液管内部压力分布和制冷剂的质量流量分布

整后，采用最佳的（d）方案，其流量分配不均匀度 S 达到 17.2；而插管式流量分配控制结构采用（c）号方案，流量分配不均匀度 S 仅为为 8.2，可见插管式流量分配控制结构流量分配均匀性最佳。总体而言，径向节流流量分配控制结构，材料成本最省，工艺性好，效果显著；轴向节流流量分配控制结构可调参数较多，得到恰当的参数组合后流量能较为均匀地分配，但是也增加了设计开发以及实验验证的工作量，同时材料成本较高，工艺复杂；径向节流及轴向节流流量分配控制结构均能提高两相制冷剂在平行流蒸发器内的分配均匀性，而插管式结构流量分配均匀性最佳。

（三）多个并联微通道蒸发器流量分配控制结构

针对多个微通道平行流蒸发器并联的应用场景，不仅面临单个微通道内部制冷剂两相流分配不均的挑战，同时在多个蒸发器之间也形成分配不均的状态。在常规的两个管片式换热器，通常采用分配器将制冷剂分为 10~20 路。若采用全铝微通道换热器，无法直接采用传统的铜制的分配器，若采用单个热力膨胀阀，则会出现不同蒸发器之间的流量分配不均问题，从而引起总体性能大幅度衰减。因此提出了采用多路并联式微通道蒸发器的设计，对于每一路的蒸发器采用独立的热力膨胀阀（TXV）进行流量分配控制。图 3-2-10 分别显示了常规的采用单个 TXV 的管片式换热器结构、单个 TXV 的多个微通道换热器并联结构以及提出的 6 个 TXV 的微通道换热器并联结构。

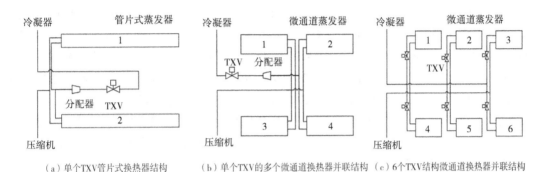

（a）单个TXV管片式换热器结构　　（b）单个TXV的多个微通道换热器并联结构　（c）6个TXV结构微通道换热器并联结构

图 3-2-10　多个并联微通道蒸发器的结构设计

图 3-2-11 显示了多个并联微通道蒸发器的结构设计的过热度表现和总体制冷量。结果表明，当采用单个 TXV 时，蒸发器出口过热度最高可达 17K，最低为 1K，这说明某个蒸发器的制冷剂流量不够导致过热度偏高，而某个蒸发器的制冷剂流量偏小导致过热度偏低。采用 TXV 独立控制流量的方法，每个蒸发器出口过热度均能够保持在 5～7K，说明 TXV 独立流量控制能够很好地解决多并联蒸发器的分配不均的挑战。采用单个 TXV 造成的流量分配不均也会引起总体制冷量的衰减。实验表明，若采用 TXV 独立流量控制可以提升制冷量从 17 kW 至 18.2～18.6 kW，达到了管片式换热器的性能，从而实现了微通道换热器对铜管铝翅片蒸发器的替代，实现了换热器成本的降低。

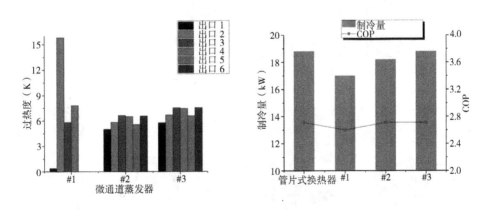

图 3-2-11　多个并联微通道蒸发器的结构设计的过热度表现和总体制冷量
#1：1 个 TXV 结构微通道
#2：6 个 TXV 结构微通道　#3：6 个 TXV 结构微通道+换热面积加大

四、产品化或工程应用情况

在解决微通道气液两相流计算基础上，提出了三种微通道蒸发器内部集流管的流量分配控制结构，成功地将其应用在微通道换热器产品中。与合作单位四川长虹开发的微通道换热器，在达到相同性能的前提下，与相同制冷量的铜管翅片式换热器相比，体积减小60%，制冷剂充注量减少70%。

与合作单位浙江盾安有限公司开发的微通道换热器，应用于 R290 环保冷媒 3P 柜机空调，原机 R22 制冷剂的充注量为 2200g，采用微通道换热器的 R290 制冷剂的充注量为 500g，系统 COP 提升 10.9%。家用空调行业制冷剂替代任务刻不容缓，由于碳氢制冷剂 R290 温室效应指数（GWP）很低，且热力学性能与 R22 接近，可用于直接替代 R22 作为家用空调的新型环保制冷剂使用，而 R290 属于易燃制冷剂，其爆炸极限为 2.1%~9.5%，因此在推广使用 R290 时，如何解决泄漏和爆炸问题是关键。通过采用微通道换热器，大幅度降低了 R290 制冷剂的充注量，提高了 R290 制冷剂使用的安全性，拓宽了 R290 制冷剂的应用范围，如图 3-2-12 所示。

与合作单位加冷松芝有限公司开发了乘用车和大中型客车空调用的微通道换热器，采用全铝微通道换热器降低了换热器成本和系统能耗，提高了空调系统安装的紧凑性。其中针对 12m 车型的大型客车空调开发的蒸发器芯体，实现了铜管铝翅片蒸发器的替代，总重量降低 9kg（约 38%），系统充注量降低 0.8kg。开发的全铝微通道平行流换热器已成功应用于 SZQ 系列、SZK 系列客车空调上，成功配套国内大型客车，获得了非常大的经济效益，如图 3-2-13 所示。

图 3-2-12　微通道换热器产业化产品

图 3-2-13　客车空调微通道换热器

五、展望

随着制冷行业的发展，微通道换热器目前已获得了广泛的产业应用。未来微通道换热器技术也将不断获得发展，其中 CO_2 微通道换热器技术和折叠管微通道换热器技术是备受关注的未来技术。

天然工质 CO_2 的 GWP 为 1，环保特性优异，在商业超市冷冻冷藏、汽车空调等领域得到应用。但 CO_2 跨临界运行压力非常高，达到 HFC-R134a 循环压力的 8~10 倍。开发能够适用于 CO_2 天然工质高耐压的微通道平行流换热器是未来微通道技术发展的方向之一。如图 3-2-14 所示。

目前采用的微通道扁管主要以挤压管为主，挤压扁管由单一组分的铝合金材料经高温挤压成型。为了保护内部流通制冷剂，挤压扁管一般采用电化学防腐，即用一层电位更低的金属材料（通常是锌）覆盖扁管表面。在和空气接触而自然腐蚀的过程中，锌层会率先释放电子被空气中的

图 3-2-14 CO_2 微通道平行流换热器

氧气氧化并最终达到平衡。与常规的挤压扁管相比，折叠扁管由三层材料组成的双面铝经过折叠而成，可在复合铝材表面层选择性地使用防腐材料。由于折叠扁管可在复合铝材中采用焊料层。因此相比于挤压管，折叠管具有更好的耐腐蚀性。采用折叠扁管的微通道换热器也是未来微通道技术发展的方向之一。如图 3-2-15 所示。

图 3-2-15 微通道内部的挤压管和折叠管

参考文献

[1] KILYOAN CHUNG K. -S. L. , WOO-SEUNG KIM. Optimizationof the design factors for thermal performance of a parallel-flow heat exchanger. International Journal of Heat and Mass Transfer, 2002 (45): 4773-4780.

[2] KULKARNI T, BULLARD C W, CHO K. Header design tradeoffs in paraflow evaporators. Applied Thermal Engineering, 2004 (24): 759-776.

[3] KIM J H , BRAUN J E , GROLL E A. A hybrid method for refrigerant flow balancing in multi-circuit evaporators: Upstream versus downstream flow control [J]. International Journal of Refrigeration, 2009. 32 (6): 1271-1282.

[4] SHI J, QU X, QI Z, et al. Effect of inlet manifold structure on the performance of the heater core in the automobile air-conditioning systems [J]. Applied Thermal Engineering, 2010, 30 (8): 1016-1021.

[5] SHI J, QU X, QI Z, et al. Investigating performance of microchannel evaporators with different manifold

structures [J]. International Journal of Refrigeration, 2011, 34 (1): 292-302.

[6] ZHAO Y, LIANG Y, SUN Y, et al. Development of a mini-channel evaporator model using R1234yf as working fluid [J]. International Journal of Refrigeration, 2012, 35 (8): 2166-2178.

[7] 刘巍, 朱春玲. 分流板结构对微通道平行流蒸发器性能的影响 [J]. 化工学报, 2012, 63 (3): 761-766.

[8] LIANG YUAN-YUAN, ZHAO YU, CHEN JIANG-PING. Numerical Model for Micro-channel Parallel Flow Evaporator [J]. Shanghai Jiaotong Univ. (Sci.), 2013, 47 (3): 413-416.

[9] 刘巍, 朱春玲. 分流板开孔面积对微通道平行流蒸发器性能的影响 [J]. 制冷学报, 2014, 35 (3): 58-64.

[10] WANG D, LIU C, CHEN J. Research on the Application of Micro-Channel Evaporator in R134a Roof-Top Bus Air Conditioner [C] // Wcx™ 17: Sae World Congress Experience. 2017.

第三节　强化补气热泵技术

一、背景

家用热泵型空调装置, 具有夏季供冷、冬季供暖的功能, 但主要用于夏季供冷。因此它的最佳工况往往是按制冷工况设计。环境温度低于-5℃时供暖须启动电辅热。但北方地区温度低于-5℃时间不在少数, 压缩机的制热量会随环境温度的降低而下降。由热泵系统循环的原理可知, 冷凝温度不变时, 室外环境温度下降, 吸气比容增加, 压比增加, 比功增加, 单位容积制冷量减小, 机组制热量和制热系数都减小。实际上, 制冷剂流量、压缩机出口状态、压缩机效率、机组组件性能和机组组件的匹配等实际因素的变化均将导致机组性能急速恶化, 这些因素主要包括以下几方面。

(1) 吸气比容增大导致系统制冷剂流量减小。在室内温度不变的情况下, 随着室外环境温度的不断降低, 蒸发压力不断降低。根据制冷剂的性质, 比容随着压力的降低而增加。对吸气容积不变的压缩机来说, 其吸入制冷剂的质量将减小, 直接导致机组总制热量减小。

(2) 压缩机排气温度过高。压缩机的排气温度过高, 会引起压缩机过热, 导致压缩机容积效率降低和能耗增加; 过高的排气温度促使制冷剂和润滑油在金属的催化下出现分解, 生成对压缩机有害的游离炭、酸类和水分。酸腐蚀制冷系统的各组成部分和电气绝缘材料, 水分会堵住毛细管, 积炭会沉聚在排气阀上, 降低压缩机密封程度, 增加流动阻力。而剥落下来的炭渣若带出压缩机又会堵塞毛细管、干燥过滤器等。过高的温度同样也可烧毁内置电动机。压缩机的排气温度很大程度上是影响其使用寿命的重要因素, 而压缩机的排气温度取决于压力比、吸排气阻力损失、吸气终了温度和多变压缩过程指数等。

(3) 压缩机容积效率下降。机组运行于低温工况时, 制冷剂流量的下降造成了压缩机油温上升和黏度降低, 密封效果变差, 机组的气密系数随之减小。随着室外环境温度下

本节供稿人: 许树学, 北京工业大学。

降，压缩机容积效率的下降导致制热量减小。

（4）压缩机指示效率降低。压缩机效率包含电动机效率、机械效率和指示效率。电动机效率和机械效率与压缩机运转频率有关。当定频运转时，电动机效率和机械效率变化不大，指示效率可表征总效率的变化。指示效率表示实际压缩过程接近理论多变压缩过程的程度，压缩过程中与外界的热交换、气体泄漏、流体动力损失、吸排气损失等影响指示效率的大小。当蒸发温度降低至远偏于压缩机的设计工况时，压缩机的指示效率会急剧下降。例如，采用 R22 为工质的涡旋压缩机，当蒸发温度从−10℃降低至−25℃时，指示效率从 0.75 降至 0.55。直接导致压缩机耗功量的增加和制热性能系数的降低。

为解决上述问题，国内外的研究者提出了多种方法，诸如辅助加热、单级变为双级压缩或两级复叠等。在众多的方案中，对压缩机中间腔强化补气形成的经济器系统，被认为是改善热泵低温制热性能理论上合理、构造简单、实际可行的技术方案。

二、系统的循环型式

对压缩机中间腔内强化补气构成的经济器系统，一方面，增大压缩机的排气量，提高制热量，遏制低蒸发温度下制热量的衰减；另一方面，补充到压缩机中间腔内的低焓值制冷剂还有助于改善压缩机的压缩效率，特别是对降低排气温度效果明显。主要有三种循环型式：过冷器系统、闪发器系统和过冷贮液器系统，其循环原理如图 3-3-1～图 3-3-3 所示。三种系统中，过冷贮液器系统应用最为广泛，目前有大量产品应用在中小型供暖和热泵热水机上。其构造方法是经济器采用间壁式换热器（板式或套管式换热器），从主路抽出一部分制冷剂，经节流后与主路液态制冷剂换热，吸热后的中压气体或气液两相混合物补入压缩机中间腔内。闪发器系统为两级节流系统，两个节流机构中间设置闪发器，闪发后的饱和气体补入压缩机的中间腔内。闪发器系统的优势是做成冷暖两用的机型比较便利。过冷贮液器系统实际应用较少，特征是低温制热降低排气温度效果明显。

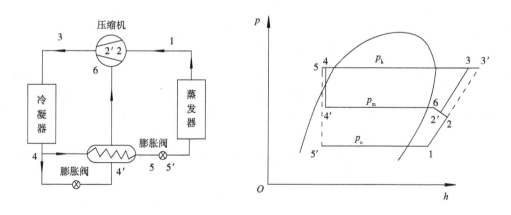

图 3-3-1　过冷器系统

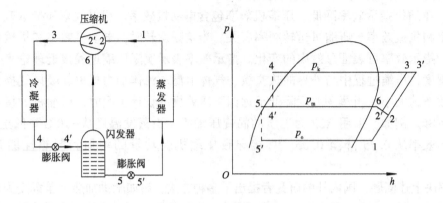

图 3-3-2　闪发器系统

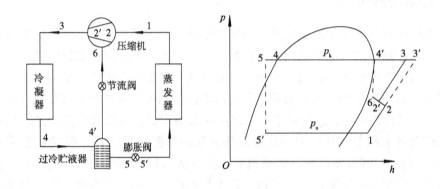

图 3-3-3　过冷贮液器系统

三、构造方法及性能测试

针对商用热泵空调机组普遍采用的涡旋压缩机，设计出带补气功能的涡旋压缩机，其结构如图 3-3-4 所示。辅助补气孔设置于中间压缩腔，与吸气腔和排气腔隔断，且与相邻工作室始终保持隔断状态。开孔位置在一定范围内变化对系统的运行安全不造成影响，但对系统在低温下的制热性能影响较为明显。合理的开孔位置应最大限度保证系统在低温工况时的实际制热性能，同时兼顾系统具有较高的能效系数。开孔的形状对性能影响不大，考虑加工简便选择圆形即可。开孔时在涡旋盘的相邻两个工作腔成对开设，并确保不使两相邻的工作腔连通发生级间串气的严重后果。依靠油膜进行密封的压缩机，壁厚较大加工尺寸可以稍大些；靠密封圈进行密封的压缩机，密封圈的厚度较小，补气口要开得相对小一些。

补气孔的位置确定以后，补气压力的大小直接影响系统的制热性能，当工况一定时，制热 COP 随补气压力的增大呈先增大后减小的趋势，如图 3-3-5 所示。在某个中间压力下获得最大的制热 COP。

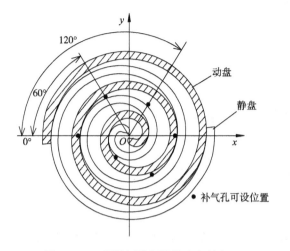

图 3-3-4 涡旋压缩机涡旋盘与补气口

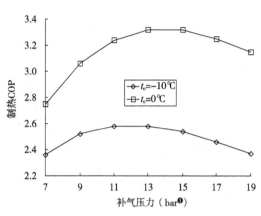

图 3-3-5 制热 COP 随补气压力的变化关系

（一）带补气的压缩过程分析

涡旋压缩机补气过程压缩功的计算比较复杂，原因是其补气压缩的过程是一个变容积和变质量的连续变化过程，压缩功的精确数值可以通过简化过程，并结合实验数据获得。可以将带补气的压缩过程分为四个阶段。

1. 第一阶段

由于过程不存在补气，在不考虑漏气等其他因素影响的条件下，该过程是准低压级的等熵压缩过程，随着涡旋压缩机的动盘转角由 θ_1 改变到 θ_2，基元容积逐渐缩小，气体状态发生变化，压缩机吸气初始状态为 p_0、T_0、V_0、m_1，第一阶段压缩终了状态为 p_1、T_1、V_1、m_1。

根据等熵压缩过程热力学关系式，得等熵压缩过程功 W_{0-1} 为：

$$W_{0-1} = \int_0^1 p\mathrm{d}V = \frac{1}{k-1}p_0V_0\left[1-\left(\frac{V_0}{V_1}\right)^{k-1}\right] \qquad (3-3-1)$$

式中：W_{0-1}——0~1 阶段压缩过程功，J；

$\qquad p$——压力，Pa；

$\qquad V$——气体体积，m^3；

$\qquad p_0$——初始状态压力，Pa；

$\qquad V_0$——初始状态体积，m^3；

$\qquad V_1$——第一阶段压缩终了体积，m^3；

$\qquad k$——等熵指数。

2. 第二阶段

第二阶段属于补气的压缩过程，压缩过程模型如图 3-3-6 所示。

气体通过补气口进入压缩机的压缩腔，与腔内已压缩的气体进行混合，压缩机进行压

----

❶ $1\mathrm{bar}=10^5\mathrm{Pa}$。

缩的同时补气量也在不断增加，随着转角的增大，压缩腔的容积逐步缩小，导致腔内气体状态发生变化，由 p_1、T_1、V_1、m_1 变为 p_2、T_2、V_2、m_2。忽略补气过程中的压力损失、补入气体的动能和势能及气体泄漏，补气终了时的气体压力 p_2 应低于或等于补气压力 p_m，否则将会引起气体的倒流。对有补气的涡旋压缩机来说，取其工作容积中的工质为热力系统时，在压缩过程中工质的热力状态发生变化的同时，工质的质量随着补气过程的不断进行也在增加。因此这是一个变质量的系统，不能用传统的定质

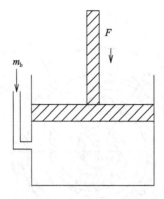

图 3-3-6　补气压缩过程模型

量压缩来研究。需采用变质量系统热力学的基本关系式来推导出补气压缩过程做功公式。

3. 第三阶段

第三阶段为绝热等熵压缩过程。当转角继续增大时，工作腔与进气口脱离，工作腔的工质依靠基元容积的缩小继续进行压缩，直至工作腔与排气腔相连通。等熵压缩过程功 W_{2-3} 为：

$$W_{2-3} = \int_2^3 p\mathrm{d}V = \frac{1}{(k-1)} p_2 V_2 \left[1 - \left(\frac{V_2}{V_3} \right)^{k-1} \right] \tag{3-3-2}$$

4. 第四阶段

补气状态下压缩过程的总功 W 为：

$$W = W_{0-1} + W_{1-2} + W_{2-3} \tag{3-3-3}$$

相对补气量是带补气的热泵系统的一个重要参数，其定义为补气量与压缩机的吸气量之比，其表达式为：

$$\alpha = \frac{m_6}{m_1} \tag{3-3-4}$$

式中：m_6——图 3-3-1～图 3-3-3 中状态 6 处的制冷剂质量流量，kg/s；

　　　　m_1——图 3-3-1～图 3-3-3 中状态 1 处的制冷剂质量流量，kg/s。

图 3-3-7 所示为补气参数（包括补气压力、补气温度）对相对补气量的影响。相对补气量主要受补气压力的影响，受补气温度的影响较为微弱。在补气压力较高的情况，补气温度的升高对补气量的影响才比较明显。如补气压力为 0.5MPa 时，补气的过热度从 0℃提高到 18℃时，相对补气量几乎没有变化；当补气压力为 0.9MPa 时，相对补气量从 0.35 降低至 0.3，降幅达 14%。

图 3-3-8 所示为补气热泵系统的相对补气量随补气压力的变化关系。相对补气量随着补气压力的变化呈直线上升趋势；同一补气压力，蒸发温度不同时相对补气量区别很大。蒸发温度越低，相对补气量越大。这主要是两方面的原因：一方面，蒸发温度低时，压缩机的吸气量较小；另一方面，蒸发温度低时，准二级压缩过程的第一个压缩阶段的终了压力较低，使得补入气体与腔内气体的压力差相对较大。两方面的原因造成了蒸发温度低时相对补气量值较高。

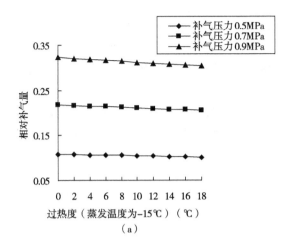

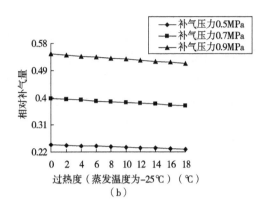

图 3-3-7 补气压力、温度对相对补气量的影响

图 3-3-9 表示出了不同补气压力下相对补气量随蒸发温度变化关系，进一步表明了低蒸发温度具有较高的相对补气量。此状况对补气热泵系统是有好处的，因为较高的相对补气量能有效弥补低蒸发温度时排气量不足，提高制热量及压缩机效率。

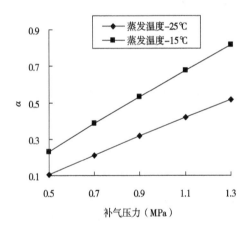

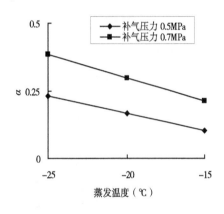

图 3-3-8 相对补气量 α 随补气压力变化图   图 3-3-9 不同补气压力下相对补气量 α 随蒸发温度变化图

（二）测试结果与分析

理论与实验研究的结果表明：

（1）相对于单级系统，涡旋压缩机补气系统的排气温度可降低 10~15℃，排气温度随着补气压力的升高而明显降低，且蒸发温度工况越低，效果越显著。在蒸发温度为-25℃时，对于普通单级系统，由于排气温度过高（≥130℃），机组已经不能长时间的工作；排气温度从 125℃降低到 120℃以下，有效解决普通单级热泵系统在蒸发温度为-25℃时不能开机运行的问题。

（2）与单级压缩热泵系统相比，涡旋压缩机补气可使制热量提高 10%~30%，制热

COP 提高约 10%。

滚动活塞式压缩机同样可以设计成带补气的系统。如图 3-3-10 所示。该压缩机构造和组成类同于普通的双缸旋转压缩机，其特征在于将下气缸设计为低压级缸，上气缸设计为高压级缸，在高压级缸和低压级缸之间增设混合室，混合室与高压级的吸气口、低压级的排气口及与闪发器相连的补气管相通。

高低压缸的容积比是带补气双缸压缩系统的关键参数。图 3-3-11 表示的是制热 COP 随高低压缸容积比的变化规律。由图可知，制热 COP 随高低压缸容积比的升高先增大后减小，在某个高低压缸容积比下达到最大值。获得最佳制热性能，高低压缸容积比的推荐范围是 0.6~0.8。

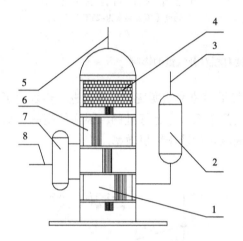

图 3-3-10　带补气功能的双缸滚动活塞压缩机
1—低压级　2—气液分离器　3—吸气管　4—电动机
5—排气管　6—高压级　7—混合室　8—补气管

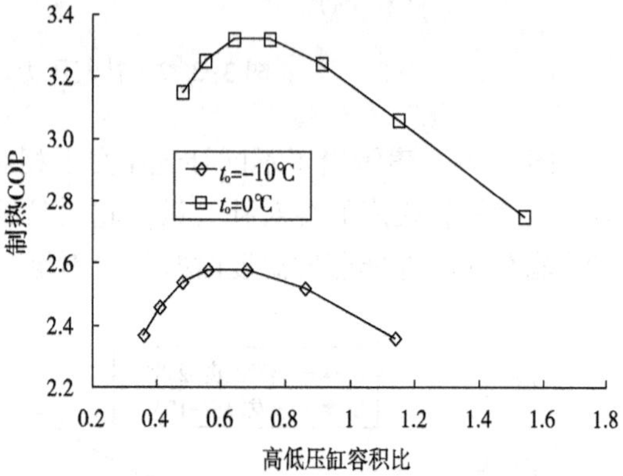

图 3-3-11　制热 COP 随高低压容积比的变化关系

依据理论计算结果，加工出一台容积比为 0.7 的双缸滚动活塞压缩机。依据国家标准 GB/T 21363—2008《容积式制冷压缩冷凝机组》及 GB/T 5773—2004《容积式制冷剂压缩机性能试验方法》，搭建了 R410A 额定制冷量 5kW 的实验系统，如图 3-3-12 所示。

热水回路及乙二醇—水溶液分别模拟热环境和冷环境，主回路上的手动膨胀阀控制蒸发温度，通过一级、二级膨胀阀的开度调节中间压力。温度、压力、流量及电功率等仪表均达到了相关规定的精度要求。主要性能指标的获得方法如下：

系统制冷量：

$$Q_o = mc(t_1 - t_2) \tag{3-3-5}$$

式中：c——乙二醇—水溶液的比热，kJ/（kg·℃）；

t_1——蒸发器中乙二醇—水溶液的进口温度，℃；

t_2——蒸发器中乙二醇—水溶液的出口温度，℃。

系统制热量：

$$Q_o = m'c'(t_3 - t_4) \tag{3-3-6}$$

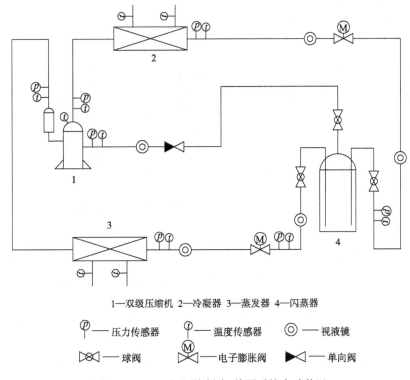

1—双级压缩机 2—冷凝器 3—蒸发器 4—闪蒸器

$\textcircled{P}$—压力传感器　$\textcircled{t}$—温度传感器　$\textcircled{◎}$—视液镜

$\bowtie$—球阀　$\textcircled{M}\bowtie$—电子膨胀阀　$\blacktriangleright\!\!\triangleleft$—单向阀

图 3-3-12　双级压缩制冷/热泵系统实验装置

式中：c'——冷凝器中水的比热，kJ/（kg·℃）；

$\quad\quad t_3$——冷凝器水的出口温度，℃；

$\quad\quad t_4$——冷凝器水的进口温度，℃。

压缩机的输入功率由高精度电参数综合测量仪表直接测量获得。

图 3-3-13 表示在冷凝温度 45℃，过冷度为 5℃，蒸发温度 t_o 分别为 2℃、5℃和 7℃时，制冷 EER 比随相对补气量的变化规律。EERd 和 EERs 分别表示双级、单级压缩的制冷 EER。由图可知，随着相对补气量的增加，比值呈现先增大后减小的趋势，相对补气量为 15%~20% 时，EER 比最大。经查 R410A 的饱和状态物性表可知，冷凝温度 45℃，过冷度为 5℃的液体制冷剂节流至 1.1~1.5MPa 时，饱和气体的含量恰好也为 15%~20%，表明补气全部为气体，闪蒸器的分离效果理想。

图 3-3-14 表示制冷工况下的性能比随蒸发温度的变化关系。纵坐标为性能比值的大小，P_{od}/P_s、Q_{od}/Q_{os}、

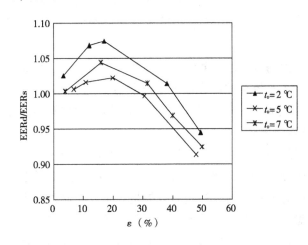

图 3-3-13　制冷性能系数比随相对补气量的变化

EERd/EERs 分别表示相同的蒸发和冷凝温度下，双级系统与单级的压缩机功率、制冷量及制冷 EER 之比。由图可知，随着蒸发温度的增加，功率比值 P_d/P_s 逐渐减小，原因是在高蒸发温度下补气量的减小，造成压缩机功率增加程度同比率下降。制冷量比值 Q_{od}/Q_{os} 呈现与功率相同的趋势，与不带补气相比，制冷量在 5%～15% 的范围内提高，但随着蒸发温度的增大，制冷量提高幅度会减小。其原因同样是因为蒸

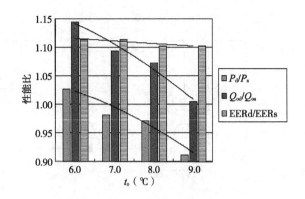

图 3-3-14　制冷工况性能比随蒸发温度的变化

发温度上升而补气量下降，造成主路膨胀阀前的液体过冷度下降。EERd/EERs 随蒸发温度的增加变化不明显，基本维持在 1.1～1.12 的水平，补气可使系统的制冷 EER 增加约 10%～12%。

图 3-3-15 表示制热工况性能比随蒸发温度的变化规律。以单级压缩系统在额定工况蒸发温度 7℃ 的性能作为比较标准，考察蒸发温度 0.5～3℃ 的制热性能变化，P（7℃），Q_k（7℃），COP（7℃）分别表示单级压缩系统在蒸发温度 7℃ 时的压缩机功率、制热量及制热 COP。纵坐标表示比值的大小。由图可知，压缩机功率随蒸发温度的增大而持续增大，制热量随蒸发温度的增加先增加后趋于平稳。其原因主要是：蒸发温度提高，压缩机吸气量增大，功率当然增大，并且高压级承担着对补入气

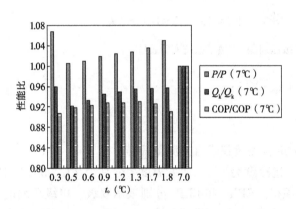

图 3-3-15　制热工况性能比随蒸发温度的变化

体的压缩。制热量的提高由排气量决定，但随着蒸发温度的增大，补气量减小了，因此制热量提高的幅度也随之减小，但制热量的大小始终控制在额定工况制热量 92%～95% 的范围内。由于制热量与压缩机功率的变化趋势的不同，导致其比值 COP 的变化趋势为：先增大，后减小，并在 $t_o = 1.2～1.3℃$ 内达到最大。

超低温工况下，主要考察了在蒸发温度 -26℃ 左右的制热性能，其结果表示在图 3-3-16 中。由图可知，与蒸发温度 7℃ 相比，压缩机功率降低至 90% 以下，制热 COP 降低至约 60%。关键参数制热量能达到额定制热量的 58% 左右。补气的效果是：一方面通过补入低焓值的气体制冷剂，降低压缩机的排气温度提高恶劣工况下的系统稳定性；另一方面，提高二级的压缩气体质量及整个系统的排气量，遏制了低蒸发温度下压缩机功率及制热量的降低。

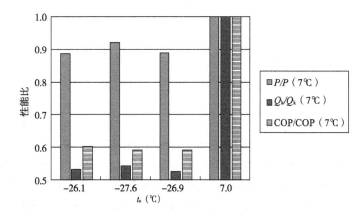

图 3-3-16 超低温制热工况性能比随蒸发温度的变化

珠海格力开发出带补气功能的双缸旋转压缩机系列产品，并实现了量产。低温制热工况（冷凝温度 45℃，蒸发温度 -20℃，吸气温度 -10℃，过冷度 7℃，环境温度 -15℃）下，该压缩机制热性能系数达 2.67。基于带补气功能的双缸旋转压缩机，开发出低温家用热泵空调系列产品，并实现了小批量生产。新型的热泵空调器能在 -30℃ 的环境温度中稳定运行，-20℃ 的环境温度中制热 COP 为 1.97，-15℃ 的环境温度中制热 COP 为 2.18，-7℃ 的环境温度中制热 COP 为 2.87。

四、展望

强化补气热泵技术在改善热泵的低温制热性能方面具有优良的效果。近几年，国内外许多研究者也在从事相关领域的研究，开发出很多新型的循环理论或技术方法，主要包括：

（1）多级补气的热泵系统。将补气孔由一对增加至两对，理论上可以将系统制热性能进一步提高，但其缺点是系统变得更加复杂。

（2）应用在不同类型压缩机上的补气系统。比如，将滚动活塞压缩机设计成带补气孔的热泵系统，其关键问题是补气孔位置的开设。

（3）多缸的滚动活塞压缩机热泵。三缸滚动活塞式压缩机并带有中间补气，能够使系统既满足低温强热的需求，同时实现容量的灵活调节，在宽工况范围内提高系统的综合性能系数。

参考文献

[1] 许树学，马国远，刘琦，刘中良. 滚动活塞压缩机双级压缩中间补气制冷/热泵系统的实验研究 [J]. 北京工业大学学报，2014，14（3）：418-422.

[2] 张华，徐世林. R410A 双级压缩热泵空调器的特性分析 [J]. 制冷学报，2008，29（6）：24-27.

[3] 马国远，彦启森. 涡旋压缩机经济器系统的性能分析 [J]. 制冷学报，2003，24（3）：20-24.

[4] 王宝龙，石文星，李先庭. 制冷空调用涡旋压缩机数学模型 [J]. 清华大学学报：自然科学版，2005（6）：726-729.

［5］ TORRELLA E, LARUMBE J, CABELLO R, etc. A general methodology for energy comparison of intermediate configurations in two－stage vapor compression refrigeration systems. Energy, 2011, 36：4119-4124.

［6］ TORRELLA E, LLOPIS R, CABELLO R. Experimental evaluation of the inter－stage conditions of a two－stage refrigeration cycle using a compound compressor. International Journal of Refrigeration, 1999, 22：402-413.

［7］ DONGSOO JUNG, HAK JUN KIM, OOKJOONG KIM. A study on the performance of multi-stage heat pumps using mixtures ［J］. International Journal of Refrigeration, 1999, 22：402-413.

［8］ MARGARET M. MATHISON, JAMES E. BRAUN, ECKHARD A. GROLL. Performance limit for economized cycles with continuous refrigerant injection ［J］. International Journal of Refrigeration, 2011, 34：234-242.

［9］ HOSEONG LEE, YUNHO HWANG, REINHARD RADERMACHER, etc. Potential benefits of saturation cycle with two-phase refrigerant injection ［J］. Applied Thermal Engineering, 2013, 56：27-37.

［10］申江, 范凤敏, 韩广健, 等. 准三级压缩制冷系统涡旋压缩机性能的实验研究 ［J］. 低温与超导, 2011, 39 （3）：55-57.

第四节　三缸压缩机变容量调节技术

一、背景

研究表明，燃煤是我国雾霾产生的重要根源，供暖燃煤在冬季燃煤中占比很大。2014年北方城镇建筑供暖面积达 126 亿 m²，其中污染严重的分散燃煤供暖面积占比高达 30% 左右。在环保的压力下，急需一种清洁取暖方式替代分散燃煤。国家"十三五"规划纲要明确提出，高效热泵作为一种成熟适用技术应大力推广。小型空气源热泵使用电能，清洁无污染，且便于就地安装，制热效率 COP 通常可达 3～4，与直接电加热供暖相比，耗电量仅为 1/3～1/4。为缓解采暖季的雾霾问题，北京、天津、河北、山西等地纷纷开展采暖"煤改电"试点工作。其中，用小型空气源热泵替代分散燃煤，已有很多成功案例，改善了城乡用能结构和人居环境。

在北方寒冷和严寒地区，随着冬季环境温度的降低，热泵空调将面临如下技术问题。

（1）系统蒸发温度下降，制冷剂吸气比容增大，工作循环量减少，导致热泵空调的制热量急剧减少，当环境温度低于-15℃时，热泵制热量较额定制热量衰减 50% 以上；

（2）系统冷凝温度与蒸发温度的温差增大，压缩机压比增加，热泵系统的能效大大下降，当环境温度低于-15℃时，系统制热能效衰减 30% 以上；

（3）随着环境温度的降低，压缩比不断增加，排气温度迅速升高，引起压缩机过热，难以稳定运行，当气温较低时，甚至导致电动机烧毁。

鉴于以上情况，本技术将开发一种高能效和大制热量的压缩机，应用于热泵空调产品中，解决热泵空调低温制热能力不足、能效低、可靠性差等问题，以满足当前日益迫切的北方采暖市场需求。

本节供稿人：杨欧翔、罗惠芳，珠海格力电器股份有限公司。

二、解决问题的方法和思路

为解决热泵空调低温制热不足的问题，项目团队首先分析了各种小型空气源热泵技术的工作原理及其特点，选择出较优的技术作为基础，再从原理上进行创新和突破，实现压缩机产品的创新。

（一）现有技术分析

现有的小型空气源热泵技术通常采用变频技术、涡旋喷焓技术（准二级压缩技术）、双机双级压缩技术、单机双级增焓技术来改善热泵空调低温制热性能，提高热泵空调在北方寒冷地区的运行可靠性。各种技术的工作原理和特点分述如下。

1. 变频技术

变频技术的理论循环原理如图3-4-1所示。

工作原理：基于单级压缩循环形式，通过提高压缩机转速，实现大热量输出。

特点：能够缓解低温下部分工况的热量衰减问题，但压缩比过大时，压缩机将远远偏离理想的等熵压缩过

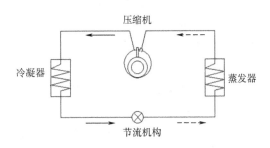

图3-4-1　变频技术的理论循环原理

程，造成压缩机排气温度超过压缩机极限允许范围，导致压缩机为防止过热而自动停机，适应的工况范围窄。

2. 准二级压缩技术

准二级压缩技术的理论循环原理及涡旋压缩补气结构如图3-4-2所示。

工作原理：基于双级压缩循环形式，通过单级压缩机中间补气技术，将压缩过程变成两级压缩。

特点：系统结构相对简单，喷射过程优化了低温制热性能，但由于是在压缩过程中补气，随压缩的进行补气量减少，使得补气效果受到限制，适应的工况范围较窄。主要有涡旋压缩补气系统。

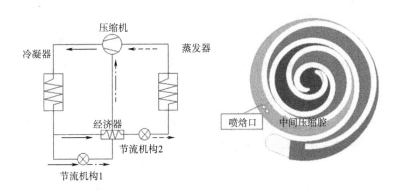

图3-4-2　准二级技术的理论循环原理及涡旋压缩补气结构

3. 双机双级压缩技术

双机双级压缩技术的理论循环原理如图3-4-3所示。

工作原理：基于双级压缩循环形式，通过两台变频压缩机串联形成双级压缩，调节高、低压级压缩机的运行频率，实现变排量的两级压缩。

特点：低温制热能力强，机组有两台压缩机，安装需求空间大，系统结构复杂、成本高。冷冻油在高、低压级压缩机中分布不均衡，容易造成高压级压缩机缺油，回油控制难度大。

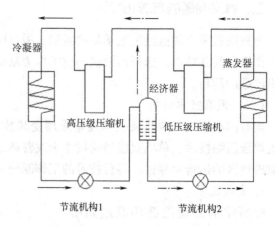

图3-4-3 双机双级压缩技术的理论循环原理

4. 单机双级增焓技术

单机双级增焓技术的理论循环原理及压缩机构如图3-4-4所示。

工作原理：基于双级压缩循环形式，通过单台压缩机实现两级压缩，制冷剂由低压级气缸压缩后排出，在中间腔内与补气混合，再经高压级气缸压缩后排出压缩机。

特点：系统结构紧凑，通过两级节流中间补气，降低了单个压缩腔的压缩比，提高压缩效率；通过补气，提高系统制热量和制冷量，并有效降低压缩机的排气温度。其缺点在于，受制于尺寸和结构的限制，压缩机低压级的排量难以大幅增大，在环境温度进一步下降时热泵系统的制热量仍然不足。

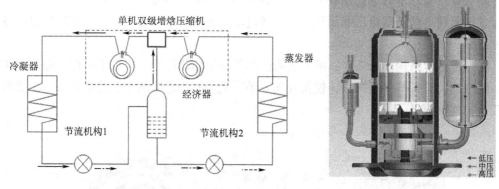

图3-4-4 单机双级增焓技术的理论循环原理及压缩机结构

在对比分析了上述四种小型空气源热泵技术后，开发团队认为，单机双级增焓技术是一种较优的技术方案，在此基础上进一步创新，解决极低温度下的适应性问题，是解决北方寒冷和严寒地区分散采暖问题的有效途径。

（二）新技术的原理

图3-4-5为双级增焓压缩循环系统和单级压缩循环系统示意图。图3-4-6为双级增焓压缩和单级压缩理论循环压焓图。双级增焓压缩循环为两级节流中间不完全冷却的双级

压缩循环，经济器为闪蒸器形式，从冷凝器到闪蒸器间使用一级节流装置降压，从闪蒸器到蒸发器间使用二级节流装置降压。双级增焓压缩机将压缩过程从一次压缩 1→4′分解为两次压缩 1→2 和 3→4，可降低单个气缸的吸排气压差，从而减小单个气缸的泄漏量，提高压缩机的容积效率。与单级压缩系统相比，双级增焓压缩系统增加了一级节流装置和闪蒸器。从闪蒸器出来的中压饱和气态制冷剂补入高压级吸气，高压级压缩的吸气温度由 T_2 降低到 T_3，从而改善了高压级压缩过程 3→4，降低了压缩机的单位质量耗功，排气温度从 T'_4 降低到 T_4；从闪蒸器出来的液态制冷剂经二级节流装置进入蒸发器，制冷剂的焓差增加 Δh，从而提高了单位质量制冷量。因此，双级增焓压缩循环系统较单级压缩循环系统具有能力高、能效高和可靠性高的绝对优势。

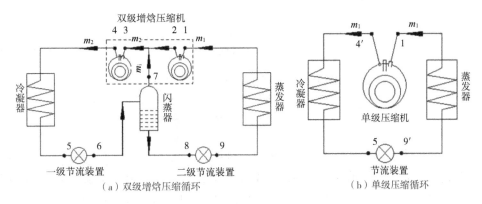

图 3-4-5　双级增焓压缩循环系统和单级压缩循环系统示意图

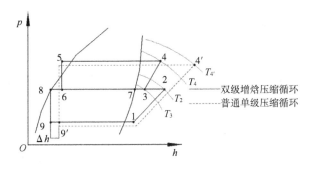

图 3-4-6　双级增焓压缩和单级压缩理论循环对比

容积比 ξ 是单机双级增焓压缩机的高、低压级气缸工作容积的比值，计算式如下：

$$\xi = \frac{V_{\text{high}}}{V_{\text{low}}} \tag{3-4-1}$$

式中：V_{high}——高压级气缸工作容积，m^3；

$\quad\quad V_{\text{low}}$——低压级气缸工作容积，$m^3$。

容积比 ξ 对双级增焓压缩机的性能有极大的影响，是双级增焓压缩机设计的重要参数。理论性能系数 COP 是容积比 ξ 的函数。在制冷剂种类确定、工况参数给定时，容积比 ξ 对理论性能系数 COP 有非常重要的影响，见式（3-4-2）。以国标工况计算双级压缩理论 COP 同容积比的关系，如图 3-4-7 所示。

$$COP = \frac{Q_{heat}}{W} = \frac{(h_1 - h_8) \cdot (h_7 - h_6)}{(h_2 - h_1) \cdot (h_7 - h_6) + \{h[s(h_3, P_m), P_c] - h_3\} \cdot (h_7 - h_8)} + 1$$
$$= f(\xi, P_e, T_1, P_c, T_5) \tag{3-4-2}$$

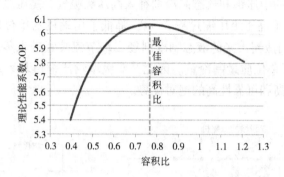

图 3-4-7　COP 随容积比变化的规律

工况：国家标准（GB/T 15765—2014）B 类压缩机制冷量试验工况

制冷剂：R32

　　进一步地，热泵空调系统在实际使用中，全年的大气环境温度变化导致运行工况随之变化。以我国东北地区冬季制热为例，冷凝温度设定为 45℃，当环境温度从 -25℃ 变化到 12℃（蒸发温度与环境温度的温差设定为 5℃）时，依据上述计算方法得到的最佳容积比从 0.44 变化到 0.82。如图 3-4-8 所示。

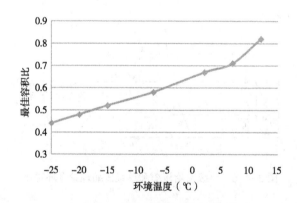

图 3-4-8　最佳容积比随环境温度变化的规律

　　单机双级增焓压缩机的容积比固定，无法兼顾在制热全工况内的能效要求。因此，在环境温度大幅变化的地区，为了保证全年所有工况下热泵系统达到高效化，双级增焓压缩机的容积比需随工况进行变化。

　　另外，根据蒸气压缩式热泵系统的运行原理，热泵空调系统的制热量简化公式为下式：

$$Q_{heat} = [\Delta h \cdot \eta_{volume} \cdot n_{compressor} \cdot (1 + x) \cdot \rho_{suck}] \cdot V_{low} = k \cdot V_{low} \tag{3-4-3}$$

式中：Δh ——冷凝器进出口焓差，kJ/kg；

η_{volume} ——压缩机的容积效率，kJ/kg；

$n_{\text{compressor}}$ ——压缩机的转速，r/min；

ρ_{suck} ——压缩机吸气密度，kg/m³。

热泵空调系统在冬季制热时，吸气密度 ρ_{suck} 随环境温度降低而迅速下降，导致 k 值急剧降低，常规热泵系统的制热量大幅衰减。单机双级增焓压缩机在普通单级压缩机的基础上通过增加补气增焓（即增加 x），已大幅度地提升了 k 值，再进一步提升制热量需要增加压缩机的低压级气缸工作容积 V_{low}。

转子压缩机由于结构限制，单个气缸的工作容积存在设计极限，因此单机双级增焓压缩机的工作容积无法大幅增加。本技术在单机双级增焓压缩机双气缸的基础上，通过增设一个一级压缩气缸，形成三缸双级压缩结构，增大了压缩机低压级气缸的工作容积 V_{low}，在单机双级增焓压缩机增焓技术基础上大幅提高系统制热量。

基于上述分析可得，为了同时提升产品能效和制热（冷）量，必须融合变容积比和双级压缩两种特征。本技术首创的三缸双级变容积比压缩机，正是在单机双级增焓压缩机产品的基础上，通过变容积比技术，确保了系统的能效最优；通过增加一个低压级气缸，扩大了压缩机工作容积。

三、技术方案

下面介绍格力三缸双级变容积比压缩机的构成特点和技术效果。

（一）构成特点

三缸双级压缩变容积比压缩机的结构见图 3-4-9。压缩机的泵体部分具有三个压缩气缸，呈上、中、下布置，其中下气缸和中气缸为低压级气缸，将由压缩机分液器吸入的低压制冷剂压缩至中间压力；上气缸为高压级气缸，将中压的制冷剂以及由系统经济器补入的制冷剂压缩至排气压力。在中气缸上侧布置有中隔板，在下气缸下侧布置有下法兰，这两个零件都有内部空腔，能够容纳中间压力的制冷剂。泵体零件上有贯穿的流通通道，中压制冷剂气体能通过流通通道进入上气缸。在上气缸吸气口处设置有增焓孔，系统经济器补入的气体通过该孔进入上气缸进行压缩。

三缸双级变容积比压缩机的下气缸为变容缸，通过变容控制部件引入高压或低压，控制变容销钉位置，进而解锁或锁止下气缸滑片。电磁阀 1 连接压缩机排气与变容控制部件，电磁阀 2 连接压缩机吸气与变容控制部件。电磁阀 1 开启，电磁阀 2 关闭时，变容控制部件内充满高压制冷剂，变容销钉头部高压，尾部低压，在压差作用下销钉处于销钉孔下部，下滑片解锁并在背部高压的气体力作用下贴紧下滚子，此时下气缸处于工作状态。电磁阀 1 关闭，电磁阀 2 开启时，变容控制部件同低压吸气导通，变容销钉头部成为低压，同尾部压力相同，销钉底部弹簧克服重力及摩擦力使变容销钉弹起，其头部嵌入下滑片的凹槽中，将滑片锁止，此时下气缸空转，处于卸载状态。外部管路控制示意图见图 3-4-10。

如图 3-4-11 所示为双级压缩变容积比压缩机的容积比切换原理示意图。在图中所示的制冷剂气体流动路径中，实线表示有制冷剂气体流动，虚线表示无制冷剂气体流动。在实际系统中，根据空气源热泵系统的控制指令进行压缩机容积比切换、中间补气开启和关闭等操作。

图 3-4-9　三缸双级变容积比压缩机
　　　　　剖面结构示意图

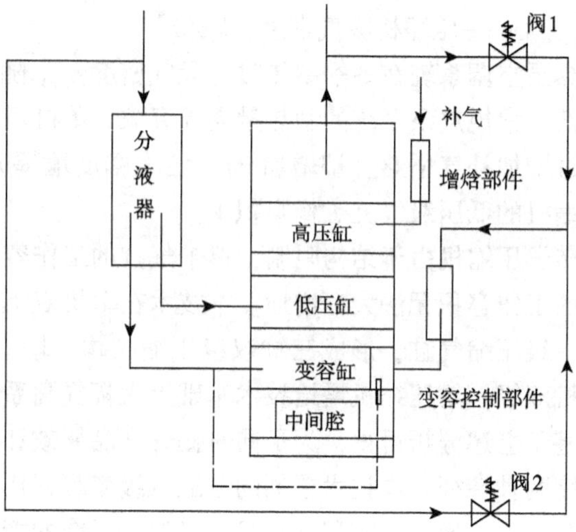

图 3-4-10　压缩机外部管路控制示意图

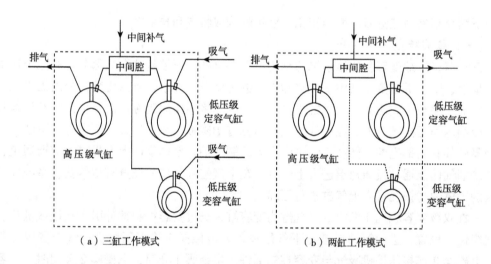

（a）三缸工作模式　　　　　　（b）两缸工作模式

图 3-4-11　三缸双级变容积比压缩机的容积比切换原理图

（二）技术效果

本技术研发出 1HP-6HP 的转子式三缸双级变容积比压缩机，应用在家用热泵空调、热泵多联机、户用冷水热泵机组、热风机、热泵热水器等多种形式的热泵产品中。下面以 3HP 压缩机及其应用的热泵空调为代表，说明在同级别同配置情况下，应用三缸双级变容积比压缩技术同国内外最先进的单级压缩技术、双级增焓压缩技术的主要参数及竞争力比较。

1. 压缩机对比

以 3HP 用压缩机为代表，说明三缸双级变容积比压缩机与同级别下的双级增焓压缩机、单级压缩机的能力和能效对比情况。通过性能测试，在国标 B 类压缩机制冷量试验工况全载能力及半载能力运行模式下，三缸双级变容积比压缩机的能效最高可达 APF = 4.29（W·h）/（W·h），优于单级压缩机及双级增焓压缩机。

与业内高水平的单级压缩机相比，三缸双级变容积比压缩机在 −15℃ 低温制热工况下相同能力时的压缩机能效提升 9.6% 以上，相当 COP 时的压缩机能力提升达 84.1%；在 2℃ 低温制热工况、43℃ 高温制冷工况下相同能力时的能效提升达 20.2%，相当 COP 时的压缩机能力提升 36.3% 以上。如图 3-4-12 所示。

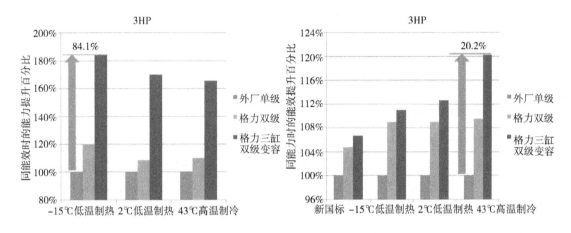

图 3-4-12　3HP 压缩机性能对比图

测试工况：国家标准 GB/T 15765—2014，企业标准 Q/GD 12.00.013—2016

2. 热泵空调对比

为说明三缸双级变容积比压缩机技术的优势，在同级别同配置下对比应用三缸双级变容积比压缩机的热泵系统与应用双级增焓压缩机及单级压缩机的热泵系统的热泵制热量和能效，下面以 3HP 家用热泵空调为代表机型阐述其效果。

常规的 3HP 单级系统随室外温度降低，热泵制热量下降，在 −15℃ 时衰减达 31.7%，在 −20℃ 时衰减达 47%，难以满足在低温下的制热量需求，并且出风温度低，用户的热舒适性差。应用三缸双级变容积比压缩机的 3HP 空调，全年能源消耗效率（APF）达 4.05（W·h）/（W·h），超出国家一级能效 3.70 的标准。在低温工况下制热性能优异，如图 3-4-13 所示，在 −15℃ 时热泵制热量能达到额定制热量的 93.9%；在 −20℃ 时依然有 80% 以上的热泵制热量，且出风温度达到 40℃ 以上，用户的热舒适感好，能够避免使用存在用电安全隐患且低能效的电辅热；在室外 −35℃ 环境温度下可正常稳定运行。在低温工况下，相对于单级系统，应用三缸双级变容积比压缩机的 3HP 空调系统能效提升明显，在可比的 −20 ~ −2℃ 室外温度范围段，超出单级系统能效 15% 以上，见图 3-4-14。

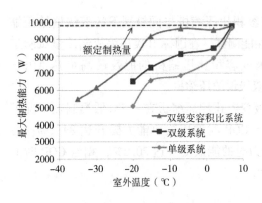

图 3-4-13　3HP 热泵空调能力对比图
测试工况：国家标准 GB/T 7725—2004；
企业标准 Q/GD 20.00.069—2016

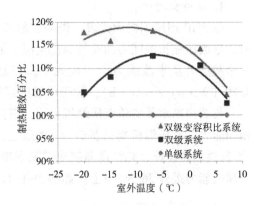

图 3-4-14　3HP 热泵空调能效对比图
测试工况：国家标准 GB/T 7725—2004；
企业标准 Q/GD 20.00.069—2016

四、工程应用情况

应用三缸双级变容积比压缩机技术的热泵空调可实现-35~54℃宽温范围稳定运行，在室外环境温度-25℃时热泵制热量达到额定制热量，彻底取消了其他辅助加热手段。

自 2014 年首次推出以来，应用该技术的产品已在全球各地销售，包括内蒙古锡林浩特、吉林省吉林市、北京市房山区等北方地区，以及蒙古国乌兰巴托、加拿大蒙特利尔、美国纽约和费城等严寒和寒冷地区。

在内蒙古安装并使用的 6HP 户用冷水热泵机组，安装至今正常可靠运行，在采暖季中当地晚间温度一般在-25℃以下，最低气温可达到-37℃，机组依然可稳定运行，室内温度保持在 19~22℃，用户对采暖效果非常满意。

由于本技术出色的低温制热效果，能够将热泵使用范围拓宽到严寒地区，因此可以替代使用燃煤、燃气等采暖方式，极大地改善室内空气质量。美国科学院（NAS）院士、诺贝尔和平奖得主 Kirk R. Smith 教授主导的《蒙古国低温空气源热泵采暖应用及示范》项目，将应用本技术的热泵产品推广在最低温度达-40℃的蒙古乌兰巴托，以解决当地冬季燃煤采暖带来的人体健康危害的问题。经过试用，产品能很好地满足蒙古乌兰巴托的采暖需求（图 3-4-15）。

五、展望

三缸双级变容积比压缩机技术解决了空气源热泵在低温环境下制热量不足、能效低和可靠性差的关键问题，对寒冷、严寒地区建筑领域的节能减排有显著作用和重大的推广应用价值，促进了空调行业的产业升级。本技术未来可以向压缩机与热泵系统的耦合特性、控制策略最优化等方向进一步探索。

压缩机是系统中的"心脏"，无论是在热泵系统还是制冷系统中，压缩机性能的好坏直接影响整个系统的性能及可靠性。创新永无止境，应对市场需求，更高性能和技术水平的空气源热泵压缩机仍是今后压缩机技术发展的一个重要方向。

图 3-4-15 应用本技术的热泵空调在蒙古乌兰巴托实地使用

参考文献

［1］清华大学建筑节能研究中心 . 中国建筑节能年度发展研究报告 2015 ［M］. 北京：中国建筑工业出版社 . 2015.

［2］清华大学建筑节能研究中心 . 中国建筑节能年度发展研究报告 2016 ［M］. 北京：中国建筑工业出版社 . 2016.

［3］黄辉 . 双级压缩变容积比空气源热泵技术与应用 ［M］. 北京：机械工业出版社 . 2018.

第五节 旋转式压缩机技术

一、基本原理

旋转式压缩机的典型结构如图 3-5-1 所示，其由圆柱形的密闭壳体、下方的底座和位于旁侧的储液器构成。在壳体内部，压缩泵体机构包括气缸、活塞、滑片、主轴承、副轴承、偏心曲轴 6 大零部件，其通过电弧焊固定在壳体靠下的位置。在泵体上方，电动机定子和转子通过热套的方式分别直接固定在壳体上和曲轴上。电动机定子驱动转子旋转，从而带动曲轴及活塞旋转，使得由泵体 6 大零部件所围成的密封空间发生容积变化，以此实现对从储液器吸入气缸内的低压制冷剂气体进行压缩的功能。压缩工作过程示意如图 3-5-2 所示，气缸内部被分成低压的吸气腔和高压的压缩腔两部分，它们分别同时进行压

_____

本节供稿人：陈振华，广东美芝制冷设备有限公司。

缩工作过程和吸气冲程。当压缩腔内的制冷剂气体比壳体内的制冷剂气体压力（排气压力）略高一点点的时候，排气阀打开，高压气体被排到壳体当中，经由压缩机最上端的排气管进入冷凝器。压缩机的壳体底部被设计成储存润滑油，这些油用做润滑泵体的滑动部件并带走摩擦热量，同时起到密封作用，减少压缩腔内部的气体泄漏。

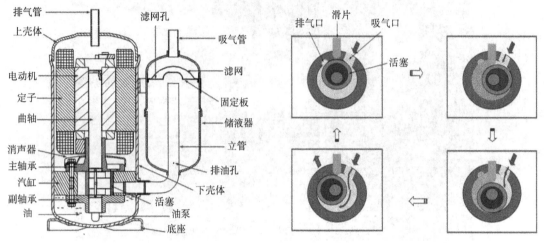

图 3-5-1　旋转式压缩机的典型结构　　　　图 3-5-2　压缩工作过程示意图

旋转式压缩机和传统的往复式压缩机的不同点在于，没有将电动机的回转力转换成往复运动，而是直接进行压缩动作，并且不需要吸气阀。因此它具有以下特点。

1. 优点

（1）由于吸气冲程、压缩工作过程能同时连续进行，压缩负荷的变动很小，并且，往复运动质量非常小，回旋容易取得平衡，振动也较弱。

（2）由于没有将回转运动变换成往复运动的结构因而零件的个数少，又因为振动很弱可以直接固定在密闭容器中，从而能够实现小型化、轻量化。

（3）由于不需要吸气阀，无效容积小，因而吸气压力损失也小，体积效率及压缩效率良好。

2. 缺点

（1）由于压缩室和吸气室中间隔着叶轮和滚动活塞，并且没有密封部件，如果各部位的间隙不均等并且比较大，漏泄损失也更多。因此，需要讲究加工精度，组装精度。

（2）为了使用润滑油封住构成压缩室的间隙，收纳压缩要素部件和电动机部件的密闭容器内部必须是高压状态，电动机和压缩要素部件很容易过热。

二、关键技术

旋转式压缩机结构历史悠久，据说在 1857 年人们已经对它的基本原理即液体泵进行了研究，大约从 1930 年开始以美国企业为中心，开展了对旋转式压缩机的技术开发和产品化，并将其运用在冰箱、房间空调器上。非常值得一提的是，旋转压缩机技术进一步发展的关键契机是 1980 年房间空调器的变频化；通过改变压缩机的运行速度（转速），使其运行特性与空调器工作期间负荷变化特性得到良好的匹配；同时凭借着更加高效的变频电动机技术，旋转式压缩机可实现快速制冷、制热运行，空调器的温度稳定性控制精确度也得到了提升，从而提高了节能性，也改善了舒适性，使得热泵型空调作为房间制冷、制热设备得到了进一步的普及。压缩机变频技术可分为直流调速（变频）和交流变频两种，而直流调速（变频）压缩机因其更佳的节能效果而被广泛使用。数据显示，目前日本的房间空调器，基本均采用了直流调速（变频）压缩机；而据我国 2018 年 1~4 月数据显示，采用直流调速（变频）压缩机的房间空调器的销售占比已超过 70%。未来，随着各个国家地区对能效要求的不断提高，以及人们对舒适生活的不断追求，全球的变频房间空调器（压缩机）的普及率将会进一步提升。

1. 环保技术

（1）背景与需求。目前，房间空调器大量使用的 HCFCs 及 HFCs 制冷剂，因其对大气臭氧层消耗及温室效应加剧作用而受到国际社会的日益关注，并正逐步被立法淘汰，其中 HCFCs 制冷剂已经有明确的淘汰时间表。而 2016 年 10 月，在卢旺达进行的《关于消耗臭氧层物质的蒙特利尔议定书》第 28 次缔约方会议中达成了关于削减 HFCs 工质的基加利修正案，将淘汰 HFCs 工质工作正式纳入日程。

从表 3-5-1 中反映制冷剂的环保性的两个主要指标 ODP、GWP 来看，R744（CO_2）的环保性最佳，其次是 R290（HCs），上两者均为存在于自然界当中的"天然制冷剂"。近年新兴的 HFO Blends 制冷剂的 GWP 也相对较低，但其跟其他氟利昂制冷剂一样，为人工合成物质，对环境的影响仍具有不确定性。

表 3-5-1　部分制冷剂 ODP 及 GWP 值

项目	R22（HCFCs）	R134a（HFCs）	R410A（HFCs）	R32（HFCs）	R452B（HFO Blends）	R290（HCs）	R744（CO_2）
ODP	0.05	0	0	0	0	0	0
GWP（AR5）	1760	1430	1988	675	675	3	1

从国家战略的层面出发，中国作为全球第一大房间空调器制造国及消费国，不应该再被制冷剂专利"牵着我们的鼻子"，业界非常有必要大力发展天然制冷剂应用技术。

（2）技术问题点、解决思路及技术方案。R290 具备优秀的热物理特性，被认为是房间空调器领域的制冷剂长远替代技术。但 R290 具有高可燃性（安全分类级别 A3），这是 R290 房间空调器面临的一个重要问题。GB 4706.32—2012 对使用可燃制冷剂的房间空调的制冷剂充注量做出了严格的要求。例如，要求在一个 15m² 的房间内所使用的 R290 空调器，其最大的制冷剂充注量为 290g，而目前制冷量相当的 R22 空调器的制冷剂充注量大约是 900g。尽管 R290 的密度约为 R22 的一半，但标准中 R290 的充注量要求仍非常严格，特别是对于冷暖型热泵空调器来讲。

据实验数据显示，在优化后的 R290 空调系统中，制冷剂首先集中在冷凝器中，占总充注量的 62%；其次是在压缩机中，占 26%。可见，通过设法减少压缩机壳体内的制冷剂含量，对减少空调器整机的制冷剂充注量起到相当重要的作用。压缩机壳体内的制冷剂质量主要包括内部高压的制冷剂气体，以及溶解在润滑油中的制冷剂两大部分。可见，减少压缩机内含有的制冷剂质量技术方案有：减少压缩机壳体的内部容积；减少润滑油的封入量；采用溶解度较低的润滑油；采用工作时壳体内处于吸气低压的结构。

目前 R290 旋转式压缩机除了应用在分体式房间空调器（主要集中在印度）以外，还应用在移动空调器、除湿机、干衣机、热泵热水器（上述主要集中在欧洲地区）领域中。

另外，关于 CO_2 制冷剂，在旋转式压缩机的领域来讲，主要是应用在 CO_2 热泵热水器系统（特别在日本），而在房间空调器上的应用极少。主要原因是由于 CO_2 的制冷循环效率很低，约只有 R22 的 2/3。房间空调器系统上必须配置有膨胀机以及实施专门的提效优化，其能效才能得以与 R22 系统抗衡，然而这样的空调器成本就成为显著的劣势。

（3）展望。国际社会对 HFCs 的限制使用呼声愈发强烈，并已立法对其进行使用限制，采用天然制冷剂作替代将成为一股不可逆转的潮流。

2. 节能技术

（1）背景与需求。节能，在业界中是一个永恒的主题。全球各个国家和地区对空调器能效的要求不断升级，已经成为常态。另外，还纷纷转向采用有别于以往的"单工况考核"，而类似全年能源消耗效率 APF（Annual Performance Factor）的"多工况考核"作为房间空调器的能效评价指标。由此产生的技术趋势是：变频（直流调速）技术的进一步普及。

（2）压缩机能效提升的技术思路与方案。

①压缩机单体的精细化设计（大量的 CAE/CFD 技术应用结合）。旋转式压缩机能效的影响因素很多，现做简要分析，如图 3-5-3 所示。

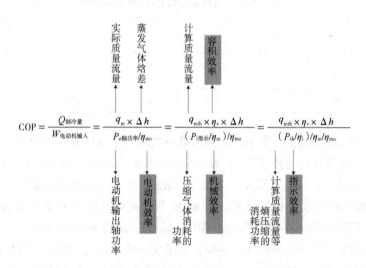

图 3-5-3　旋转式压缩机能效的影响因素列举

旋转压缩机通过电动机带动偏心曲轴旋转，吸入低温低压制冷剂，压缩成高温高压制冷剂后排出。其工作原理决定了其能效主要由四个方面决定：容积效率、指示效率、机械效率、电动机效率。从 20 世纪 80 年代起，旋转式压缩机开始蓬勃应用，发展至今，其上述的四大效率均早已提升到 90% 以上，甚至高达 95% 的水平。其能效进一步提升的难度变得越来越大。近年，随着 CAE/CFD 技术的逐渐成熟，为旋转式压缩机的能效提升带来了契机。图 3-5-4 所示为 CAE/CFD 技术应用案例示意。通过 CAE/CFD 技术的应用，可以对压缩机的机理作更深层次的研究，并进行更加精细的设计优化。例如，压缩机构零部件的因受力及受热而产生的微变形、压缩腔内部的制冷剂泄漏、壳体内制冷剂流场等。虽然越来越艰难，但目前旋转式压缩机的四大效率仍在不断地提升之中。

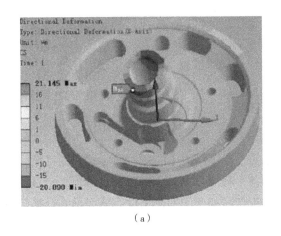

（a）　　　　　　　　　　　　　　　　（b）

图 3-5-4　CAE/CFD 技术应用案例示意图

②压缩机与空调器的相互协作优化。根据近年的相关研究发现，对压缩机与空调器工作的相互协作性进行优化设计而带来的空调器整机的能效提升效果，比单独对压缩机单体的能效提升效果要显著得多，该研究方向逐步成为了业界的研究趋势，但目前相关的研究工作仍然不多。

变频变容技术（东芝 2003）

变频压缩机通过不断的改进，已经能够提供较大范围的能力调节。另外，随着现代建筑的隔热性越来越好，房间空调器处于低能力输出（即压缩机低转速运行）的时间越来越长，而且能力的输出越来越低。然而由于低频运转时，压缩机会出现电动机效率急剧下降，以及压缩腔内部的高低压侧之间的制冷剂泄漏加剧这两个典型现象，使得压缩机效率下降明显，最终导致变频空调器的整机能效恶化，不利于空调器的节能运行。

为此，通过将双缸压缩机中的其中一个气缸改造为可控制其"工作"或"不工作"的"变容气缸"，进而研发出转速和排量双重可调控的变频变容旋转式压缩机。当需求为低能力输出时，把其中的一个气缸"关闭"，只让一个气缸工作，此时压缩机的排量减少一半；同时把压缩机的转速提升一倍，从而保证了压缩机的输出能力不变（仍处于低能力输出状态），但电动机效率和压缩效率均得到提高，确保变频空调器整机的节能运行。另外，若此时把压缩机的转速降低，便可以把空调器的输出能力进一步减小，以此来扩大其能力控制范围，达到对房间温度控制的精度可进一步提高的效果，使得空调器的舒适性得到提升，如图 3-5-5 和图 3-5-6 所示。在早些年的日本，东芝公司早已在其空调器产品中采用了该技术，并获得日本的年度空调节能大奖。

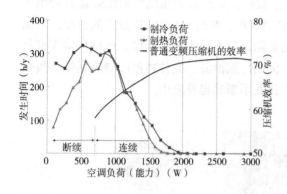

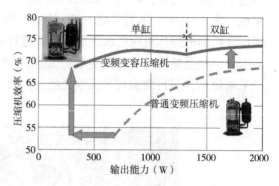

图 3-5-5　空调器不同能力输出的发生时间举例　　　　图 3-5-6　变频变容压缩机的效率提升举例

循环优化技术

循环优化，是压缩机与空调器的相互协作优化的另一种形式，也就是回归到"制冷循环的本质"而进行分析，对循环的各个环节（制冷剂的压缩、冷凝、节流、蒸发四个过程环节）进行针对性的优化，并提高工作时相互间的协调性，从而最终获得来自多个环节各自的改善所带来的综合效果提升。

基于上述思路，业界研发出采用"独立压缩技术"的旋转式压缩机及空调器系统。如图 3-5-7 和图 3-5-8 所示，经过冷凝器后，空调系统中的过冷液态制冷剂进入节流元件进行一级节流后，进入闪发器（或过冷器，通过吸热蒸发获取处于中间压力的饱和制冷剂气体）。此时，闪发器中的制冷剂会产生气、液两相分离，其中该处于中间压力的饱和制冷剂气体会被压缩机所增设的一个独立的压缩气缸直接吸入并压缩至排气压力而排出压缩机并再次加入冷凝器；闪发器中余下的饱和制冷剂液体将进行二级节流，压力和温度进一步降低后，加入蒸发器，然后被压缩机的另一个压缩气缸吸入并同样被压缩、排出压缩机，再次加入冷凝器。

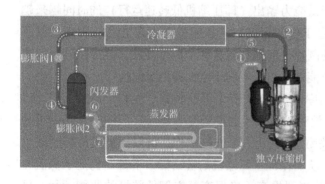

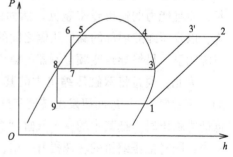

图 3-5-7　独立压缩技术空调系统原理示意图　　　　图 3-5-8　独立压缩技术循环压焓图

经实验验证，基于上述"独立压缩技术"空调器系统（含压缩机）的工作原理，跟常规循环的房间空调器相比，其整机全年性能系数（APF）能效提升幅度可达相当可观的

10%。此能效的综合提升效果主要来自于以下方面的贡献：上述从闪发器分离出来的饱和制冷剂气体，被增设的独立压缩气缸吸入，此举并不影响循环系统的制冷量，反而减少系统总体的节流过程损失（节流前后的熵增减少了）；被吸入增设压缩气缸的饱和制冷剂气体的过热度较低，同样有利于降低压缩功耗；少了部分的饱和制冷剂气体后，进入蒸发器的饱和制冷剂的干度可得到降低，以及蒸发器管路的压力损失可得到降低——这样，可提高蒸发器的换热效率。

需要特别指出的是，"独立压缩技术"的采用，对空调器整机 APF 能效提升的幅度，跟原系统的能效有关。原系统的能效越低，则能效提升幅度会越大；也可以换成另一种说法：原系统工作时的高、低压差越大，则能效的提升效果越显著。例如，对于规定的标准 T3 工况使用的空调器，采用"独立压缩技术"后，能效提升幅度可高达 15%。

另外，业界还提出了"双温双控压缩机技术"。其本质上，跟前述的"独立压缩技术"相同，只不过是在"用途"上有所差异。空调器为了满足除湿的要求，往往需要较低的蒸发温度，从而导致了压缩机的压比增大，系统能效降低；反之，提高蒸发温度对提升系统能效有利，却使得房间的相对湿度增大，人体舒适感变差。"双温双控压缩机技术"目的是应用于温湿度独立控制或双区独立温控的空调器系统、新风系统等，与此同时，空调器能效也得以提高。

上述两项技术，最近两年在业界中开始推广。

"两级压缩+中间冷却技术"被认为是提升制冷系统能效的其中一种方法。然而在实际的产品研发中，业界发现，采用两级压缩结构的旋转式压缩机（压缩机设置高、低压级两个气缸），在降低了压缩腔内制冷剂的内部泄漏损失的同时，却伴随气体负荷力（压力差）产生的机械损失增加以及制冷剂的流体损失增加。由于两级压缩结构相比单级压缩多出了一个压缩气缸，不可避免地产生额外的摩擦损失，造成机械效率降低，且成本上升；另外，被压缩的制冷剂需要经过排气，因此其流动阻力损失也相应增大。根据常规工况下的几个不同转速的测试条件的比较结果显示，对于 R410A 旋转式压缩机，采用两级压缩结构相比单级压缩来讲，制热量有 2%~4% 的提升；但由于附加的摩擦损失、排气损失等存在，压缩机能效却有 6%~12% 的下降。能效恶化的程度基本与中间冷却所带来的能效提升效果抵消。该技术目前在房间空调器领域并没有得到应用推广。

3. 低温性能提升（快速制冷/制热）技术

（1）背景与需求。对于采用蒸气压缩式制冷方式工作的压缩机，在低温环境工作时一般会有以下几个方面的问题。

①随着室外环境温度的降低，压缩机吸气比容增大，系统的制冷剂循环量迅速下降，热泵系统的制热量减少。此时与室内反而增加的采暖热负荷需求严重不匹配。

②由于压缩机压比的不断增加，压缩机的排气温度迅速升高。在较低的室外温度下，压缩机会因防止过热而自动停机保护，致使压缩机频繁启停，系统无法正常工作，严重时甚至会导致压缩机烧毁。

③由于压缩机压比的增大，其能效也会急剧下降。

因此在低温环境下，热泵系统的运行性能受到很大的影响。近几年，国内北方许多地区推行"煤改电"政策，热泵系统的应用面得到扩展，但制热性能恶化的问题也更多地被暴露出来。

（2）解决思路与技术方案。

①二氧化碳（CO_2）。不同制冷剂具有不同物性，应用在制冷/热泵系统中获得的循环性能及能力也有较大差异，对于热泵系统尤其需关注制冷剂的制热量、COP、低温衰减性能以及排气温度变化等。位于超临界区的二氧化碳制冷剂循环放热过程为变温过程，有较大温度滑移，该滑移过程正好与加热水所需的变温热源相匹配，其热泵循环时有很高的传热效率。另外据实验数据反映，采用二氧化碳制冷剂的热泵系统，在低温环境下的制热量的衰减程度，约为采用氟利昂制冷剂时的一半。因此，二氧化碳所具备的优秀低温性能使其超越其他制冷剂成为低温地区采暖领域的首选。

不可否认，二氧化碳热泵的工作压力明显高于传统氟利昂制冷剂热泵，同时带来了最优压力的控制策略和系统安全等问题，使得二氧化碳热泵系统制作成本较高，在国内并未得到广泛推广。相信随着技术的发展，上述问题会逐渐得到缓解或解决。目前二氧化碳热泵已经在日本及欧美国家得到广泛应用。

②容量调节（变容技术/变频技术）。空调器想要获得更大制冷量或制热量，对于压缩机来讲，就是提高其制冷剂输出流量，即需要具备"容量调节功能"。业界主要通过增大压缩机排量（变容技术），或者提高压缩机转速（变频技术）来实现显著增大的流量输出。旋转式压缩机的"变容技术"，一般是在原有的气缸以外，增加一个或两个气缸，然后通过控制所增加的气缸内部的制冷剂压力以及滑片的位置，以控制该气缸是否工作，从而实现机械式变容调节。"变频技术"则通过变频驱动控制器，对压缩机内的变频电动机进行转速控制（增/减转速）。机械式变容技术，成本相对低廉，但运行效率较低，而且压缩机外围管路会复杂化；而变频技术由于其高效性以及驱动控制技术的日益进步，成为当今旋转式压缩机实现容量调节的主流方案。

搭载容量调节技术压缩机的空调器系统，在低温环境下所获得的制热量提升幅度，基本跟压缩机所增加的排量或提高的转速幅度成正比，效果比较显著。这里需要特别指出的是，一般来讲，压缩机所额外增加的排量（气缸）越大，则其在常规工况下采用小排量（原来的气缸）运行时的能效恶化会越明显；而压缩机的转速提高得越多，压缩机的噪声、振动也相应会越大，压缩机的摩擦功耗及排气阻力损失也相应越多。这些问题，均可以通过专门针对性的优化设计而得到缓解或解决。

③喷气增焓。"喷气增焓技术"也被称为"准两级压缩技术"，图3-5-9为采用闪发器的喷气增焓热泵系统原理示意图，图3-5-10为喷气增焓技术循环压焓图。采用"喷气增焓技术"的空调器系统的节流以及闪发过程与前面所述的"独立压缩技术"相同，差别在于不增设一个额外的气缸，其一级节流后闪发产生的中间压力饱和制冷剂气体，一边直接喷射进入原有压缩气缸与当中的制冷剂进行混合，并一边继续被压缩。该技术在不改变压缩机的吸气量（G）情况下提高了压缩机的排气流量（$G+g$），即提升冷凝器侧制冷剂流量并以此提升空调器的制热量，对改善低温制热量衰减有较明显效果。同时，通过喷入压缩机的压缩腔内部的中间压力（温度）气体，还可以降低压缩机的排气温度，解决低温工况下压缩机的压比过大而引致的排气温度过高问题。另外值得注意的是，在压缩气缸中的制冷剂混合过程相对复杂，混合损失也相对较大。根据实验结果所示，搭载了旋转式

"喷气增焓"压缩机的 R410A 房间空调器，室外环境温度越低，则空调器的制热量提升效果越明显，其中在−15℃环境下，制热量提升幅度可达 15%。需要特别指出的是，采用"喷气增焓技术"的空调器，其能效也会有一定程度的提升，其原理跟前述的"独立压缩技术"类似。

采用"喷气增焓技术"的空调器（压缩机）近年已经投入市场，作为主流技术之一对应前述的"煤改电"需求。

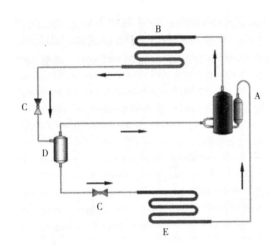

图 3-5-9　采用闪发器的喷气增焓热泵
系统原理示意图

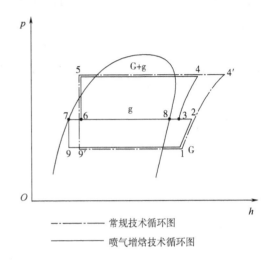

图 3-5-10　喷气增焓技术循环压焓图

④耦合技术。业界发现，单独的某一项技术都有其优缺点，若把几项技术耦合起来，取长补短，便可更好地满足用户越来越高的使用要求——"耦合技术"（"组合拳"）应运而生。应用实例如下。

变容+喷气（美芝）

业界把"变容技术"与"喷气增焓技术"双结合，研发出"变容喷气增焓旋转式压缩机"。其作用效果主要有两个，一是获得低温环境下的超大制热量，二是获得常规工况下的高 APF 能效。根据实验结果所示，搭载了"变容喷气压缩机"的 R410A 房间空调器，其 APF 约可提高 6%；另外，在−15℃的低温工况下，其制热量提升 46%。制热量的显著提升，主要归功于"变容技术"所带来的效果；而"喷气增焓技术"则除了对制热量提升有所帮助以外，主要贡献了其"能效提升"的作用。目前该技术在业界处于初期推广阶段。

双级压缩+喷气（格力）

如前所述，旋转式压缩机采用两级压缩结构后，将附加有额外摩擦损失、排气损失等存在，在常规工况下，压缩机的 COP 相比单级压缩结构，有 6%~12% 的下降。随着室外环境温度的进一步降低，压缩机的压比会逐步增大，使得单级压缩结构的压缩机的容积效率也相应逐步恶化。此时，双级压缩结构的压缩机，由于每个气缸所承受的压比相对较低，其容积效率的恶化程度低于单级压缩结构，由此，体现出了双级压缩结构的优越性。

前面也提及，采用"喷气增焓技术"的空调器，其能效会有一定程度的提升。这可以一定程度地弥补双级压缩结构所带来的摩擦损失及排气损失的不良影响。而且基于双级压缩结构下的喷气增焓技术，其中间压力气体与低压级气缸的排气气体混合后进入高压级气缸进行二次压缩，相比基于单级压缩结构的喷气增焓技术来讲，该混合过程的损失较低。

如图 3-5-11 所示，对于分别采用"双级压缩+喷气"和"单级压缩+喷气"技术的R410A 空调器系统，随着室外环境温度降低，两种技术均对空调器的制热量提升幅度更加显著。特别注意到的是，在相对较高环境温度下，单级压缩系统的性能明显优于两级压缩系统；但随着室外温度降低，当低于-20℃以下时，双级压缩技术的优势就体现出来了。由此可见，"双级压缩+喷气"技术更加适合使用在环境温度相对较低的场合。搭载该技术的产品，已经有市场实绩。

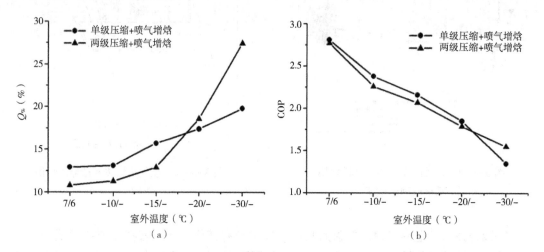

图 3-5-11　系统制热量提升幅度及 COP 随室外环境温度变化的结果

单/双级可变压缩+变容+喷气（美芝专利）

针对上述两级压缩结构在环境温度相对较低时才能体现出其技术优势问题，业界提出"单/双级可变"的旋转式压缩机结构，以此来兼备两者的技术优势。另外，还考虑到"容量调节技术"所带来的显著制热量提升效果，进行再进一步的耦合，提出"单/双级可变压缩+变容调节+喷气增焓技术"的旋转式压缩机设计构想。当然，采用此耦合技术的房间空调器系统会变得更加的复杂，成本也一定程度地上升，目前在业界中仍未有推广应用。

提升房间空调器的低温制热性能，除了压缩机需要够提供足够的制冷剂流量以外，空调器系统的两个换热器也必须同时能保证其具备相对应的换热能力。否则，压缩机输出再多的制冷剂流量也无用武之地。

三、展望

（1）对于业界来讲，环保、高效是永恒的话题。同时，产品的性价比也是一项非常重要的指标。满足用户对舒适性日益增长的渴求，是今后推动业界技术发展的主要动力之一。

（2）作为旋转式压缩机行业的增长点来讲，新应用领域的拓展是未来的趋势；同时业界也有责任让更多的领域能够采用更节能的制冷循环系统，以此来替代原来老旧的能源消耗方式。

（3）另外，当今非常值得业界去思考并关注的一个问题是：随着"磁制冷""半导体制冷""化学制冷""热辐射制冷"等技术的持续发展，业界目前的"蒸气压缩式循环制冷"技术 将会在不久的将来被替代吗？

第六节　多联机空调技术

一、背景

自 19 世纪初诞生以来，空调技术作为建筑室内热湿环境的重要调节途径，为人们的生活空间的舒适性提供了保障。传统的集中空调系统形式往往采用水作为介质，以水泵为冷/热量输配装置，将冷/热水机组制取的冷/热水通过水管输送至用户末端（空调箱或风机盘管）处理室内冷/热负荷。采用空调箱（再通过风机和风管输送至室内）的空调系统通常称为"全空气系统"，而采用新风机组（仅处理新风的空调箱）和设置在室内的风机盘管的空调系统称为"风机盘管+新风系统"。在相当长的时间里，它们作为主流空调形式广泛应用于公共建筑和居住建筑中。

传统的集中空调系统形式存在以下不足。

（1）采用间接换热方式，以水或空气作为冷/热量输配介质，系统能耗高。

①冷/热水机组以水为中间换热介质（全空气系统的空气处理机组采用冷/热水盘管调节温度），制冷剂与室内空气之间增加了一个换热环节，导致冷/热水机组的能效降低。例如，冷冻水的供/回水温度通常为 7℃/12℃，冷/热水机组制冷时需运行在较低的蒸发温度，制热时的冷凝温度较高，导致机组的运行能效偏低。

②采用集中的冷/热水机组和空调箱，部分负荷时的能效比低，且难以实现分室或分区控制，导致整个空调系统的运行能耗高。

③水或空气的热量传送密度小（当供水温度为 7℃、供/回水温差为 5℃时水的单位质量载冷量为 20.95kJ/kg，当送风温度为 18℃、送/回风温差为 8℃时，空气的单位质量载冷量仅为 9.38kJ/kg），流量大，水泵或风机的输配能耗高。

（2）占据建筑空间大。需要集中的制冷/制热机房和空调机房，对于全空气系统，风管尺寸大，均占据较大的建筑空间。

（3）施工与运维管理工作量大。调风管和水管系统的安装复杂，工程量大，施工周期长；建成后的空调系统需要专业管理人员进行运维管理，且运维管理成本高。

（4）设计周期长。不仅工程设计的时间长，同时还需自动控制专业的密切配合，才能设计出满足用户需求的空调控制系统。

在 20 世纪 70 年代石油危机爆发后，建筑空调系统节能受到发达国家的重视。尤其在

本节供稿人：李子爱、石文星，清华大学。

日本，对于中小型建筑空调节能技术的研究成为焦点。而通过提升压缩机、水泵、换热器等部件的效率对系统整体能效的改善十分有限，要解决传统集中空调系统输配能耗高、冷/热水机组能效低的问题，必须设法增大冷/热量传输密度、减少中间换热环节。日本学者从当时发展成熟的冷库"一拖多"蒸气压缩式制冷系统中得到了启发，对中小型建筑中的集中空调系统在结构形式和调控技术上进行创新，提出了直接膨胀式集中空调系统形式，即多联机空调系统（简称：多联机）。

二、解决问题的思路

下面以采用风冷式冷/热水机组作为冷/热源的"风机盘管+新风系统"为比较对象，阐述采用多联机解决传统集中空调系统的上述问题的技术思路。

（1）提高系统的运行效率，实现行为节能。

①减少中间换热环节，提升机组能效。如图3-6-1（a）所示，风机盘管+新风系统的冷水机组的蒸发温度往往受限于冷冻水的供水温度（通常为7℃左右），因此通常在5℃左右。而多联机的制冷剂直接送达用户末端与室内空气换热，省去了中间的冷冻水循环，减小了室内空气与制冷剂的温差，因而提升了制冷机组的蒸发温度（可提升至8℃以上）[图3-6-1（b）]，从而提升了制冷机组的能效比。

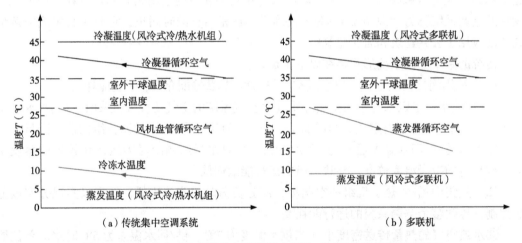

图3-6-1　传统集中空调系统与多联机在制冷工况下各换热环节的温度

②室内机分散独立控制。压缩机采用变频调速技术，并根据室内所需冷/热量按需分配制冷剂流量，不仅提高了部分负荷时系统的运行性能，还为行为节能的实现提供了条件。

③增大冷/热量的传输密度，降低输配能耗。传统风机盘管+新风系统的冷冻水基于显热变化来获取/释放热量，其在供/回水温度为7℃/12℃时的单位质量载冷量仅为20.95kJ/kg；而多联机采用制冷剂作为传输介质，基于相变过程来获取/释放热量，其冷/热量的传输密度约为水的8倍（如R22在蒸发温度为7℃、干度为0.22、过热度为5℃时的单位质量制冷量为160 kJ/kg），其传输体积流量小，而且由于制冷剂的输配动力来源于压缩机，省去了水泵，降低了输配能耗。

（2）节省安装空间，降低了建筑造价。在设计安装中，多联机的室外机组通常置于建筑物的屋顶、地面或中间设备层，不需要设置专门的机房；而且，室外机与室内机之间采用铜管连接，管径小，节省了安装空间，降低了建筑造价。

（3）减少了施工工作量，缩短了工期。多联机采用产品模块化和现场焊接铜管的安装方式，相比于风机盘管+新风系统的施工安装，大大减少了施工工作量，缩短了工期；同时，采用在工厂研发完成的控制系统，使用时无需专业管理人员，大幅度节省了运维管理成本。

（4）简化了工程设计，缩短了设计周期。多联机采用模块化结构，施工图设计较为简单，且自带机组和集中控制系统，能够对室外机和室内机进行自动控制，简化了工程设计，缩短了设计周期。

基于上述分析，多联机的提出解决了集中空调系统存在的四个问题，实现了"省能"（节能减排）、"省空间"（减少占用建筑空间）、"省工"（减少施工工时和运维管理工作量）、"省设计"（简化设计）的实际效果。随后，多联机空调系统在世界各国得到了广泛应用。

多联机的本质是由一台（或多台）室外机与多台室内机通过制冷剂配管连接组成的单一制冷循环系统，通过调节室外机模块运行数量、压缩机转速或台数、各室内机电子膨胀阀（EEV）的开度以及室内机风机的转速改变各室内机的制冷（热）量，实现对各区域或房间温度的独立调控。其系统原理如图3-6-2所示。由于多联机具有显著的变流量调节特征，因此，国际上与集中空调系统中的变风量（VAV）系统、变水量（VWV）系统并列，将其称为变制冷剂流量（Variable Refrigerant Flow）系统，简称VRF系统。

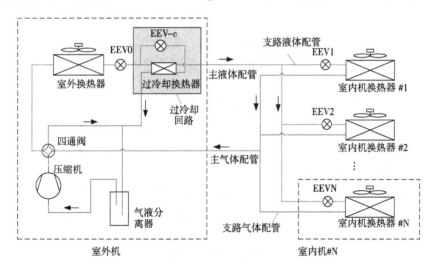

图3-6-2 多联机系统原理图（一台室外机、多台室内机）

三、多联机的技术方案

自1982年日本大金工业株式会社研发出第一台多联机以来，多联机技术得到了快速发展和广泛应用。在多联机系统的循环设计、产品研发和自动控制方面，日本（以大金公司的 VRV 系列产品为代表）一直处于世界前沿。我国多联机的研发始于 20 世纪 90 年代中期，近 20 年来其技术得到迅猛发展，目前已成为世界最大的研发、应用和生产大国。图 3-6-3 给出了自多联机诞生以来日本和我国多联机的标志性技术进展。

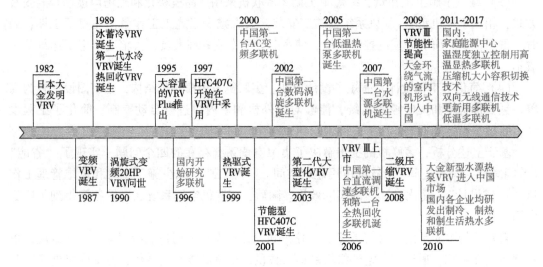

图 3-6-3　多联机的标志性技术进展

多联机的发展可归纳为以下四个环节的循环递进过程。

（1）产品研发环节，包括功能的研发、部件性能、系统循环与控制优化；

（2）产品应用环节，包括设备选型、系统分区、工程设计、工程安装、系统调试与试运行；

（3）运行管理环节，包括实际运行性能检验、能耗计量和故障诊断；

（4）改进研发环节，包括系统形式改进、控制策略和算法改进、性能评价准则的改进。

其中的任一环节都需要技术的发展和创新。下面将从多联机区别于常规直接膨胀式空调系统（例如房间空调器）的显著特性出发，对多联机在发展历程中的重要技术方案做简要介绍。

（一）多联机的分散控制策略

自动控制是多联机产品的关键技术，多联机自动控制的核心是控制策略，其包含了对压缩机、室内/外换热器、电子膨胀阀和风机等执行部件的总体协调控制，并影响着多联机的可靠性和变工况运行性能。与常规直接膨胀式空调系统不同的是，多联机具有多个室内机、各室内机对应的空调区域或房间的需冷/热量大小各异的特点，系统结构复杂，内部参数相互耦合，同时又要兼顾系统的可靠性、节能性及控制算法的通用性，因而控制技术难度大。

多联机在其发展初期主要采用集中控制方法，即根据实验确定各室内机负荷与 EEV 开度、压缩机转速的调节关系，以表格或拟合公式的形式存储于中央控制器（一般为室外机控制器）中。集中控制方法的信息集中程度高，有利于优化系统运行效率，但存在实验工作量庞大、不适用于室内机数量多的多联机、机组之间的通讯量大、通用性差的缺点。

随着商用多联机的迅速发展，多联机的室内机的容量和型式日渐丰富，单个系统的室内机数量增多，集中控制方法的局限性越加显现，因此分散控制的思想逐渐兴起。

多联机的分散控制策略是指由室外机控制压缩机的吸/排气压力及吸气过热度，由各室内机控制各自室温，其核心思想在于实现室内及室外机控制器的相对独立性，以降低信息处理的集中程度和室内及室外机之间的通信量，如图 3-6-4 所示。该控制策略一方面实现了室内机的独立调控，另一方面压缩机转速的调节仅由其吸/排气压力值决定，而不再依赖于室内机参数向室外机控制器的传输和运算。因此，分散控制策略不仅实验工作量少，具有良好的稳定性和通用性，而且大大降低了硬件设备成本。目前，该控制策略已在绝大多数多联机产品中得以应用。

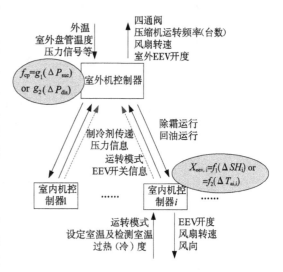

图 3-6-4　多联机的分散控制策略思想

（二）热回收多联机技术

热回收多联机技术是在建筑同时具有冷、热需求的背景下提出来的，对于多联机的单个室内机末端而言，它只能进行制冷或制热；而对于整个系统而言，一些室内机在进行制冷，而另一些房间在制热。由于热回收型多联机同时利用了制冷系统中的冷凝换热量和蒸发换热量，因此系统的能源利用效率较高。图 3-6-5 为三管制热回收多联机的制冷循环原理图，室外机与室内机之间通过高压气体管、高压液体管和低压气体管相连接，机组通过控制设置在各个室内机上的电磁阀的开关状态和室内机 EEV 的开度，切换室内机换热器的功能（不接入、蒸发器或冷凝器），从而实现五种运行模式：全体制冷、全体制热、主

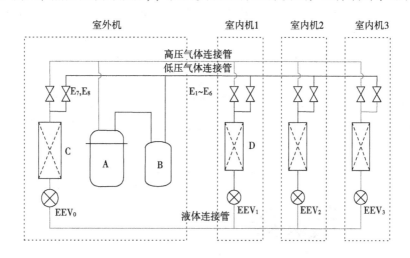

图 3-6-5　三管制热回收型多联机制冷循环原理图

A—压缩机　B—气液分离器　C—室外机换热器　D—室内机换热器　E1～E8—电磁阀　EEV_0～EEV_3—电子膨胀阀

体制冷、主体制热和热回收。后三种运行模式的运行正是热回收多联机的节能关键因素。为了减少制冷剂充注量和室内及室外机之间的连接配管的工程量，在三管制基础上又得到改进发展，研发出了二管制热回收型多联机系统，如图3-6-6所示。

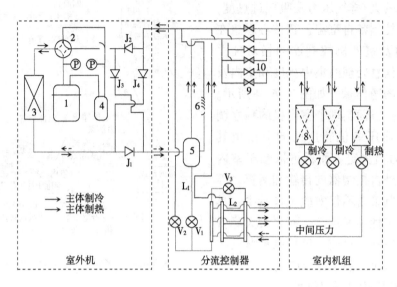

图3-6-6　二管制热回收型多联机多联机系统原理

1—压缩机　2—四通阀　3—室外机换热器　4—低压气液分离器　5—高压气液分离器

6—液位检测回路　7—室内机 i 电子膨胀阀　8—室内机 i 换热器　9—室内机 i 制热电磁阀

10—室内机 i 制冷电磁阀　$J_1 \sim J_4$—单向阀　$L_1 \sim L_3$—过冷器　$V_1 \sim V_3$—流量控制阀　P—压力传感器

（三）温湿度独立控制用高温显热多联机技术

近年来，随着温湿度独立控制思想的提出，高温显热多联机（也称为高温多联机）技术应运而生。其基本原理是将室内的显热和潜热分开处理，由高温多联机承担房间的大部分显热负荷，而新风负荷、室内潜热负荷和少部分显热负荷则由单独设置的新风除湿机来承担，如图3-6-7所示。高温多联机技术与常规多联机的主要区别在于，前者需要检测回风的干球温度和相对湿度，控制压缩机的输出，使得蒸发温度不低于回风的露点温度，从而保证不对室内空气进行除湿或少除湿。由于提高了蒸发温度，因此高温多联机相比于常规多联机的能效比更高，控制更灵活。此外，由于除湿运转稳定，加上高温多联机还避免了室内机中凝结水的产生，减少了细菌的滋生，使得室内侧空气更加舒适和卫生。

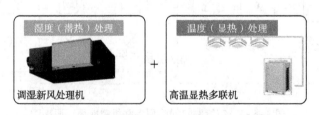

图3-6-7　温湿度独立控制用高温多联机空调系统

（四）更新用多联机技术

一方面，与常规的空调产品一样，多联机在长期使用后也将面临系统性能下降、部件老化的问题，需要更换为新的系统；另一方面，原有多联机采用的制冷剂已被淘汰或限制使用，需要更换新型制冷剂。然而，由于多联机的安装紧凑，制冷剂管路复杂并且沿装修夹层铺设，完全拆除旧系统的所有部件，不仅工作量大、成本代价高，并且导致了未老化部件（制冷剂管路、电缆、部分室内机等）的浪费。因此，从 2005 年开始，日本和我国各多联机厂家相继关注更新用多联机技术的研发，希望利用原有多联机的制冷剂管路等部件，更换老化部件或制冷剂，更新系统，提升性能。更新用多联机技术的要点是在给定约束条件（即原系统保留下来的部件）下，实现与原系统的兼容性，并提高新系统的运行效率和可靠性。

此外，各企业针对不同的市场需求，研发出了面向寒冷地区应用的低环境温度多联机热泵空调系统，面向家庭使用的可实现制冷、制热和制取生活热水的多联机系统（家庭能源中心）等系统；同时在自动控制方面得到进一步提升，如为了减少施工工程量和通讯线连接错误，研发了无极性通信技术或无线通信技术等，大幅度提高了产品的品质和使用方便性。

四、多联机的应用

多联机发展至今，已出现了较多的系统形式。根据适用场合和机组容量大小的不同，可将多联机分为家用（名义制冷量为 8~16kW）和商用（单台室外机的最大名义制冷量可达 75kW）两类；根据室外机冷/热源类型的不同，可将多联机分为风冷和水冷两类；根据功能的不同，可将多联机分为单冷型、热泵型和热回收型三类；根据压缩机驱动能源形式的不同，又可分为电驱动型（简称 EHP）和燃气发动机驱动型（简称 GHP）两类；根据压缩机容量调节方式的不同，还可分变速型、变容型；此外，还有蓄冷、蓄热型，以及能够提供空调、供暖和生活热水的多功能多联机系统（家庭能源中心）等特殊系统形式。多样化的系统形式和产品的广泛应用也促进了多联机产品与系统的设计方法、规范和标准的丰富和完善。

（一）国内外多联机市场情况

目前，多联机主要在亚洲和欧洲等地区广泛应用，并且在北美也有一定的应用规模，其主要应用场合为办公楼、学校、酒店商业建筑以及面积较大的住宅等建筑。我国多联机的起步虽较晚，但随着我国多联机技术的不断进步，其产业也得到迅速发展，现已成为世界第一大多联机市场。据统计，2016 年多联机在我国中央空调市场中的占有率已高达到 46% 以上，延续了逐年上升的趋势，如图

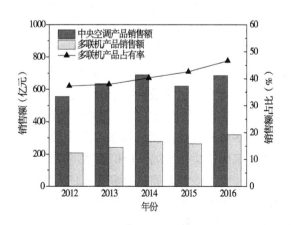

图 3-6-8 我国多联机市场的销售情况

3-6-8 所示。特别是在长江流域应用最为普遍，2016 年该地区的多联机市场规模约占全国多联机市场的 57%。由此可见，多联机现已成为我国中小型建筑及部分住宅建筑的重要空调系统形式之一。

（二）多联机系统的设计方法、规范及标准

大金（中国）投资公司推出的《VRV 系统设计手册》和《大金空调安装规范手册》是目前国内多联机产品设计和安装的主要参考范本，对多联机的规范化设计安装具有指导意义。在多联机的产品标准方面，日本最早推出了单独的多联机工业标准，奠定了多联机规范化发展的基础；我国于 2002 年颁布了第一部多联机产品的国家标准《多联式空调（热泵）机组》（GB/T 18837—2002）；此后，美国于 2008 年制定的单元式空调热泵标准《Performance Rating of Unitary Air-Conditioning & Air-Source Heat Pump Equipment》中初次包含了多联机产品的标准。我国目前也已形成了比较完整的多联机产品与设计应用的标准体系，包括《多联式空调（热泵）机组》（GB/T 18837—2015）、《低环境温度空气源多联式热泵（空调）机组》（GB/T 25857—2010）、《多联式空调（热泵）机组能效限定值及能源效率等级》（GB 21454—2008）、《多联机空调系统工程技术规程》（JGJ 174—2010）、《多联式空调（热泵）机组应用设计与安装要求》（GB 27941—2011）等，为多联机的产品研发、系统设计和安装维护提供了重要的技术支撑，也为多联机在建筑中的节能运行和产业的良性发展提供了保障。

五、展望

任何一种系统不可能是完美无缺的，虽然多联机具有省能、省空间、省工、省设计的优势，但由于多联机是一类结构复杂、系统庞大、内部参数耦合、边界条件多样的复杂制冷系统，目前对多联机的认识还不够深入，尚需在以下几方面开展研究，以推动多联机技术和产业的健康发展。

（1）深入研究多联机的特性。尚需在模拟仿真、循环控制、运行特性、性能评价、工程设计、设备选型以及安装技术方面开展深入研究，以加深对多联机特性的认识，为新产品研发和系统设计提供理论支持。

（2）制冷剂替代及减量化。尽管现有多联机的大量产品已停止使用制冷剂 R22，而替换为中长期替代制冷剂 R410A，但由于系统采用制冷剂作为输配介质，制冷剂充注量将随管路长度、室内机支路数量以及系统容量的增加而增大，一旦发生制冷剂泄漏，整套系统的运行和性能将受到影响，减少多联机的制冷剂充注量将是未来需要研究的方向。同时，由于 R410A 对全球温室效应的影响不可忽视（全球变暖系数值 GWP = 2025），目前只是作为中间替代使用，仍需要寻找长期的替代制冷剂。

（3）多联机在线性能测量和故障诊断技术的研发。多联机产品的实际运行性能受安装条件、室内外运行工况及新旧程度等众多因素的影响，与产品在实验室中获得的试验性能差异较大，如何准确获取多联机的实际运行性能目前仍是多联机产业发展中亟待解决的问题。研发可靠的在线性能检测方法及相应装置，提高测量精度，并在实际建筑中开展实际运行性能测量，以便在未来形成多联机的实测性能数据库后，为产品应用和技术改进提供数据支撑。同时，还应该思考如何利用产品中的相关状态参数和所测量的性能参数，通过大数据理论研发更为高效的故障诊断技术，为用户提供更为完美的产品和服务。

参考文献

［1］蔵浦毅. 冷凍空調機器の変遷：ビル用マルチエアコンの変遷［J］. 冷凍，2010，85（9）：37-40.

［2］石文星，成建宏，赵伟，等. 多联式空调技术及相关标准实施指南［M］，北京：中国标准出版社，2011.

［3］清水啓一朗. インバータマルチシステムエアコン・スーパーマルチ［J］. 東芝レビユー，1987，42（3）：148-151.

［4］清水啓一朗. インバータマルチシステム空調機・スーパーマルチ［J］. 冷凍，1988，63（724）：79-87.

［5］岡島次郎，松岡文雄. 大形冷暖同時マルチ冷凍サィクルの制御（自律分散協調制御）［C］. 東京：日本冷凍協会論文集，1990，153-156.

［6］戎晃司，伊藤修. タイム・デイレイ・コントロールによるマルチヒートポンプの制御［C］. 東京：日本冷凍協会論文集，1990，145-148.

［7］石文星. 变制冷剂流量空调系统特性及其控制策略研究［D］. 北京：清华大学，2000.

［8］井上誠司. マルチエアテコンの自律分散協調制御"F-VPM"［J］. 三菱电动机技报，1991，65（5）.

［9］AYNUR T N. Variable refrigerant flow systems：A review［J］. Energy and Buildings，2010，42（7）：1106-1112.

［10］《中央空调市场》编辑部. 2016 年中国中央空调市场总结报告［J］. 机电信息，2017（4）：1-110.

第七节 环保型制冷剂

一、背景

自人类发明制冷技术以来，制冷剂的发展可以分为五个阶段，如图 3-7-1 所示。第一代所采用的制冷剂以自然界中存在的物质为主，在早期的使用中存在易燃、高压、效率低等诸多问题，一定程度上限制了制冷技术的发展。到 20 世纪 30 年代，卤代烃类人工合成制冷剂问世，其具有高效、安全、稳定等优点，极大地推动了制冷技术的进步，同时制冷行业获得了前所未有的发展。

然而，合成制冷剂的大规模使用所造成的环境问题在第二阶段后期逐渐显现。1984年，南极上空臭氧层空洞被发现，而研究证明，含有溴原子及氯原子的 BFCs、CFCs 及 HCFCs 制冷剂正是造成臭氧空洞的罪魁祸首。为保护臭氧层，国际社会于 1987 年制定了《关于消耗臭氧层物质的蒙特利尔议定书》，对臭氧层消耗物质 CFC 和 HCFC 开始进行限制。在此协议下，经过国际社会 30 余年的共同努力，保护臭氧层的工作取得了显著的成果。在最新一期《臭氧层评估报告》中指出，目前臭氧层已在逐渐的恢复，并预计将在 21 世纪中期恢复到 20 世纪 80 年代初的水平。

本节供稿人：陈光明、高能，浙江大学宁波理工学院。

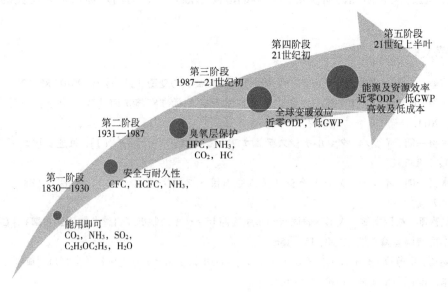

图 3-7-1　制冷剂的发展

　　另外，近年来制冷剂的使用对于全球温室效应的影响受到了广泛重视。政府间气候变化专门委员会 IPCC 的一份研究报告指出，1901~2012 年，地表平均温度上升了 0.89℃，而且预计在 2016~2035 年地表温度会继续上升 0.3~0.7℃。气候变化将从多个方面影响到人类社会，为避免最坏情况的出现，必须大大削减温室气体的排放，从而将 21 世纪内的全球温度上升控制在 2℃ 以内。自制冷剂发展的第三阶段以来，用来替代臭氧层消耗物质的 HFCs 制冷剂均具有较大的温室效应潜能（GWP），在最新的环保形势和要求下，同样属于需要被替代范畴。

二、环保型制冷剂选择标准及相关法规

（一）新型环保型制冷剂选择标准
　　当前新一代制冷剂的选择应兼具环保、安全、能效以及经济性的要求，具体的选择标准包括：
　　（1）保护臭氧层。新的环保型制冷剂，其 ODP 值应等于或接近于 0。
　　（2）缓解温室效应。应具有尽可能低的 GWP 值，最好接近于 0。
　　（3）安全性能。毒性方面，新的环保型制冷剂应为无毒；化学性质稳定、不易分解，分解物对生态无害；可燃性方面，应为不可燃或微可燃。在 ASHRAE 34 标准中其安全分类应为 A1 或 A2L。
　　（4）具有合适的热力学性质和传输性质。譬如低压适中、绝热指数小、压缩比小、黏度小、热导率高等。
　　（5）温度滑移（对混合物而言）。应尽可能小，最好接近于 0（共沸或近共沸）。
　　（6）循环性能。能效高，单位质量制冷量大。
　　（7）其他。除以上条件外，制冷剂的选择还需要兼顾生产成本、配套部件成本、工作

稳定性、使用时的技术要求等条件。可以看到，新的环保型制冷剂的选择标准与之前的主要区别在于：

①近零 ODP 制冷剂，现阶段研究发现某些分子中含有 1 个氯原子和多个氟原子的烯烃类卤代物制冷剂具有优良的安全性能和系统性能，其大气寿命极短，因此 ODP 值虽不为零但小于 10^{-3} 数量级，可以在某些应用场合直接替代现在仍在使用的 HCFC 制冷剂。

②GWP 值限定，温室气体排放所带来的温室效应加剧已经开始从多个方面影响人类社会和地球生态，限制高 GWP 制冷剂的使用是减缓温室效应的一个重要措施。

③微可燃制冷剂，对于新阶段的合成制冷剂尤其是一些新的混合制冷剂而言，制冷剂的 GWP 值和可燃性是一对矛盾的量，通常当制冷剂的 GWP 值较低时会具有更大的可燃性，而可燃性低时则会有较大的 GWP 值，两者需要进行权衡。微可燃制冷剂在 ASHRAE 标准中对应的可燃等级为 2L，分类依据是常压 23℃ 下燃烧速度 <10cm/s。一批低 GWP 制冷剂如 R-32、R-717、R-1234yf、R-1234ze（E）等均属于该类别。

（二）制冷剂 GWP 限制相关法规

1987 年签订的《蒙特利尔协议》取得了巨大的成功，在进入 21 世纪后，为了更好地控制和减缓温室效应，不同国家和地区也纷纷出台了相关的政策或法规，对高 GWP 的制冷剂进行了限制。早在 1997 年，《京都议定书》中就将部分 HFCs 制冷剂列为温室气体，但当时并未对其使用和生产进行严格限定。目前，关于限制高 GWP 的 HFCs 制冷剂的相关举措和法规主要有：欧盟 F-gas 法规，美国 SNAP 计划，日本碳氢化合物合理使用和妥善管理法，澳大利亚臭氧保护和合成温室气体监管法，加拿大 HFCs 削减计划，以及《蒙特利尔协议》框架下的《基加利修正案》。

1. F-gas 法规

2006 年，欧盟通过了 F-gas 法规（EC 842/2006），规定从 2011 年开始在欧盟成员国上市的新型汽车空调制冷剂 GWP 值不超过 150。2014 年，在 2006 年法规基础上，欧盟通过了新的 F-gas 法规（EU 517/2014），并于 2015 年 1 月 1 日正式实施。新法规对高 GWP 的 HFCs 制冷剂的生产、进口均进行了明确的限制，覆盖了整个制冷产业的各个部门。法规提出了一个含氟气体淘汰时间表（表 3-7-1 和图 3-7-2），要求从 2015 年开始，在欧盟区域内对 HFCs 生产商和进口商的生产量或进口量实行配额制，并逐步削减用量，到 2030 年将欧盟区域 HFCs 生产量和进口量控制在 2009~2012 年平均值的 21%。

表 3-7-1 F-gas 法规应用领域限制时间表

涉及领域	GWP 限值	淘汰期限
家用冰箱、冰柜	150	2015 年
商用冰箱、冰柜（密封系统）	>2500	2020 年
	150~2500	2022 年
固定制冷设备（除设备温度低于-50℃）	2500 年	2020 年

续表

涉及领域		GWP 限值	淘汰期限
商业集中式制冷系统且容量≥40kW （除复叠制冷系统可使用 GWP≤1500 的 HFCs）		150	2022 年
移动房间空调用 HFCs		150	2020 年
独立分体空调系统，HFCs 用量≤3kg		750	2025 年
泡沫行业	挤出聚苯乙烯	150	2020 年
	其他		2023 年
气雾剂		150	2018 年

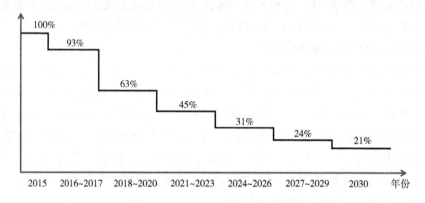

图 3-7-2　F-gas 法规管控时间表

与此同时，欧盟已有 6 个国家西班牙、丹麦、挪威、斯洛文尼亚、瑞典和波兰开始征收 HFC 税或费，法国和德国也正在计划中。

2. 美国 SNAP 计划

1994 年，美国环保署（EPA）依据《清洁空气法案》发布了重大新替代品政策计划（SNAP 计划），是一项对臭氧层消耗物质替代品/替代技术进行评估、鉴定和公开发布的计划。2015 年 7 月，EPA 发布了第 20 号规定，通过不可接受替代品的形式限制了部分高 GWP 值 HFCs 及其混合物在气溶胶、制冷空调和发泡等领域的应用，限定对象包括冰箱发泡剂 R-134a、R-245fa、R-365mfc 及其混合物，零售制冷设备中 R-227ea、R-404A、R-407B 等物质。

3. 日本碳氢化合物合理使用和妥善管理法

在日本已颁布的相关法律法规中，多将重点集中于含 HFCs 产品生命周期过程中的排放控制，明确生产及进口商、零售商、消费者多方的责任和义务。同时部分法律法规明确要求使用零或低 GWP 值的制冷剂替代 HFCs。2015 年修订的"碳氢化合物合理使用和妥善管理法"，主要控制商业制冷和空调设备在运行及报废过程中 HFCs 的排放，并规定了各领域的高 GWP 值 HFCs 的使用期限。

表 3-7-2　"碳氢化合物合理使用和妥善管理法"规定的不同设备 GWP 限制及时间表

涉及领域	当前制冷剂（GWP）	GWP 限值	目标年度
家用空调	R-410A（2090） R-32（675）	750	2018
商店办公室空调	R-410A（2090）	750	2020
汽车空调	R-134a（1430）	150	2023
冷凝单元及固定制冷单元	R-404A（3920） R-410A（2090） R-407C（1774） R-744（1）	1500	2025
集中式制冷设备	R-404A（3920） R-717（~0）	100	2019
硬质聚氨酯泡沫	R-245fa（1030） R-365mfc（795）	100	2020
气雾剂	R-134a（1430） R-152a（124） R-744（1） DME（1）	10	2019

4. 澳大利亚臭氧保护和合成温室气体监管法

澳大利亚臭氧保护和合成温室气体监管法在 2012 年进行过修订，主要是规定 HFCs 的生产商和进口商需缴纳温室气体行政管理税，165 澳元/吨。为了执行基加利修正案，法规在 2017 年 6 月 19 日通过了新的修订，要求澳大利亚从 2018 年开始逐步取消 HFCs 进口，从 2018 年 1 月 1 日开始实施，在基加利修正案认可的澳大利亚基线水平上削减 25%，以实现其在 2036 年削减 85% 的基加利目标。但是该法规中对设备没有特殊的 GWP 限制，由市场自主选择最佳的 HFCs 替代品。

5. 加拿大 HFCs 削减计划

加拿大 HFCs 削减计划于 2018 年 4 月 16 日正式生效，其步调与发达国家的 HFCs 限控时间表保持一致。该计划还对特定领域的 GWP 值上限做出了限制，见表 3-7-3。

表 3-7-3　加拿大 HFCs 削减计划对于各应用领域 GWP 限值及时间表

应用领域		GWP 限值	禁用日期
独立式中温 制冷系统（0℃以上）	商用、工业用	1400	2020-01-01
	家用	150	2025-01-01
独立式低温 制冷系统（0~-50℃）	商用、工业用	1500	2020-01-01
	家用	150	2025-01-01

应用领域		GWP 限值	禁用日期
集中式制冷系统	商用、工业用	2200	2020-01-01
压缩冷凝机组	商用、工业用	2200	2020-01-01
制冷机，含压缩机的制冷/空调系统	商用、工业用	750	2025-01-01
移动制冷系统	商用、工业用	2200	2025-01-01
汽车空调（MVAC）		150	2021-01-01（新车型）
家用空调		暂时没有明确目标，仅受整体削减影响	
挤出聚苯乙烯（XPS）泡沫、硬质聚氨酯（PU）泡沫、高/低压聚氨酯喷雾泡沫		150	2021-01-01

6. 基加利修正案

除以上国家和地区性政策法规外，2016 年 10 月 15 日，在卢旺达首都基加利召开的《蒙特利尔议定书》第 28 次缔约方大会以协商一致的方式，达成了历史性的限控温室气体氢氟烃化合物（严格说应该是氢氟烷烃，即 HFCs）修正案——基加利修正案。该协议对所有 197 个缔约方具有法律约束力，于 2019 年 1 月 1 日正式生效。

基加利修正案的受控物质如表 3-7-4 所示，一些由 HFCs 物质组成的混合物，比如 R-404A 和 R-410A，也在基加利修正案的管控范围内。基加利修正案除了制定 HFCs 削减的具体时间表之外，还规定各缔约方应建立许可证管理制度、多边基金机制等详细内容。依据该修正案的削减目标，预计将减少 88% 的 HFCs 排放，可防止 21 世纪末全球升温 0.5℃。

表 3-7-4 基加利修正案受控物质

类别	名称	GWP 限值（100 年）	类别	名称	GWP 限值（100 年）
CHF_2CHF_2	R-134	1100	$CH_2FCF_2CHF_2$	R-245ca	693
CH_2FCF_3	R-134a	1430	$CF_3CHFCHFCF_2CF_3$	HFC-43-10mee	1640
CH_2FCHF_2	R-143	353	CH_2F_2	R-32	675
$CHF_2CH_2CF_3$	R-245fa	1030	CHF_2CF_3	R-125	3500
$CF_3CH_2CF_2CH_3$	R-365mfc	794	CH_3CF_3	R-143a	4470
CF_3CHFCF_3	R-227ea	3220	CH_3F	R-41	92
$CH_2FCF_2CF_3$	R-236cb	1340	CH_2FCH_2F	R-152	53
CHF_2CHFCF_3	R-236ea	1370	CH_3CHF_2	R-152a	124
$CF_3CH_2CF_3$	R-236fa	9810	CHF_3	R-23	14800

基加利修正案氢氟烃控制案：

（1）发达国家。

基线：100%HFCs（2011~2013年三年均值）+15%HCFCs（1989年的HCFCs总量+2.8%的1989年的CFCs量）。

削减时间表：①2019~2023年，削减至基线90%；②2024~2028年，削减至基线60%；③2029~2033年，削减至基线30%；④2034~2035年，削减至基线20%；⑤2036年之后，削减至基线15%。

（2）包括中国在内的一般发展中国家。

基线：100%HFCs（2020~2022年三年均值）+65%HCFCs（2009~2010年两年均值）。

削减时间表：①2024~2028年，冻结为基线100%；②2029~2034年，削减至基线90%；③2035~2039年，削减至基线70%；④2040~2044年，削减至基线50%；⑤2045年之后，削减至基线20%。

（3）印度和中东等环境温度高的国家。

基线：100%HFCs（2024~2026年三年均值）+65%HCFCs（2009~2010年两年均值）。

削减时间表：①2028~2031年，冻结为基线100%；②2032~2036年，削减至基线90%；③2037~2041年，削减至基线80%；④2042~2046年，削减至基线70%；⑤2047年之后，削减至基线15%。

此外，还有中、东欧一些国家执行另外的受控方案，由于它们的基数很小，影响较小，这里不作详细介绍。

值得指出的是，与以往蒙特利尔议定书修正案不同，这次给出的基加利氢氟烃控制案中的数值是指受控物质质量与该受控物质的GWP值（100年）乘积，而不是仅仅指受控物质的质量。

三、典型环保制冷剂简介

现阶段以及未来环保型制冷剂的选择并没有一个确定的方案，可替代的制冷剂包括两类：自然制冷剂（如R-744，R-290，R-717，R-600a，R-718等）以及低GWP的人工合成制冷剂。其中最有希望得到推广应用的新一代合成环保制冷剂，主要为氢氟烯烃HFOs和氢氯氟烯烃HCFOs两类，以及它们与其他制冷剂组成的混合物，表3-7-5给出了四种典型的HFOs及HCFOs制冷剂。

表3-7-5　典型的HFOs及HCFOs制冷剂

基本信息	HFO-1234yf	HFO-1234ze（E）	HFO-1336mzz（Z）	HCFO-1233zd（E）
分子式	$CF_3CF{=}CH_2$	$CF_3CH{=}CHF$	$CF_3CH{=}CHCF_3$	$CF_3CH{=}CHCl$
临界温度（K）	367.85	382.5	444.45	438.75
临界压力（MPa）	3.382	3.635	2.9	3.57

基本信息	HFO-1234yf	HFO-1234ze (E)	HFO-1336mzz (Z)	HCFO-1233zd (E)
摩尔质量 (kg/kmol)	114.04	114.04	164.06	130.50
可燃性	微可燃	微可燃	不可燃	不可燃
ODP	0	0	0	0.00034
$GWP_{(100年)}$[a]	<1	<1	2	1
大气寿命[a] (天)	10.5	16.4	22	26.0
标准沸点 (K)	243.67	254.18	306.55	291.12

[a] IPCC, 2014: Climate Change 2014: Synthesis Report.

HFOs 和 HCFOs 均为烯烃的卤代物，其分子中存在碳碳双键，会与大气中的羟基发生反应，因此该类物质的大气寿命普遍很短，GWP 值极低（表3-7-5），可以满足现阶段对制冷剂 GWP 值的要求。HFOs 制冷剂分子中卤素原子仅有氟原子，因此 ODP 为 0。而 HC-FOs 制冷剂分子中至少含有 1 个氯原子，ODP 不为零，但其数值一般小于 10^{-3} 数量级，几乎可以忽略不计。表3-7-6 给出了一些 GWP 值特别低的纯质制冷剂在不同制冷空调细分领域的应用现状。

表 3-7-6　GWP 值特别低的纯质制冷剂的应用现状

GWP	0	<1	<1	1	1	2	1~5	4
制冷剂	R-717	HFO-1234yf	HFO-1234ze (E)	R-744	HCFO-1233zd (E)	HFO-1336mzz (Z)	R-290, R-1270	R-600a
家用制冷								
		F						C
商用制冷								
独立装置		L	F	C			C	C
冷凝单元		F		L			L	F
集中系统	L	F		C			L	
运输制冷		F		C			C	
大规模制冷	C	F		C		L		
空调热泵								
小型封闭空调		F		L			C	
小型分体				L			C	
热泵热水器	C	F	F	C			C	C
空间供暖热泵	C	F	F	L			C	L

续表

GWP	0	<1	<1	1	1	2	1~5	4
冷水机组								
容积式	C	L	L	C			C	
离心式		L	L		L	F	L	
汽车空调								
小型车		C		F			F	
公共运输		L		F				

注　C＝目前大规模商业化使用；L＝小规模使用、示范项目；F＝具有应用潜力。

　　单一的纯质 HFOs 制冷剂在使用时存在可燃性、容积制冷量低等问题，为了解决这些问题，可以通将 HFOs 制冷剂与其他不同性质制冷剂进行混合，来获得满足不同实际需要的混合制冷剂。

　　譬如，将 HFO-1234yf/HFO-1234ze（E）与不可燃的 R-134a 混合以降低可燃性，或与 R-32 混合以提高单位容积制冷量等。

　　在 ASHRAE 最新的 Standard 34 标准中，获得正式命名的新的混合制冷剂基本都是由 HFO-1234yf 或 HFO-1234ze（E）与其他物质混合而成，其目标是在降低现有制冷剂 GWP 的基础上，尽可能提高工作效率和安全性。部分低 GWP 混合制冷剂的编号、组分、替代对象和 GWP 值等信息列在表 3-7-7 中。

　　在确定混合制冷剂的组成时，需要进行多方面的权衡，尤其是 GWP 值与可燃性之间。如果混合物中 HFOs 占比增加，则该混合物的整体 GWP 值降低，但同时可燃性增加。反之 HFOs 占比减少时，可燃性降低，但整体 GWP 值会增加。这一点也可以从表 3-7-6 中清晰地看出，A1 制冷剂 GWP 值都要高于 A2L 制冷剂。

表 3-7-7　部分低 GWP 混合制冷剂信息

制冷剂 编号[a]	组成成分[a]	替代对象[b]	GWP 值[b]	安全级[a,b]	蒸发温度滑移[b] （℃）
R-450A	R-134a/1234ze（E） （42.0/58.0）	R-134a	550-650	A1	0.6
R-444A	R-32/152a/1234ze（E） （12.0/5.0/83.0）	R-134a	90	A2L	6.7
R-454A	R-32/1234yf （35.0/65.0）	R-404A	200-250	A2L	6.1
R-449A	R-32/125/1234yf/134a （24.3/24.7/25.3/25.7）	R-404A	1370-1430	A1	4.4
R-454B	R-32/1234yf （68.9/31.1）	R-410A	<460	A2L	1.1

制冷剂编号[a]	组成成分[a]	替代对象[b]	GWP 值[b]	安全级[a,b]	蒸发温度滑移[b]（℃）
R-446A	R-32/1234ze（E）/600 （68.0/29.0/3.0）	R-410A	461	A2L	4.9
R-447A	R-32/125/1234ze（E） （68.0/3.5/28.5）	R-410A	572	A2L	4.7
R-444B	R-32/152a/1234ze（E） （41.5/10.0/48.5）	R-22	295	A2L	8.9
R-452A	R-32/125/1234yf （11.0/59.0/30.0）	R-404A	2150	A1	3.3
R-448A	R-32/125/1234yf/134a/1234ze（E） （26.0/26.0/20.0/21.0/7.0）	R-404A	1273	A1	5.6

[a] ASHRAE standard 34：2015 Supplement

[b] Participants' handbook：AHRI low-GWP alternative refrigerants evaluation program.

美国空调供热制冷协会 AHRI 自 2011 年起开展了低 GWP 替代制冷剂评价项目（AREP），通过该项目测试结果可以发现，有多种低 GWP 替代制冷剂可以在系统中得到与其替代对象相当的能源效率和制冷量，并同时实现 GWP 值的大大降低，如 R-446A/R-447A 替代 R-410A，R-448A/R-449A 替代 R-404A 等。然而，这些新混合制冷剂也存在一些问题，例如，温度滑移：R-404A 和 R-410A 都是近共沸制冷剂，但它们的替代物大多具有 4~7K 的温度滑移；此外，R-404A 的替代物排气温度较高，R-410A 的替代物均具有一定可燃性。

四、小结

至今为止，国际上对于下一代制冷剂的选择并没有一个定论，这是一个非常复杂而又涉及面广的问题，但可以确定的是：

（1）目前为止，并没有一种可以广泛使用的理想制冷剂（价格低廉、效率高、无毒、不可燃、环境性能好），而且将来也很可能并不会出现，不同场合的应用应根据各自的条件和要求进行适当的选择。

（2）替代制冷剂应该具有零或者近零 ODP，具有较低温室效应（近零 GWP 值，低 TEWI/LCCP）和较高的能源效率。

（3）现有的高 GWP 的 HFCs 制冷剂要逐步消减使用，自然制冷剂、低 GWP 的 HFOs 制冷剂及其混合物将占据重要地位。

（4）对于可燃性制冷剂的应用需建立完善的法规，并加强相关人员的培训教育。

（5）要减少制冷剂的充注量，制冷剂要尽量回收再利用。

（6）要探索、研发推广不需要制冷剂的其他制冷技术。

第八节　变频调节技术

由于电动机的优点，现代设备或电气中，用电动机作为动力来源的场合越来越多，随着应用场合的需求，对电动机调速的要求越来越高。在空调及热泵的系统里，随着人们对舒适性和节能环保要求的提高，对系统里压缩机和电动机的变频控制就提出了更高的要求，需要达到起码两个优势：一是让电动机转速运行范围大幅扩大，控制温度更精准、更舒适，二是耗电量小，节能。为了达到这两个目标，需要对整个制冷系统变频化做一些研究和设计，以下就空调及热泵的研究做一些介绍。

一、热泵或空调系统变频控制系统整机系统设计

（一）热泵或空调系统变频控制系统构成

主要控制几个核心部件：变频压缩机、外风扇电动机、四通阀、电子膨胀阀、电磁阀以及相应的传感器，室外机组控制对象如图 3-8-1 所示。室内机组控制对象如图 3-8-2 所示。

室外机接线图：

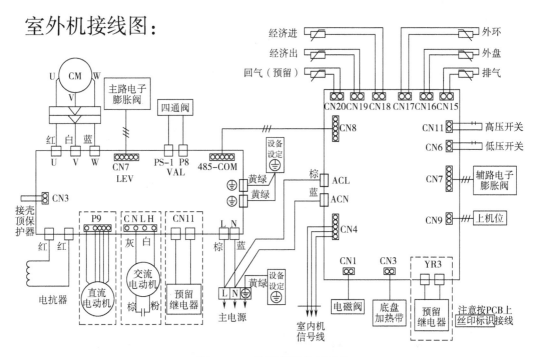

图 3-8-1　室外机组控制对象

该系统内有多个电子膨胀阀，水系统中还会存在水泵。温度传感器根据控制的需要会对排气温度、室外环境温度、室外盘管、室内盘管温度、室内温度、进出水温度等进行测量。

本节供稿人：黄永毅，佛山芯创智能科技有限公司。

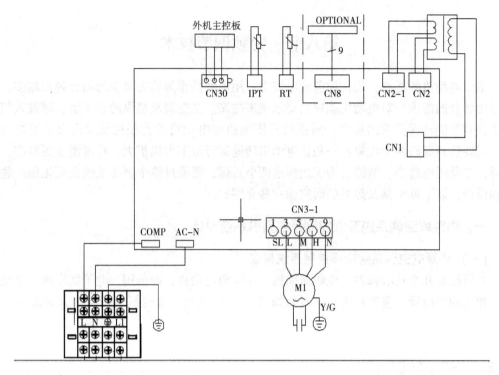

图 3-8-2　室内机组控制对象

图 3-8-3 以热泵热风机制冷系统为例说明频率控制以及电子膨胀阀如何调节。

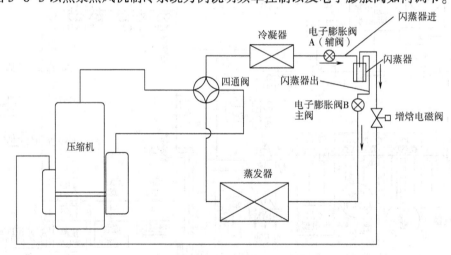

图 3-8-3　热泵热风机制冷系统频率控制以及电子膨胀阀的调节

（二）频率控制

热风机与空调工作情况类似，是控制室内温度，让室内温度变化以达到用户设定的温度。所以其针对室内能力需求做出相应频率变化，常用的控制方式有以下几种。

第一种：频率分为 10 档，根据室内环境温度 T_R 和室内设定温度 T_S 之间的差 T_S-T_R，一个差值对应一个频率档。

第二种：根据室内环境温度 T_R 和室内设定温度 T_S 之间的差 T_S-T_R 乘以某个系数，做到无级变频。还有其他更加智能的方式，加进另外的因子作为频率生成的规则。

变频机组由于相对控制需要精细一些，所以除了上述频率生成的规则是按能力需求计算之外，还有其他很多受保护的情形设置，这些也会影响运行频率。按功用来分类，常见的有两类：第一类是基于保护元器件、保护整机可靠性同时兼顾用户实际使用的需要，比如进行室外环境温度限频，低温下进行制热，由于控制器散热条件非常好，用户冬天对热量的需求很大，所以就可以放开频率运行；但是如果是在高温下进行制热，由于用户的热量需求不大，制冷系统运行的压力也非常高，为了照顾整机的可靠性，只能让机器运行在比较低的频率。第二类是保护类别，如排气温度限频、制冷室外侧冷凝器温度限频、制热室内侧盘管温度限频、电流及电压限频等，这些保护大多会根据严重程度，分级别进行处理：先限制频率快速上升，接着是频率慢速上升，到频率禁止上升、频率下降、频率快速下降到停机。根据温度情况需要逐级处理。

（三）电子膨胀阀控制

电子膨胀阀的作用就是对制冷系统进行节流，通过合适的节流，让制冷系统处于良好的工作状态，能结合压缩机变容量技术优化制冷系统，使得整机运行平稳可靠，同时又能满足客户要求。常见的控制方式主要有以下几种。

（1）查表法。参照室外环境温度和运行频率，根据水温列出一个表格，控制器按照表格的数据运行，这个数据主要从整机运行试验得出。

（2）回气过热度控制。用蒸发盘管温度探头和吸气温度探头探测到的温度，来控制电子膨胀阀的开度，保证主回路电子膨胀阀开度使得蒸发器过热度快速向设定值收敛。一般做 PID 的控制。

（3）排气过热度控制。用冷凝盘管温度探头和排气温度探头探测到的温度，来控制电子膨胀阀的开度，保证主回路电子膨胀阀开度使得蒸发器过热度快速向设定值收敛。一般做 PID 的控制。

在过热度控制里面，还有一种方案，为了提高温度检测的准确性，使用压力传感器代替温度传感器，效果更准确。如果电子膨胀阀的调节不合理，不仅导致整机能效低，还会导致不能运行或者整机可靠性降低。

二、克服交流变频的缺点

早期的变频空调技术是从交流变频开始的，压缩机里面的电动机是三相交流电动机，随着技术的提升，压缩机里面的电动机也采用直流永磁电动机，也就产生了直流变频。交流电动机运行可以用频率来表述，但是严格意义上说，直流无刷电动机是没有频率的，是用转速来表达运行的快慢。

现代电动机大都以电磁感应为基础，在电动机中都需要有磁场。这个磁场可以由永久磁铁产生，也可以利用电磁铁在线圈中通电流来产生。电动机中专门为产生磁场而设置的线圈组称为励磁绕组。采用永磁铁的电动机就是直流无刷电动机。

交流变频的原理跟直流变频原理差不多，差别主要是采用直流无刷电动机的压缩机就是直流变频压缩机。由于交流电动机励磁需要能量，所以能效上比直流无刷电动机差，在同等功率输出的情况下，需要电动机的铜线绕组和矽钢片都比直流无刷电动机多。随着技术的发展，直流压缩机使用铁氧体及汝铁硼的经济性有很大的提高。推动着直流变频的发展。

三、技术难点

空调用直流变频的目的是提高能效比，把压缩机普通交流电动机改为直流变频电动机是有技术难度的。回顾直流电动机的发展历程，最早用电刷换向的直流电动机，换向的时间是由机械结构决定的，能有效保证换向的正确，但是始终存在换向死点、电刷老化、电刷有火化等弊端。后来发展到电子换向的直流电动机，通过传感器（如霍尔传感器）感知转子运行的位置，进行准确换向，这种叫直流无刷电动机。能避免有刷电动机的电刷带来的问题。但是应用到压缩机里面是不行的，因为压缩机是密封的结构，里面温度很高，压力变化大，又有冷媒和压缩机油。位置传感器是不合适的。无传感器的直流电动机控制技术发展让直流变频压缩机得以很好的运用。这个技术是利用压缩机直流电动机任意时刻是两相通电，另外一相不通电，可以检测其反相电动势，从而感知转子位置。由此发展过程中从120°方波控制到180°正弦波控制技术，有些厂家甚至提出360°控制技术。这两种驱动方式，一是120°方波驱动方式，二是180°正弦波驱动方式（即矢量变频驱动方式）。从性能上讲，前者的驱动电流每60°换向一次，而后者随着转子的旋转随时换向，能够精确控制直流变频压缩机的运行状态，驱动效率更高，磨损少、运行更平稳。到目前为止，120°的控制仍然在使用。不管是目前的旋转压缩机还是涡旋压缩机，根据压缩的原理，在压缩机转动一圈360°的过程中，几乎每1°的力矩需求是不同的，在控制上根据需要调整电动机力矩大小，以让压缩机能平稳运行。其控制难度和计算速度都不是普通单片机所能承担的。大部分采用DSP芯片作为驱动控制芯片。

有了直流变频压缩机及控制技术，才有了直流变频空调、直流变频热泵。

四、全直流变频的设计

全直流变频是在直流变频的基础上把室内外的风扇电动机改为直流电动机，俗称全直流变频，根据改直流部件的多少，市场上出现2D/3D等变频。2D就是除了压缩机是直流之外，有一个电动机改为直流，称为2D；3D就是在2D的基础上把另外一个电动机也改为直流，改为直流电动机以后，由于调速的范围大大扩宽，所以在控制上根据不同的需要做了一些设置。比如在高频率下，风扇电动机以高速运行，让换热器换热效率增加。在低频下，外环境温度非常适合运行的换热的情况下，如最小制冷，电动机运行极低的转速，整机功率下降，能效比反而大幅度提升。有了变频压机，运行范围变大、配合电子膨胀阀、直流电动机这些都能大幅度调节的部件，所构成的系统才能运行范围大，让每个运行的点都可以调节到最优越成为可能。

图3-8-4是一个低温供暖的机器，以此为例介绍全直流变频系统。

室外风速的控制一般有两种：一种是查表法，根据运行模式、频率及室温进行查表，另外一种是根据冷凝温度或者压力来控制风速。室内风速的控制一般是根据用户设定加上一些保护，比如室内盘管过冷/过热保护强制开高风速。再如防冷风情况下为了不让用户

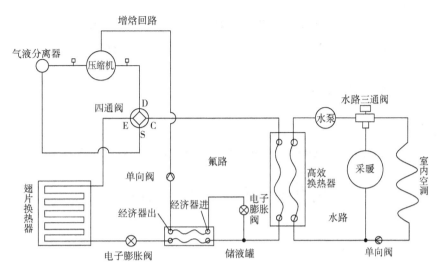

图 3-8-4　全直流变频系统

吹到冷风，风速用微风。循环水泵的控制一般是根据循环的需求、进出水温差来控制水泵的转速。

这么多种控制叠加到一起，容易出现协调不一致或不到位的情况。在控制系统里，为了让系统尽快进入稳定高效的运行状态，会采取了一些措施，一般的规则是：根据能力需求生成一个目标频率，在向目标频率升频的过程中，配合加大主路电子膨胀阀的开度，加大风扇的风量，各控制对象同步提高，让系统平稳同步提升到目标频率。频率达到稳定状态下调节好风速、水泵水流量。主路电子膨胀阀再根据过热度做微调。稳定下来以后再调整其他回路，图 3-8-4 上喷气回路里面的电子膨胀阀在主阀稳定下来以后再开始调节。

五、展望

在变频控制技术的发展上，一直朝着高效、舒适的趋势发展。

（1）电动机节能技术的发展推动节能的步伐。随着新材料的应用，新驱动技术的发展，使得电动机运行的效率大幅提升，这是整个行业推进的方向。

（2）节流技术的升级。对节流技术的研究目前的方案非常多，但是效果很难做到全方位最佳，同时节流技术的发展能最大程度提高产品的能效比，提高用户使用舒适性。

（3）新冷媒应用带来的控制技术变化。为了解决温室效应，新冷媒的应用以及为了应对一些特殊使用场合的要求，采用了一些新的冷媒。这些冷媒的改变将需要相应的控制技术进行应对。

（4）功率因数校正（PFC）电子设计、集成及散热。目前变频空调对电网的适应能力比较强，但同时也给电网带来一定的干扰，真正完美解决电磁干扰（EMI）问题的可行性、经济性的方案需要有突破。随着电子技术的发展，变频器效率的提高，让热损耗大大减少，集成度将会大大减少，释放出更多的空间给机器。同时对散热技术的问题进行优化，提高散热效率。

（5）标准化驱动技术。目前的变频器根据压机不同、工况不同派生出非常多的品种规格，给生产和售后造成的难度非常大。未来的发展应该需要一种自适应、自动判断的变频驱动技术。

（6）加载智能网络控制实现各种需求。

参考文献

[1] 吴芳. 无传感器永磁同步电动机的位置辨识与控制研究 [D]. 武汉：华中科技大学，2011.

第九节　永磁直驱传动技术

一、背景

空调作为现代公共建筑中重要的空气调节设备，其能耗约占公共建筑能耗 30%，而离心式冷水机组一直是公共建筑尤其是大型公共建筑空调系统的主力机型，其能效水平对公共建筑能耗具有重大影响。

变频化是提升中央空调能效的核心手段之一，已成为行业发展趋势。目前离心式冷水机组大都采用变频技术以提高能效。然而，常规变频离心式冷水机组采用三相异步变频电动机，通过外置变频器实现电动机转速调节，最高转速小于 3000r/min，因此，必须采用增速齿轮带动叶轮对冷媒做功。由于机械损失大（最高达机组功耗的 8%），电动机效率低（<95%），离心式冷水机组的能效提升受到限制。

因此，研究提升大型离心式冷水机组满负荷能效系数（COP）与综合部分负荷能效系数（IPLV）的关键创新技术，并将其推广应用，对于我国公共建筑节能具有非常重要的意义。

二、解决问题的思路

（一）既有异步变频传动系统介绍

目前，在暖通中央空调领域，变频离心式冷水机组存在异步齿轮增速和异步直驱变频系统两种方式，主流采用前者方案，仅有少数空调厂家开展后者方案研究。

异步齿轮增速变频系统，采用变频器驱动异步电动机（转速范围 0~3000r/min），通过增速齿轮箱带动叶轮工作，完成机—电—热能量转换，如图 3-9-1（a）所示，使用变频器控制异步电动机，通过齿轮传动驱动叶轮工作，完成电热能量转换，但由于传动齿轮箱机械损耗存在和使用变频器后增加热损耗，与定频机组相比，变频机组的 IPLV 虽有所提升，但 COP 反而降低。国内外学者进行了省去齿轮箱的异步直驱系统研究，提出了一种异步直驱变频系统，通过变频器驱动高速异步电动机（>3000r/min），直接带动叶轮工作，如图 3-9-1（b）所示，但由于异步电动机转速升高将导致电动机铁耗、变频器热损耗等增加使得系统效率无明显改善。

本节供稿人：何亚屏、邓明，株洲中车时代电气股份有限公司。

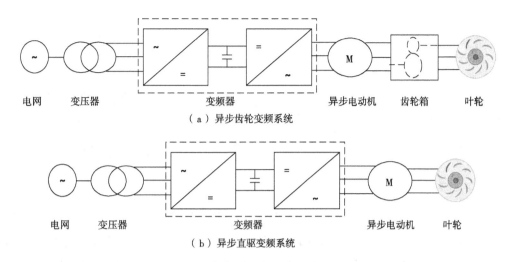

（a）异步齿轮变频系统

（b）异步直驱变频系统

图 3-9-1　既有异步变频系统拓扑结构

（二）异步变频传动效率分析

变频传动系统的损耗 P_{all} 包括变频器损耗 P_{invt}、电动机损耗 P_{motor}、齿轮箱损耗 P_{gear}（若有）。同时，电动机损耗 P_{motor} 可进一步分为铜耗 P_{Cu}、铁耗 P_{Fe}、机械损耗 P_{foss} 和其他损耗 P_{other}。如图 3-9-2 所示。

表 3-9-1 中，标"a"表示异步齿轮变频系统，以上标"b"表示异步直驱变频系统，对两种异步变频系统在相同工况下对比分析，对比结果如表 3-9-1 所示。

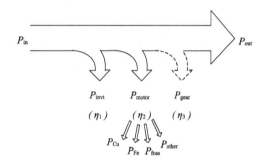

图 3-9-2　变频传动系统功率损耗组成

表 3-9-1　异步变频系统效率对比

序号	损耗类型	异步增速系统	异步直驱系统	备注	对比说明
1	变频器损耗	P_{invt}^{a}	P_{invt}^{b}	$P_{invt}^{a} < P_{invt}^{b}$	直驱变频器开关频率高，开关损耗增加
2	电动机损耗	P_{motor}^{a}	P_{motor}^{b}	$P_{motor}^{a} \approx P_{motor}^{b}$	直驱系统相比异步齿轮系统电动机损耗相当
2.1	铜耗	P_{cu}^{a}	P_{cu}^{b}	$P_{cu}^{a} > P_{cu}^{b}$	直驱电动机转速和频率升高，转矩和电流变小，铜耗较小
2.2	铁耗	P_{Fe}^{a}	P_{Fe}^{b}	$P_{Fe}^{a} < P_{Fe}^{b}$	直驱电动机铁心重量和磁通密度 B 减少，工作频率升高

序号	损耗类型	异步增速系统	异步直驱系统	备注	对比说明
2.3	机械损耗	$P_{\text{foss}}^{\text{a}}$	$P_{\text{foss}}^{\text{b}}$	$P_{\text{foss}}^{\text{a}}<P_{\text{foss}}^{\text{b}}$	转速越高，机械损耗越高
2.4	杂散损耗	$P_{\text{other}}^{\text{a}}$	$P_{\text{other}}^{\text{b}}$	$P_{\text{other}}^{\text{a}}<P_{\text{other}}^{\text{b}}$	随电源频率的增加而增加
3	齿轮箱损耗	$P_{\text{gear}}^{\text{a}}$	0	$P_{\text{gear}}^{\text{a}}>P_{\text{gear}}^{\text{b}}=0$	直驱系统不含齿轮箱
4	总损耗	$P_{\text{all}}^{\text{a}}$	$P_{\text{all}}^{\text{b}}$	$P_{\text{all}}^{\text{a}}\approx P_{\text{all}}^{\text{b}}$	直驱系统相比异步齿轮系统总损耗相当

由表 3-9-1 可知，两种系统方案效率相当，异步直驱系统相比异步齿轮系统，虽然省去齿轮箱的损耗，但由于转速升高使变频器开关频率升高，热损耗增加，COP 和 IPLV 改善不明显。

与异步电动机相比，永磁同步电动机具有效率高、功率因数高、体积小、重量轻、转速高、噪声低、可靠性高等一系列优点，逐渐成为引领中央空调行业的下一代传动系统。

综上所述，本文提出了一种新型的永磁直驱变频传动系统拓扑，采用高效永磁电动机并省去齿轮箱，能效、噪声、体积等指标均有较大改善，攻克了超高效永磁电动机设计、高速永磁电动机无位置传感器控制、低谐波 PWM 整流控制、高效冷媒冷却等关键技术，并通过试验验证了该系统的有效性。

三、技术方案

（一）系统工作原理

为解决异步变频系统的额定负荷传动效率降低的问题，实现传动系统全工况范围的高效，从而进一步降低空调能耗，本文基于直接传动拓扑，引入高效高速永磁电动机，提出了一种新型高速永磁直驱变频系统，如图 3-9-3 所示。该系统经过电网供电后，通过冷媒冷却的 PWM 整流变频器将工频电压转化为频率幅值可调的端电压，驱动高速永磁电动机直接带动叶轮工作，完成能量转换。

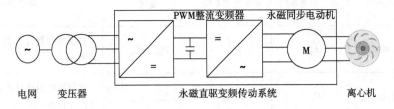

图 3-9-3　高速永磁直驱变频传动系统

为实现系统效率、噪声、体积等顶层指标最优，针对高速永磁直驱系统最优集成、全速域高效永磁电动机设计及控制、大功率变频冷媒冷却、PWM 整流等技术开展了技术研究。

（二）技术验证

1. 仿真验证

为了研发效果，搭建出高速永磁直驱变频传动系统仿真平台，10kV 高压经过变压器变为 380V 输入整流模块，经过 PWM 整流变频器，变成三相频率、幅值可变的交流电压，采用永磁电动机无位置控制技术，实现对 560kW、8200r/min 的高速永磁电动机的驱动。仿真平台的输出结果表明，高速永磁直驱变频传动系统在整个调速范围内具有良好的输出特性，采用无位置传感器控制具有控制精度高、响应快等优点，能保证传动系统具有优异控制性能，同时采用了 PWM 整流技术，网侧电压与电流的 THD 值均低于 5%，完全实现绿色入网的要求。

2. 地面试验验证

本文将 200kW、16500r/min 的高速永磁直驱变频传动系统应用在 350RT 的离心式冷水机组试验台位进行测试，依据国家标准 GB/T 18430.1—2007 对冷水机组进行名义工况、最大负荷工况、低温工况等标准工况测试。其中水温控制精度在 ±0.3℃ 以内，电压、电流、电功率等电气参数测量精度不低于 0.5%。测出的试验波形表明，网侧和电动机电流波形美观，谐波含量均小于 5%，转速控制平稳，不同工况下功率因数均大于 0.99，最高变频器效率可达 0.985。

表 3-9-2 为高速永磁直驱变频传动系统与异步增速变频传动系统的对比试验数据，数据表明：效率、体积等性能指标均有较明显的提升。

表 3-9-2　变频传动系统试验对比效果

对比项目	永磁直驱	异步增速	对比效果（%）
变频器效率（%）	98.6	97.3	提升 1.33
变频器体积（m³）	0.304	0.44	减少 30.9
电动机效率（%）	97.5	94.7	提升 2.96
电动机功率密度（kW/kg）	0.441	0.373	提升 18.23
离心机组 COP	6.6	6.1	提升 8.2
离心机组 IPLV	9.8	8.5	提升 15.3

由试验结果可以看出，采用高速永磁直驱变频传动系统的离心式冷水机组在全工况范围内，系统能效高、功率密度高、输入电流电压波形平稳，功率因数高、谐波含量少，永磁电动机电流波形美观、转速控制平稳，极大地提升了冷水机组性能。

四、产业化应用情况

至今，本文所提出的高速永磁直驱变频传动系统解决方案，且形成标准的系列化产品，传动系统功率实现 200kW 至 1300kW 区间全覆盖，如表 3-9-3 所示。

表 3-9-3　系列化永磁直驱变频传动产品

系列化产品	功率 （kW）	匹配制冷量 （RT）	变频器 效率	永磁电动机 效率
	180	250～350	0.985	0.972
	280	400～550	0.982	0.974
	450	600～850	0.978	0.973
	560	900～1100	0.975	0.975
	700	1200～1400	0.974	0.976
	880	1500～1700	0.973	0.974
	1100	1800～2100	0.972	0.976
	1300	2200～2400	0.972	0.976

该系列化产品成功配套国内知名空调厂家，累计装机应用超过 1000 台套，广泛服务于大型社会公共场所、地标性建筑、轨道交通、数据中心等高端应用场所。

五、展望

永磁直驱传动技术由于具有高效率、低谐波、小体积等优势，成功引领新一代中央空调电传动发展方向。当前中央空调行业朝着高能效、智能化等方向快速发展，未来主要的技术发展方向主要有几个方面。

（1）进一步提升永磁直驱传动系统的机电一体化集成度，提升功率密度、降低体积。

（2）提升永磁直驱传动系统智能交互体验，基于大数据云服务平台，提升用户体验与智能服务水平，为客户提供全生命周期智能运维服务。

（3）为用户提供无油化、高速化的直驱传动系统解决方案，基于气悬浮轴承、磁悬浮轴承、陶瓷轴承等无油轴承解决方案，提供更高转速、更清洁的无油高速永磁直驱传动系统解决方案。

参考文献

[1] 谭建明，刘华，张治平. 永磁同步变频离心式冷水机组的研制及性能分析 [J]. 流体机械，2015，43（7）：82-87.

[2] 何亚屏，胡家喜，文宇良，等. 中央空调高速永磁直驱变频传动系统关键技术研究及应用 [J]. 制冷与空调，2018，18（9）：1-6.

[3] 胡家喜，何亚屏，陈涛，等. 配置 PWM 可控整流变流装置的输配电系统的无功补偿电容稳定性分析 [J]. 变频器世界，2015（5）：41-43.

[4] 何亚屏，文宇良，许峻峰，等. 永磁同步电动机新型开环控制策略研究 [J]. 机车电传动，2011（3）：13-16.

[5] 何亚屏，文宇良，许峻峰，等. 基于多模式 SVPWM 算法的永磁同步牵引电动机弱磁控制策略 [J]. 电工技术学报，2012，27（3）：92-99.

第十节 磁悬浮离心式压缩机

一、背景

（一）问题的提出

20 世纪 80 年代，丹佛斯（Turbocor®）品牌创始人罗恩·康利（Ron Conry）主要经营压缩机的维修和组装业务，在经营过程中，他了解到传统压缩机的故障很多是由于润滑不良造成的，而且传统压缩机的回油系统比较复杂、体积庞大、故障率高，因此他产生了生产小型离心机的想法。Ron Conry 第一次接触到磁悬浮轴承，是用于阿拉斯加天然气管道泵的类似磁悬浮轴承的配件，轴体直径 200mm，由于没有复杂的油路系统，轴承结构大幅简化。当时的磁悬浮轴承配有庞大复杂的控制系统，控制板长度约 9m，价格也高达1600 万美元。如何缩小控制装置尺寸、降低成本是当时的首要问题。

同时，制冷剂替代工作刚刚开始，前景并不明朗，压缩机技术的升级开始减缓甚至停滞。而计算机技术开始飞速发展，其在各行业的智能化应用已经显现。加上制造磁悬浮轴承的原材料并不昂贵，Ron Conry 认为开发采用数控磁悬浮轴承的新型制冷剂离心式压缩机是有前途的。

（二）研发历程

1993 年，磁悬浮压缩机的研发团队在澳大利亚成立。2 年后，首台运用无油专利技术的原型机诞生，但当时技术并不稳定，造价昂贵。1996 年，在吸纳了新的技术专家后，无油磁悬浮压缩机进入自主研发的阶段，设计自己的无油轴承。当时，研发团队考察及探讨了多种无油轴承，包括陶瓷滚动轴承（ceramics ball bearing）、气浮轴承（gas bearing）以及磁悬浮轴承，还试做了气浮轴承与磁浮轴承的样机。最终，磁悬浮轴承以其更高的可靠性与性价比得到了团队的认可，也成为今天用于每一台丹佛斯 Turbocor 磁悬浮压缩机上的轴承。

1999 年，研发团队得到了加拿大魁北克政府的支持，将研发中心搬迁至蒙特利尔。在新的研发中心，首台由团队技术专家自主研发成功的磁悬浮压缩机面世，制冷量为210~310kW。

2010 年，压缩机系列实现从原有的单台 210~310kW 扩展到 4 个型号 200~700kW 的冷量范围，形成 Turbocor TT 全系列产品：TT300、TT350、TT400 和 TT500，制冷剂为R134a。TT 系列成功地将离心机技术拓展到了传统的螺杆压缩机领域。

2013 年，针对欧洲市场冷媒要求，首次推出了采用 HFO-1234ze 的 TG230 和 TG310。

2015 年，针对客服的大冷量磁悬浮压缩机的需求，丹佛斯推出全新的 VTT 系列压缩机，制冷量范围从 700kW 到 1200kW，将 Turbocor 压缩机的制冷量范围继续扩大。

2018 年，针对热泵市场的需求，丹佛斯又推出了全新的 TTH、TGH 系列高压比无油磁悬浮离心式压缩机。将离心式压缩机的应用从传统的水冷冷水机组扩大到风冷冷水机

本节供稿人：张乐平，丹佛斯自动控制管理（上海）有限公司。

组、水地源热泵机组和部分区域空气源热泵机组的应用范围。这个系列的推出把磁悬浮离心压缩机技术再次提到更高的水平。

二、磁悬浮离心式压缩机的构成

磁悬浮离心式压缩机和传统的离心式压缩机一样，由进口能量调节机构（进气导叶）、叶轮转子、扩压器、蜗室、驱动装置和轴承等部件组成。磁悬浮离心式压缩机与传统的离心式压缩机不同之处主要在于轴承和驱动装置。表3-10-1给出了磁悬浮离心式压缩机与传统离心式压缩机的主要区别。

表3-10-1　磁悬浮离心式压缩机与传统离心式压缩机的区别

项目	传统离心式压缩机	磁悬浮离心式压缩机
轴承	滑动轴承或者滚动轴承	磁浮轴承
驱动装置	多为增速齿轮+电动机	变频电动机直联
驱动方式	交流感应电动机	变频电动机
油路系统	供油+冷却+分离+控制	无
转速	低	高

磁悬浮离心式压缩机主要由以下几部分组成：2级压缩部分、变频控制部分、磁浮轴承、永磁同步电动机、轴承控制以及用于控制的压力和温度传感器、扩大运行范围的进气导叶。图3-10-1是典型的磁悬浮离心式压缩机的解剖图。

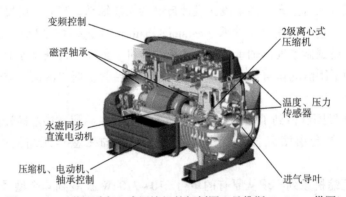

图3-10-1　磁悬浮离心式压缩机的解剖图（丹佛斯 Turbocor 供图）

由于使用了磁悬浮轴承，转子在运转时是浮动的，没有机械接触，不需要润滑，因此，磁悬浮压缩机在运行过程中没有传统机械轴承的摩擦损失，加之永磁变频电动机的使用，使磁悬浮压缩机具有较高的满负荷效率和卓越的部分负荷效率；由于不需要润滑油，因此没有传统离心机所需的油路系统、冷却系统和相应的油路控制系统，使得磁悬浮压缩机结构更加简单。同时，由于使用了没有机械摩擦的磁浮轴承，使压缩机可以具有更高的转速，这就使压缩机的尺寸进一步减小。图3-10-2和图3-10-3给出了传统离心式冷水机组系统和磁悬浮离心式冷水机组系统。

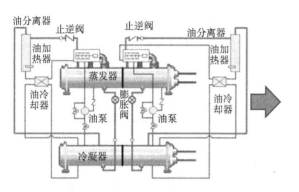

图 3-10-2 传统离心式冷水机组

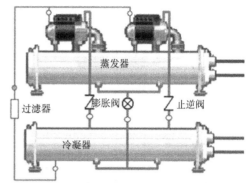

图 3-10-3 磁悬浮离心式冷水机组

综合而言，磁悬浮离心式压缩机具有以下特点：

（1）变频调速，高效节能。根据负载和/或冷凝温度调整转速，满足负荷需求；杰出的部分负荷效率和一流的满负荷效率降低了全寿命周期的运行成本；变频控制系统里的软启动模块可以显著降低启动时的电流冲击，减少了对电网的影响；无油技术彻底消除了润滑油膜在换热器内产生的热阻，减少了传热损失。

（2）系统简单，可靠性高。磁悬浮轴承实现了 100% 无油运行，只有一个主要运行部件，消除了油路系统、油冷系统和油路控制系统，简化了整机系统；降低了机械结构的复杂性，减少了维保成本；润滑失效是传统压缩机最主要的失效模式，无油使得磁悬浮压缩机具有传统离心式压缩机无法比拟的可靠性。

（3）低噪声、低震动，易安装。磁浮轴承消除了转子和轴承之间的机械摩擦，使机组运行噪声更低，震动更小；同样流量下，磁悬浮离心式压缩机具有更小的外形尺寸、更紧凑的结构、更轻的重量，使运输和安装更加便利。

（4）数字控制。实时监控内置的数字控制系统管理和优化压缩机运行，使压缩机运行在最优工况；在无需增加硬件成本前提下，利用其固有的传感器和数控系统，实现了机器实时状态的监测和故障识别，并且利用互联网技术实现远程监控。

（5）超低压比应用。磁悬浮离心机的无油特性尤其适合数据中心冷却、温湿度独立控制系统等超低压比的应用，彻底杜绝了传统机器在低压比下的回油问题。

三、磁悬浮轴承

（一）磁悬浮轴承的组成

磁悬浮轴承包括径向轴承、推力轴承、位置传感器、备用轴承（Auxiliary Bearings）、控制轴承浮动及校准转子位置的轴承控制器和供电电源。图 3-10-4 给出了使用磁悬浮轴承的压缩机的示例。

上述磁悬浮轴承系统采用了 5（自由度）坐标的主动控制和永磁偏置设计，其中轴承使用永磁体来做主要工作，采用数字控制的电磁铁作为辅助修整系统。图 3-10-5 给出了磁悬浮轴承的效果图。

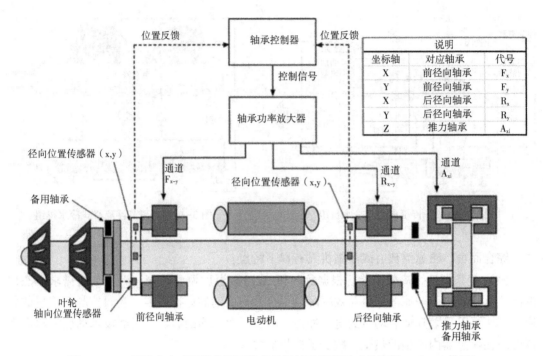

说明		
坐标轴	对应轴承	代号
X	前径向轴承	F_x
Y	前径向轴承	F_y
X	后径向轴承	R_x
Y	后径向轴承	R_y
Z	推力轴承	A_{xi}

图 3-10-4　无油离心式压缩机里面的磁悬浮轴承示意图（丹佛斯 Turbocor 供图）

（二）磁悬浮轴承的工作原理

径向轴承，包括轴承定子和转子部分。每个径向轴承定子包括多对电磁线圈，这些线圈围绕转子径向排列。与定子配对的"转子"部分，是由薄钢片叠合而成固定在转子（轴）上。径向轴承用来校准转子的径向位置。每个径向轴承通过多对独立的电磁线圈运行，这些线圈采用脉宽调制（PWM）数字控制。数字控制基于来自内置的位置传感器的独立信号，这些传感器可以感知小于 $1\mu m$ 的位移。当发现轴偏离中心点时，

图 3-10-5　无油离心式压缩机里面的磁悬浮轴承（丹佛斯 Turbocor 供图）

将不同强度的磁场施加到轴上，使其回到其所需的位置。因此，转子中心轨道和动态振动是通过轴承传感器的输入控制，通过软件驱动的轴承控制器实时地对磁悬浮轴承执行器进行控制。推力轴承通常由一组固定在轴端推力盘两侧的环形磁铁组成。推力盘是扁平固态的铁磁体圆盘。通过调整推力轴承电磁线圈电流的大小，来控制压缩机转子轴向位置。位置传感器用来探测待机和运转时转子的径向和轴向位置以及位移情况，并将数据传输到轴承控制器。备用轴承在压缩机停机时支撑转子。然而，它们也被设计成在诸如印刷线路板（PCB）或驱动器故障等灾难性故障的情况下保护压缩机。

轴承控制系统根据来自位置传感器的输入信号确定转子的实际位置，并计算调整的参

数，将信号发送给轴承功率放大器。轴承功率放大器调节每个轴承的每个线圈的电流，进而调整磁力大小以校正轴的位置，确保转子位于指定的位置。轴承控制系统的主要组成部分是处理器、功率放大器、UPS 和与其他系统的接口。轴承控制系统确保在任何情况下磁轴承系统的安全运行，包括启动、正常运转和停机。在现代磁轴承控制系统中，主动控制动平衡也得到了广泛的应用，这进一步减小了制造成本及系统的振动。图 3-10-6 给出了主动磁轴承反馈控制原理框图。

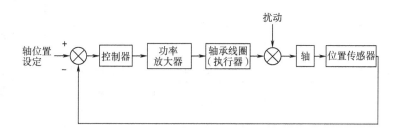

图 3-10-6 主动磁轴承反馈控制原理框图

磁悬浮轴承不需要润滑，但必须冷却。磁轴承冷却一般通过制冷剂气体冷却压缩机内部的部分，通过环境空气冷却外部的功率放大器等控制电子部分。

由于磁悬浮轴承是需要供电的，因此必须考虑电源故障时压缩机安全停机。在电源故障情况下，通常采用两种方式为磁悬浮轴承系统供电直至转子完全停下。一种情况是使用备用电池系统；另外一种情况是使压缩机的电动机转为发电机模式，为轴承提供电源直到机器完全停止。在电动机转为发电机模式下，变频驱动系统里的电容器也有助于在掉电停机期间存储足够的电量来维持转子的控制。

四、磁悬浮压缩机的产品化和工程应用情况

自 1999 年丹佛斯推出世界首款磁悬浮离心式压缩机产品以来，行业内已有多家空调主机公司开始将磁悬浮压缩机应用到制冷和空调产品中，市场发展良好。近年来，在强势市场的推动下，几家大型压缩机公司也开始了磁悬浮压缩机的技术研究。

下面以丹佛斯公司产品为例，介绍磁悬浮离心式压缩机的产品化情况。

目前丹佛斯已经推出了 4 个系列的高效可靠无油磁悬浮压缩机，如表 3-10-2 所示。

表 3-10-2 丹佛斯（Turbocor）磁悬浮离心式压缩机产品系列

系列	型号	制冷剂	制冷量范围	应用类型	外观
TT	TT300 TT350 TT400 TT500 TT700	R134a R513A	60~200 冷吨	风冷冷水机组 水冷冷水机组	

系列	型号	制冷剂	制冷量范围	应用类型	外观
TG	TG230 TG310 TG390 TG520	R1234ze	40~150 冷吨	风冷冷水机组 水冷冷水机组	
VTT	VTT800 VTT1000 VTT1200	R134a R513A	200~350 冷吨	水冷冷水机组	
TTH	TTH350	R134a	70~120 冷吨	风冷冷水机组	
TGH	TGH310	R1234ze	60~90 冷吨	水地源热泵机组 空气源热泵机组	

经过多年的发展，到 2017 年底，已有超过 70000 台丹佛斯（Turbocor）磁悬浮压缩机在世界各地稳定高效地运行。应用场所也拓展至整个商用空调领域。其中，舒适性空调应用包括酒店、剧院展馆、办公楼宇、医院、公交运输站、学校图书馆等；工业制冷领域应用包括工厂厂房、数据中心等。

目前，磁悬浮压缩机的核心市场分别是北美市场、欧洲市场与亚太市场。

全球第一批磁悬浮压缩机的终端用户美国加州州立大学斯坦尼斯劳斯分校在体会到磁悬浮压缩机的诸多优势之后，如今已经将所有的制冷机组换成了磁悬浮机组，该系统综合节能达 30%以上。

在英国伦敦，IBM 将全球第一台 TurboChill™磁悬浮风冷机组应用于旗下伦敦数据中心，为数据中心实现低至 1.36 的 PUE 值（PowerUsageEffectiveness，电源使用效率）的高效能源系统。

2005 年，由中国制造的第一批采用丹佛斯（Turbocor）磁悬浮压缩机的模块化冷水机组问世，并安装在新加坡的 Mount Alvernial 医院。这是丹佛斯（Turbocor）磁悬浮压缩机第一次服务于中国制造，并很快迎来了爆发式增长。

五、展望

众所周知，环保和高效是当今制冷空调行业发展的两大主题。目前主要国家和地区都制定了明确的制冷剂淘汰方案（指令）和日益提升的能效要求，比如欧洲针对制冷剂的 F-gas 法规及 Eco-design 能效指令、美国针对制冷剂的 SNAP 名录及 ASHREA 90.1 能效标准、中国的制冷剂淘汰国家方案以及 GB 19577 冷水机组能效标准都明确规定了高 GWP 值制冷剂的削减及淘汰时限和具体能效指标生效的日期，要求只能采用零 ODP 值、尽可能低的 GWP 值、安全高效的制冷剂。图 3-10-7 给出了目前欧洲和美国主要能效指标执行时间表和制冷剂淘汰时间表。由此表可以看出，所有的能效标准都开始采用季节能效比或综合部分负荷性能系数来评价产品的性能，加之近 15%的能效要求提升，使多级调速或变频技术成为必然。由于磁悬浮压缩机采用直流变频调速，充分契合这一要求。

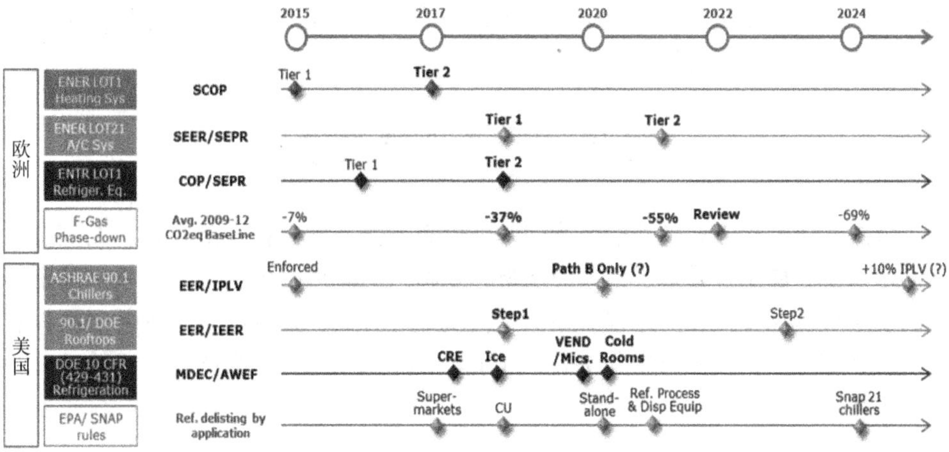

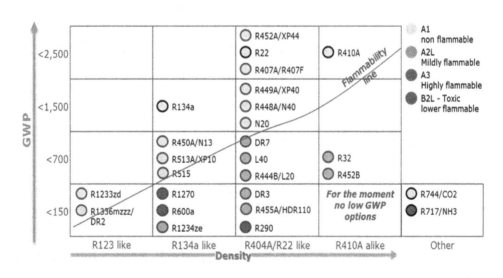

图 3-10-7　欧洲和美国能效要求和制冷剂淘汰时间表

在制冷剂选择方面，欧盟的 F-gas 法规要求到 2024 年将等效 CO_2 排放量削减至 2009 年基线水平的 69%，将目前主流的高 GWP 的 HFC 类制冷剂列入了淘汰范围。同时，由于安全性的考虑，可燃性制冷剂的使用还处于研究阶段，相关法规还不健全。因此，如何平衡制冷剂的 GWP 和可燃性变得非常重要。图 3-10-8 是目前主要替代物和被替代制冷剂的密度、GWP 值和可燃性的分布。可以看出，制冷剂可燃与不可燃的分界线是沿着高密度、高 GWP 值发展，低 GWP、低可燃性的制冷剂只能在低密度区（低压力范围）。这给传统的靠容积变化提升压力的容积式压缩机的发展带来了巨大的压力和风险，却给速度型的磁悬浮压缩机带来了机遇。

图 3-10-8　制冷剂密度、GWP、可燃性的关系

在遵循行业发展需求的前提下，基于磁悬浮压缩机 20 多年的研发和应用经验，磁悬浮技术必将向其他应用领域扩展，通过不同压缩比的优化设计，来满足不同温度范围的供冷供热需求。尤其在多机头、长连管的分体系统应用中，无油磁悬浮压缩机的无润滑和良好的部分负荷特性将会大放异彩。

第十一节　磁制冷技术

为了解决传统制冷方式带来的环境问题，固态制冷技术日益受到重视，尤其是磁制冷技术。简单来说，磁制冷是基于某些磁性材料在移入高磁场时温度上升、移出高磁场时温度下降的现象实现制冷效应的过程。相比于传统制冷方式，磁制冷是一种基于固体材料的制冷方式，采用水、氦气等介质作为传热流体，具有零 GWP、零 ODP、运动部件少、便于小型化等特点。

一、磁热效应及磁热材料

1881 年，Warburg 在磁性材料中发现了一种励磁放热、退磁吸热的现象，这种现象被称为磁热效应（Magnetocaloric Effect，缩写 MCE）。当磁性材料被磁化时，内部磁矩有序度增加，与磁场有关的熵减小，温度上升，向外界放出热量；当磁性材料退磁时，内部磁矩有序度减少，与磁场有关的熵增加，温度下降，自外界吸收热量。拥有这种效应的磁性材料被称为磁热材料。

在变化的磁场中，磁热材料的熵 S 由三部分构成

$$S(T, H) = S_L(T, H) + S_e(T, H) + S_M(T, H) \qquad (3\text{-}11\text{-}1)$$

式中：S_L——晶格熵；

　　　S_e——电子熵；

　　　S_M——磁熵。

由磁性材料内部声子振动产生的晶格熵只与温度有关，不受外加磁场的影响；电子熵是最微小的一部分，可忽略不计；在磁热效应中单位体积熵变主要来源于磁熵变，即

$$\Delta S \approx \Delta S_M = \int_{H_1}^{H_2} \mu_0 \frac{\partial M}{\partial T} dH \qquad (3\text{-}11\text{-}2)$$

式中：H——磁场强度，A/m；

　　　M——磁化强度，A/m；

　　　μ_0——真空磁导率，$4\pi \times 10^{-7}$ H/m；

　　　T——温度，K。

常见磁热效应的表征参数有等温熵变 ΔS_M 与绝热温变 ΔT_{ad} 等，如图 3-11-1 所示。研究表明：在材料居里温度点 T_c 附近的磁热效应最大；磁场强度变化越大时，磁热效应越大。

在不同制冷温区，许多磁性材料都具有磁热效应，但适宜于工业应用的磁热材料应具有以下性质：

本节供稿人：沈俊、李振兴，中国科学院理化技术研究所。

（1）具有较高的磁热效应；

（2）适宜的居里温度点；

（3）优良的机械加工性能；

（4）化学性质稳定，不易与水等换热流体发生化学反应；

（5）易于制备，价格便宜。

当前用于室温区磁制冷的磁热材料主要有以下几种。

（一）稀土钆基工质（GdR）

在稀土钆基工质 GdR（R 为稀土元素）中，最典型的磁热效应材料为二级相变稀土金属 Gd，其居里温度点 $T_c = 293K$。在 $0 \sim 5T$

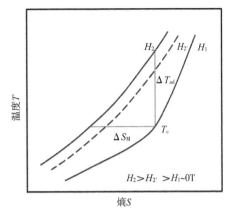

图 3-11-1　磁热效应的表征参数

磁场变化时，其绝热温变 ΔT_{ad} 为 12K，在居里温度点处的等温磁熵变 ΔS_M 达到 9.5J/(kg·K)。同时，Gd 延展性好，利于成型，化学稳定性好，被广泛应用于室温磁制冷系统中。

（二）钆硅锗基工质（GdSiGe）

钆硅锗基工质在室温附近具有大的磁热效应，主要由温度、磁场或者压力驱动的一级相变产生，其相变温度与 Si 和 Ge 之间比例相关。以 $Gd_5Si_2Ge_2$ 为例，其居里温度点 $T_c = 294K$，在 $0 \sim 5T$ 磁场变化时，其绝热温变 ΔT_{ad} 大于 15K，在居里温度点处的等温磁熵变 ΔS_M 达到 18.5J/(kg·K)。

（三）镧铁硅基工质（LaFeSi 基）

大多数 LaFeSi 基工质为一级相变材料，磁热效应具有高峰值、窄半峰宽的特点，并可通过元素替代或者掺杂间隙原子改变工质的磁热性能参数，形成居里温度点可调的系列工质，适用于大温跨制冷机。以 $LaFe_{11.5}Si_{1.5}H$ 为例，其居里温度点 $T_c = 288K$，在 $0 \sim 5T$ 磁场变化时，在居里温度点处的等温磁熵变 ΔS_M 达到 17.0J/(kg·K)。该类工质容易制备，价格便宜便于获取，但机械加工性能差，不利于成型。

除了上述三大体系，还有其他类型具有一定应用价值的室温区磁热材料，如锰砷基（MnAs）、钙钛矿锰氧化物（LaCaMnO）等工质，同时研究人员仍在开发新型高性能磁热材料。

二、磁制冷循环

磁制冷基本循环主要包括磁卡诺（Carnot）循环、磁斯特林（Stirling）循环、磁布雷顿循环（Brayton）与磁埃里克森循环（Ericsson）等，如图 3-11-2 所示。由基本循环发展出的主动磁制冷循环是当前室温磁制冷系统的主流制冷循环。

（一）磁制冷基本循环

在基本循环中，磁 Carnot 循环由两个绝热过程与两个等温过程构成，如图 3-11-2（a）所示。与磁 Carnot 循环不同的磁 Stirling 循环，是将等熵过程替换成等磁矩过程。磁 Brayton 循环与磁 Ericsson 循环的励磁/去磁过程由单一过程构成，而磁 Carnot 循环和磁 Stirling 循环中励磁过程与去磁过程各由两个子过程构成。对比而言由单一过程构成励磁/

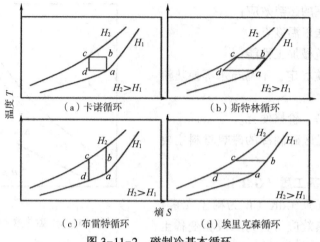

（a）卡诺循环　　　　　　　　（b）斯特林循环

（c）布雷特循环　　　　　　　　（d）埃里克森循环

图 3-11-2　磁制冷基本循环

去磁过程的制冷循环有利于简化对外磁场的控制要求，同时也增强了对强磁区与弱磁区的利用程度。从图 3-11-2 分析可得（a 点与 c 点温度保持一致），磁 Brayton 循环中高温端与低温端之间的温度跨度是基本循环中最大的，但其与外界热量交换过程为变温热交换过程，存在温差换热等不可逆因素；磁 Ericsson 制冷循环的高温端、低温端与外界的热交换过程，不存在温差换热等不可逆因素，其制冷量大于磁 Carnot 与磁 Stirling 循环的制冷量，但其励磁/去磁过程的实现较磁 Brayton 循环困难。

（二）主动磁制冷循环

主动磁制冷循环是由基本磁制冷循环与主动磁回热器（Active Magnetic Regenerator，缩写 AMR）技术相结合而发展出的循环。通常，气体回热式制冷机中固体填料起回热作用，气体的热力学循环是冷量产生的原因；主动磁制冷循环中，回热器中固体磁热介质的热力学循环是冷量产生的原因，传热流体发挥了回热作用。主动磁制冷循环通过磁制冷效应和回热过程的结合，显著增加了循环温跨。常见的主动磁制冷循环，包括主动磁 Brayton 制冷循环，主动磁 Ericsson 制冷循环等。

以主动磁 Brayton 制冷循环为例，沿回热器轴向方向不同位置的磁热工质经历各自温区的磁 Brayton 循环，与换热流体进行热交换而实现制冷效应。磁场变化与换热流体流动在时序匹配后，主动式磁 Brayton 制冷循环的回热器靠近冷端换热器的工质温度持续降低，靠近热端换热器的工质温度持续升高，沿回热器轴向方向建立起温度梯度，最终回热器两端的温度跨度远大于磁热材料本身在同样磁场强度变化下的绝热温变。不同轴向位置的工质经历各自温区的磁制冷循环，类似于不同温区的微小型制冷机的串联运行，从而形成如图 3-11-3 所示的整个回热器的制冷循环包络线 $a_3-b_3-c_1-d_1$。在回热器不同轴向位置的磁热材料的循环温区有一定重叠，如

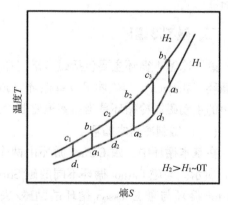

图 3-11-3　主动式磁 Brayton 制冷循环

何从热力学角度量化相互之间的影响仍需进一步探讨。

三、室温磁制冷典型系统

室温区磁制冷技术的研究起步较晚，直至 1976 年美国 NASA 的 Brown 搭建了第一台室温磁制冷系统，这标志着室温磁制冷技术研究工作的开端。该系统采用超导磁体作为磁场源以提供 7T 变化磁场，制冷工质为钆（Gd），工质做往复运动，换热流体为 20%乙醇的水溶液，系统原理如图 3-11-4 所示。其运行过程是当钆工质被移动至高温端时，磁场强度增加，励磁状态的工质向高温端换热器释放热量 Q_h，接着处于恒定磁场状态的钆工质移动至低温端，随后磁场强度降低，退磁状态的工质从低温换热器吸收热量 Q_c，最后处于低（零）磁场状态下的钆工质返回至高温端。在室温条件下运行 50 个循环后，系统获得了 47K 的无负荷温跨，最低温度−1℃。该类制冷循环没有高压运动部件，降低了产生机

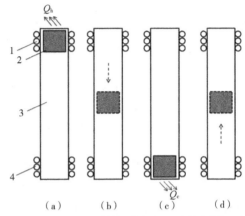

图 3-11-4　Brown 研制的首台室温磁制冷样机原理
1—高温端换热器　2—钆工质　3—换热流体
4—低温端换热器

械振动与噪声的可能，被视为室温区替代传统蒸气压缩式制冷循环的重要选择之一。

早期，室温磁制冷系统的磁场由超导磁体提供，由于永磁体组具有成本低廉、结构简单、便于应用等特点，目前已成为室温磁制冷机中磁场源的主流。同时，磁体与磁路等技术的进步也极大地推动着室温磁制冷技术发展。截至 2014 年，采用永磁磁体组作为磁场源的室温磁制冷样机超过 60 余台，包括往复磁体式、往复回热器式、旋转磁体式与旋转回热器式等四种类型。相比其他类型的磁制冷系统，旋转磁体磁制冷系统具有等效运行频率高、结构紧凑、空间利用率高、流路保持静止、不易泄漏等特点，更有望获得高效的制冷性能。该类型系统的研发机构以美国航天技术中心和丹麦技术大学等为典型代表。2014 年，美国航天技术中心研制了一台最大制冷量为 3kW 的室温磁制冷系统，该系统采用旋转磁体式结构，采用的永磁磁体组可提供最大 1.44 T 磁场，磁体组之间分布着 12 个环状排列回热器，总共填充了 1.52 kg 六层不同居里温度的 LaFeSiH 合金，颗粒直径 177~246μm，水作为换热流体。以 2 个回热器为例，其系统结构如图 3-11-5所示。

当永磁磁体组 1 旋转至左侧回热器 2 处，回热器 2 与 6 依次处于励磁与退磁状态，低温端切换阀 3 与 5 分别打开左侧与右侧流路通道，高温切换阀 7 与 10 分别打开右侧与左侧流路通道，换热流体依次在高温端换热器 8 释放热量 Q_h，在退磁后的回热器 6 中进一步释放热量并降温，随后在低温端换热器吸收冷量 Q_c，并在励磁后的回热器 1 中继续吸收热量并升温，组成一个闭合的流路循环。当永磁磁体组 1 旋转至右侧回热器 6 处，回热器 6 与 2 依次处于励磁与退磁状态，切换阀 3、5、7 与 10 分别打开另一侧流路通道，换热流

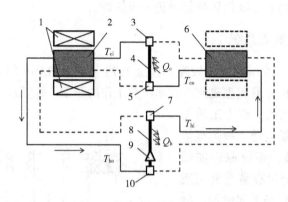

图 3-11-5 美国宇航公司研制的室温磁制冷系统结构图
1—永磁磁体组 2，6—回热器 3，5—低温端切换阀 4—低温端换热器
7，10—高温端切换阀 8—高温端换热器 9—泵

体依次反向流过高温端换热器 8、处于退磁状态的回热器 2、低温端换热器 4 与处于励磁状态的回热器 6，最终完成一个完整制冷循环。当 6 对回热器同时工作，在工作频率为 4Hz 的情况下，获得最大制冷量 3042W，同时在 11K 温跨下获得 2502W 的制冷量，系统 COP 达到 1.9，该系统也是迄今为止最大制冷量的样机系统。

　　丹麦技术大学搭建了一台在回热器两端设置歧管的旋转磁体式室温磁制冷系统，该系统采用 1.7kg 的 Gd 与 3 种 GdY 合金作为磁热工质，并均匀填充至 11 个扇形回热器中，其中乙二醇水溶液作为换热流体。磁体组沿扇形回热器外径的圆周分布，分别形成了两个强磁区和两个弱磁区，可提供 1.13T 的强磁场区域。当磁体组旋转时，回热器的磁化状态与提升阀的开启状态相配合，结合具有控制流向的单向阀，形成完整的流路。其系统原理如图 3-11-6 所示。

　　当某些回热器处于励磁状态时，对应回热器两端的左侧提升阀与单向阀处于开启状态，在低温端吸收热量后的换热流体从低温端歧管 7 中出发，流经励磁的回热器汇至高温端歧管 2 中，随后流动至高温端换热器对外释放热量。与此同时，其余回热器处于退磁状态，对应回热器两端的右侧提升阀与单向阀处于开启状态，在高温端换热器中释放过热量的换热流体从高温端歧管 1 中出发，流经退磁的回热器汇至低温端歧管 8 中，随后流动至低温端换热器制取冷量。为了保证各

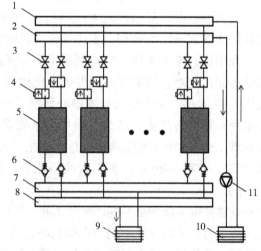

图 3-11-6 丹麦技术大学研制的室温磁制冷系统原理图
1，2—高温端歧管 3—针阀 4—提升阀 5—回热器 6—单向阀
7，8—低温端歧管 9—低温端换热器 10—高温端换热器 11—泵

个回热器的流量分配均匀，针阀还具备流路阻力调节功能。该系统在 0.61Hz 的运行工况下获得 15.5K 温跨、81.5W 冷量，其系统 COP 达到 3.6，对应的热力学第二效率为 18%，这也是目前报道中的最高效率。

随着研究的深入，近年来室温磁制冷技术有了显著进展，但在大温跨下的制冷效率仍需进一步提高。新型磁热材料和相关成型技术、循环流程的优化改进等仍需要持续投入和研究。

四、其他应用

磁制冷技术应用温区广泛。绝热去磁技术早在 20 世纪 20 年代已经用于获得深低温，目前仍然是获取深低温的重要手段之一。采用 GdGaO 基（GGG）与 GdGaFeO 型石榴石（GGIG）等为代表的顺磁盐，可以获得毫 K 级低温，在极低温物理和天文观测等领域具有重要的应用。与此同时，磁制冷在低温气体液化如氢液化等领域中具有广泛的应用前景。

参考文献

［1］鲍雨梅，张康达. 磁制冷技术［M］. 北京：化学工业出版社，2004.

［2］李振兴，李珂，沈俊，等. 室温磁制冷技术的研究进展［J］. 物理学报，2017，66（11）110701.

［3］BROWN G V. Magnetic heat pumping near room temperature［J］. Journal of Applied Physics，1976，47（8）：3673-3680.

［4］PECHARSKY V K, JR K A G. Giant Magnetocaloric Effect in Gd_5（Si_2Ge_2）［J］. Phys. rev. lett，1997，78（23）：4494-4497.

［5］CHEN Y F, WANG F, SHEN B G, et al. Effects of carbon on magnetic properties and magnetic entropy change of the $LaFe_{11.5}Si_{1.5}$ compound［J］. Journal of Applied Physics，2003，93（10）：6981-6983.

［6］BARCLAY J A, STEYERT W A. Active magnetic regenerator［J］. US patent. 1982.

［7］JACOBS S, AURINGER J, BOEDER A, et al. The performance of a large-scale rotary magnetic refrigerator［J］. International Journal of Refrigeration，2014，37（1）：84-91

［8］ERIKSEN D, ENGELBRECHT K, BAHL C R H, et al. Exploring the efficiency potential for an active magnetic regenerator［J］. Science and Technology for the Built Environment，2017，22（5）：527-533.

［9］GIAUQUE W F. A thermodynamic treatment of certain magnetic effects：a proposed method of producing temperature considerably below 1° absolute［J］. Journal of the American Chemical Society，2002，49（8）：1864-1870.

［10］NUMAZAWA T, KAMIYA K, UTAKI T, MATSUMOTO K. Magnetic refrigerator for hydrogen liquefaction［J］. Cryogenics，2009，62（2）：185-192.

第十二节　节流技术

节流元件是制冷系统的主要部件之一，当常温高压的制冷剂饱和过冷液体流过节流元件后，变成了低温低压较少干度的湿饱和蒸汽，随后进入蒸发器而实现向外界吸热达到制

本节供稿人：吴治将，顺德职业技术学院。

冷的目的。它对制冷系统的性能起着至关重要的作用，其工作好坏直接决定整个系统的运行性能。节流元件随着制冷技术的进步以及人们对能源的关注而经历了几次历史性的创新。目前节流主要有毛细管、热力膨胀阀、电子膨胀阀、节流短管等四种节流方式。最初的毛细管只能微小地调节制冷剂的流量，在负荷变化比较大的系统中，不能有效地改变制冷剂的流量。热力膨胀阀在系统中也只是对原有的制冷系统被动的、机械式的反应，存在着调节范围小、精度低、滞后大等缺点，无法满足制冷行业高能效比、精确温度控制、远程控制、故障诊断等新功能的需求。电子膨胀阀作为调节制冷剂流量的节流元件，由于反应快、调节精度高等技术特点，无论家用空调还是商用空调都有比较好的应用和发展。下面分别介绍主要的节流元件。

一、传统的节流元件

（一）毛细管

毛细管，常采用直径为 0.3～2.5mm，长度为 0.6～6m 的细而长的紫铜管，连接在冷凝器与蒸发器之间，作为制冷循环的流量控制与节流降压元件。毛细管已被广泛应用在采用封闭式制冷压缩机的氟利昂制冷系统中，如家用冰箱、除湿机组和空气调节器等。最近，在制冷量达 40kW 的较大制冷机组中也有采用。毛细管的几何尺寸与其供液能力有关，长度增加、内径缩小都相应使供液能力减小。

毛细管节流装置的优点是结构简单、无运动部件、价格低廉，使用它时系统可不装设贮液器，充入的制冷剂量也少，而且在压缩机停止运转后，冷凝器与蒸发器内的压力可较快地自动达到平衡，减轻启动时电动机的负载，适用于装有全封闭活塞制冷压缩机的系统。毛细管的主要缺点是它的调节性能很差，调节范围较窄。但它仍有一定程度的流量控制作用，靠自平衡效应，仍可使其工作性能达到令人满意的效果。

（二）节流阀

节流阀主要有手动节流阀、孔板和热力膨胀阀等。手动节流阀主要是在以前的大中型制冷设备上采用，手动节流阀与普通截止阀相似，只是其流量调节范围更宽。完全是依靠手工操作调节压力、流量的大小，调节精确度较低，制冷系数也较低。孔板节流机构由两块孔板组成，采用两级节流。与毛细管节流机构原理相类似，均不能满足制冷系统制冷量自动调节作用。变工况、变负荷适应能力差，制冷系数较低，制冷装置能耗增大，主要是在以前的大中型制冷设备上采用。以上两种节流元件除了在特殊场合有少量的应用外，现在已被自动节流元件代替。

热力膨胀阀，能根据蒸发器出口处蒸气过热度的大小，自动地调节阀门的开启度，以调节制冷剂的流量，所以热力膨胀阀又称自动膨胀阀或感温膨胀阀，广泛应用于大、中、小型制冷系统和空调机组中。它既可控制蒸发器供液量，又可节流饱和液态制冷剂。根据热力膨胀阀结构上的不同，分为内平衡式和外平衡式两种。内平衡式热力膨胀阀，用于中小型制冷设备，外平衡式热力膨胀阀主要用于中大型制冷设备。内、外平衡式热力膨胀阀的工作原理是建立在力平衡的基础上。

当蒸发器的压力损失比较大时，就应该使用外平衡式热力膨胀阀。外平衡式热力膨胀阀的调节特性，基本上不受蒸发器中压力损失的影响，但是由于它的结构比较复杂，因此一般只有自膨胀阀出口至蒸发器出口，制冷剂的压力降所对应的蒸发温度降超过 $2\sim3℃$ 时，才应用外平衡式热力膨胀阀。目前国内一般中小型的氟利昂制冷系统，除了使用分液器的蒸发器外，蒸发器的压力损失都比较小，所以采用内平衡式热力膨胀阀较多。用分液器的蒸发器压力损失较大，故宜采用外平衡式热力膨胀阀。

热力膨胀阀以蒸发器出口处温度为控制信号，通过感温包将此信号转换成感温包内蒸汽的压力，进而控制膨胀阀阀针的开度，达到反馈调节的目的。热力膨胀阀应用在制冷系统中的不足之处是：

（1）信号的反馈有较大的滞后，因而使制冷装置在启动和负荷突变时，被调参数发生周期轮机性振荡。

（2）在低的蒸发温度下，过热度增大，蒸发温度不稳定，制冷系统效率下降。

（3）制冷剂流量调节范围小。因为薄膜的变形量有限，从而使阀针开度的变化范围较小。

（4）允许负荷变动小，不适用于能量调节系统。

（5）蒸发器出口过热度偏差较大。

电子膨胀阀的应用，可以克服热力膨胀阀的上述缺点。

二、电子膨胀阀

电子膨胀阀是以微型计算机实现制冷系统制冷剂流量的控制，使制冷装置处于最佳运行状态而开发的新型制冷系统控制器件。

电子膨胀阀的组成如图 3-12-1 所示。它由检测、控制和执行三部分构成。采用电动机直接驱动轴，以改变阀的开度。该阀接收由微型计算机传来的运转信号进行动作，根据运转信号，驱动转子回转，将其以螺旋回转运动转换为轴的直线运动，以轴端头的针阀调整节流孔的开口度。

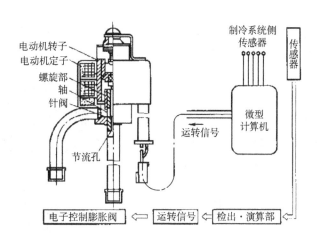

图 3-12-1 电子膨胀阀的组成

电子膨胀阀按驱动方式可分为电磁式和电动式两大类。

电磁式电子膨胀阀结构如图3-12-2（a）所示。被调参数先转化为电压，施加在膨胀阀的电磁线圈上。电磁线圈通电前，阀针处于全开的位置。通电后，受磁力的作用，阀针的开度减小，开度减小的程度取决于施加在线圈上的控制电压。电压越高，开度越小，流经膨胀阀的制冷剂流量也越小。阀开度流量随控制电压的变化如图 3-12-2（b）所示。电磁式电子膨胀阀的结构简单，对信号变化的响应快。但在制冷装置工作时，需要始终向它提供控制电压。

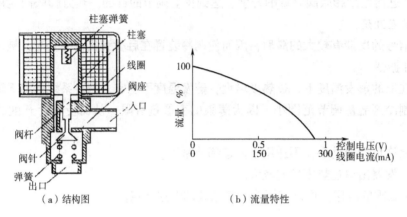

（a）结构图　　　　　　　（b）流量特性

图 3-12-2　电磁式电子膨胀阀

电动式电子膨胀阀广泛使用步进电动机驱动阀针。一般可分为直动型和减速型两种。

（1）电动式直动型电子膨胀阀。其结构如图 3-12-3 所示。电动式直动型电子膨胀阀用步进电动机直接驱动阀针。当控制电路产生的步进电压作用到电动机定子上时，电动机转子转动，通过螺纹的作用，使转子的旋转运动变为阀杆的上下运动，从而调节阀针的开度，进而调节制冷剂的流量。

电动式直动型电子膨胀阀，驱动阀针的力矩直接来自定子线圈的磁力矩。电子电动机尺寸有限，故力矩较小。

（2）电动式减速型电子膨胀阀。电动式减速型电子膨胀阀的结构如图 3-12-4（a）所示。电动机通电后，高速旋转的转子通过齿轮组减速，再带动阀针进行直线移动。由于齿轮的减速作用大大增加了输出转矩，使得较小的电磁力可以获得足够大的输出力矩，所以减速型膨胀阀的容量范围大。另外减速型膨胀阀电动机组合部分与阀体部分可以分离，这样，只要更换不同口径的阀体，就可以改变阀的容量。阀的流量特性如图 3-12-4（b）所示。

由于电子膨胀阀的流量特性、传动结构、制造工艺以及控制方案等方面的问题，其作为节流元件的系统在能效及安全稳定性等方面需要进一步提高。

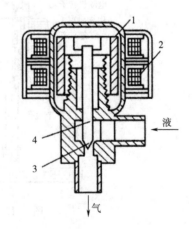

图 3-12-3　电动式直动型电子膨胀阀
1—转子　2—线圈　3—阀针　4—阀杆

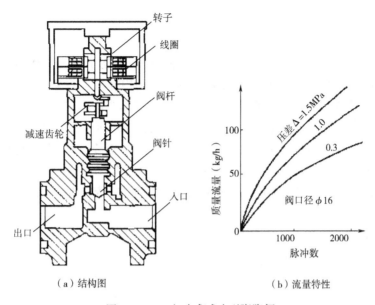

（a）结构图　　　　　　　　（b）流量特性

图 3-12-4　电动式减速型膨胀阀

三、变径短管双向节流管

如图 3-12-5 所示，变径双向节流短管包括两段不同管径的短管，在相邻两短管的连接处设有倒角 C，倒角 C 的范围为 45°~180°，所有各短管同轴心。

工作时，如进行制冷运行，制冷剂从第一短管 1 即孔径小的短管进入下一相邻的第二短管 3，制冷剂由液相逐渐变为气液两相，由于短管的内管径不断增大，因此进入下一段管的压力不断下降，干度不断增加；随着制冷剂干度的不断增加，其压力将加速下降，当制冷剂流过第一短管 1 进入与第二短管 3 的变径连接处 2，由于此时管径发生突变，压力将发生突变，压力急剧下降，然后制冷剂流入第二短管 3，继续降压，最终实现制冷时的压力要求和流量要求。

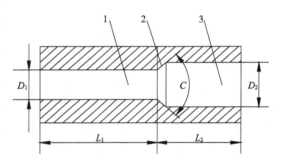

图 3-12-5　变径节流短管结构示意图
1—第一短管　2—变径连接　3—第二短管
D_1，D_2—管径　L_1，L_2—管长　C—倒角

当进行制热运行时，制冷剂从孔大的第二短管 3 进入，其节流过程与制冷运行时一样，但由于此时流经的各短管的内径不断变小，以及变径连接处突变方式不一样（一个为突扩，一个为突缩），使得制冷剂干度变化特性和压力变化特性均不相同，因而可以实现制热时不同的压力降要求和流量要求。

工作时，由于不同的制冷系统其压力降和流量要求不同，为适应这一需要，可以通过如下方式实现：通过调整第一短管 1 的管径 D_1 和长度 L_1、第二短管 3 的管径 D_2 和长度 L_2 以及两段管连接处 2 的倒角 C 的大小来实现。

四、硅膨胀阀

2003 年美国美斯泰克（Microstaq）公司开始将微机械电子系统（Micro-Mechanical Electronic Systems，MEMS）技术引入制冷控制领域，利用硅微执行器作为制冷空调膨胀阀的导阀，开发出了新型硅电子膨胀阀（SEV 阀），即硅膨胀阀，成功地应用于超市制冷系统改造，其系统工作稳定，节能效果明显。相比于电子膨胀阀，硅阀具有更低的成本，系统的整合也更为方便，其阀体和驱动器的运行方式是单一微型，体积和重量也更小，易于控制，适用于大多数卤烃制冷剂，从而使得系统运行更加高效可靠。相对于其他节流器件，其特有的优良特性，更能适应制冷系统发展的新要求，势必成为市场未来选择的一个方向。

SEV 阀体横截面如图 3-12-6 所示。SEV 阀主要由两个部件组成：导阀（PDA）和主阀。硅微执行器导阀用 24V 或 12V 脉宽调节（PWM）电信号驱动，通过调节方波的占空比来控制阀门的输入功率，从而实现方波信号调节脉冲宽度控制阀门的开度。

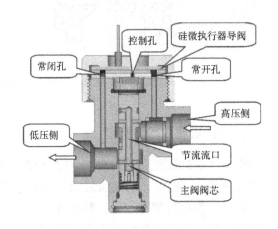

图 3-12-6　硅膨胀阀的结构

当导阀收到电信号后会向主阀传递一个驱动压力，而主阀阀芯的另一侧将会有一个反馈压力。驱动压力和反馈压力平衡的位置即是阀芯停止的位置，决定硅阀的开度。于是，阀芯能够根据导阀进行线性移动，从而使得硅阀的开度也随着导阀所接收到的信号变化。在任何时候，一旦驱动压力与反馈压力不一致时，阀芯就会发生移动，开大或关小硅阀的开度，直到驱动压力与反馈压力平衡，从而实现制冷剂流量的自动调节而不受反馈压力波动的影响。

导阀内装有微电热执行器，通电后将会产生微位移并得到放大，位移量的大小与PWM 信号的占空比成正比。PWM 信号的占空比增大，导阀产生的位移量增大，导阀传递给主阀阀芯的控制压力变大，主阀芯片向下移动，从而主阀的开度变大和流量增大。PWM 信号的占空比减小，导阀位移减小，导阀传递给主阀阀芯的控制压力变小，主阀芯片向上移动，主阀的开度变大和流量减小。导阀采用三层硅—硅键合结构微型电子机械系统（Micro-Electro Mechanical System）芯片组成，如图 3-12-7 所示。导阀采用脉宽调制信号控制，通过调节导阀脉宽调制信号的占空比控制其输入功率，

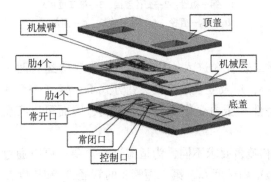

图 3-12-7　导阀工作原理

进一步控制主阀的开度。详细地，通过硅材料 MEMS 电阻的通电发热膨胀阀，使中间层硅片上的机械臂产生位移，再通过杠杆位移放大机构将机械臂产生的位移放大，使中间层的孔位与下层的孔位产生错位，通过孔与孔之间的错位程度控制导阀的开度，进而可以得到随导阀控制信号线性变化的控制压力，作用在主阀芯的顶端，与主阀芯底部的弹簧力共同作用，进而控制主阀的开度。由于导阀可以以 0.5 个脉宽调制跨步，控制精度高，响应快，故可以实现对主阀流量的精确控制，实现主阀开度从 20% 到 80% 的连续线性变化。

SEV 具有如下特点：

（1）流量控制。实现对制冷剂流量的精确比例控制；

（2）响应速度。实现了快速、线性响应，响应时间 250ms；

（3）可靠性高。仅 2 个运动部件，使用寿命在 100 万次以上；

（4）调节模式。根据传感器信号，实现了流量调节的自动控制；

（5）体积精巧，设计灵活，精简的电子控制电路。

表 3-12-1 SEV 主要技术参数

参数名称	参数值	参数名称	参数值
适用制冷剂	R134A、R404A、R407C、R410A	最大工作压力（MPa）	4.83（700psia）
适用油	多元醇酯，烷基苯，矿物油	爆破压力（MPa）	24.13（3500psia）
响应时间（ms）	250	使用寿命（年）	10
功耗（W）	稳定状态 6~7；最大 12~14	控制方案	PWM 控制
电压（V）	DC12±20%；DC24±20%	制冷剂温度（℃）	-40~70
最大工作压力降（MPa）	3.45（500psia）		

利用节流元件制冷剂流量实验台对 Microstaq-GF25 硅膨胀阀（制冷剂 R22，额定制冷量 2000~3000W）的流量进行测试，其流量与占空比之间的关系曲线（流量特性）如图 3-12-8 所示。可以看出，无论是正向流通或是逆向流通测试，如果以正向流通的流量为基准对比，阀由 100% 逐渐减小占空比关阀时，其流量增加或减少的趋势始终滞后于递增开阀相同的占空比的流量，滞后的比例在 5% 以内。在占空比小于 25% 以前，阀几乎都是处于关闭状态。

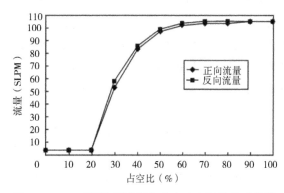

图 3-12-8 硅膨胀阀流量与占空比之间的关系曲线

利用空调焓差室就变频空调器（额定输入功率 750W，制冷剂 R-22）采用硅膨胀阀节流与电子膨胀阀节流进行对比试验。实验结果如表 3-12-2 所示。

表 3-12-2　硅膨胀阀与电子膨胀阀对比试验

运行状态	室内温度（℃）		室外温度（℃）		硅膨胀阀		电子膨胀阀		能效提高率（%）
	DB	WB	DB	WB	能力（W）	EER/COP	能力（W）	EER/COP	
额定制冷	27	19	35	24	2520	3.25	2495	3.18	2.20
额定制热	20	15	7	6	2850	3.43	2825	3.29	4.26

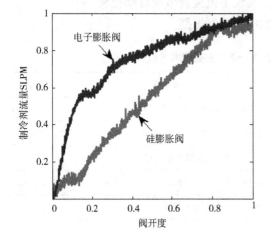

图 3-12-9　硅膨胀阀与电子膨胀阀响应曲线

试验结果表明，在标准工况下，采用硅膨胀阀的变频空调器其制冷和制热运行的能效比均有不同程度的提高，尤其在制热运行时能效比提高明显。

对硅膨胀阀（SEV）与传统的电子膨胀阀（EEV）流量与阀开度的响应特性进行对比，其结果如图 3-12-9 所示。结果表明，电子膨胀阀有一个显著的时间延迟，硅膨胀阀比电子膨胀阀响应的线性更好。

参考文献

[1] 江明旒，王如竹，吴静怡，等. 电子膨胀阀的应用领域及关键技术 [J]. 制冷与空调，2009，9 (1)：100-104.

[2] ROGER ALLAN. MEMS Silicon Expansion Valve Heads To-ward New HVAC Application [J]. Electronic Design，2010，58 (16)：33-37.

[3] 胡明军. 微机电硅膨胀阀在变频空调器中的应用研究 [J]. 制冷，2012，2013，32 (3)：11-13.

[4] 戴华通. 制冷系统硅阀控制器开发及控制性能研究 [D]. 杭州：中国计量学院，2015.

[5] 刘正，康志军，王鑫楠，等. 硅膨胀阀在电动汽车空调系统中的应用 [J]. 制冷与空调，2014，14 (6)：14-18.

[6] 闫秀梅，毛红星. 新型硅电子膨胀阀（SEV 阀）流量特性实验分析 [J]. 建筑与发展，2014，8 (2)：101-102.

[7] 张胜昌，郑梦建，楼军. 硅膨胀阀在冷藏系统中的应用 [C]. 第六届中国冷冻冷藏新技术、新设备研讨会论文集，2014.

第十三节 太阳能热泵/制冷技术

一、太阳能简介

太阳能，指来自太阳辐射的能量，属于可再生绿色能源。太阳辐射能量大约有 179PW（1PW=10^{15}W）能到达地球的上层大气，但其中只有 50%左右的太阳能能到达地球表面，被地面和海洋吸收。其中到达地球表面的太阳辐射的光谱分布为小部分的近紫外线、全部的可见光以及部分的近红外线。如图 3-13-1 所示。

人类其实很早就在利用太阳能了，最早利用太阳能的历史可追溯到古代人类的种植业。现代社会文明日新月异，科技不断进步，社会高速发展，这些都离不开大量的能源消耗。而随着不可再生能源越用越少以及人们对环境保护的呼声日益提高，人们意识到寻找一种可靠、环保、可再生的绿色新能源迫在眉睫。太阳能凭借其绿色环保、资源无限、分布广阔等诸多特点一直被人们所注意。

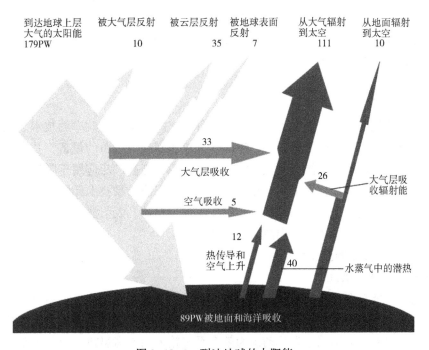

图 3-13-1 到达地球的太阳能

迄今为止，已有众多科学家和工程师投入到太阳能领域，不断地创新和发展各种太阳能利用技术，其中较为成熟和应用较多的技术主要有太阳热能集热器、太阳能光伏发电、太阳热能发电和人工光合作用等。虽然太阳能有以上优点，但是太阳能的利用也存在着一

本节供稿人：袁卫星、王磊鑫，北京航空航天大学。

些不足，主要有三点。

（1）太阳能的总量虽然很大，但能源分散，单位面积上的能量密度小。因此如果收集可观的能量就要求增大太阳能采光面积或提高聚光倍数，这就使得整个系统的占地面积和成本大大提高。

（2）太阳能具有间断性和不稳定性的特点。太阳能容易受季节、气候、昼夜、地理纬度和海拔高度等的影响，为了满足实际的应用需求，就需要在太阳光照充足的时候通过各种蓄能设备把太阳能储存起来，而储能设备会增加系统的成本、维护难度和复杂程度。

（3）当前普遍的太阳能利用设备的效率较低、成本较高，相应技术还需提高。

根据相关统计，在发达国家的能耗中，约有40%是建筑能耗，而建筑能耗中80%左右消耗在暖通空调领域（采暖、空调、热水），而暖通空调领域的能耗又恰是反映人居舒适程度的指标。我国建筑暖通领域能耗占比虽然比发达国家低，但能耗总量依旧很大，且呈逐年上升趋势。尤其是随着我国人民生活水平的日益提高，人们对环境保护和居住舒适性要求也越来越高，我国面临的能源供应问题也更加突出。例如，我国冬季北方燃煤供暖向清洁供暖的转型，南方冬季供暖的需求增加，全国夏季空调的大量能耗带来电力供应的紧张等。伴随着中国城市化突飞猛进的发展，人民对舒适生活的向往和对能源的渴求还会进一步增长，人口增长与能源短缺的矛盾必然会越来越突出。因此如何以环保、绿色、低成本的方式，满足人们每天必需的采暖、空调、热水能耗，提高人居舒适程度，是目前急需解决的问题。而发展太阳能加热、冷却和通风技术能有效地节约大量化石能源、保护环境，实现建筑领域绿色低碳发展。

二、太阳能热泵简介

太阳能的能量密度低，因此就更加需要一种能提高整个系统效率的技术。热泵是一种通过消耗一定量的高品位能量把低温热源的热能输送到高温热源的设备，具有效率高、绿色环保、技术成熟的特点，能有效提高能量利用效率，已被广泛应用于暖通、工农业等领域。因此在暖通空调领域，太阳能与热泵相结合的太阳能热泵技术能够提高整个系统的能源利用效率，是目前及未来太阳能制热和制冷的发展趋势。太阳能热泵是指依靠太阳能工作，产生制热和制冷效应的一系列热泵的总称。

（一）太阳能热泵的分类和特点

1. 第一类太阳能热泵

第一类太阳能热泵是以太阳能为驱动源的热泵，是将太阳能作为驱动力（电能、机械能、热能等），从低温热源（如环境空气、水、土壤等）吸热，并向高温热源放出热量的一系列热泵的总称。太阳能作为驱动源为整个系统输入功或高温热，因此太阳能驱动源热泵既能制热也能制冷。

根据能量转化过程的不同，第一类太阳能热泵可以包括以下形式。

（1）太阳能光热热泵。此类热泵是利用太阳能集热器收集热能，然后以热能驱动吸收式、吸附式、喷射式或除湿式等制冷机以制取热量或冷量的热泵。

（2）太阳能光电热泵。此类热泵是利用太阳能发电，然后以电力驱动蒸汽压缩式、热电式、热声式、磁致式、斯特林式等制冷机以制取热量或冷量。太阳能光电热泵又可以分为两种。第一种太阳能光电热泵是太阳能直接转化为电能的热泵。由于太阳能直接转化为电能主要依靠光伏效应，因此太阳能直接转化为电能的热泵主要是指光伏热泵（PVHP）。第二种太阳能光电热泵是太阳能间接转化为电能的热泵，即光—热—电热泵。此类热泵的工作原理是：太阳能先通过热机发电，如通过蒸汽轮机、斯特林发动机、布雷敦发动机等带动的发电机发电，再用所发的电驱动电热泵。

（3）太阳能机械式热泵。此类太阳能热泵是先利用太阳能驱动热机，然后热机以机械方式直接驱动蒸汽压缩式、斯特林式等热泵。

（4）太阳能光化学热泵。太阳能光化学热泵是由太阳能驱动的可逆热化学反应过程构成的。根据参与反应的化学工质的不同可分为有机系和无机系两大类。有机系包括异丙醇—氢气—丙酮构成的醇脱氢体系，以及叔丁醇—水—异丁烯构成的醇脱水体系等；无机系如氢氧化钙—水—氧化钙体系、硫酸—水体系等。由于化学反应过程中利用了太阳热能，因此这类热泵也可以看作是太阳能光热热泵的一种。

以太阳能作为驱动源的太阳能热泵与各类热泵之间的相互联系可用图3-13-2所示的分类图加以概括。

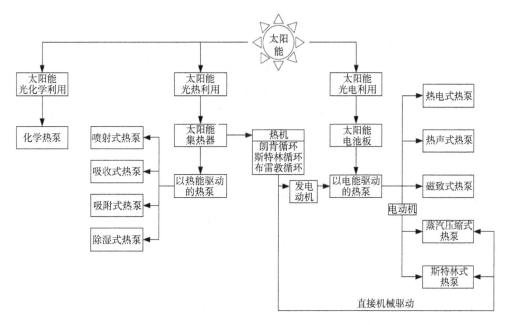

图3-13-2　以太阳能作为驱动元的太阳能热泵分类图

图3-13-3列出了各种以太阳能作为驱动源的太阳能热泵的转换效率。图上的箭头表示能量转换过程，箭头上的数字表示该转换过程的典型实用效率，以接收的太阳光能等于1000W为比较基准。

2. 第二类太阳能热泵

第二类太阳能热泵是以太阳能为低温热源的热泵，也被称为太阳能辅助热泵。太阳能在系统中作为低温热源，热泵系统从低温热源吸热，消耗一定的高品位能源（一般为电能或机械能），再向高温热源放热的一系列热泵。这类热泵因为使用太阳能作为低温热源，

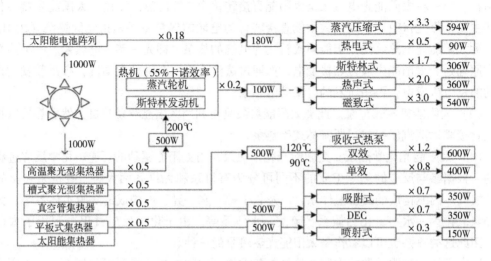

图 3-13-3　各种太阳能热泵的典型效率

因此无法利用太阳能进行制冷。

在具体实现方式上，这类太阳能热泵可利用蒸汽压缩式、斯特林式等热泵作为中间环节，而以集热器收集的太阳热作为蒸发器的吸热源，太阳能在其中起辅助热源的作用。目前研究得较多的是以太阳能集热器和蒸汽压缩式热泵相结合的太阳能辅助热泵。根据太阳集热器与热泵蒸发器的组合形式，太阳能辅助热泵可分为直接膨胀式和间接膨胀式。在直膨式系统中，太阳能集热器与蒸发器合二为一，即制冷工质直接在太阳集热器中吸收辐射能而得到膨胀蒸发，而在冷凝器中将热量放给高温热源［图 3-13-4（a）］。在间接膨胀式系统中，太阳集热器与蒸发器分立，先通过集热介质（水、空气、防冻液等）在集热器中吸收热量，然后集热介质再将热量传递给制冷剂。

根据集热介质循环管路与制冷剂循环管路的连接方式，间接膨胀式系统又可进一步分为串联式、并联式和双热源式（串并联混合式），分别如图 3-13-4（b）～图 3-13-4（d）所示。在串联式系统中，太阳能集热器和热泵蒸发器呈串联布置，集热介质先在太阳能集热器中吸热，然后在蒸发器中放热。在并联式系统中，蒸发器和集热器呈并联布置，蒸发器从空气中吸收的热量和太阳能集热器的热量共同给负荷供热。在双热源系统中，一般设两个蒸发器，一个以空气为热源，另一个以被太阳能集热器加热的工质为热源，这样该系统的蒸发器可同时利用包括太阳能在内的两种低温热源。

三、光伏直驱太阳能热泵

在第一类太阳能驱动源热泵中，尽管太阳能驱动源热泵形式多样，但是除了光伏驱动的太阳能热泵外，以热能驱动的太阳能热泵一般对太阳能集热温度要求较高，并且普遍存在体积大、成本高、效率低等问题，因而较难实现小型化和商业化发展。而太阳能光伏热泵应用最为成熟，它是将太阳能光伏发电系统和热泵系统结合在一起，利用光伏板发电来驱动热泵工作。目前在各种热泵中，蒸汽压缩式热泵的效率最高，结构最紧凑，技术最成熟，因此光伏驱动的蒸汽压缩式热泵也就成了最接近实用的一种太阳能光伏热泵形式。根

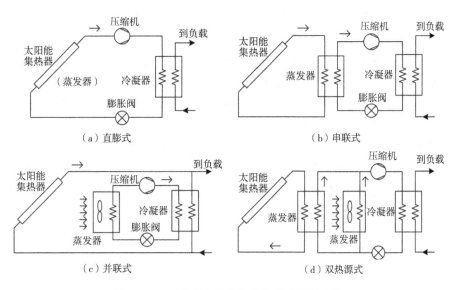

图 3-13-4　几种太阳能辅助热泵系统原理图

据用户的实际需求，对离网光伏热泵系统的研究基本上都集中在有蓄电池的系统型式上。虽然光伏发电系统的各主要部件的型式和效率在最近几十年里已经有了突飞猛进的发展，但独立光伏发电系统储能需求大，装置仍采用老式价格相对低廉的铅酸蓄电池。这种蓄电池污染环境、寿命低，提高了系统成本高，增加了系统设计和维护的难度，而且频繁的充放电过程降低了整个系统的电利用效率。如果能够从光伏热泵系统中去掉蓄电池，则光伏热泵系统无疑会更可靠、寿命更长、成本更低、效率更高，且对环境更加友好。这样，省去了光伏发电系统中的蓄电池和相应的充电控制器的光伏热泵系统，就构成了无蓄电池的光伏直驱热泵（Battery-free Photovoltaic directly Heat Pump）系统，本文将其简写为 BF-PVHP。

BF-PVHP 系统要实现稳定运行，必须要解决以下问题：

首先，太阳能具有间歇的特点，阴晴、昼夜太阳辐射能量差距很大，虽然省去了蓄电池，但还是需要一些能量储存装置来弥补这种不足。太阳能光伏热泵是以太阳能为驱动力，用来制热或制冷的装置，对于做热水器用途的太阳能光伏热泵，其本身带有储热水箱或相变储热装置，可以将热量和冷量储存在这些储能装置里，用储热装置来代替储电的蓄电池组。

其次，在光伏发电系统中，蓄电池在电路中还起稳压作用。光伏独立发电系统很多都先经过直流—直流变换器（DC-DC 变换器）稳压后再给蓄电池充电，然后蓄电池以稳定的电压驱动压缩机，这样可以用来协调太阳能电池在不同环境下输出功率的平衡，保证光伏直流母线电压不变。而当系统省去了蓄电池后，压缩机逆变器前的母线电压不再是稳定的，因而如果采用定转速压缩机，将不能正常运行，必须采用变转速压缩机，并且要对压缩机的转速同步地进行调节，以使其和光伏组件的输出功率相匹配，这样系统才能稳定地长时间运行。

同时，太阳能电池是一种非线性电源，它在确定的辐射强度和温度下具有唯一的最大功率点，对应着一个负载阻抗。当太阳辐射或温度变化时，最大功率点及其对应的负载阻抗也会发生转变，如果不能及时通过电路调节改变负载阻抗，太阳能电池的工作点就会偏离最大功率点，导致光伏效率的损失。因此为了提高光伏效率，得到更多的发电量，就需要对太阳能电池的工作点进行实时调节，使太阳能电池始终工作在最大功率点附近，即最大功率点跟踪（MPPT）。在传统有蓄电池的独立光伏系统中，这个 MPPT 控制器的位置是在蓄电池之前，通过驱动 DC-DC 变换器改变负载阻抗来尽可能多地向蓄电池充电。在有蓄电池的光伏发电系统中，MPPT 控制器的核心功能，即是通过某种算法来确定合适的输出 PWM 脉冲波的占空比 D。目前已发展了多种 MPPT 算法，如恒电压法、扰动观察法、三点权位比较法、电导增量法、直线近似法、实际量测法、模糊控制法、人工神经网络法，等等。传统 MPPT 控制原理如图 3-13-5 所示。

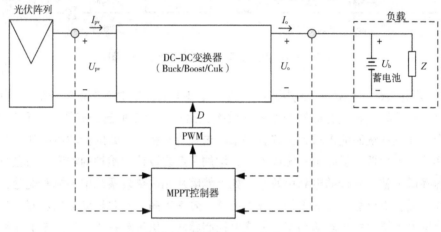

图 3-13-5　传统 MPPT 控制原理

　　尽管已提出如此多种 MPPT 算法，但近年来提出的大多数 MPPT 算法还远说不上完善，实际应用较多的仍主要是恒电压法、扰动观察法、电导增量法以及它们的一些改进方法。由于这些 MPPT 方法的实现都离不开 DC-DC 变换器，因此并不适用于无蓄电池和无 DC-DC 变换器的 BF-PVHP 系统。在无蓄电池的光伏热泵系统中，由于系统没有 DC-DC 变换器，因此必须寻求其他解决方案来实现 MPPT 功能，以提高太阳能电池的利用率。

　　对于活塞式、转子式、涡旋式、螺杆式等容积式变频压缩机，压缩机耗功与转速的一次方成正比，而对于离心式等速度型压缩机，工质对转子叶片的阻力引起的转矩与转速的平方成正比，故压缩机的功率与转速的三次方成正比。可见，无论是容积式变频压缩机还是离心式变频压缩机，其功耗均是转速的正相关函数。故调节压缩机的转速可以调节压缩机的功率。可见，无论是对于交流异步电动机还是永磁无刷直流电动机驱动的压缩机调节压缩机的转速即相当于调节了逆变器母线上的电压。在 BF-PVHP 中改变压缩机的转速，则不仅可以改变压缩机的功率，还可以线性地改变逆变器母线的电压，即相当于改变了光伏阵列的工作点，并且压缩机的功率负载曲线与光伏阵列的 $U—P$ 特性曲线之间将只有一个唯一的交点。对于 BF-PVHP 系统，可以采取基于压缩机转速反馈控制的最大功率跟踪方法，以实现对光伏阵列最大功率点的调节。

制冷压缩机在启动瞬间的电流可以达到额定电流的 2.5 倍甚至更高。在有蓄电池的光伏热泵系统中，蓄电池可以提供瞬间的大电流，因此压缩机的启动不存在太大问题。但是对于无蓄电池的光伏热泵系统来说，由于没有蓄电池作为缓冲，压缩机会出现启动困难，甚至启动不了的情况，尤其是当太阳辐射很弱的时候。为此还必须解决压缩机在低辐射强度时的软启动问题。

综上所述，BF-PVHP 系统，虽然将蓄电池一去了之，但它必须同时解决热量储存问题、压缩机变频驱动问题、压缩机软启动问题、最大功率跟踪问题等以及由此带来的大量控制问题等。

北京航空航天大学研发了一种基于 BF-PVHP 的新型太阳能光伏—市电联合驱动双源热泵系统。系统可由太阳能光伏和市电联合驱动，具有气源和水源两个热源换热器，可应对不同环境下的制冷和制热要求。这种新型太阳能光伏—市电联合驱动的双热源热泵系统具有双蓄能水箱，可以实现全年度生活热水供应、夏季除湿制冷独立处理和冬季供暖的综合功能。冬季时系统以太阳能光伏电池和市政电网混合的方式驱动热泵压缩机，热泵以水源（低温水箱）或空气源为低温热源，加热高温蓄热水箱中的水，低温蓄热水箱中的低温热由太阳能集热器补充；储存在高温蓄热水箱中的热量通过水循环为室内供暖或提供生活热水。夏季时，该系统同样以太阳能光伏电池和市政电网混合的方式驱动热泵压缩机，降低低温蓄冷水箱的水温，为室内提供显热制冷量；同时太阳能集热器吸收太阳的辐射热，完成对高温蓄热水箱中的水加热，其产生的热量即可以通过水循环，再生吸湿工质，使除湿器可以循环使用，也可以为用户提供生活热水。如此一来，室内的湿负荷由太阳能承担，在节约电能的同时解决了为供暖补热用的太阳能集热器夏季集热量冗余的问题。系统可以由光伏直流电直接驱动，采用蓄热蓄冷的方式代替传统太阳能光伏系统中易损的蓄电池蓄电的方式，消除了蓄电池定期更换、存在二次污染等问题，显著提高了太阳能热泵系统的综合寿命。

这种新型太阳能光伏—市电联合驱动的双热源热泵系统由双热源热泵子系统、太阳能集热子系统、蓄热蓄冷子系统、光伏组件阵列子系统、末端子系统和控制子系统组成。其中双热源热泵子系统是本系统的核心，主要由直流调速压缩机、膨胀阀、空气源翅片换热器及两个水源板式换热器组成，系统采用 R410a 为制冷剂。系统夏季、冬季工作形式如图3-13-6 及图 3-13-7 所示。

（一）各子系统的组成以及功能

1. 双热源热泵子系统

双热源热泵子系统在夏季工作时，太阳能光伏直流电和经整流变为直流电的交流市电，经过控制算法和控制器调节，均可独立驱动直流调速压缩机。制冷剂经过压缩机后，成为高温高压气体，然后依次经过风冷翅片换热器散热冷凝，膨胀阀节流，板式换热器蒸发制冷后回到压缩机。制冷剂在板式换热器蒸发产生的冷量由水路带走，进入蓄冷水箱储存。

双热源热泵子系统在冬季工作时，压缩机驱动模式与夏季类似，制冷剂经过压缩机后，成为高温高压气体，经过板式冷凝器冷凝，膨胀阀节流，然后在板式蒸发器或翅片换热器蒸发吸热气化后回到压缩机。制冷剂在板式冷凝器冷凝产生的热量，由水路带走，进入高温蓄热水箱储存。板式蒸发器蒸发吸热的低温热源来自太阳能集热的低温蓄热水箱。空气源蒸发器和水源板式蒸发器则根据天气条件按特定的工作模式切换运行。

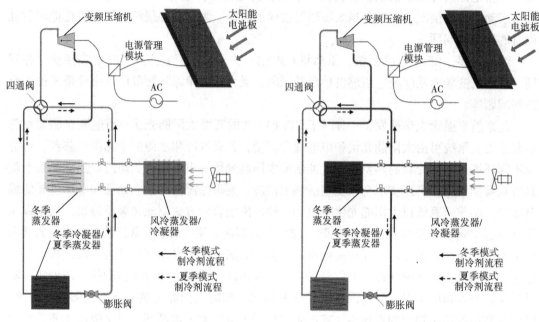

图 3-13-6　系统冬季工作形式　　　　图 3-13-7　系统夏季工作形式

2. 蓄热蓄冷子系统

蓄热蓄冷子系统是本综合能源系统热能储存与传输的中心。夏季工作时，太阳能集热器收集的热量进入高温蓄热水箱储存；双热源热泵子系统蒸发器产生的冷量由水循环换热进入蓄冷水箱储存。两个水箱储存的高温热水和低温冷水分别进入末端子系统中的固体除湿器和风机盘管。高温热水完成对除湿器的再生干燥，使其除湿工作可以循环运行。冷水则进入风机盘管，处理室内显热负荷。冬季工作时，太阳能集热器收集的热量优先进入低温蓄热水箱。低温蓄热水箱中的热量为双热源热泵子系统中的水源蒸发器提供低温热源；而双热源热泵子系统中冷凝器产生的热量进入高温蓄热水箱蓄存。室内需要供暖时，高温蓄热水箱中的热水进入末端的风机盘管为室内供暖。

3. 光伏组件阵列子系统

光伏组件阵列子系统由多组光伏电池板组成，为系统提供直流电源。

4. 末端子系统

末端子系统由风机盘管和固体除湿器组成。风机盘管在冬季和夏季分别为室内供暖和制冷，固体除湿器在夏季时为室内除湿。

5. 控制子系统

控制子系统是本系统的重要组成部分，为便于试验，本系统采用了液晶屏显示的 PLC 控制方式。控制系统实现功能包括：压缩机、风机、电磁阀、水泵等启停控制；制冷、制热切换控制；制冷、制热水温控制；风侧、水侧蒸发器切换控制；电源模式控制；安全保护功能等。

2013 年，在北京航空航天大学人机与环境实验室搭建了实际的系统（图 3-13-8），实现了以上功能。并在冬季以及夏季对系统的冬夏季运行工况进行了实验研究，采集和分析了实验数据，并与仿真结果进行了比对。其中，太阳能光伏电池板面积为 20m²，太阳能集热器面积为 30m²，实验室房间为冬季热负荷 6.4kW，夏季冷负荷 5.25kW，湿负荷 2.75kW。

（二）夏季实验结果

为验证太阳能光伏电池温度与环境温度、辐射强度和风速的关系式是否准确合理，本文作者在 2013 年 8 月下旬某晴朗天气对光伏电池温度特性进行了实验研究。

图 3-13-9 为当日辐射强度、环境温度与光伏电池板温度的实测结果以及光伏电池温度的仿真结果。

图 3-13-8 北京航空航天大学实验样机

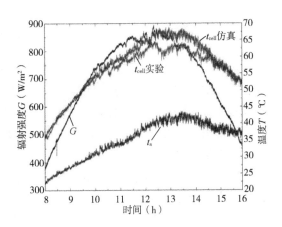

图 3-13-9 夏季晴天光伏电池板温度仿真与实验结果对比

从图 3-13-9 可以看出，当日辐射强度曲线早晚较为平滑，中午有一些波动，曲线以 12：00 为轴对称分布，可以视为晴朗天气。环境温度从早晨实验开始后持续上升，到中午 13：30 左右达到最大值后逐渐降低。太阳能光伏电池的温度同样从实验开始时持续上升，在中午达到高峰，有较大波动，下午时持续降低。可以发现，光伏电池温度的仿真曲线与实验曲线总体趋势相同，在上午和下午吻合较好，而在中午时，仿真结果比实验结果偏高。这是由两方面原因造成的。其一，仿真实际为稳态过程，而实验为动态过程，在中午辐射强度波动较大时，仿真结果会出现偏离。其二，仿真中很难给出准确的风速值，因为实际过程中风速变化快，地区性强，且具体到各个建筑都有其微气候，所以在仿真中只能给出平均值。实验当日中午风速较大，在环境温度低于光伏电池温度时，风速越大，电池温度越低。这两点原因同时造成当日中午仿真结果比实验结果温度偏高，但偏差不大，在可以接受的范围之内。

在同一个实验日，研究人员就太阳能光伏和市电联合驱动的双热源热泵系统的制冷量、供冷量和 COP 进行了实验记录和分析，如图 3-13-10 所示。其中制冷量为蒸发器产生的冷量，供冷量为风机盘管向室内供冷的换热量。

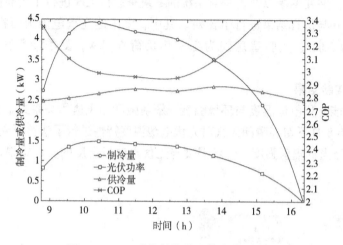

图 3-13-10　系统制冷量、供冷量和 COP

由图 3-13-10 可以看出，系统的制冷量与其功率变化趋势相同，呈现先上升后下降的趋势，在 10：30 前后达到最大制冷能力。这是因为 10：30 前后，环境温度较低，使得系统的冷凝温度较低，且此时的光伏输出功率较大，系统的总制冷量大。系统的供冷量与用户的使用情况相关。由于下午时，环境温度较高，且本实验室窗户朝西，下午室内冷负荷大，所以系统的供冷量从上午至下午工作时持续升高。可以看出，系统在该实验日时系统的制冷量是基本可以满足 9：00~15：00 室内的冷负荷的。系统的 COP 在上午和下午最高，在中午最低。这是由于上午时，系统冷凝温度低，虽然压缩机功率低，但系统性能佳，COP 高；下午时系统功率较低，压缩机工作时压比不大，系统 COP 较高；而中午时，热泵系统压缩机功率高，且冷凝温度高，系统性能较差，COP 较低。本系统与传统的空调系统控制思路不同，传统的系统以提高热泵性能为目的，在满足制冷需求时，会降低压缩机的转速，减少制冷量来达到提高 COP 的目的，而本系统是以尽量利用可再生能源为目的，在阳光充足时尽量把光伏电池的最大功效发挥出来，蓄存在低温水箱当中，以节约来自市政电网的电量。所以在白天以光伏直驱压缩机的模式下，系统以制冷量最大为目的，并不以 COP 最高为目的。可以注意到，系统基本发挥了最大制冷能力，达到了预期的效果。

（三）冬季实验结果

本文在初冬季节对系统进行了实验研究。实验日特点为，中午至下午环境温度较高，但晚上和早晨环境温度较低，需要为室内供暖。系统工作策略为白天利用光伏和光热充分为水箱蓄热，以便夜间供暖使用。

图 3-13-11 为冬季工况下系统辐射和环境温度的实测情况，以及光伏电池板温度的仿真结果与实验对比。

由图 3-13-11 可以看出，该实验日的辐射强度曲线比较平滑，说明该日是晴朗天气。环境温度从早晨开始上升，到下午两点达到峰值后逐步降低。光伏板温度同样从上午实验

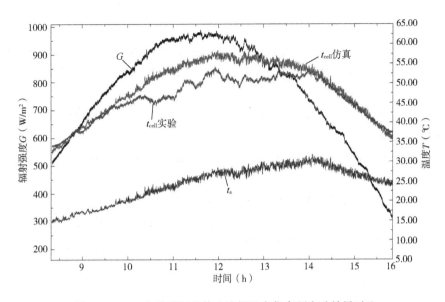

图 3-13-11　冬季晴天光伏电池板温度仿真预实验结果对比

开始时逐渐上升，到中午 12 时左右达到峰值后逐步降低。与夏季实验结果相似，中午时刻光伏电池温度的实验结果较仿真结果低，这也是由于风速的影响和辐射强度在中午波动较大的影响所致。总体来说，仿真结果与实验结果较符合。

为验证双热源的使用效果，研究者在高温水箱温度为 24℃，低温水箱温度为 24℃，环境温度为 15℃ ~17℃时对系统分别进行了空气源和水源模式的系统运转，测试了热泵系统的 COP 性能。期间高温水箱的水温在实验结束时分别升至 38℃；低温水箱的水温降至 22℃。实验结果如图 3-13-12 所示。

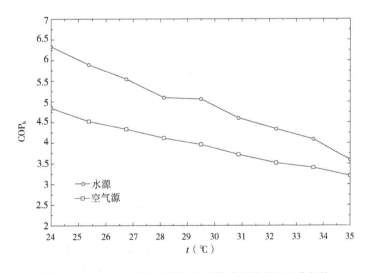

图 3-13-12　系统在空气源和水源模式下的实际工作性能

由图 3-13-12 可以看出，系统在水源模式的热泵效率高于空气源模式，所以在系统的控制策略上，若需要热泵启动，在保证板式换热器不会有冰冻危险的情况下，应优先使用水源作为蒸发器的低温热源。

在空气污染严重、可再生能源的开发和利用成为必然趋势时，新型太阳能热泵系统将成为在暖通空调领域合理利用太阳能的一个发展方向。这种新型太阳能光伏热泵有如下优势：

（1）与传统的空气源热泵以及空调系统相比，新型太阳能光伏热泵系统在各种天气条件下均具有节能优势。

（2）该系统比常规的太阳能辅助热泵、太阳能直接供暖和太阳能光伏空调具有供暖、制冷保证率的优势。

（3）该系统解决了太阳能供暖系统在夏季过多热量无处使用的问题。

（4）该系统可使用光伏电池直接驱动直流调速压缩机，无需蓄电池，可减少环境污染，提高系统整体寿命，以蓄冷蓄热代替蓄电，为扩展分布式光伏离网应用提供了新的思路。

（5）该系统可以同时解决冬季供暖、夏季制冷除湿问题，可以大大减少暖通空调系统的运行成本。

四、展望

光伏板发电效率受光伏电池温度的影响很大，而光伏光热一体太阳能热泵能在降低光伏板温度提高发电效率的同时，回收光伏板上的废热，大大提高了系统的总效率，充分利用了太阳能。因此发展一种经济性、稳定性都满足需求的光伏光热一体太阳能热泵是未来此领域研究的一个重点方向。

同时在光伏热泵的电能应用层面，对并网有逆流系统而言，交流型光伏空调的能量损失比全直流光伏空调大，原因在于：逆变器将直流电转换为交流电和空调内部再将交流电转换为直流电。逆变器的最大效率虽然能够达到97% ~99%，但在工程实例中，其实际效率通常偏低，特别是逆变器输入功率较小的情况。此外，目前变频空调已经得到普及，其压缩机电动机基本为永磁同步电动机，在工作时空调内部会经历一个将电网的工频交流电转换成直流电的过程，该过程对应一定的电能损失。用光伏所发的直流电直接驱动的全直流光伏空调（即光伏直驱空调）相比于交流型光伏空调，可以省去直流—交流—直流的转换过程。因此，根据光伏发电的特点，设计发电和用电匹配度高的光伏直驱空调从而提高能量利用效率也将是未来研究的一个重点。

随着光伏发电技术和空调技术日趋成熟，光伏组件价格的下降和效率的提高，光伏空调的初始投资也相应下降，逐渐在各种太阳能空调中显示出了价格优势，其应用价值越来越得到重视。常见光伏空调系统的实际运行案例和各项测试指标均显示了其良好的运行效果。未来尚需进一步研究光伏发电和空调耗电高度匹配的光伏直驱空调以提高能量的利用效率，针对光伏空调自发自用的特点制定合适的计量和补贴政策以鼓励光伏空调的推广应用，制定光伏空调的智能控制策略以实现其稳定运行、最大经济效益和建筑的能源管理，研究行为习惯与空调节能的关系，以及开发光伏空调的设计模拟软件等。

参考文献

[1] 杨秀，江亿．中外建筑能耗的比较 [J]．中国能源．2007，29（6）：21-26．

[2] ABDULATEEF J M, SOPIAN K, ALGHOUL M A, et al. Review on Solar-Driven Ejector Refrigeration Technologies [J]. Renewable and Sustainable Energy Reviews, 2009, 13 (6-7): 1338-1349.

[3] 林贵平，袁修干．化学热泵系统研究 [J]．航空动力学报，1995，10（1）：56-58．

[4] 阳季春，季杰，裴刚，等．间接膨胀式太阳能多功能热泵供热实验 [J]．中国科学技术大学学报，2007（1）：53-60．

[5] 孙琳．双热源式太阳能热泵及热水系统优化研究 [D]．南京：南京理工大学，2010．

[6] ZHANG S, GUANB X, GUO Z. Design and Economic Analysis of Photovoltaic-Double ResourceHeat Pump [J]. Energy Procedia, 2012, 16: 977-982.

[7] 王丽萍，张建成．光伏电池最大功率点跟踪控制方法的对比研究及改进 [J]．电网与清洁能源，2011，27（2）：52-55．

[8] 陈雪梅，王如竹，李勇．太阳能光伏空调研究及进展 [J]．制冷学报，2016（5）：1-9．

[9] 杨宇飞．离网无蓄电池的太阳能光伏热泵系统及其控制的研究 [D]．北京：北京航空航天大学，2013．

第十四节　空气源热泵除霜技术

一、结霜的必然与除霜的必需

空气源热泵作为一种高效清洁的新型供热装置，在解决我国长江中下游等非传统采暖区的冬季供暖问题，以及在黄河流域、华北等传统采暖区清洁空气行动中，具有广泛的应用价值和市场前景。但是，空气源热泵在低温环境中运行性能不稳定、制热量衰减快、制热效率低等问题，严重制约了空气源热泵产品的推广和应用，特别是室外换热器出现的结霜现象往往成为空气源热泵出现上述问题的诱因。

当室外换热器表面温度低于大气露点温度时，换热器表面就会出现凝露，低于水的冰点温度时其表面就会结霜。因此，空气源热泵在冬季制热运行时室外换热器结霜是必然的现象。湿空气在冷表面上结霜的过程是一个极其复杂的传热传质的过程，并且伴随着气液、液固、气固非平衡相变以及移动边界问题。从宏观的角度看，结霜过程概括为霜层形成期、生长期和稳定生长期等三个阶段。结霜形成期，形成的冰核黏附在冷壁面上，霜晶在上面生长。在这一阶段，霜层的孔隙率很大，密度很小，换热器表面出现的霜晶类似于其扩展粗糙面，有助于强化换热。接着霜层厚度快速增加，形成枝状的霜晶，新形成的霜晶又填充其中，霜层孔隙率不断减小而变得致密，这一阶段即为霜层生长期。此时较厚的霜层严重阻碍了空气流动，使得流经换热器的风量减小，换热器的换热热阻增大，蒸发温度下降致使热泵性能降低。再继续下去，霜层的密度急剧增加，而霜层厚度变化缓慢，当霜层表面温度升高后，霜层开始出现融化再冻结的循环直至达到

本节供稿人：马国远、邵月月，北京工业大学。

稳定状态，这一阶段为霜层稳定生长期，稳定、密实的霜层致使热泵机组运行效率快速降低，运行状况恶化，甚至影响机组运行安全，这时就必须对换热器进行除霜操作，消除霜层以恢复其换热能力。

通过以上分析可知：

（1）准确把握除霜时机很重要。在结霜初期阶段，是不需要除霜的，因为较薄的霜层对换热有强化作用，只有霜层厚到影响空气流动时才需要除霜；

（2）除霜要准确、快速和高效，将除霜过程对热泵机组和室内环境造成的不利影响减小到最低程度，才是解决除霜问题的关键所在；

（3）能够有效延缓或减弱换热器结霜过程的措施，也是很好的除霜技术，因为它可以减少除霜次数，甚至做到不除霜。

二、主要的除霜技术

常见的除霜技术有机械除霜、热融霜和抑制结霜等三大类。机械除霜，即直接将霜层从换热表面剥离掉，如传统的手工铲霜和目前超声波震动除霜等；热融霜，即将霜层加热融化成水后排走，这是目前主流的除霜方法，根据热量来源不同，主要有电热除霜、逆循环除霜、蓄热或辅助热源除霜等；抑制结霜，即延缓或减弱结霜过程，使霜层变薄或稀疏，主要有空气预除湿、表面涂层、外加电磁场等方法。

（一）超声波除霜技术

1. 超声波特性

（1）机械效应。超声波在传播的过程中，媒质的质点会发生交替的伸张与压缩，从而形成了质点压力在局部发生显著变化，同时产生了剪切力和冲击力，这种压力的变化会引起媒质质点的振动及加速度的明显变化，称超声波的机械效应。

（2）空化机制。超声空化是超声波在液体中一种特有的物理现象，当超声波进入液体后，声压的扰动会导致液体中某一区域会形成局部的暂时负压区。此时液体会产生微小气泡，即微气核（空化核）。当这些处于非稳定状态的微小气泡突然闭合时，在局部微小区域会产生很大的压强，因而产生的巨大压力，会对霜层造成一定的破坏，从而起到除霜的效果。

（3）热学机制。当超声波在介质中传播时会引起质点的高频振动，介质间存在着内摩擦，因此部分的超声波能量会被介质吸收转变为热能使介质的内部温度升高。同时，当超声波穿透两种不同介质的分界面时，由于分界面的特性阻抗不同，会产生反射，形成的驻波会引起分子间的相互摩擦，因此温度会升高更多。

根据超声波以上的三种特性，人们研究不同类型的利用超声波除霜的方法。

2. 超声波抑霜

超声波以其频率高、波长短、能量集中，具有机械效应、声压效应以及空化效应的特点，可以有效地促进传热传质，进而影响到冷表面的结霜过程。在自然对流条件下，人们对施加 20 kHz 频率的超声波和未施加超声波两种作用机制下平板表面的结霜现象进行了显微可视化研究。结果表明，在超声波作用下霜层生长厚度平均仅为在相同条件下未加超声波作用霜层厚度的 28%，形成的霜层致密，霜层表面相对平坦光滑，霜层分布相对规则，沿着超声波传播的方向形成"霜线"形状的霜层结构。冷表面温度在 $-30\sim-12℃$ 时，在超声波作用下，霜层厚度增长趋势明显减弱。超声波能够显著抑制平板表面霜层的生长，但其却不能彻底去除基底表面的冻结液滴，因而影响到超声波抑制结霜技术的推广应用。

3. 超声波震动除霜

在超声波振荡作用下，超声波作用的瞬间会使霜层的稳定结构被破坏，霜层剥落或者明显变薄。蒸发器的复杂结构使得在其中传播的导波不断与界面发生发射和折射的相互作用，为使超声波震动能够有效地从蒸发器铜管传递到翅片上，需要在蒸发器表面加装传震板。

当翅片表面结霜后，在霜层与翅片界面处同时出现 zy 和 zz 方向剪切应力。zy 平面剪切应力对霜层具有剥离作用，而 zz 平面剪切应力对覆冰具有破碎作用，这两种应力分别由 Lamb 波和水平偏振横（SH）波在霜层与翅片界面处因材料之间的不同从而产生的波速差所致。当这两种应力的合力大于霜层的黏附应力时霜层脱落，达到除霜目的。超声除霜试验表明：超声波能够除掉蒸发器表面一定区域内的结霜，其除霜能耗是传统逆除霜技术能耗的 $1/88\sim1/22$，其除霜效率是逆向除霜效率的 $7\sim29$ 倍。

蒸发器中超声波震动的传递图，如图 3-14-1 所示。

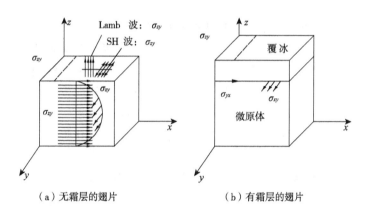

（a）无霜层的翅片　　　　　（b）有霜层的翅片

图 3-14-1　蒸发器中超声波震动的传递图

（二）热融霜技术

热融霜技术方案，通常包括除霜方法和控制方案两部分：前者即为实现融霜的技术方案，要保证有足够的能量将霜层快速融化掉；后者即为进入和退出除霜工况的控制方案，要保证进入和退出除霜时机准确、除霜过程快速高效，还要兼顾热泵机组在除霜过程中的安全保护措施，以及除霜后机组快速恢复到正常工作状态。除霜方法、控制方案相互比较独立，可以根据需要进行组合并设计出合适的除霜技术方案。下面介绍目前较多采用和研究的除霜方法和控制方案。

1. 除霜方法

（1）电加热除霜。电加热除霜，即用电热元件加热融化换热器霜层的方法，是一种简单可靠的传统除霜方法，仅有的缺点就是需要耗电，但在注重节能的当下，只有在某些特殊场合下才会采用。比如宾馆等场所供生活热水的中大型空气源热泵热水器，热水供应不能间断且温度要保持稳定，这时电加热除霜就是比较好的选择。

电加热管在室外换热器中常用的两种布置方式如图3-14-2所示。图3-14-2（a）是电加热管预埋在换热器中，除霜时热泵和换热器风机停止工作，加热管通电融化霜层，其优点是融霜效果好，但制作工艺较为复杂、成本较高；图3-14-2（b）是外置在换热器的进风口，除霜效果不如前一种，除霜时往往需要风机工作，但是其制作工艺简单，成本较低。

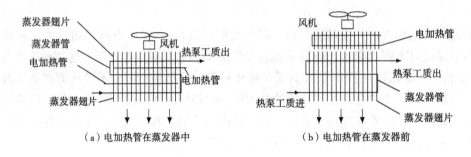

图3-14-2　蒸发器采用电加热管除霜的两种布置示意图

（2）逆循环除霜。逆循环除霜原理图如图3-14-3所示。

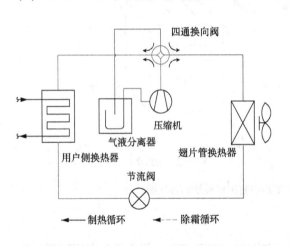

图3-14-3　逆循环除霜原理图

逆循环除霜就是除霜时让热泵暂时从制热模式转换为制冷模式，这时制冷剂流向发生了改变，压缩机排出的高压高温气体流向室外换热器，释放热量融化霜层。逆循环除霜法的优点在于利用系统自身的热泵产热进行除霜，能耗低、结构简单。但利用逆循环除霜法除霜有以下缺点：

①在启动阶段压缩机需将吸气压力降低才能闪蒸工质，因此会使工质流量减小，延长除霜时间；

②制冷结束后的恢复阶段工质流量大，冷凝器若无法完全冷凝制冷剂，则会因冷凝器的内容积有限，导致排气压力和温度上升，使压缩机保护停机；

③除霜需要从室内吸热，这将使室内温度在除霜时产生波动，影响室内舒适性。为了减小不良影响，通常采用一些改进措施，如使用变频压缩机或/和电动膨胀阀、热力膨胀阀并联旁通路等。

（3）热气旁通除霜。热气旁通法，即除霜时打开热气旁通阀，将压缩机排气送入室外换热器融霜，冷凝后的制冷剂液体通过气液分离器被压缩机直接吸入。热气旁通除霜原理图如图3-14-4所示。热气旁通法的优势在于无需从室内吸热，且旁通电磁阀的阻力越小，热气旁通除霜的效果越好，令使用电子膨胀阀能达到更好的除霜效果。相比逆循环除霜法，热气旁通法不从房间吸热，室内温度不会剧烈波动，舒适性较好。但是热气旁通法的除霜时间长于逆循环除霜法，而且在融霜阶段吸气的过热度一直在 0℃ 左右，导致排气温度和过热度不断降低，润滑油浓度下降，霜层过厚时易使压缩机出现回液现象，对压缩机有潜在的威胁。同时该方法由于所有的除霜能量均源于压缩机，旁通工质的热量将随除霜时间的增加而降低，故其除霜时间不能过长。

（4）蓄热除霜。蓄热除霜原理图如图 3-14-5 所示。

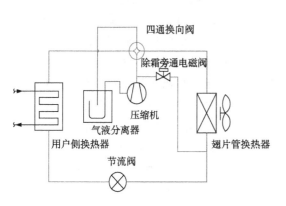

图 3-14-4　热气旁通除霜原理图

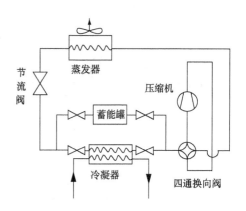

图 3-14-5　蓄热除霜原理图

蓄热除霜法，即热泵系统中给室内换热器并联/串联一个蓄热罐，制热模式时供热同时蓄热，除霜模式时只从蓄热罐吸热。其除霜方式与逆循环除霜法基本相同，但无需从室内吸热，且蓄热除霜法相比逆循环除霜法有较高的 COP 和较短的冷凝器加热恢复时间。若结合相变蓄热或化学蓄热原理，蓄热除霜法将能发挥更大的作用。实验证明，在串联蓄热模式下，空气源热泵能够较好地进行蓄热，同时保证室内供热，且速度较快。并联蓄热模式和单独蓄热模式下压缩机吸气排气温度偏高、压力偏低，可能导致系统无法正常运行。

（5）旁通除霜和逆循环除霜相结合的复合除霜方式。热泵系统目前主要采用逆循环除霜和旁通除霜两种方式。其中逆循环除霜是最常采用的方式，这两种除霜方式虽然都各有特点，但都无法达到满意的除霜效果。为了提高除霜效率及机组的可靠性，针对目前这两种除霜方式的不足，提出了一种复合除霜方式，可以将这两种除霜方式的各自特点综合在一起。在除霜开始后，首先进入旁通除霜模式，然后根据旁通除霜阶段的动态特性变化，选择合理的时机切换到逆循环除霜模式。这种根据机组的实际化霜情况来选择合理的时机进行除霜模式的切换，达到了"按需除霜、稳定除霜"的目的，进一步提高了机组在低温工况下的稳定性和除霜的可靠性。

（6）多热源辅助除霜法。热源辅助除霜法，主要通过蓄热装置储存来自太阳能等各种辅助热源的产热，并利用其加热压缩机的吸气，以达到多热源辅助除霜的目的。图 3-14-6 是该系统除霜原理图，压缩机出口引出部分或全部热气至混合阀，与经过冷凝器、节流阀的部分制冷剂混合后，通向蒸发器入口处，进入蒸发器进行除霜，蒸发器出口的两相工质进入蓄热器加热，提升干度的同时增大比焓，继而进入压缩机参与下一循环；蓄热器内部热量一部分来自谷电期热泵的缓慢输热，另一部分来源于太阳能或其他辅助热源；增设的电磁阀、电磁三通阀起到控制制冷剂流向的作用，通过开关电磁阀或调整三通阀的接通管路实现系统在不同状态下的切换。

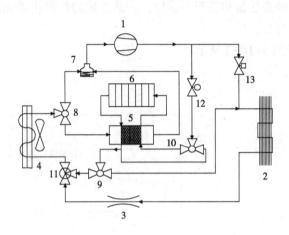

图 3-14-6　热源辅助除霜原理图

1—压缩机　2—冷凝器　3—节流阀　4—蒸发器

5—蓄热装置　6—太阳能集热器　7—气液分离器

8，9，10—电磁三通阀　11—混合阀

12—流量控制阀　13—电磁阀

（7）蓄能除霜方法。为了解决空气源热泵除霜过程中能量来源不足而导致的各种除霜问题，研究人员又提出了空气源热泵过冷蓄能除霜方法。相对于传统的空气源热泵，本系统在室内机出口与毛细管之间增加了一个相变蓄热器。系统原理如图 3-14-7所示。在相变蓄热器内充注质量比为 2∶1 的癸酸和十四酸的混合物作为相变材料。其相变温度为 24℃。在正常供热时，通过打开/关闭阀门，使得室内机出口制冷剂先流经相变蓄热器，之后到毛细管前端节流。一方面实现了制冷剂过冷，提高了供热性能系数；另一方面，实现了相变材料的蓄热，为除霜储备能量。

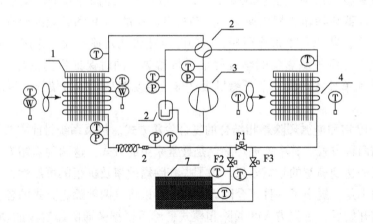

图 3-14-7　过冷蓄能除霜原理图

1—室外机　2—四通换向阀　3—压缩机　4—室内机　5—气液分离器　6—毛细管

7—相变蓄热器　T—温度传感器　W—湿度传感器　P—压力传感器　F—风速传感器

另外，研究者们提出一种利用压缩机废热的空气源热泵蓄能除霜系统。该系统在常规空气源热泵系统中增加一个相变蓄热器，正常供热时，相变蓄热器蓄存压缩机向周围散出的热量，除霜时作为系统低位热源，为除霜和室内供热提供充足的能量。利用压缩机废热的空气源热泵除霜蓄能系统相比常规热泵系统增加的部件有 1 个相变蓄热模块、3 个双向电磁阀、1 个单向电磁阀。研究结果表明，利用压缩机废热的空气源热泵蓄能除霜系统是可行的，且相变蓄热器充分蓄热、除霜过程中室内持续供热的除霜模式具有很好的除霜及室内供热效果。

（8）溶液喷淋除霜方法。溶液喷淋除霜方法系统原理如图 3-14-8 所示。

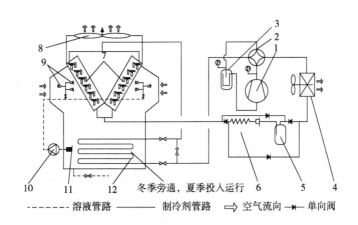

图 3-14-8　溶液喷淋除霜方法系统原理图

1—压缩机　2—四通阀　3—气液分离器　4—室内换热器　5—储液罐　6—毛细管
7—室外换热器　8—室外风机　9—喷头　10—溶液泵　11—溶液罐　12—再生盘管

该系统是基于传统的空气源热泵，增添溶液喷淋装置以及用于溶液再生的"再生盘管"，设计出的无霜空气源热泵系统。喷淋装置主要包括溶液泵、溶液管路、喷头和溶液罐等，溶液通常是加入一定量防冻剂的水溶液，其中溶液泵大扬程小流量，以适应较高的溶液黏度，溶液泵上游安装过滤器，以防喷头阻塞。每一侧喷淋装置的喷头有两个方向，分别向外和向内。向外的喷头，旨在预处理流经换热器的空气，降低其湿度；向内的喷头，除了降低空气湿度外，还能在换热器翅片表面布上一层溶液薄膜，抑制结霜。在制热工况"再生盘管"旁通。

在制冷工况时，室外机为冷凝器，压缩机排气进入"再生盘管"，加热喷淋溶液，再进入冷凝器。溶液被加热后喷出，与空气以及翅片进行热湿交换，当溶液表面的蒸气压大于空气中的水蒸气分压时，水分从溶液向空气传递。这时，溶液浓度逐渐增大而实现再生。

2. 除霜控制方案

除霜控制方案的重点是除霜切入点和结束点的选择，核心点是霜层厚度的识别或判定方法。霜层识别有间接法和直接法，前者是根据热泵机组的工况参数、运行参数和性能参数来推断判定结霜的程度；后者利用传感器直接感知霜层厚度并发出信号。目前产品上常用的除霜控制方案均为间接法，直接法正在研发和推广阶段。当重度结霜时，60%~70%的化霜水仍滞留在翅片管表面，且多集中在换热器的下部，如何选择恰当的除霜结束点，既可以除去化霜水又避免出现干热状态是控制技术的关键。

目前常用的控制方法在实际应用时都存在局限性。这些除霜控制方法如表 3-14-1

所示。

表 3-14-1　常用的控制方法

编号	除霜控制方法	判断依据
1	定时除霜控制法	时间
2	温度—时间除霜控制法	蒸发器表面温度、时间
3	空气压差除霜控制法	蒸发器两侧风压差
4	最大平均供热量除霜控制法	温度、流量
5	自修正除霜控制法	时间、盘管温度、室外环境温度
6	模糊智能控制除霜法	时间、温度、湿度
7	制冷剂过热度除霜控制法	蒸发器出口制冷剂的压力和温度
8	风机电流与蒸发电流联合控制除霜法	风机电流、蒸发温度
9	温差除霜控制法	环境温度和蒸发器表面温度

（1）定时除霜控制法。即按最不利的环境参数设定机组制热运行时间，时间一到即转入除霜循环。这是早期采用的方法，为防止蒸发器严重结霜，影响机组的工作性能，在设定时间时，往往考虑了最恶劣的环境条件，因此，必然产生不必要的除霜动作。

（2）温度-时间除霜控制法。即设定一个蒸发温度压力或蒸发器翅片管的温度与上次除霜的时间间隔值，当温度（压力）和时间均达到设定值时，开始进行除霜。由于在时间量的基础上考虑了温度量，比单纯的时间法有进步，部分地考虑了机组工作环境的影响，但仍不能正确反映结霜对机组性能的影响，会出现多余的除霜运作，也会出现在需要除霜时而不发除霜信号的现象。

（3）空气压差除霜控制法。即测量通过蒸发器的空气压差，当压差达到设定值时，开始除霜。由于蒸发器表面结霜，会增大蒸发器两侧的空气压差，通过检测蒸发器两侧的空气压差，确定是否需要除霜，这种方法可以实现根据需要除霜，但在蒸发器表面有异物遮挡或严重积灰时，会出现误操作。

（4）最大平均供热量除霜控制法。即在机组达到最大平均供热量时进行除霜，即以最大平均供热量作为衡量依据，以机组能产生最大供热效果为目标来进行除霜控制。这一除霜方法具有理论意义，但实施有一定的困难。

（5）自修正除霜控制法。即当满足条件：热泵连续运行时间大于最小热泵工作时间 TR；盘管温度与室外温度差等于最大差值 ΔT，系统开始除霜。当除霜运行时间等于最大除霜运行时间 TH 或者盘管温度大于结束除霜盘管温度 T 时结束除霜。自修正是指根据制冷系数、结构参数和运行环境等，结合除霜效果对 Δf 修正，但 Δf 修正实际操作困难，修正效果不佳。这种除霜方法随机因素多，检测与自控复杂，理论尚不成熟。

（6）模糊智能控制除霜法。即整个除霜控制系统由数据采集与 A/D 转换、输入量模糊化、模糊推理、除霜控制、除霜监控及控制规则调整等功能模块组成。模糊控制除霜的过程为：

①数据采集与 A/D 转换模块。以一定的时间间隔采集数据并将模拟信号转换为数字信号；

②模糊化模块。根据事先确定的各输入参数的隶属函数对各输入量进行模糊化；

③模糊推理模块。根据一组模糊控制规则进行推理，确定是否除霜。

若需除霜，则发出除霜控制信号并由除霜监控模块对除霜过程进行监控，分析除霜控制是否达到要求，若满足要求，则维持原除霜控制规则；若不满足要求，则修改除霜控制规则。这种控制方法的关键在于模糊控制规则及标准是否合适，根据一般经验得到的控制规则有局限性和片面性，若根据实验制订控制规则又存在工作量太大的问题。

（7）制冷剂过热度除霜控制法。即根据室外换热器表面结霜后，制冷剂从空气侧吸收的热量减少，同样减少了蒸发器出口的制冷剂过热度，借以判断室外换热器的结霜情况。此方法对于不同构造、不同控制方式的机组个体差异性比较大，且结霜不是过热度变化的唯一影响因素，此方法仍有局限性。

（8）风机电流和蒸发温度联合控制除霜法。即当室外换热器表面结霜时，换热器阻力增大，换热条件变差，风机电流相应增大，蒸发温度降低。但是，随着使用时间的推移，机组的室外侧换热器表面不可避免地会积灰，脏堵与结霜对排风机电流和蒸发温度产生的影响一致，易导致误操作。

（9）温差除霜控制法。即当蒸发器表面严重结霜时，蒸发温度急剧下降，致使其与大气温度的差值加大，当该差值增至设定温差时，机组进入除霜模式。此方法仅以单一的温度量为参考，误操作时有发生。

综上所述，种类繁多的除霜控制方法已日趋智能化、综合化。对问题认知的不断深化，正逐步完善除霜判据及控制逻辑。但对于除霜不及时、除霜不彻底、除霜时间过长等一系列误除霜问题，仍然没有得到最有效的解决。主要原因是缺乏对结霜过程的全面认知与监测，而对于结霜区域的片面理解、忽视换热器的排水问题以及对运行工况重视不足等也是误除霜事故产生的原因。针对上述问题，人们相继提出多种新型的除霜控制方法。

3. 新型除霜控制方法

（1）光—电转换（TEPS）法。基于光电子领域的光电耦合原理引入光—电转换（TEPS）新型除霜控制方法。光电耦合技术原理如图 3-14-9 所示。光电耦合器是以光为媒介传输电信号的一种"电—光—电"转换器件，通常由发射器和接收器两部分组成，发射器将外部电压信号转换成相同规律的光信号，完成电—光转换，而接收器接收发射器发出的光信号，并将其转换为电压信号输出，整个过程中，光作为媒介，实现电—光—电的转换与传输。当中间媒介光介质被局部或全部遮挡，如换热器表面开始结霜时，霜层的生长遮挡了光介质的传播，接收器的输出电压随即发生变化，通过输出电压的变化即可判断冷表面上霜层的生长情况。

研究表明，在不同环境条件下，TEPS 除霜控制方法能直接监测霜层厚度，依据结霜程度调节除霜时间，控制除霜前机组制热量衰减约为 30%，具有良好的准确性；在连续

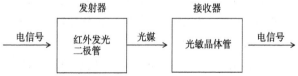

图 3-14-9 光电耦合技术原理图

多变环境条件下，相比 TT 除霜控制方法（通过测量室外换热器盘管温度和记录压缩机运行时间控制除霜），TEPS 除霜控制方法的除霜准确率大幅提升，除霜能耗显著降低，使机组平均 COP 提高 8%~10%，具有良好的优势性。

（2）温度—湿度—时间（THT）新型除霜控制方法。THT 除霜控制方法是一种新型间接测量的除霜控制方法。该方法基于分区域结霜图谱，根据不同结霜区域的推荐除霜时间，通过监测环境温度、湿度和时间，并依据"分区计时、逐区归一、累加评判"的技术方案控制除霜。除霜控制逻辑如下：

①测量环境温度和湿度，定位机组运行工况所在结霜区域，并记录机组在各个结霜区域内运行的时间；

②为表征机组在各个结霜区域相对时间内结霜程度相同，基于推荐除霜时间将各个结霜区域的计时归一化处理；

③累加各个结霜区域的标准化计时，当总计时达到或超过标准除霜计时设定值时，机组进入除霜模式；

④当盘管温度达到或超过设定值时（如 $T_w \geq 20\text{℃}$），机组退出除霜模式，转换为正常的制热模式继续运行。

THT 除霜控制方法考虑了影响结霜过程的显著参数（环境温度和湿度），可在不同环境条件下有效避免误除霜事故。

研究结果表明，在不同环境条件下，THT 除霜控制方法能适应环境温度和湿度变化，自适应调节除霜时间，控制除霜前机组制热量衰减约为 30%，除霜后化霜水量相差 10% 以内，具有良好的一致性和准确性；在连续多变环境条件下，THT 除霜控制方法能有效避免误除霜事故，使机组平均 COP 提高 7%~12%，具有良好的高效性。

（3）基于平均性能最优的除霜控制方法。该除霜控制方法选择热泵机组的性能恶化点作为除霜开始的时间，以避免热泵运行在性能急剧恶化的区域。通过检测蒸发温度随时间的变化率 B（$B = \text{d}T/\text{d}t$），找出性能恶化点出现的时刻。结果表明：选择热泵机组的性能恶化点作为除霜开始的时间时，热泵系统在整个结霜/除霜循环中的 COP 最大，采用该除霜系统能够提高空气源热泵机组的运行稳定性和可靠性。在相同的相对湿度下，环境温度为 0 时，除霜方案对机组平均 COP 的影响最大，这可能是由于环境温度 0 为空气源热泵的严重结霜温度所致；对于不同的相对湿度工况，高湿度下除霜方案的影响较小，因为在高湿度情况下霜层比较疏松，除霜比较容易。

（三）抑制结霜技术

1. 空气预除湿抑制结霜

结霜是在一定的温度、湿度条件下出现的，因此降低室外换热器吸风处的空气含湿量，破坏结霜的条件，直接避免霜层的形成，可从根本上解决热泵因结霜而导致的运行可靠性和稳定性差的问题。现分析几种常用的空气除湿方法。

（1）压缩除湿方法。对空气进行压缩再冷却，可将空气中的水分凝结成液态水。将凝结出的水排出并对其进行加热，即可获得较低含湿量的空气。

（2）冷却除湿方法。让室外空气经过表冷盘管冷却降温，随着空气温度的降低，空气中的水蒸气逐渐达到饱和状态。当空气被冷却至露点温度以下时，空气中的水蒸气凝结成水并析出，将凝结水排出即可降低空气中的绝对含水量，实现除湿的过程。

（3）溶液除湿方法。利用溴化锂溶液等盐溶液的强吸湿特性，使用盐溶液作为吸收剂吸收空气中的水蒸气，从而达到空气除湿的目的。溶液除湿系统的主要部件为除湿机、再生器以及循环泵，除湿机内进行吸收剂的喷淋并通入空气，空气中的水分被吸收而达到除湿效果。

上述除湿方法均在存在问题，例如，压缩除湿方法压缩时动力消耗过大，且无法达成大规模除湿；冷却除湿的适用范围较小，只能用于露点温度 0℃ 以上的场合；溶液除湿方法中除湿机内喷淋的盐溶液为雾状，与空气接触时溶液飞溅，存在会被空气带出的可能。这些缺点限制了压缩除湿方法的使用范围。

2. 表面涂层抑制结霜

根据晶体生长理论，霜晶的形成首先依赖于湿空气中水蒸气在冷表面的凝结，因此，凝结液滴形成的时间、大小以及形状都会进一步影响霜晶形成的早晚、霜层结构以及结霜厚度。而水蒸气在冷表面的凝结特性又与其表面形态紧密相关，改变表面特性可以延缓冷表面结霜。因此，人们研制出疏/亲水等不同表面特性表面，并研究了这些冷表面冷凝液滴成核的过程及其影响因素。

（1）低能（疏水）表面。它可以增加形成于其上液滴的表面接触角，从而使得成核难度增加。因此，人们尝试通过制备、喷涂各种疏水涂层，改变冷壁表面性状，增加表面接触角，抑制结霜的发生。比如，通过化学刻蚀等方法对表面进行改性处理，经过表面改性的超疏水表面均能够显著延缓冷表面附着液滴的冻结，与普通铜表面相比，液滴冻结时间可延迟 55min。虽然疏水表面能够有效延缓液滴冻结，但是仅能影响结霜初始冷凝液滴成核，一旦霜晶形成，尤其在结霜后期，疏水表面对霜沉降的抑制作用不再明显，从而严重限制了其在各种结霜领域的应用。

（2）高能（亲水）表面。人们还尝试通过添加各种亲水性涂层抑制结霜。通过对含纳米 SiO_2/TiO_2 亲水涂层结霜实验研究发现，在冷壁温度高于 $-10℃$、空气相对湿度小于 45% 的环境下，这种涂层能够在一定程度上抑制霜层的生长，并且这种涂层的黏附性好，传热热阻非常小，在使用过程中不易出现脱落现象。

强吸水性涂层能够吸收一定量的水分，且具有降低水的冰点的功能，从而起到抑制和延缓结霜的作用。实验表明，涂层在低湿度和高壁温条件下能够完全抑制铜板表面结霜 3h 以上。将涂料喷涂于翅片管式换热器上，形成厚度为 0.03mm 的涂层，在正常融霜模式下，涂层换热器能够将第一个除霜周期从 55min 延长至 137min，而且在整个实验过程中涂层换热器翅片上没有出现明显的结霜现象。经过多次循环使用后，强吸水涂层仍然表现出很好的抑霜效果。

综上所述，改变表面特性，即添加各种高能（亲水）或者低能（疏水）表面涂层，可以有效改变冷表面凝结液滴的表面接触角，显著延缓表面上附着液滴的冻结时间。但是，表面特性仅能有效延缓结霜过程初始阶段冷凝液滴的形成以及冻结，并不能完全阻止结霜的形成，一旦霜层完全覆盖涂层，涂层的作用就不再明显。此外，涂层的增加会显著增加换热热阻，同时存在重复使用性问题，这使得其应用受到极大限制。

3. 外力场抑制除霜

结霜过程是一个水分子定向迁移的过程，而水分子又是极性分子，外力场会显著影响其迁移过程而影响到结霜过程。人们通过研究外加电场和外加磁场等对冷表面霜层生长的影响，探索有效的抑/除霜方法。

（1）静电场抑制结霜。针对电场作用下抑制结霜，研究者们发现结霜量的变化与电压强度有关，但是电场电压的作用尚不明确。有研究表明，电场能够影响霜层的生长，电场强度越大，霜层越薄；电场的存在能够减少结霜量，当 $E = 12kV/cm$ 时，结霜量减少最多，达到了 17.1%。也有研究者认为，电场对霜层厚度的影响比较复杂，有的条件下霜层厚度增加，有的条件下霜层厚度减小。所以针对电场对结霜的影响，还需要做更多的研究。

（2）磁场抑制结霜。磁场对抑制结霜的研究较少，勾昱君等对磁性表面上结霜现象进行了初步实验研究。实验采用的磁性材料为钕铁硼永磁体，该永磁体是一种储能材料，具有极高的矫顽力和磁能积，充磁之后可以在一定空间内产生恒定磁场。在无磁状态下切割出两块体积为 10mm×10mm×3mm 的扁盒状小立方体，表面经化学镀镍处理，其中一块充磁，磁体表面平均磁场强度为 320mT，另一块不充磁，用来与第一块进行对比实验。实验观测发现，磁性表面凝液滴的冻结粒径更小、分布更均匀，霜层结构更加松散，从而更易去除，但并不能有效延缓或者抑制冷表面霜层的生长。

通过以上分析，各种抑制结霜技术虽然在很大程度上延缓了霜的形成，但并没有从根本上解决结霜的问题；另外随着时间的推移，其抑霜效果均有减弱的趋势。这些问题限制了抑制结霜技术在实际产品中的应用。

三、展望

（一）传统融霜技术的智能化

尽管除霜的控制方案已经日趋完善，多参数判别霜层的控制方法得到普遍应用，光—电转换等直接识别霜层的方法正在推广，但是，实际运行中热泵的除霜准确性和效果确有很大的改进空间。进一步提高除霜的准确度和抗干扰能力，将仍是除霜技术重要的发展方向。在这方面，人工智能的手段和方法应会发挥更大的作用。

（二）新型除霜技术的实用化

表面涂层、加外力场及超声波技术等新型抑制结霜/除霜技术，在改善除霜效果方面具有传统除霜技术无可比拟的优势，近年来其研究与开发有所加速，但是其可靠性、耐久性目前尚达不到实用化的程度，成本也比较高。新型除霜技术目前正在通往实用化的道路上前行，未来仍需进一步努力。

（三）辅助热源利用的合理化

除霜期间，供热中断甚至变为负值，尽管目前采取了蓄热、工质循环优化等措施努力改善除霜对供热带来的负面影响，但是尚未达到令人满意的程度。通过降低能耗、优化用能手段来改善除霜期间的供热舒适度，仍是除霜技术进一步努力的方向。合理巧妙地利用压缩机的发热、过冷工质液体的热量、太阳能等辅助能源以及多种除霜方法的有机组合，都会有助于达到这一目的。当然，针对特殊场合和机型，巧妙合理地设计出能同时供热和除霜的热泵系统，实现不中断制热的除霜方案，将会极大地改善供热舒适度。

参考文献

[1] 张婉婧. 超声渡对管表面及翅片管表面除霜过程的实验研究 [D]. 南京：东南大学，2016.

[2] 李栋，陈振乾. 超声波抑制平板表面结霜的试验研究 [J]. 化工学报. 2009，9 (60)：2174-2175.

[3] 郭浩增，陈海峰. 基于多热源辅助的新型空气源热泵除霜方法研究 [J]. 暖通空调. 2018，8 (2)：81-82.

[4] 董建锴，姜益强，姚杨，闫凌. 空气源热泵过冷蓄能除霜特性试验 [J]. 上海交通大学学报. 2012，10 (10)：2-3.

[5] 胡文举. 空气源热泵相变蓄能除霜系统动态特性研究 [D]. 哈尔滨：哈尔滨工业大学，2010.

[6] 高强. 无霜空气源热泵系统的实验研究 [D]. 哈尔滨：哈尔滨工业大学，2011.

第十五节　二氧化碳冷冻冷藏技术

一、背景

（一）全球环保形势和政策的需求

20 世纪 80 年代，臭氧层空洞引起了世界范围的关注和重视，基于此，国际合作组织也签订了一系列环保公约。1985 年缔结了《维也纳公约》，1987 年进一步签署了《蒙特利尔议定书》，旨在通过控制对臭氧层有破坏作用的物质的生产、消费，保护关系到全人类生存与发展的大气臭氧层。目前联合国 197 个成员全部加入了《蒙特利尔议定书》，这一议定书成为全球普遍参与的第一个多边环境条约。

随着 CFCs 淘汰转换工作提前完成和国际环保事业的发展要求，在 2007 年 9 月召开的《蒙特利尔议定书》第 19 届缔约方大会上，国际社会又进一步达成了"加速淘汰HCFCs"的调整方案，该调整方案对于议定书第 5 条款缔约方（即包括中国在内的发展中国家），规定基于 2009 年与 2010 年的 HCFCs 消费量与生产量平均水平作基准线，在2013 年将消费量与生产量冻结在此基准线上，到 2015 年削减基线水平的 10%，到 2020年削减基线水平的 35%，到 2025 年削减基线水平的 67.5%，到 2030 年完成全部淘汰，但在 2030~2040 年间允许保留年均 2.5%供维修使用；对于议定书第 2 条款缔约方（即通常所说的发达国家），其 HCFCs 的消费量和生产量，2010 年削减 75%，到2015 年削减 90%，到 2020 年完成全部淘汰，但在 2020~2030 年间允许保留 0.5%供维修使用。

HCFCs 制冷剂的禁止使用将对整个制冷空调、冷冻冷藏行业产生重大的影响。前期冷冻冷藏行业所使用的主要制冷剂是 NH_3 和 R22，由于 NH_3 的安全性问题，R22 制冷剂在人员密集的操作间，冻品昂贵的冻结间、冷藏间有广泛的应用。

R22 作为一种制冷剂，具有无毒不可燃的特性，热力循环性能与 NH_3 相当，其 ODP = 0.055，GWP = 1810，破坏臭氧层，并且具有很高的温室效应潜能值。

人工合成类制冷剂 HFCs 作为 HCFCs 制冷剂的替代物应运而生，但是 HFCs 类制冷剂

本节供稿人：剧成成，冰轮环境技术股份有限公司。

依然拥有很高的 GWP 值。国际社会早在 2007 年 12 月在巴厘岛召开的"COP13 峰会"上就讨论 HFCs 削减控制的修正提案，在 2016 年 10 月召开的《蒙特利尔议定书》第 28 次缔约方会议上，达成了历史性的"基加利修正案"，明确了 HFCs 制冷剂的淘汰进程。

蒙特利尔缔约方 19 次会议第 XIX/6 款鼓励缔约方在选择替代技术时应最大限度减少对环境的影响，特别是对气候的影响，并能满足其他健康、安全和环境因素的 HCFC 替代品。也就是说，在制定选择 HCFC 淘汰项目和计划时，除了满足 ODP = 0 之外，应优先选择节能、环保、安全、经济性好的制冷剂。

中国是氟利昂制冷剂使用大国，面临着较大的环境保护压力，推广 CO_2 天然制冷剂在制冷系统的应用势在必行。CO_2 制冷系统的推广应用，将推动全球氟利昂替代目标的早日实现，为改善人类生存环境、提高人类生活品质发挥重大作用。

鉴于以上环保政策，我们急需开发出一种新型的制冷设备，不仅仅是应对越来越严格的环保要求，更是致力于全人类生活质量的提高。

（二）中国冷冻冷藏市场迅速发展的需求

目前我国综合冷链流通率不足 20%，而美、日等发达国家的冷链流通率已在 85% 以上。随着人民生活水平的提升，冷冻冷藏市场将持续高速发展。我国的冷链断链现象还很严重，需要真正解决从田园到餐桌的全程新鲜配送这一问题。

在华投资的发达国家企业，受制冷剂约束，全部采用原装进口设备。国有自制知识产权制冷系统批量推广应用后，在替代进口设备方面最少可以获得 2 亿人民币的订单。

面对市场高速发展的刺激，开发新型环保制冷系统也成为各制冷企业的研发目标。

（三）制冷剂的选择及单一制冷系统存在的弊端

1. R507A

该制冷剂是由 HFC125 和 HFC143a 以 50% 混合组成的共沸混合物，是一种低毒性且不破坏臭氧层的环保制冷剂，其制冷量与效率和 R502 非常接近，是在 CFCs 淘汰过程中针对 R502 开发出的一种替代品。在较低温度下的冷冻冷藏设备中有一定的应用，但是该制冷剂需要专用的润滑油，价格较贵，且较高的 GWP 是它最突出的缺点所在。ODP = 0，GWP = 3800，主要用于中低温冷冻冷藏设备，压力条件与 R22 接近，但制冷效率相对较低。其缺点是 GWP 值较高，价格偏高，系统对润滑油的要求高导致设备成本增加。

2. NH_3

该制冷剂是自然工质，ODP = 0，GWP = 0，流动阻力小，单位制冷量大，放热系数高，压力适中，泄漏时易发现，价格便宜，易于获得，但其有一定的毒性和低的可燃性。由于其在低温工况下具有良好的制冷效率，是目前开展 HCFCs 淘汰行动中在低温冷冻冷藏领域重点选择的替代物之一。但其存在的毒性、可燃性以及具有强烈的刺激性气味等问题，作为制冷剂不适用于人员密集及安全要求高的场合，须有针对性地研究，尽可能地扩大在相关领域的推广应用。

3. CO_2

该制冷剂是一种优良的自然工质，ODP = 0，GWP = 1，具有较好的环保性能，属于惰性气体，无毒无刺激，不可燃，具有良好的安全性和化学稳定性；CO_2 具有优良的经济性，价格低廉，适用性好，可用于多种润滑油及机械零部件材料，无腐蚀性；CO_2 密度大，相变释放冷量大，有较高的单位容积制冷量，在相同的制冷负荷下，压缩机尺寸、阀门与管道比一般的制冷系统要小。

CO_2 作为制冷剂主要的问题在于其较高的工作压力，制冷系统的最高运行压力几乎达到 10MPa，这给系统和设备零部件的设计带来许多特殊要求，造成系统成本的大幅度增加。另外，CO_2 作为制冷剂在单一工况下效率较低，运行在大压差工况下时效率问题十分突出。

随着环境问题的出现，以及制冷领域的制造技术、工艺水平的提高，使用 CO_2 作为制冷剂再次成为世界各国的关注热点。近年来，中国部分企业和研究机构已经组织开展了针对 CO_2 制冷系统的相关研究，也取得了一定的成果。

二、解决问题的思路和方法

（一）制冷剂的有机组合

NH_3 和 CO_2 都是环保性能良好的制冷剂，但分别存在各自的问题。将 NH_3 和 CO_2 制冷剂通过系统有机组合，如 NH_3/CO_2 螺杆复叠和载冷剂制冷系统，该系统同时克服了 NH_3 在人员密集场合不安全和 CO_2 在单一工况下压力高，效率差的缺点。使用 NH_3/CO_2 螺杆复叠制冷系统替代目前大量使用的 HCFCs 双级压缩机系统，使用 NH_3/CO_2 螺杆载冷剂制冷系统替代目前大量使用的 R22 单级压缩机系统，既可以推动 NH_3 和 CO_2 等天然制冷剂的推广使用，也可实现较为理想的制冷效率，取得环境、效率的最大化。

（二）采用复叠和载冷剂制冷系统的原因

在选择替代制冷剂时，需要综合考虑制冷剂的热物性，制冷剂和制冷系统的节能性、环保性、安全性、经济性等各方面的因素。

R507 和 R404A 属于人工合成制冷剂，虽然 ODP = 0，但是依然有着较高的 GWP 值，从保护环境的角度来看，不适合作为长期替代物。

NH_3 和 CO_2 都是环保性能良好的制冷剂，但分别存在各自的问题。NH_3/CO_2 螺杆载冷剂制冷系统正是将 NH_3 和 CO_2 各自的优点结合起来，同时克服了 NH_3 在人员密集场合不安全和 CO_2 在单一工况下压力高、效率差的缺点。

（三）采用 NH_3/CO_2 复叠和载冷剂制冷系统的优势

1. 节能

如果 R22 的替代技术没有节能效果，也就是制冷系统 COP 很低，那么制取相同的冷量新系统就会耗费更多的电力，而产生电力的主要手段还是碳的燃烧。更多的电力消耗意味着更多的 CO_2、SO_2 以及氮氧化物的排放。这样相当于拆东墙补西墙，从另一方面过度消耗了资源，破坏了环境。选择替代方案的时候不应以牺牲性能为代价，应该优选热力学性能高的系统。

由于 CO_2 传热性好、换热效率高，不同工况下，NH_3/CO_2 复叠制冷系统相比 R22 双级制冷系统，效率平均提高 20% 以上。以我国农产品冷链物流发展规划中建设 1000 万吨物流冷冻冷藏库，装机功率为 400000kW，40% 采用 CO_2 制冷系统估算，每年节省电力约 0.64 亿 $kW \cdot h$，折合 2.2 万吨标准煤，节能效果显著。图 3-15-1 为 NH_3/CO_2 复叠制冷系统和氨单级、氨双级、R22 单级、R22 双级系统在 $-40/+25℃$、$-50/+25℃$ 工况的性能对比。

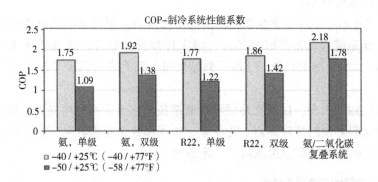

图 3-15-1　NH_3/CO_2 复叠制冷系统和氨单级、氨双级、R22 单级、

R22 双级系统在 $-40/+25℃$、$-50/+25℃$ 工况的性能对比

参考资料：ITAR：Alituque aque, New Mexico 2003, P. S Niedlsen & T. Lund Introducing a New Ammonia/CO$_2$ Cascade Concept for Large Fishing Vessels.

2. 安全

由于 NH_3 制冷系统存在无法回避的安全问题，并且 NH_3 直接蒸发的制冷系统的充注量巨大，NH_3 直接进入人口密集的操作间、食品冷冻冷藏间，遇到火灾、地震等不可抗力因素时，NH_3 泄露导致的次生灾害必然发生。

NH_3/CO_2 复叠制冷系统克服了 NH_3 制冷系统不安全因素：NH_3 仅存于机组内部，限制在设备间，不进入加工间人员密集区域和冷冻冷藏间；NH_3 工质充注量是常规系统的 1/10。该系统充分利用 NH_3 良好的传热制冷性能，克服了其不安全因素。而 CO_2 作为中间介质具有安全、无毒，不可燃的特性，即便泄漏，对人员、食品也无较大伤害；并且 CO_2 是天然灭火剂，火灾时可起到阻燃作用。

3. 环保

HCFCs，氢氯氟烃类制冷剂，以 HCFC-22（二氟一氯甲烷）为例，ODP = 0.055，GWP = 1700，不仅破坏臭氧层，还有很高的温室效应，尤其是氯原子在破坏臭氧层时作为一种催化剂反复进行，对环境的破坏具有延续性和滞后性。

而 NH_3 和 CO_2 都属于天然制冷剂，NH_3 的 ODP 和 GWP 均为 0，CO_2 的 ODP = 0，GWP = 1，对环境的破坏作用很小。采用天然制冷剂，对环境没有任何的破坏作用，具有很高的环保效益。

4. 智能

两级复叠系统存在一个最佳的中间温度，可以使得系统性能最优。随着复叠系统用户需求工况的转变，不同冻品对蒸发温度要求不同。并且不同冻品初始降温阶段蒸发温度越高系统制冷量越高，系统蒸发温度会根据客户需要做出改变，并且环境温度也会对冷凝温度产生影响，系统工况的波动是一定存在的。

为了能在系统波动时快速切换到最优的中间温度，达到最优的系统性能，除采用变频电动机提升部分负荷的性能之外，还需要对系统采取全自动控制，即工况的快速识别和系统的快速切换控制。NH_3/CO_2复叠制冷系统中仍然含有部分NH_3制冷剂，如果采用全自动的系统控制，可以降低误操作的风险，降低事故发生的概率，对系统的安全性有益。

NH_3/CO_2复叠和载冷剂制冷系统采用全自动智能控制，并增加物联网远程运维监控，可极大地提升客户的使用体验。

（四）如何进一步提升系统的安全性

NH_3作为一种天然物质，其存在的毒性、可燃性以及具有强烈的刺激性气味等问题，限制了其应用场合。新的 GB/T 9237—2017《制冷系统及热泵　安全与环境要求》中指出，鼓励低充注量NH_3制冷系统的开发。当系统NH_3充注总量低于某一指标，系统和主建筑物的距离可以缩小到 30m，这样就可以减少管路的损失，提升系统的性能。但是对于冷冻冷藏行业，不同于小型的轻商用制冷机组，制冷剂的充注量总量较大，还有进一步降低制冷剂充注量的需求。降低NH_3充注量就是降低危险源，是提升系统安全性能最直接的手段。

采用NH_3/CO_2复叠或者载冷剂制冷系统，NH_3作为高温级主循环，CO_2作为低温级制冷剂，可减少末端蒸发器中NH_3的充注量。以顶排管为主的项目，可减少NH_3的充注量约80%以上，以冷风机为主的项目，由于冷风机换热系数高，NH_3总充注量小，且末端NH_3充注量占总充注量的比例较小，NH_3充注量降低比例略低一些。

虽然采用复叠和载冷剂制冷系统已经大幅降低了系统的充注量，但是系统仍有很多存液的地方有待优化，需要进行精细化的设计，来进一步降低制冷剂的充注量。如优化储液器型式、供液方式，优化管路布置，优化换热器以降低充注量等，这将是我们未来不断努力的方向。

虽然降低了系统的充注量，如果仍违规操作系统，安全事故也不可避免。

NH_3制冷系统发生的安全事故，常见的有两种，一种是泄漏事故，一种是爆炸事故。NH_3工质制冷系统主要应用于我国的大中型冷库，NH_3充注量仍巨大，一旦发生事故将会造成巨大的人员伤亡和经济损失。NH_3安全事故的发生很大一部分是用户违规操作、检修不及时、自主盲目改造导致。

因此，对NH_3/CO_2复叠或者载冷剂的新型制冷系统，应当提升系统的自动控制水平，减少人为干预的频率，降低误操作的风险。

采用物联网远程监控技术，可以将用户设备纳入监控范围，专家团队对其设备运行状态进行监控和干预，发现用户设备运行过程中存在的如冷凝压力过高等安全隐患，及时提醒用户按期维保。

采用NH_3/CO_2复叠或者载冷剂制冷系统，不仅需要注意规避NH_3的毒性和燃爆特性，还需要关注CO_2的高压特性。CO_2系统的设计压力在 52bar，在系统设计的时候，提升对系统的质量要求；考虑常温条件下CO_2的高压特性，根据用户的使用条件设置维持机组，维持系统的压力在安全水平；此外，高浓度CO_2引起的窒息也应当引起关注。

三、技术方案

（一）复叠和载冷剂制冷系统工作原理

NH_3/ CO_2复叠制冷系统主要设备流程如图3-15-2所示，该系统由高温级和低温级两部分组成。高、低温级各自成为单一制冷剂的制冷系统，其中，NH_3作为高温级制冷系统制冷剂，CO_2作为低温级制冷剂。高温级系统中NH_3的蒸发用来使低温级制冷机排出的CO_2气体冷凝，用一个冷凝蒸发器将高、低温级两部分联系起来。它既是低温级的冷凝器，又是高温级的蒸发器。低温级CO_2吸收热量后经低温压缩增焓，再通过冷凝蒸发器将热量传递给高温级NH_3，而高温级的NH_3经高温级压缩增焓，最后通过冷却水系统或风冷冷凝器将热量传给环境介质。

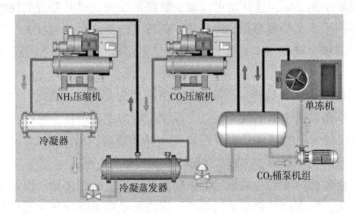

图3-15-2　NH_3/CO_2复叠制冷系统主要设备流程图

NH_3/CO_2螺杆载冷剂制冷系统的主要设备流程参见图3-15-3。载冷剂制冷系统与复叠制冷系统的差异在于，CO_2载冷剂制冷系统不采用CO_2高压压缩机，经冷凝蒸发器冷凝的CO_2经过桶泵系统向末端蒸发器供液。CO_2载冷剂制冷系统与传统乙二醇、氯化钙载冷剂制冷系统的差异在于，CO_2是相变传热，传热效率高，泵功耗小，总耗功低。

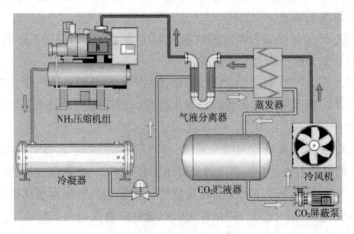

图3-15-3　NH_3/CO_2螺杆载冷剂制冷系统主要设备流程图

CO_2复叠制冷系统专门为-40℃左右的单冻机而设计，而CO_2载冷剂制冷系统专门为速冻间、冻结间、冷藏间等-35~-15℃工况范围内的采用顶排管或者冷风机的末端换热设备所设计。

图3-15-4为带中间负荷的NH_3/CO_2复叠制冷系统流程，该系统的优势是采用一套设备可以满足客户对多种制冷温度的需求，也是目前应用比较流行的系统用法。CO_2制冷循环的蒸发侧为低温速冻间服务，而CO_2制冷循环的冷凝器侧为低温库、车间空调和制冰间服务。

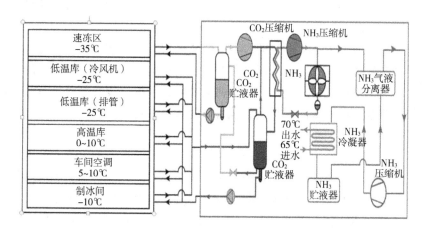

图3-15-4　带中间负荷的NH_3/CO_2复叠制冷系统流程图

（二）复叠和载冷剂制冷系统主要设备

NH_3/CO_2复叠制冷系统主要由NH_3制冷压缩机组、NH_3辅机、CO_2制冷压缩机组、CO_2辅机、电气控制五部分构成。NH_3辅机包括冷凝器、贮液器、气液分离器、节流装置等；CO_2辅机包括冷凝蒸发器、贮液器、气液分离器、干燥过滤器、泵、节流装置等。NH_3/CO_2复叠制冷系统流程图参加图3-15-5。

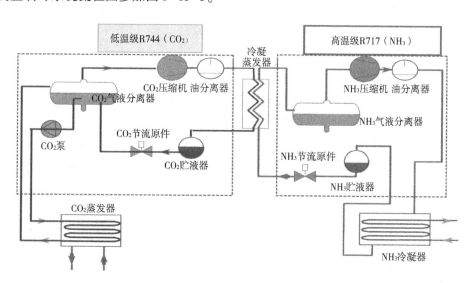

图3-15-5　NH_3/CO_2复叠制冷系统流程图（不带热气融霜）

载冷剂系统主要由 NH_3 制冷压缩机组、NH_3 辅机、CO_2 辅机、电气控制四部分构成。NH_3 辅机一般包括冷凝器、贮液器、节流装置等。CO_2 辅机一般包括冷凝蒸发器、贮液器、干燥过滤器、CO_2 泵等。冷凝蒸发器 NH_3 侧蒸发为虹吸式，包含 NH_3 气液分离器。

（三）制冷系统核心零部件

1. 压缩机

在 CO_2 制冷系统广泛应用之前，螺杆压缩机的设计压力一般不超过 2.5MPa，压缩机生产线只生产运行压力小于 2.3MPa 的压缩机，而 NH_3/CO_2 螺杆复叠制冷系统中的 CO_2 压缩机设计压力为 5.2MPa。

设计压力的提升是 CO_2 高压压缩机的第一个显著特点。在材料的选取上，采用高牌号高强度的耐低温铸铁或者铸钢，可以解决复杂壳体铸件的承压问题。但材料的更改涉及一系列问题，如刀具切削性能的改变，刀具材料的更换，刀头工装的更改，有些机器动力不足，不适合切削高强度的材料，加工设备也需要升级或者更换。

CO_2 压缩机运行工况不同于传统 NH_3 和 R22 螺杆制冷压缩机，CO_2 压缩机吸排气压力相差约 3MPa，但是压比很小，一般需选用小口滑阀，大压差小压比是 CO_2 压缩机的一大特点。运行工况不同，压缩机型线设计需要考虑的因素也不同。为提升 CO_2 压缩机的运行效率，减少大压差带来的泄漏量增加，我们委托西安交通大学针对 CO_2 工况运行特点进行了专门的优化，通过更改转子的齿数比、螺旋角、喷油位置和数量等参数，实现高效率 CO_2 压缩机的开发。

2. 压力容器

专用容器包括油分、油冷、冷凝器、冷凝蒸发器、贮液器等。

CO_2 专用压力容器和传统制冷系统容器相比有两个显著特点，一是压力的提升，二是低温状态。容器的设计条件从常规低压低温压力容器转变为高压低温压力容器。

高压低温 CO_2 用压力容器采用的管板、筒体等材料与常规的不同，这样就需要在焊接、胀接、探伤等生产及检测环节增加相应的工艺装备和控制手段。高压低温压力容器需要进行强度试验、气密性试验和低温冷冲击试验等。需新增高压低温容器和不锈钢容器的焊接设备以及高压低温容器焊接工艺试板和评定手段。

3. 系统控制

NH_3/CO_2 复叠控制模块采用全自动运行，高温、低温压缩机能量自动调节（高温级根据低温级的冷凝压力进行能量调节，低温级根据系统的温度要求或低温级的吸气压力进行能量调节）。NH_3/CO_2 辅助制冷系统控制原理如图 3-15-6 所示。

与常规的复叠机组或者载冷剂机组相比，CO_2 复叠制冷系统还存在如下特点。

（1）系统的控制和传感装置，需采用耐高压、高可靠性的电磁阀、电动阀及控制传感元件。

（2）NH_3/CO_2 制冷系统停机后，随着环境温度升高，低温级压力升高，当低温级压力升高到设定压力后，辅助制冷机组开机，冷凝气液分离器内气体，防止整个低温级系统压力升高。因为 CO_2 是自然环保工质，对于不配置辅助制冷机组的客户，需要增加贮液器或气液分离器的压力检测装置，当压力升高到最高允许的压力值时，控制泄放阀动作。注意需要根据保温层的导热系数和保温层厚度计算整个低温级的制热量。

对于 NH_3/CO_2 复叠制冷系统，它涉及两台套制冷系统的控制，NH_3 制冷系统作为高温级，CO_2 制冷系统作为低温级。CO_2 制冷系统在环境温度对应的压力较高，如果直接开机，容易造成压缩机压缩终了排气压力超高。故开机顺序是，首先开启 NH_3 制冷机组，待 CO_2 制冷系统的吸气压力达到规定值后再开启，否则低温级会因为压力过高而无法工作。

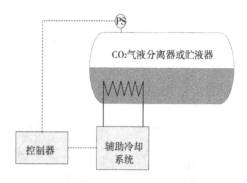

图 3-15-6　NH_3/CO_2 辅助制冷系统控制原理

四、产品化和工程应用情况

NH_3/CO_2 复叠和载冷剂制冷系统的温度控制领域在 $-52\sim-15℃$，凡是对此温度区间有需求的制冷场合均可以采用该系统。目前 CO_2 螺杆制冷系统已经广泛应用于食品、石油、化工、医药、酿酒、建筑、矿产、纺织、机械、航空航天等领域。特别是水产加工、肉类加工、冰淇淋及乳制品加工、远洋渔业等低温冷藏及速冻系统。截止到 2017 年，仅冰轮环境技术股份有限公司就销售 NH_3/CO_2 制冷系统百余座，累计销售 CO_2 压缩机近 300 台，该系统在冷冻冷藏行业 $-52\sim-15℃$ 温区范围内基本实现了产业化。以上成就离不开联合国开发计划署、环境保护部环境保护对外合作中心给予的资金支持以及中国制冷空调工业协会对该系统的技术支持。

2011 年，NH_3/CO_2 复叠制冷系统产业化项目被联合国《蒙特利尔议定书》多边基金组织、联合国开发计划署、中国环保部列为替代 HCFC-22 全球示范项目。2014 年，冰轮环境再次承担了 NH_3/CO_2 载冷剂制冷系统产业化项目。在项目实施过程中，我们创建了很多了标杆性项目，其中最具里程碑式的项目包含大连獐子岛贝类加工项目以及赤山海都食品项目。

2013 年 6 月 28 日，位于大连长海县獐子岛镇的獐子岛集团股份有限公司贝类加工中心，举行了"中国工商制冷行业 NH_3/CO_2 环保制冷剂替代技术示范项目"授牌仪式，暨 2013 环保制冷剂替代技术论坛。来自国家环保部、中国制冷空调工业协会、中国制冷学会、国内贸易工程设计研究院、中国肉类协会、中国仓储协会冷藏库分会、烟台冰轮集团有限公司、獐子岛集团股份有限公司的领导和专家，来自全国知名学术组织、设计院所的代表和来自不同行业的知名企业代表共 80 余人出席了本次活动（图 3-15-7），共同见证了中国目前规模最大，技术最先进的 NH_3/CO_2 制冷系统正式交付使用。

2016 年，冰轮环境技术股份有限公司承建的位于威海的赤山海都食品公司项目，是目前全国单体规模最大的 CO_2 制冷技术应用项目。该项目每班次冻结量达 500 吨，60 余间总库容量 12 万吨，该项目采用 CO_2 主机 18 台，NH_3 压缩机 16 台，该项目的实施对中国 CO_2 制冷技术发展具有典型的示范意义。如图 3-15-8 所示。

（一）经济效益

项目的实施对 NH_3/CO_2 复叠制冷系统的产业化和市场推广起到推动作用，将带动相关环保产品的研发和生产，形成公司新的经济增长点，为公司带来可观的经济效益。按年销

图 3-15-7　NH_3/CO_2 环保制冷剂替代技术示范项目授牌仪式专家

图 3-15-8　赤山海都食品项目设备间现场照片

售推广 100 台套系统计算，可为公司新增销售收入 3 亿元，利税 6000 万元。

同时，在华投资的发达国家企业，受制冷剂约束，全部采用原装进口设备，CO_2 制冷系统批量广泛应用后，每年在替代进口设备方面最少可以获得 2 亿人民币的订单。

此外，随着我国国民经济的快速发展，我国农产品冷链物流发展规划中提出建设 1000 万吨物流冷冻冷藏库，需要的装机功率为 400000kW，以 40% 采用 CO_2 制冷系统估算，市场需求在 60 亿元左右。

（二）社会效益

环保：本示范项目选择氨和 CO_2 作为替代物，由于其 ODP 值为 0，GWP 为 1，将直接淘汰 ODS 物质 250 吨，可实现温室气体减排相当于 166 万 CO_2 当量吨。

中国是氟利昂制冷剂使用大国，面临着较大的环境保护压力，推广 CO_2 天然制冷剂在制冷系统的应用势在必行。CO_2 制冷系统的推广应用，将推动全球氟利昂替代目标的早日实现，为改善人类生存空间、提高人类生活品质发挥重大作用。

中国是 HCFC 使用大国，面临着较大的环境保护压力，所以 CO_2 作为一种制冷剂在制冷空调系统的应用值得我们国家投入，进行 NH_3/CO_2 螺杆载冷剂制冷系统示范推广项目，可以解决在 $-15\sim-35℃$ 中低温工况条件下 R22 的替代问题，减少 R22 的排放，更会带动全行业的天然制冷剂的开发应用，这是实施本示范项目的另一方面的重大价值和意义所在。

五、展望

（一）标准的完善

CO_2制冷系统的应用呈现快速发展势态，由于CO_2制冷剂在大型制冷系统应用中具有压力高、系统含水量低等特点，对大型制冷系统的工程材料和运行条件提出了特殊要求。大力推广CO_2制冷剂在大型制冷系统中的应用，是全球制冷行业正在积极研发、着力推广的关键技术。因此，一些国家现正逐步完善该项技术的产品标准、通用基础标准及建设规范等标准体系。美国于2010年在设计手册中补充规定了全新的CO_2制冷系统的设计、应用、安全性、容器、管路、安装等规范，于2012年首次发布《容积式CO_2压缩机和压缩机组性能评价标准》，并通过国际氨制冷学会IIAR启动CO_2制冷系统有关安全、性能和操作方面的标准制定工作。欧洲ASERCOM与我国在CO_2制冷压缩机标准起草过程中也开展了广泛的合作。

我国已制定并颁布实施了GB/T 29030—2012《容积式CO_2制冷压缩机（组）》国家标准，《CO_2制冷系统技术条件》国家标准报批稿也在相关部门进行审查，现行GB/T 150—2011《压力容器》系列标准和GB/T 151—2014《热交换器》也满足CO_2制冷系统相关容器和换热器的生产制造。但是这些标准均为CO_2制冷系统应用的相关产品标准，将这些产品组合为完整的制冷系统，尚需其他相关安全标准、建设标准等的协调配套。

（二）系统充注量的进一步降低

冷冻冷藏用CO_2制冷系统，多以NH_3为高温级。NH_3的安全事故每年都有发生，降低充注量是降低NH_3泄露引发次生灾害的主要手段，目前国家标准的修订也在向此方向引导。

此外，系统本身的充注量也确实存在很多可优化的地方，例如，在储液器和气液分离器中存在的液态制冷剂，属于死液，对制冷量没有任何的贡献，但是一旦系统发生泄露，这些液态制冷剂都会泄放出来。系统的供液型式影响蒸发器的效率和系统的初投资，也直接影响系统制冷剂的充注量，未来我们需要寻求一种新型的供液方式。

（三）系统能效的进一步提升

系统能效的提升一直是大家不断探索的课题。对于CO_2制冷系统，所涉及的压缩机和换热设备较多，对于复叠系统还存在一个最优中间压力的问题。系统能效的提升可以从优化制冷系统的四个主要零部件入手，尤其是压缩机，是整个系统中的主要耗功设备，压缩机绝热效率的提升可显著减小系统的总耗功。此外，需要确定综合COP最高的原则，即总的制冷量与总耗功的比值最高，可以通过智能检测、计算、全自动控制来实现。

（四）系统的撬装集成以及室外机的开发应用

前期设计的CO_2制冷系统多采用散装的形式，虽高低温机搭配灵活，但需要专用的机房，施工周期较长，现场工程安装系统的清洁度难保。采用撬装化机组可显著缩短客户的工程安装周期，设备运至用户现场之后，只需要接上电、通上水（对于水冷换热设备，风冷换热设备无需接）即可，极大地缩短了设备的安装调试周期。

撬装式CO_2制冷系统增加上集装箱外护之后，可直接放置在室外或者屋顶使用，节省用户建造机房的成本。未来，工商业制冷产品的"民用化设计"，或者说工商业制冷系统的"冰箱化设计"将是未来 CO_2 制冷系统的一大发展方向。

参考文献

[1] 张朝晖，陈敬良，等.《蒙特利尔议定书》基加利修正案对制冷空调行业的影响分析 [J]. 制冷与空调，2017，17（1）：1-7.

[2] COVAZZOA PAUL, BURGOS JEDRICK, HOEHN ALEX, et al. Hydrophilic Membrane-based Humidity Control [J]. Journal of Membrane Science, 1998, 149：69-81.

[3] 谷德近. 共同但有区别责任的重塑——京都模式的困境与蒙特利尔模式的回归 [J]. 中国地质大学学报（社会科学版），2011，11（6）：8-17.

[4] 赵立群. HFCs（氢氟烃）产业发展研究与展望 [J]. 化学工业，2018，36（1）：16-25.

[5] 牛永明，邹冠星. 发达国家制冷剂排放控制法律法规进展 [J]. 制冷与空调，2015，15（11）：92-96.

[6] UNEP. Summary of control measures under the Montreal Protocol [EB/OL]. http：//ozone. unep. org/en/handbook-montreal-protocol-substances-deplete-ozone-layer/44, 2015-11-09.

[7] 刘慧成. 中国工商制冷空调行业 HCFCs 淘汰及 HFCs 消减战略研讨会在京召开 [J]. 制冷与空调，2015，15（12）：94-95.

[8] 王静. 我国食品冷链物流研究 [D]. 北京：对外经济贸易大学，2017.

[9] 马进. 赴美、墨交流"低 GWP 值 ODS 替代品的评估和应用"考察报告 [J]. 冷藏技术，2017，40（1）：54-56.

[10] 葛长伟，姜韶明，于志强. NH_3/CO_2 制冷系统的研究 [J]. 制冷技术，2014，34（3）：22-28.

第十六节　二氧化碳热泵技术

一、背景

CO_2 作为制冷剂至今已有约 160 余年的历史。1850 年，美国人 Alexander Twining 在专利中提出在蒸汽压缩式系统中采用 CO_2 作为制冷剂工质；英国的 J&E Hall 公司于 1890 年开始投入生产 CO_2 压缩机，该公司的产品在船上得到广泛应用；20 世纪 20 年代，CO_2 空调系统被广泛使用于各种商业建筑和公共设施中；由于当时的技术条件限制，当时的 CO_2 空调系统基本采用亚临界循环，从而导致了系统的低效能。20 世纪 30 年代，氯氟碳化合物以其优越性得到了广泛应用，并迅速取代了二氧化碳制冷剂。

氯氟碳化合物类制冷剂在经过生产、应用和废弃等状态时均会直接或间接产生一些相关物质，这些物质排入大气，将会对地球环境造成影响。它们对环境造成的破坏主要有两个方面：臭氧层破坏和温室效应。

（一）臭氧层破坏

臭氧层是大气层的平流层中臭氧浓度高的层次。臭氧含量随纬度、季节和天气等变化而不同，浓度最大的部分位于 20～25km 的高度处。紫外辐射在高空被臭氧吸收，对大气有增温作用，同时保护了地球上的生物免受远紫外辐射的伤害，透过的少量紫外辐射，有

本节供稿人：曹锋、宋昱龙，西安交通大学。

杀菌作用，对生物大有裨益。

氯氟碳化合物是含氯的有机化合物，它们在对流层内是化学惰性的，在大气层中的存留时间可达120年之久。氯氟碳化合物进入平流层后受到强烈紫外线照射，分解产生氯游离基，游离基同臭氧发生化学反应，使臭氧浓度减少，从而造成臭氧层的严重破坏，臭氧层被大量损耗后，吸收紫外辐射的能力大大减弱，导致到达地球表面的紫外线B明显增加，给人类健康和生态环境带来多方面的危害。

臭氧消耗潜能值ODP（Ozone Depletion Potential），用于考察物质的气体散佚到大气中对臭氧破坏的潜在影响程度。规定制冷剂R11的臭氧破坏影响作为基准，取R11的ODP值为1，其他物质的ODP是相对于R11的比较值，表3-16-1给出了几种常用制冷工质的ODP对比。

国际上先后通过了《关于臭氧层保护计划》《保护臭氧层维也纳公约》《关于消耗臭氧层物质的蒙特利尔议定书》（简称"议定书"）。我国于1991年6月签署了《议定书》的伦敦修正案，目前《议定书》的缔约方已达168个。1994年第52次联合国大会决定，把每年的9月16日定为国际保护臭氧层日。我国正在为实现《议定书》规定的指标而努力，制定并实施了20余项有关保护臭氧层的政策。

（二）温室效应

地表能接收太阳的短波辐射，然后发出长波辐射，大气中的温室气体在吸收了来自地球表面的长波辐射后向各方向辐射能量，就像给地球穿上了一件保暖羽绒服，从而导致表面的平均温度升高，这一现象称为温室效应，俗称"花房效应"。温室气体主要包括二氧化碳（CO_2）、臭氧（O_3）、氢氯氟碳化合物（CFCs、HCFCs、HFCs）、甲烷（CH_4）、氧化亚氮（N_2O）等。

全球变暖潜能值GWP（Global Warming Potential）是一种物质产生温室效应的一个指数。GWP是在100年的时间框架内，各种温室气体的温室效应对应于相同效应的二氧化碳的质量，表3-16-1给出了几种常用制冷工质的GWP对比。

表3-16-1　制冷剂主要性能比较

参数	相对分子质量	ODP	GWP	临界温度（℃）	临界压力（MPa）	0℃时容积制冷量（kJ/m^3）
R744（CO_2）	44.01	0.000	1.000	31.1	7.372	22600
R717（NH_3）	17.03	0.000	0.000	133.0	11.420	4360
R134a	102.00	0.000	1300	101.7	4.055	2860
R12	120.93	1.000	10600	112.0	4.113	2740
R22	86.48	0.055	1700	96.0	4.974	4344
R410A	72.6		2100	72.5	4.950	6424

1972年6月在斯德哥尔摩召开了第一次国际性环境会议，并通过了《人类环境宣言》。1992年6月183个国家参加了里约热内卢召开的联合国环境发展大会，会议通过了《地球宪章》并签署了防止全球气候变暖的《气候变化框架公约》。1997年12月，在日本

京都召开的气候框架公约第三次缔约方大会上提出的《京都议定书》旨在将大气中的温室气体控制在一定水平，以防止人类过度排放温室气体引发对气候的改变。

制冷空调设备中使用和泄漏的氯氟碳化合物类制冷剂是近些年来全球气候变暖和臭氧层破坏等巨大环境危机的主要污染来源之一。由于氯氟碳化合物类制冷剂对臭氧层的破坏和造成的温室效应，CO_2 作为天然工质又一次引起了人们的重视，受到越来越多的关注。

表 3-16-1 中综合对比几种制冷剂性质，在制冷空调的许多应用领域，使用 CO_2 作为制冷剂具有突出优势，概括如下：

（1）环境性能优良。CO_2 是自然界天然存在的物质，它的臭氧层破坏潜能为零（ODP = 0），其温室效应潜能极小（GWP = 1），制取费用相对较低。

（2）物理化学稳定性好。安全无毒，不可燃，即使在高温下也不分解，具有非常稳定的化学性质。

（3）单位容积制冷量大。高工作压力使得压缩机吸气比容小，单位容积制冷量大，压缩机尺寸大大减小，有利于装置体积的减小。

（4）具有良好的热力学性质。CO_2 相对分子质量比高分子化合物小得多，蒸发汽化潜热较大，0℃时单位容积潜热是 R22 的 5.12 倍、R12 的 8.25 倍。CO_2 在低压下两相流动较为均匀，流动阻力小，有利于节流后各回路间工质的均匀分配，较小的表面张力能够提高沸腾区的蒸发换热系数。

（5）绝热指数值较高。压缩机排气温度会相对较高，但符合得到较高温度热水的要求。同时，由于 CO_2 的低温侧工作压力相对也很高，其压缩机的压缩比相对于其他制冷剂系统要低得多，压缩机效率更高。

（6）CO_2 临界温度较低。使系统循环中处于跨临界循环状态，在气体冷却器中的放热过程是在超临界状态下进行，放热过程为变温过程，具有较大的温度滑移。这种温度滑移正好与所需的变温热源相匹配，特别适合热水加热工况。

二、解决问题的思路和方法

早期的二氧化碳制冷系统采用传统的亚临界工作方式，由于 CO_2 工质本身较低的临界温度的限制，应用范围很窄，加之循环效率低下，逐渐被工业制取的氯氟碳化合物类制冷剂所取代。在如今的行业发展背景和创新要求下，CO_2 制冷剂作为天然工质，以其无毒不可燃、超低全球变暖指数（GWP）和零臭氧破坏指数（ODP）、低温流动性与导热性良好等众多优点而重新回归学者们的视线，作为制冷剂替代计划的重要一环被广泛推崇。然而，CO_2 工质本身较低的临界温度和其他导致其性能较差的热物性均没有改变，想要在当前的应用背景里广泛推广 CO_2 制冷剂，解决其性能劣势是一项重大课题。而跨临界循环方式的提出，可谓是一种十分巧妙的思维突破，打破了制冷系统中两相换热的思维模式，将 CO_2 制冷系统提升到了一个新的层面。

具体来说，如图 3-16-1 所示，由于 CO_2 制冷剂的临界温度很低，仅为约 30.98℃，因而在传统的亚临界制冷循环方式中，CO_2 制冷剂的冷凝温度被限制在临界温度以下，这大大限制了 CO_2 工质在较高热汇温度条件下的使用。而由于 CO_2 制冷剂在近临界温度条件下的潜热（饱和气体状态到饱和液体状态之间的焓差）已经很小，因此即便使用在低于临

界温度的热汇温度条件下，该循环的
制热量及能效比也不存在任何的竞争
优势。前国际制冷学会主席，挪威的
G. Lorentzen 教授提出了跨临界二氧化
碳制冷系统，并与 1989 年申请了国际
专利，他认为 CO_2 是一种非常优秀的
制冷剂，从此掀开了跨临界二氧化碳
系统的研究热潮。

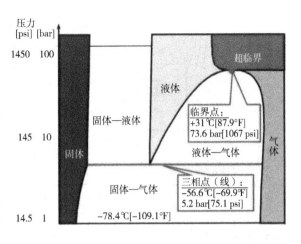

图 3-16-1　CO_2 压焓图

在 G. Lorentzen 教授的研究中，压
缩机的排气压力索性大幅攀升到临界
压力以上，制冷剂从压缩机排气口处
到节流阀前都不再经过两相区，而是
一直以超临界气态的状态来参与换热，并有可能在一瞬间转变为超临界液态。传统制冷系
统中高压制冷剂必须经过冷却—冷凝—冷却的相变过程这一思维定式被完全打破，而制冷
系统中高压制冷剂的压力低于临界压力的规则也被打破，制冷系统从冷凝过程和蒸发过程
都在临界压力之下的亚临界循环模式，进化成为蒸发过程在临界压力以下、冷却过程（不
再是冷凝过程）在临界压力以上的跨临界循环模式。

图 3-16-2 显示了典型的跨临界 CO_2 循环的温熵图。跨临界 CO_2 循环包括四个过程：
压缩过程（1—2），气体冷却过程（2—3），节流过程（3—4），蒸发换热过程（4—1）。

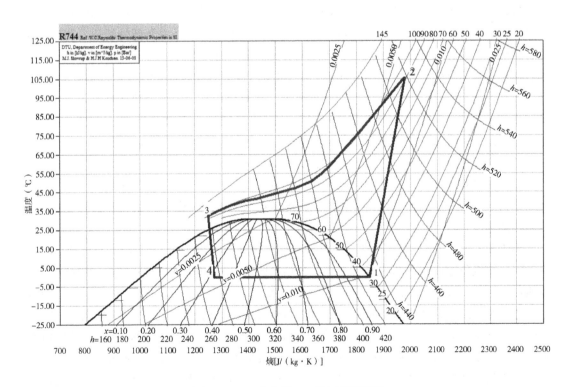

图 3-16-2　跨临界 CO_2 循环的温熵图

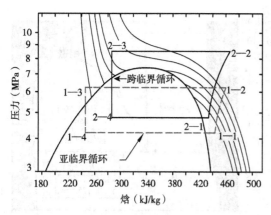

图 3-16-3　三种 CO_2 制冷系统在压焓图中的表示

压缩过程和普通制冷循环相似；有别于普通亚临界循环，如图 3-16-3 所示，跨临界 CO_2 循环的气体冷却过程处在超临界区，整个过程中 CO_2 为纯气态，且有很大的温度滑移，所以不存在冷凝温度这一参数；节流过程也与常规制冷循环不同，CO_2 在节流过程中经历了气体、液体和两相三种状态的改变。跨临界 CO_2 系统的蒸发过程和常规亚临界系统相似，但核态沸腾占沸腾换热的主要地位。

与普通亚临界系统相比，工作压力较高是跨临界 CO_2 系统的主要缺点，为了保证系统安全性，必须考虑各个部件的承压性和安全保护措施。

跨临界 CO_2 循环系统自 1993 年 G. Lorentzen 教授提出后，在热泵、商超冷冻冷藏等领域受到高度关注，世界各国均投入大量人力物力进行跨临界 CO_2 系统的研究。

三、跨临界 CO_2 循环系统的应用

（一）跨临界 CO_2 热泵热水器

1. 工作原理

跨临界 CO_2 热泵热水器的流程如图 3-16-4 所示。从图中可以看出，系统由压缩机、气体冷却器、中间换热器、节流设备、蒸发器和储液回油器六个主要部件组成。与采用常规制冷剂的亚临界循环相比，除了在部件上增加了中间换热器外，对于高压高温侧的换热器名称也发生了变化。在亚临界循环中，由于在其内部发生的换热为制冷剂的两相凝结过程，故被称为冷凝器；而在跨临界 CO_2 循环中，制冷剂 CO_2 与外部介质的换热过程中没有发生相变，所以不存在潜热交换和冷凝过程，换热器被称为气体冷却器。不过，超临界 CO_2 气体在气体冷却器中的换热过程又不同于一般的显热交换，在超临界区，CO_2 与外部介质的热交换过程中，CO_2 的多数物性不仅随温度、同时随着压力的变化而产生较为剧烈的变化。在假临界点附近，CO_2 的物性总会体现出极度复杂而剧烈的变化趋势，在不同温度和压力下，其变化的趋势也不尽相同。因此，在气体冷却器内 CO_2 的换热过程被定义为类显热换热。

跨临界 CO_2 的循环过程如图 3-16-5 所示，具体为：低温低压的 CO_2 气体进入压缩机，经压缩机压缩后进入超临界状态，在超临界区内 CO_2 和外部介质通过类显热换热方式放热以加热外部介质，冷却后的高压 CO_2 进入中间换热器与从蒸发器出来的低温低压的 CO_2 进行换热，从而提高了 CO_2 制冷剂在压缩机吸气口的过热度；经过中间换热器进一步冷却后的高压 CO_2 直接进入膨胀装置节流至低温低压后，进入到蒸发器；在蒸发器内 CO_2 吸收外部介质热量后，以两相或过热状态进入储液回油器；然后饱和或者过热的 CO_2 制冷剂进入中间换热器，与从气体冷却器出来的高压 CO_2 进行换热，换热完成后，过热的 CO_2 连同润滑油一起进入压缩机，完成一个循环。

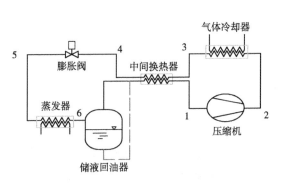

图 3-16-4　跨临界 CO_2 循环系统流程图

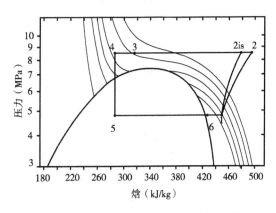

图 3-16-5　跨临界 CO_2 热泵系统压焓图

跨临界 CO_2 热泵系统各主要性能参数计算如下：

压缩机输入功为

$$W = m_g(h_2 - h_1) \qquad (3-16-1)$$

其中，压缩机排气焓值可以表示为

$$h_2 = h_1 + \frac{h_{2is} - h_1}{\eta_{is}} \qquad (3-16-2)$$

系统循环质量流量为

$$m_g = V\eta_v\rho_1 \qquad (3-16-3)$$

系统制热量为

$$Q_H = m_g(h_2 - h_3) \qquad (3-16-4)$$

蒸发器从空气侧吸收热量为

$$Q_c = m_g(h_6 - h_5) = m_g(h_6 - h_4) \qquad (3-16-5)$$

则，系统制热能效比可以表示如下

$$COP_H = \frac{Q_H}{W} = \frac{m_g(h_2 - h_3)}{m_g(h_2 - h_1)} = \frac{h_2 - h_3}{h_2 - h_1} \qquad (3-16-6)$$

式中：h_1——压缩机进口 CO_2 的焓值，kJ/kg；

$\quad\ h_2$——气体冷却器进口 CO_2 的焓值，kJ/kg；

$\quad\ h_{2is}$——等熵压缩下压缩机排气口 CO_2 的焓值，kJ/kg；

$\quad\ h_3$——气体冷却器出口 CO_2 的焓值，kJ/kg；

$\quad\ h_4$——中间换热器高压侧出口 CO_2 的焓值，kJ/kg；

$\quad\ h_5$——蒸发器进口 CO_2 的焓值，kJ/kg；

$\quad\ h_6$——中间换热器低压侧进口 CO_2 的焓值，kJ/kg；

$\quad\ V$——压缩机排气量，m^3/s；

m_g——CO_2循环质量流量，kg/s；

Q_H——系统高温高压侧的散热量，kW；

Q_c——系统蒸发侧的吸热量，kW；

η_v——压缩机容积效率；

η_{is}——压缩机绝热效率；

ρ_1——压缩机吸气口CO_2的密度，kg/m^3；

W——压缩机功率，kW。

2. 特点介绍

在常规亚临界循环中，随着压缩机排气压力的增加，系统能效系数呈现逐步下降的趋势；但在跨临界循环的超临界压力区，压力和温度是两个独立的变量，他们决定着CO_2流体的焓值，相同蒸发压力和气体冷却器出口温度工况下，压缩机排气压力的改变对压缩机功耗和制热量产生不同的影响，存在着一个最优排气压力值，在此压力值下，系统循环效率最高；这也是跨临界循环有别于亚临界循环的一个重要特点。

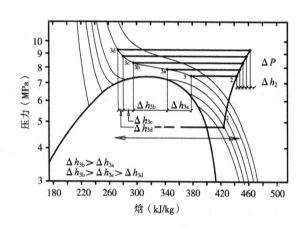

图 3-16-6 排气压力对系统制热量和能效系数的影响

图 3-16-6 所示为排气压力对系统制热量和能效系数的影响，从图中可以看出，在临界点附近的区域内，等温线相对比较平缓，而距离临界点越远的区域，等温线越陡峭。在跨临界CO_2热泵热水器系统中，压缩机功耗增幅随排气压力升高是一个基本固定的数值，而气体冷却器进出口CO_2焓差增幅随着压缩机排气压力的升高则是个变化的过程；随着排气压力的升高，气体冷却器进出口CO_2焓差增幅呈现出先逐步增加，达到最大之后又逐渐缩小的过程。这就使得系统能效系数存在最优值，在此最优值下对应的排气压力，称为最优排气压力。

图 3-16-7 描述了系统制热量和能效系数随排气压力变化的情况。在蒸发温度设定为 10℃，气体冷却器出口温度设定为 35℃ 的运行工况下，随着压缩机排气压力的升高，系统能效系数呈现出先升高而后缓慢降低的过程，由此也证明了最优排气压力的存在，并且极大地影响着跨临界CO_2热泵系统能效系数。

3. 应用情况

跨临界CO_2热泵热水器可广泛应用于民用、商用和工业等众多领域，相对于使用常规途径加热的方式，跨临界CO_2热泵热水器具有高效节能和出水温度高的特点，在热水制取、食品加工、烘干等领域具有巨大的应用空间。

（1）民用和商用热水制取。中国城市家庭能源消耗的30%以上是为了满足生活热水供应和冬季采暖的需求。相对于常规制冷剂热泵热水器，跨临界CO_2热泵热水器能够生产高于

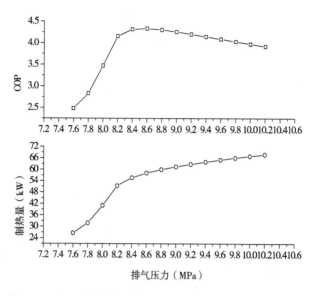

图 3-16-7 系统能效系数和制热量随排气压力的变化情况

65℃的生活热水，完全满足在生活卫生消毒方面所需要的温度；无论是在民用还是在商用领域，跨临界 CO_2 热泵热水器系统均具有其他热水器所不能够比拟的节能和环保优势。

（2）食品加工。在食品加工行业，无论前期的消毒、清理等工艺过程，还是后续烘干加热处理均需要大量的高温热水。跨临界 CO_2 热泵热水器可以在与常规制冷剂热泵热水器非常接近的能效比下，制取远高于 65℃ 的热水，满足食品加工、烘干等工艺处理需求。同时，跨临界 CO_2 热泵热水器更是可以提供高达 90℃ 的高温出水，可以广泛应用于诸如乳品加工过程中的杀菌消毒等食品加工工艺过程。

（3）烘干领域。在烟草加工以及纺织物、污泥等烘干领域，多是采用电加热后直接排放的方式，因此存在高耗能、高污染的问题。充分发挥跨临界 CO_2 热泵高温加热的优势，实现除湿加热一体化技术，突破了烘干过程能耗高、效率低的瓶颈，可广泛适合各类烘干、干化技术领域。

（二）商超用跨临界 CO_2 制冷系统

1. 工作原理

在商超制冷系统中，跨临界 CO_2 制冷系统常常以增压循环方式来进行工作，其系统组成示意图如图 3-16-8 所示。为了达到冷冻、冷藏两个蒸发温度的需求，跨临界 CO_2 系统中往往配备两套压缩机组，其中低温级压缩机运行在亚临界工作条件下，中温级压缩机根据实际环境工况的不同运行在跨临界工况或亚临界工况条件下。

跨临界 CO_2 制冷系统循环压焓图如图 3-16-9 所示。中温级压缩机出口的高压制冷剂 CO_2 经过气体冷却器的冷却之后，会流经一级节流机构进入闪蒸罐中；由于一级节流机构的节流作用，闪蒸罐中出现了亚临界条件下两相状态的制冷剂，其中气相状态的制冷剂通过压力调节阀直接进入中温级压缩机的吸气口，而闪蒸罐中液相状态的制冷剂分别被节流至两种不同的蒸发压力下，以满足冷冻冷藏需求。之后，较低蒸发温度条件下的 CO_2 在冷冻柜中完成换热后，经过低温级压缩机被压缩至中压状态，与中间蒸发温度条件下冷藏柜中完成换热之后的中压 CO_2 制冷剂气体以及引自闪蒸罐中的气相中压制冷剂汇合，一并进入中温级压缩机中进行压缩增压，完成一个循环。

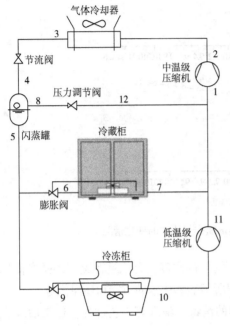

图 3-16-8　跨临界 CO_2 制冷系统组成示意图

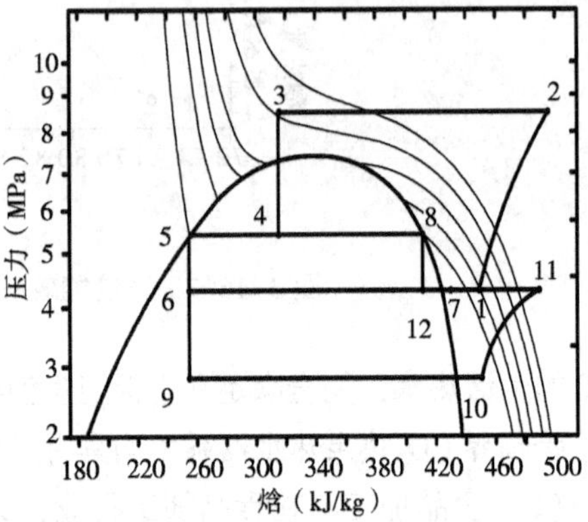

图 3-16-9　跨临界 CO_2 制冷系统循环压焓图

跨临界 CO_2 热泵系统各主要性能参数计算如下：

中温级压缩机输入功

$$W_{MT} = \dot{m}_{MT}(h_2 - h_1) \tag{3-16-7}$$

中温级压缩机排气焓值

$$h_2 = h_1 + \frac{h_{2is} - h_1}{\eta_{is,\ MT}} \tag{3-16-8}$$

中温级压缩机循环质量流量

$$\dot{m}_{MT} = V_{MT} \eta_{vMT} \rho_1 \tag{3-16-9}$$

低温级压缩机输入功

$$W_{LT} = \dot{m}_{LT}(h_{11} - h_{10}) \tag{3-16-10}$$

低温级压缩机排气焓值

$$h_{11} = h_{10} + \frac{h_{11is} - h_{10}}{\eta_{is,\ LT}} \tag{3-16-11}$$

低温级压缩机循环质量流量

$$\dot{m}_{LT} = V_{LT} \eta_{vLT} \rho_{10} \tag{3-16-12}$$

冷藏柜质量流量

$$\dot{m}_{ME} = (1 - x_4) \dot{m}_{MT} - \dot{m}_{LT} \tag{3-16-13}$$

冷藏柜制冷量

$$Q_{ME} = \dot{m}_{ME}(h_7 - h_6) = \dot{m}_{ME}(h_7 - h_5) \tag{3-16-14}$$

冷冻柜制冷量

$$Q_{LE} = \dot{m}_{LT}(h_{10} - h_9) = \dot{m}_{ME}(h_{10} - h_5) \tag{3-16-15}$$

气体冷却器放热量

$$Q_{GC} = \dot{m}_{MT}(h_2 - h_3) \tag{3-16-16}$$

系统能效比

$$COP_{total} = \frac{Q_{ME} + Q_{LE}}{W_{MT} + W_{LT}} = \frac{\dot{m}_{ME}(h_7 - h_5) + \dot{m}_{LT}(h_{10} - h_5)}{\dot{m}_{MT}(h_2 - h_1) + \dot{m}_{LT}(h_{11} - h_{10})} \tag{3-16-17}$$

式中：W_{MT}——中温级压缩机功率，kW；

$\quad W_{LT}$——低温级压缩机功率，kW；

$\quad Q_{ME}$——冷藏柜（中温蒸发器）制冷量，kW；

$\quad Q_{LE}$——冷冻柜（低温蒸发器）制冷量，kW；

$\quad Q_{GC}$——气体冷却器放热量，kW；

COP_{total}——系统总能效系数；

$\quad \dot{m}_{MT}$——中温级压缩机 CO_2 质量流量，kg/s；

$\quad \dot{m}_{LT}$——低温级压缩机 CO_2 质量流量，kg/s；

$\quad \dot{m}_{ME}$——冷藏柜（中温蒸发器）CO_2 质量流量，kg/s；

$\quad h_2$——中温级压缩机排气口 CO_2 焓值，kJ/kg；

$\quad h_1$——中温级压缩机吸气口 CO_2 焓值，kJ/kg；

$\quad h_{2is}$——等熵压缩下中温级压缩机排气口 CO_2 焓值，kJ/kg；

$\quad h_3$——气体冷却器出口 CO_2 焓值，kJ/kg；

$\quad h_5$——闪蒸罐液体出口 CO_2 焓值，kJ/kg；

$\quad h_6$——冷藏柜（中温蒸发器）进口 CO_2 焓值，kJ/kg；

$\quad h_7$——冷藏柜（中温蒸发器）出口 CO_2 焓值，kJ/kg；

$\quad h_9$——冷冻柜（低温蒸发器）进口 CO_2 焓值，kJ/kg；

$\quad h_{10}$——冷冻柜（低温蒸发器）出口 CO_2 焓值，kJ/kg；

$\quad h_{11}$——低温级压缩机排气口 CO_2 焓值，kJ/kg；

$\quad h_{11is}$——等熵压缩下低温级压缩机排气口 CO_2 焓值，kJ/kg；

$\quad \rho_1$——中温级压缩机吸气口 CO_2 密度，kg/m³；

$\quad \rho_{10}$——低温级压缩机吸气口 CO_2 密度，kg/m³；

$\quad x_4$——闪蒸罐进口 CO_2 干度；

$\eta_{is, MT}$——中温级压缩机绝热效率；

$\eta_{is, LT}$——低温级压缩机绝热效率；

$\quad V_{MT}$——中温级压缩机排气量，m³/s；

$\quad V_{LT}$——低温级压缩机排气量，m³/s；

$\quad \eta_{vMT}$——中温级压缩机容积效率；

$\quad \eta_{vLT}$——低温级压缩机容积效率。

2. 特点介绍

跨临界 CO_2 制冷系统的性能对环境气候条件比较敏感，环境温度限制了跨临界 CO_2 制冷系统中气体冷却器的出口温度，因而在较高环境温度条件下，蒸发器进口的制冷剂焓值不能得到有效降低，这将极大地影响到跨临界 CO_2 制冷系统的性能。

如图 3-16-10 所示，在环境温度较低时，图 3-16-10（a）中，气体冷却器出口 3 的 CO_2 温度较低，节流至 4 时，含液量较多，干度较小，这就意味着进入冷藏柜、冷冻柜的 CO_2 质量流量相对较多，制冷量较大；反之，当在环境温度较高时，如图 3-16-10（b）所示，气体冷却器出口 3 的 CO_2 温度较高，节流至 4 时，含液量较少，干度较大，这就意味着进入冷藏柜、冷冻柜的 CO_2 质量流量相对较少，制冷量较小，甚至没法满足基本冷冻冷藏需求。因此，跨临界 CO_2 制冷系统适合于环境温度不是很高的温区；在高环境温度下，跨临界 CO_2 制冷系统性能衰减问题是影响其在热带地区推广应用的重要原因，因此也存在"CO_2 赤道"之说。

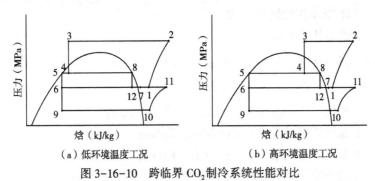

（a）低环境温度工况　　　　　（b）高环境温度工况

图 3-16-10　跨临界 CO_2 制冷系统性能对比

3. 应用情况

由于 HFCs 制冷剂显著的负面环境影响，商超用冷冻冷藏领域将是受欧盟氟化气体的新法规 REGULATION（EU）No 517/2014（以下简称 F-GAS 法规）影响最大的领域之一。到 2022 年，F-GAS 法规规定，禁止在制冷量高于 40kW 的集中式制冷系统中使用 GWP > 150 的制冷剂（复叠式制冷系统中可使用 GWP < 1500 制冷剂）。因此，超市需要更环保的制冷系统方案。

一些零售商正在致力于减少或消除 HFCs 制冷剂排放，选择采用"天然制冷剂"或"低环境影响"制冷剂。在商超用冷冻冷藏领域，CO_2 因其良好的单位容积制冷量、换热特性及较好的安全性更易于被市场接受。目前全球大概有超过万家超市及便利店采用跨临界 CO_2 制冷系统，其中 90% 集中在欧洲各国和日本。

跨临界 CO_2 制冷系统的技术并非十分完备，近年来也一直处在工程应用与技术改善同步前进的过程中。但我们完全有理由相信采用跨临界 CO_2 制冷系统的超市和便利店数量在世界各国都会呈现快速增加的态势。

四、展望

（1）由于跨临界 CO_2 热力循环特性决定，在高环境温度或高进水温度工况下，气体冷却器出口 CO_2 温度较高，造成跨临界 CO_2 循环系统制冷/制热能效系数较差。因此如何提高高环境温度或高进水温度工况下系统性能，是跨临界 CO_2 热力循环研究永恒的课题。并行压缩、准二级压缩、回热器等优化技术的应用研究正在如火如荼开展中。

（2）在跨临界 CO_2 系统循环中，由于跨临界 CO_2 系统高低压差大，CO_2 流体从超临界区被节流到两相区，节流损失远远大于常规制冷工质亚临界循环的节流损失。有效回收利用跨临界 CO_2 热泵在节流过程中的膨胀功，能够在相当程度上给予系统十分明显的性能提升效果，利用膨胀机代替节流阀是一种行之有效的技术措施。

（3）将喷射器引入跨临界 CO_2 制冷系统中引射低压 CO_2 流体至中压状态，以达到提升循环的制冷量并降低压缩机功耗的效果；喷射器利用气体冷却器出口的高压 CO_2 为引射流体，用于引射储液器中的液体或气体，被引射并提升了压力的 CO_2 流体进入闪蒸罐中，其中气相部分通入压缩机中，而液相部分被分别节流至不同的蒸发器中进行换热，有效降低了中温级压缩机功耗，提高了整个系统的能效系数。喷射器优化设计、工况适应性的拓展是目前研究焦点。

（4）最优排气压力对跨临界 CO_2 循环系统性能至关重要，其研究也一直是跨临界 CO_2 循环系统研究的热点问题；但受系统运行工况复杂性、系统配置的差异性等诸多因素影响，尚需要进一步提高最优排气压力预测方法的准确率和通用性；结合神经元网络等方法提出通用性好的最优排气压缩预测及控制算法是跨临界 CO_2 循环系统研究的关键之所在。

参考文献

[1] 孙顺利，杨殿. 我国能源优质化战略的思考 [J]. 矿业研究与开发，2006，26（3）：4-5，10.

[2] LORENTZEN, G. Trans-critical vapour compression cycle device：Switzerland, WO 90/07683 [P]. 1990-07-12.

[3] LORENTZEN, G. 1995. The use of natural refrigerant：a complete solution to the CFC/HCFC predicament, Int. J. Refrig. 18, 190-197.

[4] NEKSÅ P. CO_2 heat pump systems [J]. International Journal of Refrigeration. 2002, 25（4）：421-427.

[5] BP statistical review of world energy；2013. Bp. com/statisticalreview.

[6] BP statistical review of world energy；2015. Bp. com/statisticalreview.

[7] JING Z, HONG Z, YA H. A comprehensive review on advances and applications of industrial heat pumps based on the practices in China. Applied energy, 2016（178）：800-825.

[8] URGE-VORSATZ D, CABEZA LF, SERRANO S, BARRENECHE C, PETRICHENKO K. Heating and cooling energy trends and drivers in buildings. Renew Sustain Energy Rev, 2015, 41：85-98.

[9] URGE-VORSATZ D, PETRICHENKO K, STANIEC M, EOM J. Energy use in buildings in a long-term perspective. Curr Opin Environ Sustain 2013, 5：141-51.

[10] LONG Z, YIQIANG J, JIANKAI D. Advances in vapor compression air source heat pump system in cold regions：A review. Renewable and Sustainable Energy Reviews. 2018（81）：353-365.

第十七节　吸收式换热技术

随着我国经济的迅猛发展和城镇化速度的不断加快，建筑能耗已经占到社会总能耗的

本节供稿人：李岩、李文涛，清华大学。

25.5%，而北方城镇冬季采暖能耗又占了其中的40%左右，该地区的建筑70%以上采用集中供热方式采暖，其中一半以上以热电厂作为热源。因此，在解决能源紧缺、完善能源结构、缓解环境压力等问题上，发掘热电联产的节能潜力，提高热电联产集中供热的可实施性，已经成为我国节能工作的一项重点任务。本节将重点介绍该研究领域的一项重大技术创新——基于吸收式换热的热电联产技术（Co-ah技术）。

一、背景

中国是煤电大国，70%以上的发电装机容量来源于燃煤火电动机组，消耗了全国一半左右的煤炭产量，因此长期以来政府非常重视热电联产集中供热的发展问题。近年来，我国正在全力发展大容量、高参数的燃煤火电动机组，并大规模启动300MW以上抽凝两用机组的建设。虽然自21世纪90年代至今我国热电联产集中供热发展很快，但其占整个北方城镇供热热源的比例却在下降，一些能耗高、污染重且不经济的小热源（燃煤锅炉房、燃气采暖、电热采暖）的比例不降反增。归咎原因，主要是大型热电联产集中供热面临以下两方面的问题，限制了自身的发展。

（一）热电联产供热能力不足，而汽轮机乏汽余热的巨大节能潜力有待挖掘

随着城市化速度的不断加快，集中热源供热能力不足的现象在我国北方城镇普遍存在。一方面，大型燃煤热电联产项目的建设要受环境保护等因素的制约，且建设周期相对较长，为了缓解热源紧张的局面，只能采用锅炉房等小热源方式。

另一方面，大型供热机组仍然有巨大的供热潜力尚未挖掘。截至2016年，我国东北、华北和西北地区装机容量达到4.2亿千瓦，乏汽余热资源约4万亿千瓦时，仅利用其中1/3即可满足北方120亿平方米以上的建筑供热需求。

（二）集中热网输送能力不足的瓶颈问题

随着供热需求的增加和热源的大型化，许多城市的热网输送能力已达到饱和，甚至出现严重不足。以北京市为例：市政热网覆盖的区域，建筑供热需求在3亿平方米以上，目前热网实际担负着1.7亿平方米的供热任务，而其设计输送能力仅有1.4亿平方米，热网运行呈明显的"以小带大"状态。而要扩大城区热网的管径，不仅投资巨大，而且对于复杂的地面空间和地下现状，施工非常困难，几乎不可能实现。

另外，出于环境保护的要求，新建大型热电厂通常远离城市中心区，热量输送距离较长，按照目前的一次网供/回水温差（50~60℃）输送，管网投资和循环水泵耗电很大，一定程度上影响大型热电联产项目的经济性，进而限制了热电联产集中供热的普及和发展。

因此，热网输送能力不足是发展热电联产集中供热必须面对的一个瓶颈问题。

二、解决问题的思路

本节将通过㶲分析方法对热电联产供热系统实现高效供热的途径进行分析。从式（3-17-1）、式（3-17-2）分别定义的蒸汽、热水能质系数可以看出，它们仅与所对应的温度有关，其㶲效率计算公式如式（3-17-3）所示。

$$m\lambda_{st} = 1 - \frac{T_{re} + 273}{T_{st} + 273} \tag{3-17-1}$$

$$\lambda_w = 1 - \frac{T_{re} + 273}{T_s - T_r}\ln\frac{T_s + 273}{T_r + 273} \tag{3-17-2}$$

$$\eta = \frac{Ex_o}{Ex_i} = \frac{\lambda_o}{\lambda_i} \tag{3-17-3}$$

式中：m——质量，kg；

Ex——㶲，kJ/kg；

T——温度，℃；

λ——能质系数

η——㶲效率。

各下标的含义为：

st——蒸汽；

i——入口；

o——出口；

s——供水；

r——回水；

W——热水；

0——环境参考值。

从供热系统整体来看，输出侧是二次网水，而输入侧是热源的抽汽和乏汽。由于二次网设计供/回水温度是不变的（60/45℃），因此二次网的能质系数 λ_o 是确定的。因此，从式（3-17-3）可以看出，提高系统㶲效率的关键在于降低热源的能质系数 λ_i。下面对不同热源配置的㶲效率做进一步分析，以揭示系统的优化集成方向。常规的热电联产供热系统以抽汽直接加热热网回水，其供热流程如图 3-17-1 所示。

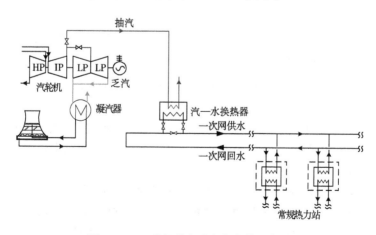

图 3-17-1 常规热电联产集中供热流程

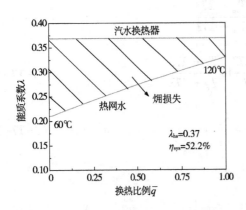

图 3-17-2　常规热电联产系统热源换热
过程的㶲分析

在热源侧抽汽的压力保持恒定，以 0.4MPa 为例，常规热电联产系统热源换热过程的㶲分析如图 3-17-2 所示。

如图 3-17-2 所示，汽水换热器中抽汽的饱和温度为 143℃，保持不变，而热网回水为 60℃，汽水换热器入口侧存在着巨大的传热温差，使得该换热环节㶲损失较大，热源综合能质系数为 $\lambda_{hs} = 0.37$，整个系统㶲效率 η_{sys} 仅为 52.2%。可以看出，提高系统㶲效率的关键在于降低换热环节入口侧的㶲损失。

显然，通过梯级加热可有效降低热网加热器入口侧的㶲损失。其中一种方法是提高机组背压，通过直接换热回收乏汽余热。例如，将热网水加热到约 80℃，再利用汽水换热器将热网水加热到 120℃，换热过程的㶲分析如图 3-17-3 所示。由于乏汽对应的饱和温度远低于抽汽，故利用乏汽替代抽汽直接加热热网水，可以明显降低高背压系统入口侧的㶲损失，热源综合能质系数降低为 $\lambda_{hs} = 0.33$，整个系统㶲效率 η_{sys} 提高至 57.7%。

另一种方法则是利用抽汽的做功能力驱动热泵循环提取汽轮机乏汽余热，其中吸收式热泵系统应用最为广泛。利用吸收式热泵将热网回水加热到约 90℃，再利用汽水换热器将热网水加热到 120℃，换热过程的㶲分析如图 3-17-4 所示。

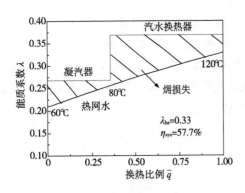

图 3-17-3　高背压系统热源换热过程的㶲分析

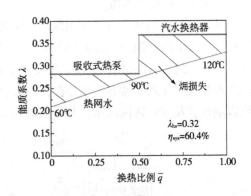

图 3-17-4　吸收式热泵系统热源换热过程的㶲分析

对比图 3-17-3 和图 3-17-4 可以看出，相比于高背压供热方式，虽然吸收式热泵系统提取的乏汽余热品位更低，但其能质系数 $\lambda_{hs} = 0.32$，与高背压供热方式相当，整个系统㶲效率为 60.4%。

由于能质系数与温度密切相关，欲进一步降低热源的能质系数，其最为有效的方法就是降低热网回水温度，以降低热源的供热品位。常规热力站采用水—水换热器将一次网热量传递给二次网，如图 3-17-5 所示。由于直接换热只能从高温侧向低温侧传递热量，受二次网回水温度限制，进一步降低一次网回水温度遇到瓶颈。此外，一次网与二次网温度参数不匹配，存在较大的传热温差，这种换热方式使得常规热力站㶲效率仅为67.8%，也是导致系统㶲效率低的主要原因，其换热过程如图3-17-6所示。

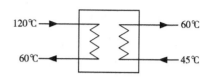

图 3-17-5　水—水换热器换热流程

因此，一种全新的换热方式应运而生，即吸收式换热方式（简称 Co-ah 技术）。该方式利用一次网高温热水的做功能力驱动吸收式热泵，高温热水先进入吸收式热泵的发生器，经过水—水换热器后再进入吸收式热泵的蒸发器，可将一次网回水温度降低至25℃甚至更低，同时二次网的回水并联经过吸收式热泵的吸收器和冷凝器及水—水换热器加热至需要的出水温度。其换热流程如图3-17-7所示。

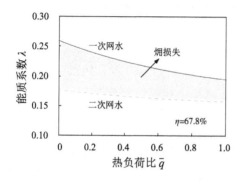

图 3-17-6　常规热力站换热过程的㶲分析

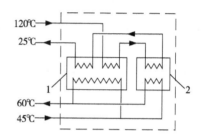

图 3-17-7　吸收式换热机组流程
1—吸收式热泵模块　2—水—水换热器模块

通过梯级换热，吸收式换热机组的不可逆损失显著降低，其㶲效率可达到82%。此外，一次网回水温度的降低使其与汽轮机低压缸排汽的能级更加适配，拓展了热源多级加热运用的范围，为乏汽余热的提取创造了更为有利的条件，如图3-17-8所示。

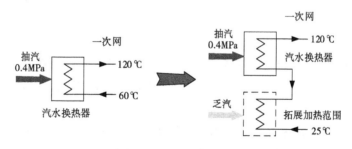

图 3-17-8　降低一次网回水温度对热源形式的影响

但受实际条件限制，通常只有部分热力站能安装吸收式换热机组。以一次网回水温度35℃为例构建梯级加热流程，例如，以两级凝汽器分别将热网水加热至55℃和75℃，再由吸收式热泵加热至90℃，最后由汽—水换热器加热至120℃供出，其换热过程的㶲分析如图3-17-9所示。

由于一次网的回水温度降低，换热级数增加，同时加热热网水的乏汽品位降低，使得热源综合能质系数 λ_{hs} 进一步降低至 0.29，系统的㶲效率 η_{sys} 提高到 69.7%。由此可见，采用 Co-ah 技术，实现了汽轮机乏汽的余热回收，挖掘出了大量能源，同时一次网采用大温差供热，提高了集中热网的输热能力，有效地解决了大型热电联产集中供热面临的前述两个重要问题。

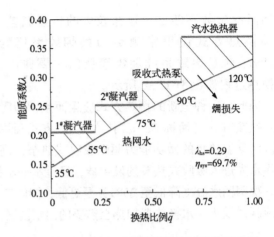

图 3-17-9　Co-ah 系统热源换热过程的㶲分析

三、吸收式换热的技术方案

目前常见的乏汽余热回收技术有高背压技术、吸收式热泵技术以及 Co-ah 技术。

（一）高背压技术

该技术将一次网回水引入凝汽器与汽轮机乏汽直接换热，供热系统流程如图 3-17-10 所示。

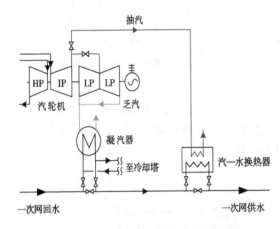

图 3-17-10　高背压供热系统流程图

由于热网回水温度通常在 60℃ 左右，通过直接换热回收乏汽余热会引起背压显著升高。汽轮机低压缸运行安全与其排汽容积流量密切相关，在高背压小容积流量下，会出现鼓风现象，甚至因叶片震颤导致疲劳损坏。相关研究表明，低压缸轴向排汽马赫数 M_{ca} 不宜低于 0.23。对于空冷机组而言，低压缸叶片相对较短，背压提升的幅度较大（不宜超过 25~30kPa，需严格校核），但是对于湿冷机组而言，低压缸叶片较长，受轴向排汽马赫数限制，鉴于热网回水温度偏高，通常不能通过直接提高背压的方式回收乏汽余热。因此，为进一步提升背压，需要对低压缸进行改造。

一种方式采用"双转子互换"技术，使用动静叶片级数相对较少的高背压低压转子 [如将 2×6 级改为 2×4 级，图 3-17-11（b）]，采暖季在高背压下运行，通常运行背压在 40~50kPa，非采暖季再换回原设计的低压转子，恢复正常背压运行，机组全年综合效率大幅提高。另一种方式是完全摘除低压缸叶片 [图 3-17-11（c）]，采暖季光轴运行，非采暖季再换回原设计的低压转子，恢复正常背压运行。低压缸转子实物如图 3-17-11 所示。

对于双转子互换方式，改造机组抽汽量相对较少或没有抽汽，整个采暖季乏汽余热全部回收，因此没有冷端损失。虽然运行背压高，对发电量影响大，但是由于大幅替代抽汽

（a）原低压缸转子（非采暖季用）　　（b）减少叶片级数（采暖季用）　　（c）低压缸光轴（采暖季用）

图 3-17-11　低压缸转子实物照片

供热，仍有明显的节能效果。运行背压越高，回收乏汽余热的能耗越高，不同背压下回收乏汽余热的能耗情况如图 3-17-12 所示。

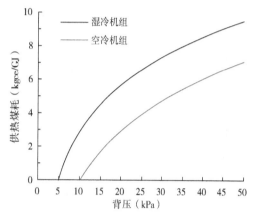

图 3-17-12　不同背压下回收单位乏汽余热的煤耗

由于湿冷机组的正常背压通常在 3~5kPa，而空冷机组通常在 8~10kPa，因此，提高背压对湿冷机组发电量影响相对较大，在相同背压下湿冷机组的供热能耗相对较高。而对于低压缸光轴方式，低压缸不发电，其能耗与直接用抽汽供热相同，大致在 19~32kgce/GJ。这与供热蒸汽压力有关，供热蒸汽压力越高，供热能耗越高。虽然低压缸光轴方式供热能耗相对较高，但是由于中压缸排汽基本上全部用于供热，其供热能力实现了最大化。

由于高背压供热对发电量影响大，因此改造机组通常需要承担基础供热负荷，无法实现电负荷的灵活调度。鉴于此，对于多台机组构成的热源，通常仅针对不到一半的机组进行高背压改造。

（二）吸收式热泵技术

该技术以电厂抽汽为驱动力，通过吸收式热泵提取乏汽（空冷机组）或者循环冷却水（湿冷机组）的余热。一次网回水先由吸收式热泵加热，然后经过汽—水换热器尖峰加热后供至城市热网，典型的吸收式供热系统流程如图 3-17-13 所示。吸收式热泵的制热性能系数通常在 1.65~1.85 之间变化，影响吸收式热泵系统供热能耗大小的因素主要取决于抽汽压力及提取余热的冷源温度（或机组背压）。以一次网供/回水温度 120℃/60℃，背压 5kPa 为例，不同抽汽压力下热泵的出口温度及系统供热能耗如图 3-17-14 所示。

从图 3-17-14 中可以看出，系统的抽汽压力越高，热泵出口温度越高。虽然热泵升温幅度增加，替代了抽汽供热量是有利因素，但由于抽汽压力越高，抽汽的做功能力不能充分发挥导致抽汽供热能耗越高。综合两方面因素来看，随抽汽压力升高，系统的供热能耗

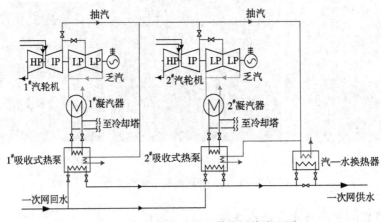

图 3-17-13　吸收式热泵供热系统流程图

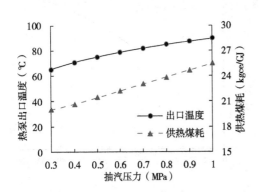

图 3-17-14　不同抽汽压力下热泵出口
温度及系统供热能耗

升高。

而以一次网供/回水温度 120℃/60℃，抽汽压力 0.4MPa 为例，不同背压下热泵的出口温度及系统供热能耗如图 3-17-15 所示，不同背压下乏汽余热回收率如图 3-17-16 所示。

如图 3-17-15 和图 3-17-16 所示，随背压升高，热泵出口温度和乏汽余热回收率均明显升高。虽然背压升高和部分回收乏汽余热均导致回收乏汽余热的能耗升高，但因热泵升温幅度增加替代抽汽供热而降低供热能耗更显著，因此系统供热能

耗随背压升高呈下降趋势。

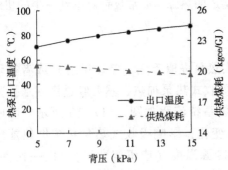

图 3-17-15　不同背压下热泵出口温度
及系统供热能耗

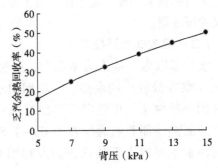

图 3-17-16　不同背压下的乏汽余热回收率

可以看出，对于常规吸收式热泵系统，热泵升温幅度通常不超过 30℃，按制热系数 $COP_h = 1.7$ 计算，上述举例中乏汽余热量仅占总供热量的 10%~20%，对应系统的抽凝比

（抽汽与乏汽的热量比）为 9∶1~4∶1，而目前大型供热机组能提供的抽凝比大致在 2∶1 或以下，显然只能回收少量乏汽余热。为了更多地回收乏汽余热，往往需要提高机组背压，虽然总体来看是有利的，但却因不能全部回收乏汽余热而削弱了吸收式热泵的节能效果。

（三）Co-ah 技术

从上述分析可以看出，采用单一的技术路径无法实现多台机组乏汽余热的全部回收与高效利用。而 Co-ah 技术通过将机组高背压、吸收式热泵等多种技术元素有机结合，为此提供了有效途径。该技术需要在电厂和热力站作同步改造。在热力站设置吸收式换热机组负责降低一次网回水温度，在电厂构建串联梯级供热流程，适当提高机组背压回收乏汽余热。一次网回水分别由多级凝汽器、热泵机组以及热网加热器逐级升温后供至城市热网，供热系统流程如图 3-17-17 所示。

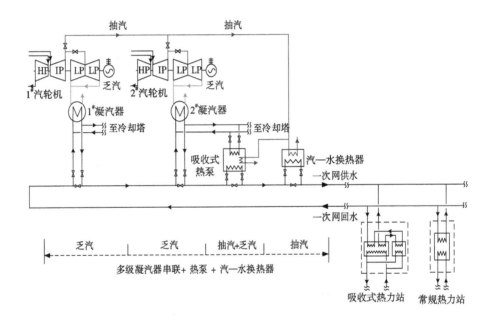

图 3-17-17　Co-ah 供热系统流程图

通过降低一次网回水温度带来三方面优势：

（1）有效降低系统抽凝比，使其与机组抽凝比相适配，因此，可实现乏汽余热的全部回收，热源供热能力显著提高，弥补城市供热缺口。

（2）为乏汽余热回收创造了有利条件并降低供热能耗。通过凝汽器串联升温，机组运行背压明显降低，同时由于大幅增加了直接换热的比例，替代了抽汽供热，使得系统供热能耗显著降低。

（3）由于热网供回水温差增大，热网的输送能力显著提高。这对于输送能力受限又难以扩建的城市既有管网而言意义重大，而对于新建管网则可大幅降低投资。可见，一次网回水温度越低，系统供热能耗将越低。不同一次网回水温度下系统的供热能耗如图 3-17-18 所示。

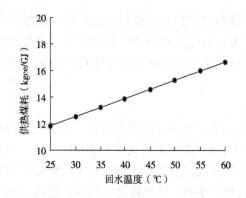

图 3-17-18　不同一次网回水温度下
系统的供热能耗

为进一步改善串联各台机组背压，可在热网水侧增设旁通管路，增大凝汽器流量，并将串联末级凝汽器出口部分热网水（旁通水）引入吸收式热泵蒸发器逐级降温后与热网回水混合，其余热网水优先进入蒸发温度较低的吸收式热泵，升温后再进入蒸发温度相对较高的吸收式热泵，由此可提高吸收式热泵的制热性能系数且增大热泵机组整体的升温幅度，热网旁路局部流程如图 3-17-19 所示。

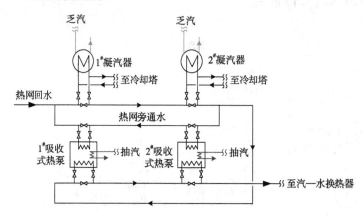

图 3-17-19　热网旁路局部流程

以两台机组为例，机组抽凝比 2：1，经测算，通过增设热网旁路可将串联各台机组背压进一步降低 3~6kPa，系统供热能耗可相应降低 0.4~0.8kgce/GJ。

四、吸收式换热技术的应用

（一）高背压技术应用实例

枣庄十里泉电厂采用该技术对 140MW 机组进行了低压缸双转子互换改造，根据 2013~2014 年采暖季调研，全年背压变化情况如图 3-17-20 所示。

由图 3-17-20 可以看出，整个采暖季背压维持在 40kPa 左右运行，而在非采暖季恢复正常背压 5kPa 左右运行。整个采暖季供热温度变化情况如图 3-17-21 所示，供热比例构成如图 3-17-22 所示。

由图 3-17-21 和图 3-17-22 可以看出，整个采暖季凝汽器出口温度基本保持不变，

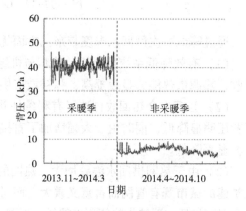

图 3-17-20　全年背压变化情况

乏汽余热承担基础供热负荷，尖峰加热量由 300MW 机组抽汽提供，严寒期乏汽供热比例约为 60%，末寒期乏汽供热比例近 90%，整个采暖季系统的供热煤耗约为 12.9kg/GJ，相比于直接抽汽供热，供热能耗下降约 46%，节能效果比较明显。

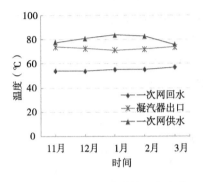

图 3-17-21　采暖季供热温度变化

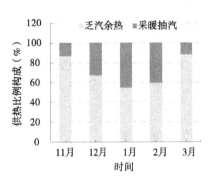

图 3-17-22　采暖季供热比例构成

(二) 吸收式热泵技术应用实例

采用吸收式热泵回收乏汽余热的应用项目较多，但经调研发现，很多项目的实际运行效果并不理想，表 3-17-1 列出了国内部分吸收式热泵供热系统的设计参数，并由此计算相应的供热煤耗。

表 3-17-1　吸收式热泵供热系统相关设计参数及供热煤耗

项目	热源	供/回水温度（℃）	热泵出口温度（℃）	抽汽压力（MPa）	背压（kPa）	回收乏汽（MW）	驱动抽汽（MW）	COP_h	乏汽回收率（%）	供热煤耗（kgce/GJ）
案例 1	2×660MW 空冷机组	110/60	90	0.98	7	13.6×20	21.3×20	1.64	42.3%	20.8
案例 2	2×300MW 空冷机组	114/55	81.8	0.4	8	15.6×8	23.4×8	1.67	57.7%	17.0
案例 3	2×300MW 湿冷机组	113/50	78	0.35	7	15.8×8	23.9×8	1.66	100%（收 1 台机余热）	17.2
案例 4	2×300MW 湿冷机组	105/55	75	0.3	7	10.9×9	15.4×9	1.71	42.8%	16.3
案例 5	2×210MW 湿冷机组	110/50	68	0.2	5	12.5×6	19.5×6	1.63	38.3%	15.6

由表 3-17-1 可以看出，单效吸收式热泵的制热性能系数 COP_h 通常在 1.6~1.7，热泵升温幅度在 20~30℃，抽汽压力越低，升温幅度越小。由于回水温度较高，通常难以全部回收热源的乏汽余热。表 3-17-1 中，案例 1 抽汽压力较高，采暖抽汽的做功能力不能充分发挥，供热能耗最高。案例 1、案例 2 和案例 5 均在正常背压运行，未完全回收乏汽

余热量对机组发电量并没有不利影响。但是，案例 3 和案例 4 均提高背压运行，而案例 4 两台机组均有大部分乏汽余热没有回收，对主机发电量均会产生不利影响。相比于案例 4，案例 3 集中回收 1 台机乏汽余热，方案设计更合理。案例 4 供热能耗低于案例 3 主要是因为抽汽压力较低且供水温度也较低，抽汽供热对发电量的影响较小。

除了设计方面的问题，从运行上看，通常初末寒期热泵运行效果稍好，严寒期供热需求大，但运行效果反而较差，回收余热量较少。尤其对于湿冷机组，蒸发温度较低，运行效果更差。太原第二热电厂吸收式热泵供热系统 2013 年采暖季严寒期（1 月 13 日～1 月 19 日）和末寒期（2 月 25 日～3 月 2 日）运行数据如图 3-17-23 和图 3-17-24 所示。

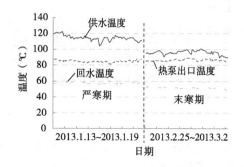

图 3-17-23　采暖季温度变化情况

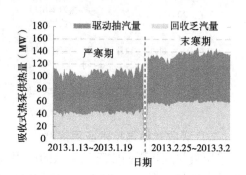

图 3-17-24　采暖季热泵供热量变化情况

由图 3-17-23 和图 3-17-24 所示，末寒期供、回水温度均降低，而吸收式热泵出口温度基本不变，因此末寒期热泵回收乏汽量有所增加，热泵供热能力提高约 25%。可见，末寒期吸收式热泵供热效果有所改善。

（三）Co-ah 技术应用实例

以大同云冈电厂 2×300MW 机组（3#、4# 机组）为例，一次网供／回水温度及热网流量监测值如图 3-17-25 和图 3-17-26 所示。

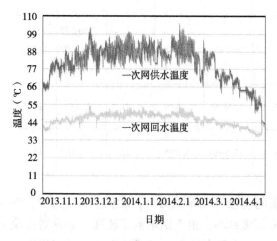

图 3-17-25　一次网供／回水温度监测值

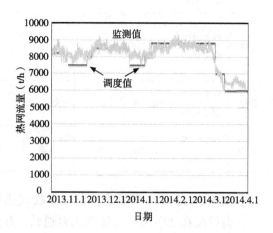

图 3-17-26　一次网流量监测值

　　由图 3-17-25 和图 3-17-26 可以看出，为了更多地回收乏汽余热，热网基本按照质调节模式运行，一次网流量基本控制在约 9000t/h。严寒期一次网供水温度在 95℃ 左右，回水温度约为 48℃，一次网回水温度相对较高。由于一次网回水温度对于供热系统能耗有着至关重要的影响，因此，严寒期某日对供热范围内部分常规热力站和吸收式热力站一、二次网的供/回水温度进行了进一步调研，调研数据整理如图 3-17-27 所示。

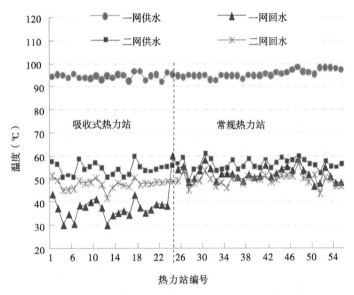

图 3-17-27　严寒期某日各热力站一、二次侧供回水温度

　　由图 3-17-27 可以看出，吸收式热力站和常规热力站二次网供、回水温度基本相同，但是吸收式热力站一次网回水温度明显低于常规热力站，说明吸收式热力站除了降低一次网回水温度外，并不会影响末端用户的供热质量。从监测结果看，吸收式热力站一次网回水温度基本达到设计值，因此回水温度偏高的原因主要在于吸收式热力站改造比例偏小。严寒期、中寒期和末寒期 3# 与 4# 机组乏汽温度的变化情况如图 3-17-28 所示。

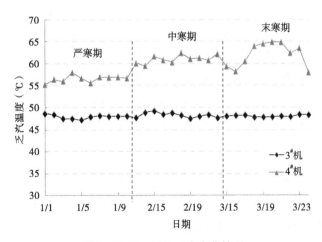

图 3-17-28　乏汽温度变化情况

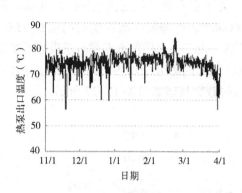

图 3-17-29　吸收式热泵出口温度变化情况

由于 4# 机组位于串联末级，运行背压较高，在整个采暖季运行过程中应尽量多回收 4# 机乏汽余热。而对于 3# 机组，由于目前一次网回水温度较高，若提高 3# 机组背压运行，会因为 3# 机组乏汽余热回收率低造成 3# 机组能耗显著升高。因此，如图 3-17-28 所示，3# 机不提高背压，乏汽温度基本一直保持在 47℃左右运行，仅 4# 机提高背压运行。严寒期由于采暖抽汽量相对较大，为避免低压缸排汽容积流量太低，运行背压相对较低。随着供热负荷减低，尖峰减少，排汽量相对增加，可适当提高背压，多回收乏汽余热。吸收式热泵的出口温度变化情况如图 3-17-29 所示。

由图 3-17-29 可以看出，整个采暖季吸收式热泵模块的出口温度基本保持在 75℃左右。整个采暖季严寒期、中寒期和末寒期供热量构成情况如图 3-17-30 所示。

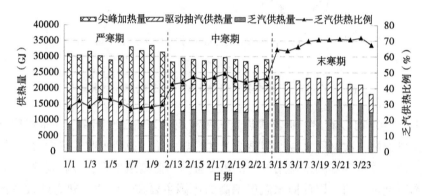

图 3-17-30　供热量构成情况

由于尖峰加热供热能耗最高，应优先退出尖峰，当尖峰加热全部退出供热后，再逐渐减少热泵供热量。由图 3-17-30 可以看出，严寒期尖峰加热比例较大，乏汽供热比例仅为 30%左右。中寒期热负荷减小，尖峰加热量进一步减少，乏汽供热比例增加，达到 45%左右。到末寒期，尖峰加热全部退出，仅由凝汽器和吸收式热泵模块供热，乏汽供热比例提高到 70%左右。整个采暖季热源的供热煤耗为 12kgce/GJ，而项目改造前采用采暖抽汽直接加热热网水，热源供热煤耗为 20.8kgce/GJ，可见供热能耗显著降低。

五、展望

从前面的分析可以看出，为达到更好的乏汽余热回收效果，一方面应尽量降低热网回水温度。但是，受热力站场地等实际条件的制约，既有热力站可能不具备技术改造的条件，因此，可考虑在这些热力站的供热支干线上新建或者以废弃的锅炉房等作为集中式的能源站降低热网回水温度。为满足降低热网回水温度的不同需求，可根据城市能源供应的特点，在高温热网水的基础上补充选择以燃气、电力等多种形式驱动热泵循环以降低一次网的回水温度。另一方面，提高背压虽然会影响机组发电量，但是总的来看是有利的。但应该注意的是，对于提高背压的机组应尽量保证其乏汽余热全部回收，否则可能会造成系统供热能耗升高。

此外，随着城市供热规模增大，电厂多台机组联合运行已经非常普遍，采用 Co-ah 技术在改善机组背压、乏汽余热高效回收利用等方面的优势更为显著。同时，大中型城市内部热源逐渐趋于饱和，将城市周边纯凝电厂乏汽余热通过长输管网引入城市供热成为解决未来城市供热能力不足的有效途径，Co-ah 技术为此提供了保障，将具有广阔的应用前景。

参考文献

[1] 徐中堂. 城市热电联产集中供热的发展与挑战 [C]. 第九届工程前沿研讨会文集. 北京：高等教育出版社，2008：40-50.

[2] 康惠. 北京市集中供热热源的探考 [J]. 中国能源，2009，31 (10)：30-34.

[3] 樊庆林. 空冷汽轮机低压排汽面积选择和变工况特性分析 [J]. 热力透平，2007，36 (1)：49-52.

[4] 曹玮. 蒸汽型 LiBr 吸收式热泵在直接空冷机组余热回收技术中的应用 [J]. 能源工程，2015 (1)：69-72.

[5] 张军辉，马光耀. 300MW 供热机组循环水余热利用分析 [J]. 能源与节能，2015 (1)：95-96.

[6] 赵虎. 吸收式热泵回收电厂循环水余热的技术经济性研究 [D]. 北京：华北电力大学，2012.

[7] 王东，孙玉宝，张玉中. 吸收式热泵在集中供热中的应用分析 [J]. 区域供热，2015 (2)：79-86.

第十八节　蒸发冷却技术

一、蒸发冷却技术的概念

蒸发冷却即是利用"干空气能"，通过水蒸发吸热进行降温的空调技术。只要空气不是饱和的，利用水与空气的直接接触发生热湿交换就可获得降温效果。干燥空气可以容纳较多的水蒸气，水在蒸发过程中吸收热量，因此空气在变湿过程中温度降低，能为空调提供所需要的能量，这种干燥空气所具有的能量称为"干空气能"。"干空气能"作为一种可再生能源，可作为制冷空调的新动力。与传统机械制冷空调相比，蒸发冷却空调无压缩机，节能低碳；利用水作制冷剂、清洁环保；对空气降温同时进行湿式过滤，舒适健康。蒸发冷却技术广泛适用于我国西北等干热地区，特别是数据中心、纺织厂等高发热量工业车间，以及改善动植物生长环境的种植和养殖等领域。

二、蒸发冷却技术分类

蒸发冷却技术根据水与被处理空气是否直接接触，以及功能段的不同组合，可分为直

本节供稿人：黄翔，西安工程大学；宋祥龙，西安航空学院。

接蒸发冷却空调技术（Direct Evaporative Cooling，DEC）、间接蒸发冷却空调技术（Indirect Evaporative Cooling，IEC）、间接—直接蒸发冷却空调技术（Indirect-Direct Evaporative Cooling，IDEC）、蒸发冷却—机械制冷联合空调技术（Evaporative Cooling-Mechanical Refrigeration）。蒸发冷却技术既可以制取冷风，也可以制取冷水。制取冷风的空调机组相应设备为：直接蒸发冷却空调机组、间接蒸发冷却空调机组、间接—直接蒸发冷却复合空调机组、蒸发冷却—机械制冷联合空调机组。制取冷水的冷水机组相应设备为：直接蒸发冷却冷水机组、间接蒸发冷却冷水机组、间接—直接蒸发冷却复合冷水机组、蒸发冷却—机械制冷联合冷水机组。

（一）直接蒸发冷却（DEC）

直接蒸发冷却是利用喷淋水（循环水）的喷淋雾化或淋水填料层直接与待处理的室外空气接触，由于喷淋水的温度一般都低于待处理空气（即新风）的温度，空气不断将自身显热传递给水而得以降温；与此同时，部分喷淋水（循环水）也会因不断吸收空气中的热量而蒸发，蒸发后的水蒸气随后被气流带入室内，于是，新风既得以降温，又实现了加湿。所以，这种利用空气的显热换得潜热的处理过程，既可以称为空气的直接蒸发冷却，也可称为空气的绝热加湿降温。待处理空气通过直接蒸发冷却所实现的空气处理过程为等焓加湿降温过程，其极限温度为空气的湿球温度。目前直接蒸发冷却的常用设备有滴水填料式、喷水室式以及高压微雾式等型式。直接蒸发冷却由于空气与水接触时间长、接触面积大，在设备运行条件良好情况下热湿交换较高，一般均可达到70%~95%。

此外，随着夏季户外的持续高温，以及部分施工作业的降尘降温需求，高压微雾、高压喷雾等冷雾式直接蒸发冷却在户外的应用越来越多，在自然风的作用下，冷雾迅速蒸发，为室外局部区域提供清新凉爽的停留环境。

（二）间接蒸发冷却（IEC）

由于直接蒸发冷却过程中，被处理空气与水进行直接接触，在对空气降温的同时存在加湿，因此在要求低含湿量、低焓值的场所，宜采用间接蒸发冷却。间接蒸发冷却被处理空气与循环水不直接接触，空气可实现等湿降温。间接蒸发冷却器有两个通道，第一通道通过待处理的空气，第二通道通过辅助气流及喷淋水。在第二通道中水蒸发吸热，通过辅助气流将水冷却到接近其湿球温度，然后，水通过间接换热将另一侧的待处理空气冷却。

由于换热器材质、结构不同，以及使用场所的差异，间接蒸发冷却效率不尽相同，一般均可保持在50%~70%。

根据使用场所的不同，间接蒸发冷却设备具有多种形式，目前常用的主要有板翅式、卧管式、立管式等形式换。板翅式由于流道紧凑、换热面积大，效率较高；卧管式由于流道宽、管外便于均匀布水，效率较高，防堵性能较板翅式较好；立管式由于采用管内布水，具有自动冲刷作用，防堵性能好，适合于纺织厂、煤矿等含尘浓度大的场所。

（三）间接—直接复合蒸发冷却（IDEC）

由于单级直接蒸发冷却、单级间接蒸发冷却仅为一次性降温处理，空气温降有限，若采用间接—直接复合蒸发冷却，间接蒸发冷却预冷，降低空气的湿球温度，再采用直接蒸发冷却降温加湿，就可得到低于进口空气湿球温度的送风。

间接—直接复合蒸发冷却热湿交换效率计算同样为进出口温差与进口干湿球温差的比值，由于采用两级蒸发冷却处理，其热湿交换效率可达100%以上。为进一步降低出风温度，减小出风含湿量，也可采用多级间接+直接的复合形式，每一级间接段的出风作为下一级间接段的二次空气。

（四）蒸发冷却—机械制冷联合空调技术

当利用蒸发冷却空气处理过程不能满足温降要求时，可以采用蒸发冷却与机械制冷联合运行的方式，这样既实现了对空气温湿度的调节，也实现较高的能效比。在蒸发冷却可以满足的季节，无需开启机械制冷；当温度过高的极端天气，可开启机械制冷辅助，此时蒸发冷却继续作为预冷，从而减少机械制冷的开启时间和设备容量，起到良好的节能效果。

三、蒸发冷却工程应用

（一）直接蒸发冷却工程案例

蒙大矿业某矿井位于纳林河工业园区，该园区位于乌审旗南部蒙陕交界无定河畔，2012年2月内蒙古自治区政府批准为自治区循环经济试点示范园。电控楼位于某矿井及选煤厂主井工业场地内，服务于主井工业场地。该电控楼该变频器室共3层，建筑面积1152m²，建筑高度15m。

该电控楼一层二层主要为高低压配电室，三层为集控室。变配电室设备散热量较大，工艺需求建筑通风良好，室内温度控制在30℃以下。通风设备采用了一级直接蒸发冷却空气处理机组，即选择1台直接蒸发冷却空气处理机组，单台额定风量15000m³/h，机组单台制冷量86kW，功率5.75kW。设备置于屋顶，通过设计送风系统送入配电柜侧部区域，墙体设置轴流排风机排风。

（二）间接—直接复合蒸发冷却工程案例

该工程位于甘肃省兰州市的一所休闲网吧，网吧建筑面积1700m²，网吧内设大众区、贵宾区和包间，共设置280台计算机，网吧位于大厦裙楼的二层，层高4.85m，侧围护结构是玻璃幕墙。考虑到大厦层数和机组噪声，机组无法安置在室外，因此选择在网吧室内一侧设置一间机房。

网吧设计要求冬季采用散热器采暖，夏季的室内温度要求26℃，相对湿度65%。系统采用直流式系统，除包间的送风方式采用双层百叶上送上排外，其他区域采用单层百叶侧送风，利用自然排风。选择2台管式间接+直接两级蒸发冷却空调机组，单台额定送风量为20000m³/h，风压为700Pa；二次风机额定风量为10000m³/h，风压为120Pa；二次/一次空气量比设计为1:2。机组外形尺寸：长×宽×高=5540mm×2100mm×2470mm。装机功率为13.5KW，机外余压为500Pa，耗水量为130kg/h，供水压力为0.2MPa。网吧设有蒸发冷却专用空调机房，2台间接+直接两级蒸发冷却空调机组布置于机房内，机组的进风及管式间接段二次空气来自室外，二次空气通过有组织排至室外。新风处理后通过设计的送风系统送入网吧工作区域。

（三）间接—间接—直接复合蒸发冷却工程案例

新疆巴楚县某办公楼的建筑物为两层，空调设计总面积为 400m²：一层为办公室，二层为宿舍。夏季室内设计要求：室内设计干球温度 25℃，相对湿度 55%，空调区内的人员为 30~40 人。

根据蒸发冷却空调的特点，为保证办公室内的空气品质，将系统设计成直流式系统，各办公室均设计为单层百叶侧送风，利用自然排风。选用间接—间接—直接三级蒸发冷却空气处理机组，一级间接蒸发冷却段及二级间接蒸发冷却段二次空气均来自室外。选择两级管式间接+直接三级蒸发冷却空调机组，额定送风量为 20000m³/h，风压为 600Pa；二次风机额定风量为 10000m³/h，风压为 120Pa，二次/一次空气量比的设计值为 1:2。机组外形尺寸：长×宽×高 = 8000mm×2700mm×2480mm。装机功率为 11.7kW，机外余压为 450Pa，供水压力为 0.2MPa。

（四）蒸发冷却—机械制冷联合工程案例

西安市长安区通信产业园区通信机房位于西安市郊某研发基地内，地面建筑二层，建筑面积约 440 m²。机房内设备为该企业研发的 TD 通信网络设备，主要在该机房内进行疲劳性试验，机房内规划设置摆放直流机柜 110 个，交流机柜 25 个，设备货架 16 个，货架上摆放待测试的通信设备。

该机房空调系统为全空气系统，配备有一台额定风量为 42000m³/h 的组合式空气处理机组，额定制冷量 278kW，加湿量 140kg/h。冷源采用地下冷站提供的 7/12℃ 冷水，空气处理机组由混合段、过滤段、表冷段和送风段组合而成，机组的进风口设置在空调机房的外墙上。通信机房室内采用上送上回的空调系统形式，排风管道上设置有一台额定风量为 35000m³/h 的排风机。

不改变原有空调系统的送排风管道，结合原有组合式空调机组的送风量为 42000m³/h，采用两级蒸发冷却空气处理机组类似组合形式，原有机组的前段增加相同风量的管式间接蒸发冷却器，选择 42000m³/h 的管式间接蒸发冷却器，并且将原空气处理机组中的加湿器改成更高效的直接蒸发冷却器。

四、展望

虽然蒸发冷却空调技术是一种节能环保和可持续发展的空调技术，但是，正如任何空调技术一样，蒸发冷却技术也不是尽善尽美的。蒸发冷却由于其降温原理，存在降温有限且不易实现除湿功能、设备体积较大、水质要求较高等问题。因此提高蒸发冷却的温降，以及蒸发冷却与除湿技术相结合是其未来发展的主要方向。

（一）露点间接蒸发冷却

露点间接蒸发冷却，相对于传统间接蒸发冷却而言最大不同之处在于，干通道的空气经预冷后一部分可以进入湿通道，继续作为二次空气与水进行热湿交换，进而冷却干通道内的空气。利用多个通道不同状态的气流，进行能量的梯级利用，获得湿球温度不断降低的二次空气，最终实现使干通道的产出空气温度逼近露点温度。

目前露点间接蒸发冷却设备已具有一定发展规模，并应用于实际工程，但改善换热器材质、提高换热效率，仍需要进一步的开发与研究。

（二）蒸发冷却与除湿技术相结合

近年来，除湿空调技术的迅速发展为除湿技术和蒸发冷却技术的联合应用提供了一个良好的途径。除湿空调是将干燥剂除湿和蒸发冷却技术结合起来实现空气调节的技术。其中干燥剂除湿是以空气和水为工质，采用太阳能等低品位热源驱动，而蒸发冷却则属于自然冷却技术，这使得该技术在干燥、炎热地区具有广阔的发展潜力和应用前景。例如，蒸发冷却与转轮除湿技术结合的转轮式除湿空调系统，即采用干燥剂转轮处理潜热负荷，采用蒸发冷却器处理显热负荷；蒸发冷却与溶液除湿技术结合的溶液除湿蒸发冷却系统，利用溶液除湿系统将室外空气或室外与室内的混合空气进行除湿，降低处理空气的湿度，再利用蒸发冷却技术将空气处理到所需的温湿度范围。溶液除湿蒸发冷却系统可以将蒸发冷却技术应用到非干燥地区，从而充分发挥蒸发冷却系统的节能效果。

参考文献

[1] 黄翔. 蒸发冷却通风空调系统设计指南 [M]. 北京：中国建筑工业出版社，2016.

[2] 黄翔，孙铁柱，汪超. 蒸发冷却空调技术的诠释（1）[J]. 制冷与空调，2012，12（2）：1-6.

[3] 黄翔，孙铁柱，汪超. 蒸发冷却空调技术的诠释（2）[J]. 制冷与空调，2012，12（3）：9-14.

[4] 黄翔，孙铁柱，汪超. 蒸发冷却空调技术的诠释（3）[J]. 制冷与空调，2012，12（4）：1-3.

[5] 黄翔. 蒸发冷却空调理论与应用 [M]. 北京：中国建筑工业出版社，2010.

[6] 黄翔. 空调工程 [M]. 3 版. 北京：机械工业出版社，2017.

[7] 黄翔，夏青，孙铁柱. 蒸发冷却空调技术分类及术语探讨 [J]. 暖通空调，2012，42（9）：52-57.

[8] 孙铁柱，黄翔，汪超等. 蒸发冷却空调设备的研究进展与应用概况 [J]. 制冷与空调，2014，14（3）：40-45.

[9] 约翰·瓦特（John R. Watt, P. E），威尔·布朗（Will K. Brown, P. E）（美）. 蒸发冷却空调技术手册 [M]. 黄翔，武俊梅，译. 北京：机械工业出版社，2008.

第十九节　储热技术

一、背景

自 1924 年至今，空气源热泵（Air Source Heat Pump，简称 ASHP）为人居环境保障和节能环保做出了巨大贡献。然而，同其他技术一样，ASHP 在发展过程中也遇到了技术瓶颈。其中，ASHP 的低温适应性以及结霜-除霜/防霜问题是当下的研究热点。ASHP 的低温适应性问题，即 ASHP 在较低的室外温度条件下，由于室外换热器（蒸发器）吸热不足，造成压缩机吸气量逐渐减少，最终致其低压保护停机（有时甚至无法开机）。ASHP 的结霜问题，即室外换热器在较低空气温度（≤10.0℃）及较高相对湿度（≥60%）的条件下，换热表面结露成霜，造成空气流动通道阻塞，传热恶化、霜层增厚，最后导致压缩机低压保护停机。两个问题的结果看似相近，但诱因不同，其内涵原理相差更远，因此需要单独探索。大量的工程实践促进了 ASHP 的发展，也产生了一些新的解决方案。目前，

本节供稿人：徐涛、屈悦，广州大学。

改善 ASHP 低温适应性的措施主要有：

（1）二级（准二级）压缩循环；

（2）闪发器注气循环；

（3）喷液旁路循环；

（4）变频提升压缩机转速；

（5）双级耦合热泵循环；

（6）喷气增焓准二级压缩循环；

（7）开发新的低温热泵工质；

（8）辅助加热器；

（9）可再生能源作为辅助热源。

其中，二级压缩在螺杆机组中有所应用，但在小型户式系统中难以实现。准二级压缩循环长期局限于低温制冷，其一般制冷工况的可行性一直未能得到重视。闪发器注气循环在减缓制热系数下降方面有一些作用，但无法改善 ASHP 供热量低下的状态。喷液旁路循环的研究只涉及了 ASHP 低温运行的可行性，而对其低温运行的经济性未做深入。直流变频技术只解决了可行性问题，其经济性不佳。双级耦合热泵循环系统由 ASHP 与水/水热泵或者水/空气热泵组成，虽然能有效提升热泵系统的供热量，降低压缩机的输入功率，但是耦合循环对其模式控制、运行衔接的要求太高。喷气增焓准二级压缩循环在控制排气温度方面效果显著，但对低温制热性能的改善尚不能令人满意。适于低温热泵的新工质开发从未停止，如何均衡新工质在常规/低温工况下的制热性能才是关键，但现阶段尚未发现在常规/低温工况下均可高效循环的环保制冷工质。改善 ASHP 低温适应性的最直接、最便捷的方法是增设辅助加热器，这些加热器的驱动力往往是化石能源燃烧产生的。太阳能作为多数能源（包括化石燃料）之源，已广泛应用于人类生产、生活的各个方面。尤其是太阳能热利用，已有很长的发展历史。迄今为止，已有多种太阳能复合系统在中低温、高温热能应用领域崭露头角。在高温热能应用领域，太阳能集热-蓄热系统可作为发电系统的热源；在中温热能应用领域，太阳能集热-蓄热系统可为生产/生活提供 $40 \sim 80 ℃$ 的热水；在中低温热能应用领域，被动/主动式太阳房、太阳能-吸收式制冷/热泵系统、太阳能—土壤源热泵系统、太阳能—空气源热泵系统等均为节能效益显著的系统。太阳能辅助空气源热泵（Solar - Assisted Air Source Heat Pump，简称 SAHP）系统是太阳能—空气源热泵系统中的一个重要组分。然而通常情况下，太阳能能流密度低、间歇且不稳定，这些缺点直接影响了 SAHP 的制热性能和系统稳定性。

因此，空气源热泵蓄热系统可以实现热量在时间上的转移，相关的研究主要是为解决空气源热泵的结霜问题。

二、解决问题的思路和方法

根据蓄热装置或蓄热方法的不同，空气源热泵蓄热系统的应用场所有所不同，通过将蓄热技术运用到空气源热泵，系统在制热性能、运行效率等方面都有了较大的提升。

目前，空气源热泵常规的除霜方式主要有逆循环除霜和热气旁通除霜两种，这两种除霜方式在实际过程中难以做到按需除霜，同时出现除霜时间长和除霜能耗大的问题。近几年蓄热技术在空气源热泵除霜方面的研究取得了很大的进展，并且采用相变装置是学者普遍的选择，另外，空气源热泵蓄热除霜仍存在结霜运行时期和除霜造成室内制热量降低的问题，如何减少除霜后恢复供热和实现机组无霜运行需要进一步研究。

此外，由于室外空气环境多变，常规的空气源热泵容量普遍按某一平衡点温度确定。在室外温度出现低于平衡温度时，热泵的供热量无法满足室内用热需求。将蓄热技术和空气源热泵结合应用于供热场合，主要是将用热需求低的多余热量转移至供热不足的时间段，或者作为除霜的热量来保证低温时的用热需求，同时保证了机组的低温高效运行，这也是空气源热泵蓄热系统的优点。

三、技术方案及运行特性

（一）蓄热除霜系统

构建图 3-19-1 所示空气源热泵蓄能热气除霜系统。通过电磁阀的切换可以实现系统制热、制热兼蓄热、余热蓄能、释能除霜等工况，蓄热模式主要包括串联蓄热（F_1、F_3 开，F_2、F_4 关）、并联蓄热（F_1、F_2、F_4 开，F_3 关）和余热蓄热（室内机关闭，F_1、F_4 开，F_2、F_3 关）。该蓄热除霜系统相对于传统的热气除霜时间更短，节省除霜能耗；蓄热除霜时，压缩机吸气压力比传统方式提高 1 倍，避免了传统除霜方式因吸气压力过低而出现低压保护停机问题。而排气压力的提高，又使冷凝温度提高，加大融霜过程的传热温差；蓄热除霜系统室内送风温度明显高于传统除霜系统，解决除霜时机组吹冷风问题。

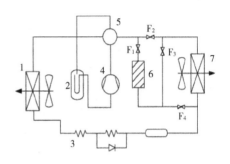

图 3-19-1 空气源热泵蓄能热气除霜系统
1—室外换热器 2—气液分离器 3—毛细管
4—压缩机 5—四通换向阀 6—蓄热换热器
7—室内换热器 $F_1 \sim F_4$—电磁阀

在性能上，相对于传统除霜方法，利用蓄热器或者蓄热器和室内机串联作为低位侧热能进行逆循环除霜，除霜时间虽然都有很大改善，但尚未解决除霜需要停室内机的问题。为解决上述问题，构建图 3-19-2 所示的节能型空气源热泵除霜系统。该系统设计了一种包裹在压缩机的蓄热换热器，在正常供热时，可以储存压缩机工作时所释放的热量；除霜工况时，不需要停室内机，此时蓄热换热器作为低位侧的热源，同时向室外机和室内机供热，室外机进行除霜，室内机继续向室内供热，完全满足除霜时人们用热的需求。通过与传统逆循环除霜测试对比，发现新型的除霜系统节省 65% 的除霜时间。由于除霜的同时保证了室内供热，不存在恢复供热时间

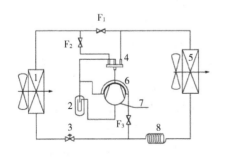

图 3-19-2 节能型空气源热泵除霜系统
1—室外换热器 2—气液分离器 3—电子膨胀阀
4—四通阀 5—室内换热器 6—蓄热换热器
7—压缩机 8—毛细管

的问题；吸排气压力也得到了提高，证明了新系统的稳定性，空气源热泵的能效比提高了1.4%。

（二）供热调节的空气源热泵储热系统

在蓄热除霜系统的基础上增加一套可以取出蓄热器热量的循环管路，如图3-19-3所示。该系统保证在超低环境-25℃和-30℃下运行时，制热性能系数也能达到2.00和1.94，在蓄热除霜功能上，解决供热量不足的问题，同时该系统能缩短除霜时间50%左右。

（三）多热源辅助的新型空气源热泵系统

构建图3-19-4所示多热源辅助空气源热泵系统。该系统在原空气源热泵的基础上增加了蓄热设备、换热器以及若干管道

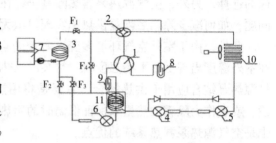

图3-19-3　相变蓄热蒸发型空气源热泵系统
1—压缩机　2—四通换向阀　3—套管式冷凝器
4，5，6—热力膨胀阀　7—保温水箱
8，9—气液分离器　10—室外蒸发器
11—相变蓄热器

和电磁阀。压缩机出口引出部分或全部热气至混合阀，与经过冷凝器、节流阀的部分制冷剂混合后，通向蒸发器入口处，进入蒸发器除霜，蒸发器出口的两相工质进入蓄热器加热，继而进入压缩机参与下一循环；蓄热器内部热量一部分来自谷电期热泵的缓慢输热，另一部分来源于太阳能或其他辅助热源；增设的电磁阀、电磁三通阀起到控制制冷剂流向的作用，通过开关电磁阀或调整三通阀的接通管路实现系统在不同状态下的切换。

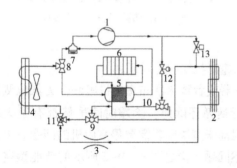

图3-19-4　多热源辅助空气源热泵系统
1—压缩机　2—冷凝器　3—节流阀
4—蒸发器　5—蓄热装置　6—太阳能集热器
7—气液分离器　8~10—电磁三通阀　11—混合阀
12—流量控制阀　13—电磁阀

在蓄热模式运行时，13号电磁阀关闭，8号电磁三通阀接上、左两路，9号电磁三通阀接通上、右两路，10号电磁三通阀接通上、左两路，1号压缩机粗口工质先后经过5号蓄热装置和2号冷凝器，保证室内供热的同时，为蓄热装置进行蓄热；蒸发器出口工质直接经气液分离器返回压缩机；6号太阳能集热器则全程为蓄热装置进行蓄热。

除霜运行状态下，8号电磁三通阀接通左、下两路，9号电磁三通阀接通左、上两路，10号电磁三通阀接通右、上两路，1号压缩机的出口工质经12号流量控制阀被旁通至混合阀，与3号节流阀出口参与正常室内供热工作的工质在11号混合阀处混合进入4号蒸发器参与除霜，蒸发器出口工质经蓄热装置加热后进入气液分离器，返回压缩机；旁通工质所占比例由流量控制阀进行控制。

多热源辅助的空气源热泵除霜法，利用太阳能等多种热源进行蓄热并作为辅助热源参

与除霜，在辅助热源对热源压缩机吸气的加热下，除霜时间比传统的热气旁通阀有所缩短，且在除霜过程完成后，盘管壁温的恢复速度与恢复温度比热气旁通阀都有较大的提升，对热泵系统的快速恢复正常运行具有积极意义。

四、展望

在 20 世纪 70~80 年代开展的许多研究成果，直到今天，其应用与推广仍存在着一定的局限性，要解决这个问题的途径，应当是积极开展多能源热泵综合利用系统集成理论与技术、先进的热泵集成能源转换技术、热泵与蓄能集成理论与技术的研究，开发出具有我国知识产权的新的蓄能型高效节能热泵集成系统。空气源热泵蓄热系统的研究主要是为了系统高效运行，最大化利用制热量，提高产品的可靠性。根据蓄热设备和安装位置等因素的不同，会出现应用于不同场合的空气源热泵蓄热系统。将蓄热技术运用到空气源热泵的除霜、供热、热水器以及电力调峰方面都能起到提高系统运行效率的作用，有助于推广空气源热泵的应用。将空气源热泵蓄热系统在电力调峰进行推广，不是从"降低用能"的角度出发，而是通过低谷电价较低的特点提高工程经济性，对于满足国内日益增长的用电需求有重大意义。

参考文献

[1] 杨灵艳. 三套管蓄能型太阳能与空气源热泵集成系统实验与模拟 [D]. 哈尔滨：哈尔滨工业大学，2009.

[2] 余延顺，何雪强，江辉民，等. 单—双级混合复叠空气源热泵机组制热性能实验研究 [J]. 南京理工大学学报（自然科学版），2012，36（6）：1036-1041.

[3] HEO J, JEONG M W, BAEK C, et al. Comparison of the Heating Performance of Air-Source Heat Pumps Using Various Types of Refrigerant Injection [J]. International Journal of Refrigeration，2011，34：444-453.

[4] XU X, HWANG Y, RADERMACHER R. Refrigerant Injection for Heat Pumping/Air Conditioning Systems：Literature Review and Challenges Discussions [J]. International Journal of Refrigeration，2011，34：402-415.

[5] 牛福新. 三套管蓄能型热泵集成系统运行特性研究 [D]. 哈尔滨：哈尔滨工业大学，2012.

[6] AGYENIM F, HEWITT N. The development of a finned phase change material (PCM) storage system to take advantage of off-peak electricity tariff for improvement in cost of heat pump operation [J]. Energy & Buildings，2010，42（9）：1552-1560.

[7] 韩志涛，姚杨，马最良，等. 空气源热泵蓄能热气除霜新系统与实验研究 [J]. 哈尔滨工业大学学报，2007，39（6）：901-903.

[8] 马素霞，蒋永明，文博，等. 相变蓄热蒸发型空气源热泵性能实验研究 [J]. 太阳能学报，2015，36（3）：604-609.

[9] 文博，马素霞，蒋永明，等. 蓄热蒸发型空气源热泵蓄热器特性实验研究 [J]. 太阳能学报，2015，36（4）：922-927.

[10] 曹琳，倪龙，李炳熙，等. 蓄能型空气源热泵热水机组性能实验 [J]. 哈尔滨工业大学学报，2011，43（10）：71-75.

第二十节　换气热回收技术

一、背景

建筑物营造出的室内环境是人们工作和生活的场所，出于健康考虑必须对室内进行通风换气，即引入室外新鲜空气来置换室内空气，一方面可以降低室内空气中二氧化碳浓度、恢复氧气浓度，另一方面也可以稀释家居、装饰、地毯等挥发出的甲醛、苯、氨气等有害物质。为此，采暖通风与空气调节设计规范要求民用建筑最小新风量是每人 $30m^3/h$。但是，对于中国大多数城市，在夏季排风温度（$24\sim28℃$）要比室外空气温度（$32\sim38℃$）低；冬季排风温度（$20\sim25℃$）要比室外空气温度（$5\sim10℃$）高。因此，引入新风带来了巨大的空调负荷，增加空调系统的能耗，据统计建筑物换气的新风能耗一项就占建筑物总能耗的 $4\%\sim12\%$。

（一）排风热回收的优点

换气热回收，即将室内排出空气（排风）携带的能量转移到要进入室内的新风，可以有效降低新风负荷而缓解室内舒适健康和建筑节能之间这一矛盾。对空调系统的排风进行热回收有很多优点。

（1）新风进行预处理，减小空调运行负荷，节约运行费用；

（2）减小空调系统的最大负荷，减小空调设备的型号，节省初投资；

（3）在节约能源的同时可以加大室内空气的新风比，提高室内空气品质；

（4）夏季排气温度降低，减少向外的排热量，降低热污染，缓解城市的热岛效应。

（二）适宜设计排风热回收装置的条件

虽然使用排风热回收系统也会增加一定量的风机能耗，但是回收系统本身所节约的能源要远远大于这一部分的能耗。有关数据显示，当显热热回收装置回收效率达到 70% 时，就可以使供暖能耗降低 $40\%\sim50\%$，甚至更多。为此，公共建筑节能设计标准中规定，当建筑物内有集中排风系统且符合下列条件之一时，适宜设置排风热回收装置，排风热回收装置（全热和显热）的额定热回收效率不应低于 60%。

（1）送风量大于或等于 $3000m^3/h$ 的直流式空气调节系统，且新风与排风的温度差大于或等于 $8℃$；

（2）设计新风量大于或等于 $4000m^3/h$ 的空气调节系统，且新风与排风的温度差大于或等于 $8℃$；

（3）设有独立新风和排风的系统。

二、主要技术方案

排风携带的能量，夏季为冷量，冬季为热量。因此，换气热回收技术实质上就是一套高效换热装置，其核心部件就是换热器，它将排风中携带的冷量或热量通过热交换的形式传递给新风，使新风的状态参数向回风偏移。热交换器的使用是有前提的，只有在一定气

本节供稿人：马国远、王磊，北京工业大学。

象条件下，才可以实现减少空调系统能耗的效果，在其他气象条件下，反而会有增加能耗的可能。因此，使用热交换器是否节能和节能量的多少与室外气象条件密切相关。从理论上讲，室外空气参数与室内偏离越大，热回收带来的节能效果就越显著。

从换热机理来看，换气热回收设备主要有载热流体换热、间壁换热和蓄热换热等型式，如图3-20-1所示。

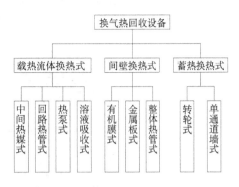

图 3-20-1　换气热回收设备的主要型式

（一）载热流体换热式设备

载热流体换热式设备主要有中间热媒式、回路热管式和热泵式，其特点是新风和排风通道中各置一换热器，并用管路将之连接成封闭回路，流体在回路中循环流动，排风先将能量通过换热器传递给载热流体，之后载热流体再把能量通过换热器传递给新风。中间热媒式设备的流体为单相流体，以水为主，通常为了防冻而加入一定的防冻剂；泵驱动载热流体循环流动，如图3-20-2所示，安装位置和距离不受限制。由于单相流体的换热温差大、热容量小，其能效水平较低，目前在换气热回收中的应用已经很少了。回路热管式设备的流体在工作时为两相流体，以制冷剂等低沸点工质为主，工质泵驱动载热流体循环流动。如图3-20-3所示，夏季工况运行时，截止阀1和2开，3和4关；冬季工况运行时，截止阀1和2关，3和4开。由于两相流体的换热温差小、热容量大，其能效水平较高，但是设备成本和安装要求较高。它可以视为中间热媒式设备的更新换代技术，目前处于工程应用的初期阶段。热泵式设备就是一套热回收用的空气—空气热泵机组，流体为热泵工质，压缩机驱动工质循环流动来实现热功转换，可以将新风处理到室内空气参数送入，集热回收和新风处理两功能于一体，其工作原理图如图3-20-4所示。尽管其能效水平高，但是设备成本和安装要求也高。当溶液表面与空气接触时，会与空气产生热湿交换，吸收或放出热量和湿量。溶液吸收式热回收器即利用此原理（图3-20-5），在新风和排风侧分别设置溶液填料塔，溶液循环泵驱动一定的

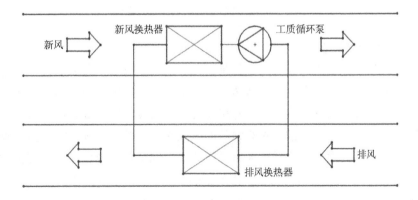

图 3-20-2　中间热媒式热回收装置

溶液在两个塔间循环，夏季溶液在新风侧吸热吸湿，在排风侧放热放湿。冬季溶液在排风侧吸热吸湿，在新风侧放热放湿，从而实现对空气的全热回收。

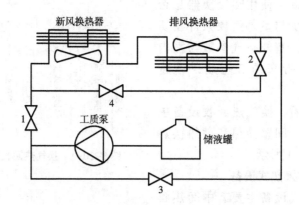

图 3-20-3　泵驱动回路热管式热回收装置原理图
1~4 为截止阀

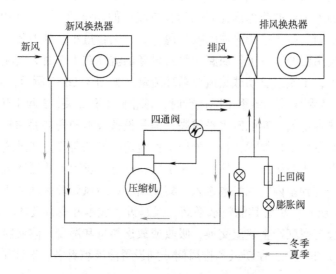

图 3-20-4　热泵式热回收装置原理图

（二）间壁换热式设备

间壁换热式设备，核心部件实质上就是空气—空气换热器，新风和排风各走换热器的不同通道，二者由于温差的存在通过换热器时产生交换，排风将能量传递给新风。它主要有有机膜式、金属板式和整体热管式。有机膜式设备的换热器间壁为高分材料等制成的有机膜，该膜不仅能够导热，通常还具有强烈的吸潮作用，新风和排风通过换热器时在换热的同时也可以把排风的水蒸气传递给新风，因此，也称全热交换器。全热交换器芯体工作原理示意如图 3-20-6 所示。常见的芯体结构有两种，一种是薄膜张在塑料骨架上形成薄膜板，多个薄膜板依次叠放成一体且在薄膜两侧形成交叉流道；另一种是如图 3-20-7 所示的板翘式芯体，薄膜折叠成瓦楞状的换热板，隔板和换热板依次叠放形成交叉流通道。

金属板式设备的换热器间壁为金属薄板，通常为铝箔压制而成，铝箔板依次叠放形成交叉流通道，如图3-20-8所示。金属薄板的导热能力远高于有机膜，但是无法通过水蒸气，新风和排风通过换热器时只能换热，因此，也称显热交换器。整体热管式设备也是一种显热交换器，热管换热器结构示意图如图3-20-9所示。它是将热管的蒸发段和冷凝段分别置于新风和排风通道中，利用热管元件超导热特性新风和排风通过热管实现能量的传递，过程类似于前面介绍的回路热管式，不同的是工质流动不是靠泵而是靠热压效应完成的。

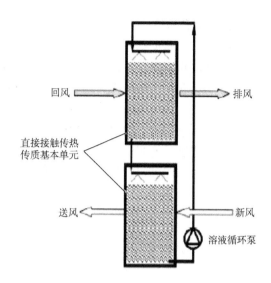

图3-20-5 溶液吸收式热回收设备的结构

图3-20-6 全热交换芯体工作原理示意图

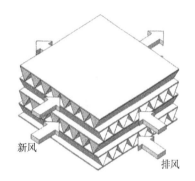

图3-20-7 板翅式芯体

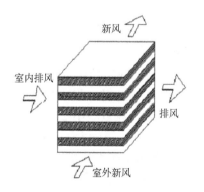

图3-20-8 金属板式显热换热器原理图

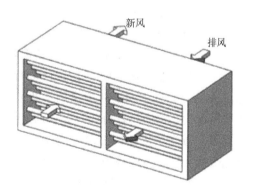

图3-20-9 热管换热器结构示意图

（三）蓄热换热器

蓄热换热式设备的核心部件是蓄热体，排风流过蓄热体时将能量留存其中，随后新风再流过蓄热体时将能量传递给新风。它主要有连续式和间歇式两种类型，前者蓄热体为蜂窝状多孔结构的转轮，转轮交替地转过排风和新风通道，热回收过程可以连续地进行，如图 3-20-10 所示；后者蓄热体通常为金属或陶瓷多孔芯体，新风和排风交替流过芯体时，就可以实现热回收过程。穿墙安装的单通道墙式热回收器的双向通风换气示意如图 3-20-11 所示。蓄热体表面涂有吸潮层时，可以实现全热交换；否则只能实现显热交换。蓄热换热式设备的最大缺点是新风和排风无法做到严格的隔离，会产生交叉污染。

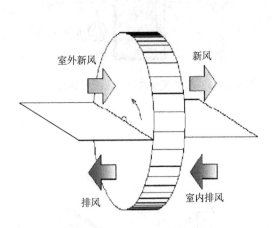

图 3-20-10　转轮式换热器

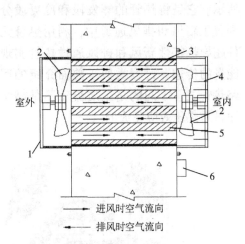

图 3-20-11　单通道墙式热回收器的
双向通风换气示意图

1—过滤罩　2—风机　3—墙体衬套　4—百叶风口
5—热回收芯体　6—电路控制板

三、热回收设备及应用

（一）新风全热交换机组

瓦楞纸质的板翅式热回收器如图 3-20-12 所示，相互垂直的两个侧面形成了交叉的新风、排风流道。瓦楞纸有吸潮作用，可实现新、排风的全热交换。阻燃性好，纸离开明火后自动熄灭；对大肠杆菌 8099、金黄色葡萄球菌 ATCC6538、肺炎杆菌 ATCC4352、白色念珠球菌 ATCC10231 等具有杀菌作用，抑菌性好；长霉等级为 0 级，防霉性好。日本 JIS 标准按照风量大小将换热器分为三类：小型全热交换器（额定风量小于 $250m^3/h$）、中型全热交换器（额定风量 $250\sim2000m^3/h$）、大型全热交换器（额定风量大于 $2000m^3/h$）。

全热交换器配上新风机和排风机并组装成整体，即为新风全热交换机组，图 3-20-13 为吊装式机组的外形图，厚度通常为 250mm，风量范围为 $150\sim2000m^3/h$。

（二）金属板式换热器

板式换热器是由一系列具有一定波纹形状的金属片叠装而成的一种高效换热器。换热器的各板片之间形成许多小流通断面的流道，通过板片进行热量交换，它与常规的壳管式换热器相比，在相同的流动阻力和泵功率消耗情况下，传热系数要高出很多。国外在20世纪30年代板式换热器的应用已非常普遍。我国20世纪70年代，开始批量生产板式换热器，当时大多用在食品、轻工、机械等部门；20世纪80年代初期，扩大到民用建筑的集中供热；80年代中期，随着高层建筑集中空调的增多和空调制冷设备产品的更新换代，板式换热器在空调制冷领域里的应用已名列前茅。近年来，板式换热器技术日益成熟，其在各个行业得到了广泛应用。

图 3-20-12　瓦楞纸质的板翅式热回收器

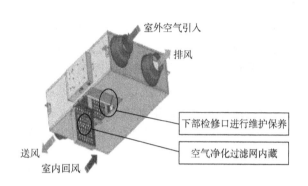

室外空气引入

排风

下部检修口进行维护保养

空气净化过滤网内藏

送风

室内回风

图 3-20-13　新风全热交换机组外形

叉流板式显热交换器实物图如图 3-20-14 所示。热交换器换热板由纯铝箔制成，端盖为优质镀锌板，包角为铝合金型材。板间距通常为 3~10mm，最高使用温度不超过 100℃。换热板双面冲压成型，采用油压机保证换热片在成型过程中支撑包形充分拉伸，提高包形强度；复合模具的使用保证换热板形的一致性及表面平度。排风和新风的气道垂直交叉，彼此间有金属铝箔板隔开，通道由铝箔板凸起的地方支撑。使用全自动折边机专用设备，对空气流入口和出口边缘连续进行两次折叠，折叠处为 5 倍材料的厚度，保证了密封性；同时保证层与

图 3-20-14　叉流板式显热交换器实物图

层之间的间隔一致性，有利于各个通道进风量均匀，充分发挥换热片的交换能力，提高了热交换效率。换热片与包角之间、换热片与端盖之间、端盖与包角之间采取密封胶密封，同时端盖与包角之间采取螺钉紧固，充分保证换热片、包角、端盖的密封及强度；采取专用涂胶工具，减少因密封不当造成新排风的交叉污染。抗新排风压差高达 2500Pa，在 700Pa 压力下空气泄漏小于 0.6%。

板式热交换器配上新风机和排风机并组装成整体，即为新风显热交换机组，其风量和外形与上述的全热交换机组基本相同。

（三）整体热管式热回收器

整体热管式热回收器有两个相互隔离的风道，一个风道流过排风，另一个风道流过新风，排风携带的热（冷）量通过热管元件高效快速地传递给新风，使新风得到预热或预冷，如图3-20-15所示。目前单根热管长度可达10m，适合风量范围为1000～100000m³/h。用于换气热回收的热管通常有铜—氟热管和铝—氨热管两大类。

铜—氟热管的结构如图3-20-15所示，管体为优质紫铜管，工作介质通常为有机合成制冷剂。热管按照正三角形排列成等间距的热管束，

图3-20-15　铜—氟热管热回收器

管束外套波纹形整体铝箔翅片，形成能量回收器的芯体，用中间隔板将热管的受热段和散热段分开。芯体部分外加钢制的安装边框，边框与中间隔板接成两个独立的风道，即构成整体式的热管能量回收器。每根热管都和中间隔板胀接为一体，保证了流过热回收设备的两股气流分隔严密、互不渗漏。

图3-20-16　铝制热管热回收器

铝—氨热管，管体为轧制翅片的铝管，通常基管为φ24mm×0.5mm，带翅片外径为φ24mm；工作介质通常为氨或者含氨流体，充灌后采用树脂胶缝口。热管按照三角形排列安装在框架中，形成整体式热管热回收器，如图3-20-16所示。热管和中间隔板间采用胀紧型密封件密封，严格隔开新风、排风通道。

整体式热管热回收器具有以下特点：

（1）铜和铝的良好导热性和稳定性，保证了热管的高效和耐用。

（2）采用环保的低沸点介质，同时也强化了传热过程。

（3）工作效率高，湿工况效率更高。湿工况下运行时，水分凝结过程的潜热也被回收利用，热回收效果会更佳。

（4）结构优化，尺寸灵活，外形尺寸可以根据用途进行适当调整。

（5）该热回收器可以不配备冬、夏季工况转换装置即可实现全年不间断使用。

本产品是在新风、排风相互隔离的状况下实现能量的高效传递，在能量回收的同时又避免了气流的交叉污染，特别适合医院、办公、商业、泳池等场所空调新风换气过程以及制药、电子、化工等领域生产工艺过程排风的能量回收。

（四）转轮式换热器

如图3-20-17所示，转轮中间的水平横撑将转轮过风面分为上下两个部分，分别通过新风和排风。转轮驱动和传动部件被其四周的封板遮挡着，使转轮以每分钟几转到几十转

的速度连续转动。转轮的蓄热体为圆盘蜂窝状，一般由特殊复合纤维和铝合金箔制成，并在表面涂有二氧化硅、分子筛等吸湿材料，因此转轮可以对潜热进行回收。转轮式换热器是通过轮体旋转过程中材料的蓄热和放热效应实现两股气流之间热量交换的热回收装置。室内排风经由转轮入口吸入，将热量传递给转轮，新风从另一侧入口吸入，转轮旋转将积蓄在转轮上的热量传递给新风，从而达到回收排风能量的目的。

图 3-20-17　转轮式换热器

转轮式换热器适合处理中大风量，单台转轮处理风量范围一般为 1500～100000m³/h。产品有全热、显热两种常规类型，并能提供耐高温及防腐等特殊性能要求，其主要特性如下：

（1）工艺先进，结构牢固。采用整体缠绕式制作工艺和轻质的铝合金框架，波纹高度、转轮厚度根据要求进行调整，组装简便，牢固稳定，使用寿命可达 15～25 年。

（2）热回收效率高。热回收效率可达 70% 以上，可以大量减少空调系统中处理新风的能耗。在使用全热交换器后在能耗不增加的情况下新风量可增加 3～4 倍，明显改善室内空气质量。

（3）特种材质。轮芯材质选用特种合金铝材，传热系数高、防氯、耐腐蚀。主配件为全铝材质，热膨胀系数一致，产品性能稳定，使用寿命长。

（4）采用双耐磨防水柔性密封刷，密封严密，使排风混入新风中的比率可控制在0.1% 以内。

（5）安装灵活、维护简便。转轮可以垂直设置，也可水平设置，可以设置在能量回收机组内，也可以独立设置，风管连接。配置的传动马达，终身润滑；传动皮带有自张紧装置，无需经常调整皮带长度，均可免维护。清洗可用高压空气清洗，也可用水、蒸汽、溶液等清洗。

（五）单通道墙式热回收器

其核心部件为多孔结构的热回收芯体，通常是采用钢、铝、铜等金属材料或陶瓷等非金属材料制成的蓄热体，如图 3-20-18 所示。以芯体为基础，配上风机、过滤网和外壳等所组成的单通道墙式热回收器，如图 3-20-19 所示。该热回收器的风量通常为 15～60m³/h，运行功率 5W 左右，适合 8～18m² 房间使用。整个热回收器安装在非承重墙外墙上，不破坏建筑整体结构，不占用空间，和既有建筑融为一体。

对于带有陶瓷蓄热体和正反转直流电动机的热回收器，其运行原理：电动机正转运作，将室内污浊的空气排到室外，同时将排风的能量储存到机器里的陶瓷蓄热体中；60s后电动机反转，将室外新鲜的空气经过过滤后送到室内来，同时蓄热体把前 60s 储存的能量释放到室内来。换热效率能达到 80% 以上，使房间在通风换气时的能量损失很小。运行噪声仅有 30dB，使用寿命可达 10～20 年。

如果连续排风和送入新风，在安装时需要成对使用。一个房间装有两套热回收器和一个控制开关，控制其风机运行时的风向相反：即一个排风时，另一个送新风；每隔一段时间再交换运行模式。

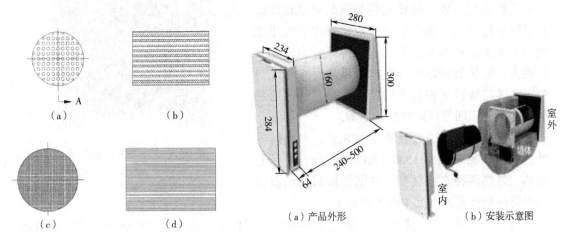

图 3-20-18　热回收芯体结构图　　图 3-20-19　单通道墙式热回收器及其安装示意图

此类热回收器也有配双电动机，替代正反转直流电动机，即引入新风和排风时使用不同的风机。这样，虽有成本增加，但可以保证通风的高效、高风压和低噪声。

表 3-20-1 把不同类型热回收器的性能特点做一简明地汇总。

表 3-20-1　不同类型热回收器的性能特点

热回收器型式	效率	设备费用	维护保养	辅助设备	占用空间	交叉污染	自身能耗	接管灵活性	抗冻能力
中间热媒式	低	低	中	有	中	无	有	好	种
回路热管式	中	中	中	有	中	无	有	好	好
热泵式	中	高	高	有	较大	无	较多	好	好
溶液吸收式	中	高	高	有	较大	有	有	中	中
金属板式	低	低	中	无	大	无	无	差	中
有机膜式	高	中	中	无	大	有	无	差	中
整体热管式	中	中	易	无	小	无	无	中	好
转轮式	高	高	中	无	大	有	少	差	差
单通道墙式	中	低	易	无	小	有	无	好	好

四、展望

热回收器，未来会继续朝着热回收效率高、结构紧凑、成本低和适应性强的方向发展，围绕这一发展趋势，会在以下方面展开研究与开发。

（1）研发热回收器新材料。研发热、湿高效传递的有机膜，如高分子膜、复合膜等，将是全热交换器高效化的方向。另外，转轮表面吸湿涂层的材料将进一步发展，以保证其良好的耐久性和吸潮性。

（2）研发热回收器与热泵复合一体机组。热回收器的温度效率铭牌值通常为60%~80%，实际运行值远低于铭牌值，因此新风进入室内后还需新风机组或空气处理机组等设备进一步处理到室内状态。如果热回收器与热泵复合一体，就可以将新风直接处理到室内状态，即温度效率可以等于或大于100%。这样，就省去了后续的新风处理过程，因此可以做到结构紧凑、降低成本和提高效率。

（3）研制组合功能的新风机组。热回收器与不同的空处理功能段组合在一起，就形成了新型的新风机组，如，与净化段结合就形成了热回收—净化新风机组，与加湿段结合就形成了热回收—加湿新风机组，组合到空气处理机组（AHU）中就形成了带热回收的AHU，等等。

（4）研制热回收器的新结构和新工艺。不管是金属板片或是有机膜片的结构，还是热回收器的加工工艺，都会朝着高效率、低成本方向持续改进。另外，还会创新出热回收器的新型结构，如振荡热管与金属板式结合出的新结构热回收器，与门、窗、墙体有机结合的新结构，等等。

（5）应用范围将持续扩大。目前热回收器在公共建筑中得到较广泛的应用，但应用效果还需进一步改进；在民用建筑中应用才刚刚开始，应用面还很小。随着节能建筑的普及，房间的密闭性会持续改善，再加上物质生活的丰富进一步提高人们的健康意识和需求，因此热回收型新风设备未来的应用面会越来越广，特别是居住建筑。

参考文献

[1] 孙淑芳，马国远，周峰. 办公建筑热回收装置节能运行模式分析 [J]. 建筑节能，2016（6）：119-124.

[2] 孙淑芳. 基于热力学第二定律的热回收机组性能分析与评价 [D]. 北京：北京工业大学，2017.

[3] 袁旭东，柯莹，王鑫. 空调系统排风热回收的节能性分析 [J]. 制冷与空调，2007，7（1）：76-81.

[4] 武文彬，王伟，金苏敏，等. 两级压缩空气源热泵热水器实验研究 [J]. 制冷学报，2009，30（1）：35-38.

[5] 樊旭，马国远，周峰. 我国空调换气热回收技术应用的潜力分析 [C]. 走中国创造之路——2011中国制冷学会学术年会论文集. 2011.

[6] 柴玉鹏，马国远，周峰，党超镔. 单通道户式双向换气热回收装置性能分析 [J]. 暖通空调，2017（2）：82-87.

[7] 陈超，邹艳. 显热回收装置及其系统应用于北京办公建筑的可适应性 [J]. 北京工业大学学报，2012，38（8）：1225-1230.

[8] 段末，马国远，周峰. 泵驱动回路热管能量回收装置性能的影响因素 [J]. 化工学报，2016（10）：4146-4152.

第二十一节　非均匀室内环境营造技术

一、背景

目前，各类空间中空气参数的营造往往基于均匀混合的理论进行设计，实际创造出的室内空气环境参数（温度、湿度、污染物浓度等）也是基本一致的；由于对整个空间进行统一参数控制，很难满足个性化需要，且往往导致能耗过高。然而，在实际空气调节过程中，很多时候空间内仅某局部位置（或区域）或多个局部位置（或区域）存在参数需求（人员或工艺需求），且由于个体喜好或工艺要求，不同位置（或区域）需要的空气参数值也可能存在差异，如图 3-21-1 所示。另外，由于人员移动或工艺调整，室内不同位置（或区域）的参数要求会不断变化，室内参数要求呈现出许多不同的场景。此时，若仍对整个空间进行统一参数保障，则无法满足不同位置的需求，同时可能会导致较高的能耗。因此，如何同时在一个共享空间内营造出不同的参数，并能够适应需求场景的变化，且尽量降低空调能耗，即如何营造出面向需求且高效节能的非均匀环境，是暖通空调领域需要解决的重要现实问题。

（a）传统的均匀需求

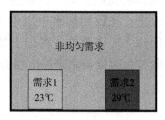

（b）基于个体喜好的非均匀需求

图 3-21-1　室内环境参数需求

二、技术思路

混合通风是建筑室内通风的传统形式，广泛应用于各类建筑中，它所营造的是参数近似均匀一致的室内环境；利用以置换通风、地板送风为代表的下送风系统，以及以个性化通风为代表的局部通风系统等这些单一的通风形式，可以营造出非均匀室内环境，但其只限于某些特定需求场景的非均匀室内环境，而难以满足实际中不断变化的多种需求场景。因此，需要设计出适合建筑空间使用要求且能够适应多变需求场景的空气末端或通风形式，以实现面向需求且节能高效的非均匀环境营造。非均匀环境营造技术涉及内容很广，主要包括以下几方面。

（1）非均匀室内参数分布规律的研究。在非均匀室内环境的营造目标下，"分布"参数是重要的关键词，此时基于"集总"概念的均匀环境营造方法将无法适用，准确掌握各种送风、室内源影响下的室内各位置参数情况对于非均匀环境营造具有重要意义。

本节供稿人：李先庭，清华大学。

（2）非均匀环境营造的空调负荷。空调负荷用于评价各种通风形式营造非均匀环境所付出的代价，空调负荷大小决定了送风参数，从而影响非均匀环境营造室内末端和通风系统的设计与优化。

（3）非均匀环境营造的系统设计方法。为了更好地营造非均匀室内环境，需要建立一套可行的系统设计方法，其中多模式通风是该系统设计方法中实现多变需求场景且高效的主要手段。

（4）非均匀环境营造的运行调控策略。非均匀环境的参数调节与控制策略，决定了非均匀环境营造潜力能否有效发挥作用；在非均匀环境营造中，通常需要针对多个位置进行多点参数控制，这是与传统均匀环境调控不同的地方。

三、技术方案

（一）非均匀环境参数分布规律

在稳态情况下，室内空间各点的参数（温度、湿度和浓度等）受送风（包括送风量、送风温度/湿度/浓度、送/回风口构成的通风形式等）与源（包括源强度、位置与分布等）的共同作用，而在瞬态情况下，还将受到房间参数初始分布的影响，具体如图3-21-2所示。

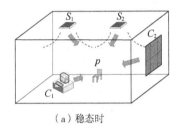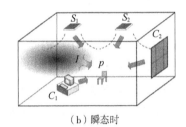

（a）稳态时　　　　　　　　　　　（b）瞬态时

图3-21-2　室内任意点参数的影响因素示意图

一般情况下，室内机械通风形成的流场能在较短时间内达到稳定，因此可以认为流场在一段时间内基本不变；而当流场变化较大时，则可认为流动从一个流场切换到了另一个流场。当流场固定时，室内空气运输方程为线性方程，由叠加原理可知室内任意点 p 的参数等于送风（图3-21-2中的 S_1 和 S_2）、源（图3-21-2中的 C_1 和 C_2）和初始分布（图3-21-2中的 I）三者综合影响的线性代数总和。因此，我们就可以单独定义仅一种影响存在时它对空间各点的影响程度，即送风可及度（TASA）、源可及度（TACS）和初始条件可及度（TAIC），来定量地描述送风、源和初始分布对室内任意位置参数影响的贡献程度，详见参考文献[8]。TASA、TACS 和 TAIC 都是无量纲分布参数，它们数值越大，则表明送风、源、初始分布对该点的影响程度越高。其中，TASA≤1，且稳态时各送风口的TASA之和恒为1；TACS 可大于、小于或等于1；稳态时，TAIC=0。

基于上述可及度系列指标，就可以得到给定流场下室内任意点参数 $C_p(\tau)$ 瞬态分布预测表达式，如下所示：

$$C_p(\tau) = \sum C_S \times \text{TASA} + \sum \frac{J}{Q} \times \text{TACS} + \sum C_0 \times \text{TAIC} \qquad (3\text{-}21\text{-}1)$$

式中：C_S——送风参数；

    J——源的散发强度；

    Q——送风量；

    C_0——初始参数分布。

式（3-21-1）系统地描述了非均匀环境中室内参数（温度、湿度和浓度等）的分布规律，揭示了各因素对室内任意点参数的影响规律，从而为非均匀室内环境营造奠定了理论基础。

（二）非均匀环境营造的空调负荷

室内空调负荷用于评价各种通风形式营造室内环境所付出的代价，它的大小决定了送风参数，从而影响室内末端和通风系统的设计。传统来讲，室内空调负荷计算时通常将室内环境视为均匀混合，室内各点空气参数一致。稳态时，根据热力学第一定律可知，室内空调负荷 Q_{space} 直接等于室内总得热量 Q_{gain}，如下所示：

$$Q_{space} = Q_{gain} \qquad\qquad (3-21-2)$$

但对于非均匀室内环境，室内各点空气参数不一致，且此时仅需保障室内局部区域的参数，因此可能不需要投入那么多的冷量，即非均匀环境室内空调负荷不再等于室内总得热量。针对此问题，提出了局部空调负荷 Q_{local} 的概念来表示非均匀环境室内空调负荷，其等于室内总得热量 Q_{gain} 与热源可及度 TACS 的乘积，如下所示：

$$Q_{space} = Q_{gain} \times \text{TACS} \qquad\qquad (3-21-3)$$

由式（3-21-3）可知，在室内总热量不变时，热源可及度的大小直接决定了非均匀环境局部空调负荷的大小。当热源可及度较小时，非均匀环境局部空调负荷可显著小于室内得热量，而传统概念中室内负荷等于室内得热量，见式（3-21-2）。因此，对于非均匀环境营造，可通过采用高效通风形式等来降低热源可及度，从而在满足室内实际局部需求的同时降低空调负荷。

（三）非均匀环境营造的系统设计方法

空调房间内往往存在多种需求场景，如很多时候仅某局部位置（区域）存在需求，且在不同时刻需求位置和需求参数也可能发生改变，由此构成多变的需求场景；室内热源分布和强度也处于多变状态，由此构成多变的源场景。传统基于极端典型场景的通风系统设计方法可高效保障部分场景，但难以高效保障所有代表性实际场景。面向多变场景进行通风系统设计时，可通过多种单一通风模式有机组合，构建通风模式灵活切换的通风系统，以应对多变场景，由此将可能实现全时段的高效室内环境保障。基于该思路营造非均匀环境的通风系统可称为多模通风系统，基本原理如图3-21-3所示。

多模通风系统，是指将针对实际中出现概率较高的多种典型特定场景具有较高保障能力的若干种单一通风形式，以一定的配置原则组合设计成一套通风系统，当源场景（热源、湿源、污染源）或需求场景发生变化时，快速决策出能够实现高效保障的通风模式和送风参数调节，以使在大部分时段内均可以更节能的方式实现需求保障。多模通风的核心思想为多种通风形式联合共同保障室内多种场景，该通风方式并非某种单一的新型通风形式，而是若干种单一通风形式的有机结合。在实际应用中，多模通风可以有多种构成方式，例如，由具有不同送、回风口的几种单一通风形式组合而成；由具有不同送风口、共同回风口的几种单一通风形式组合而成；由具有不同回风口、共同送风口的几种单一通风

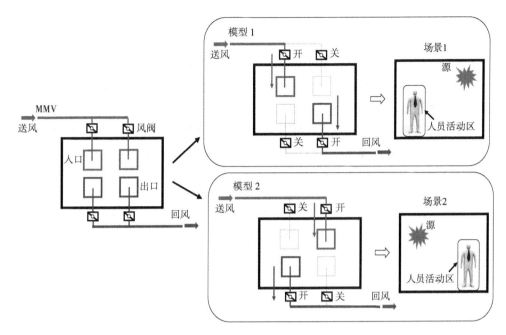

图 3-21-3 多模通风示意图

形式组合而成；若送风口（或回风口）自身也可作为回风口（或送风口）使用，则单一通风形式通过连接风管上的风阀调控，也可以实现多模通风系统。此外，从广义上讲，当送、回风口位置固定时，几个不同的送风方向和送风量选择，也可认为是多模通风系统。实际面向非均匀环境设计多模通风系统时，应充分考虑各种典型实际情况，选择合理的通风形式组合解决单一通风形式遇到的难题。多模通风的基本实现流程见图 3-21-4。

（四）非均匀环境营造的运行调控策略

传统均匀环境调控仅需进行单点控制（传感器安装位置），常采用反馈控制方法；但非均匀环境营造中，多个位置同时存在有差异的参数要求，需要首先获得多位置需求信息，之后针对多位置需求进行多点参数控制（图 3-21-5）。

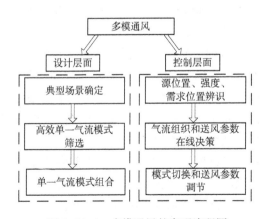

图 3-21-4 多模通风的实现流程图

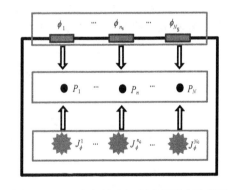

图 3-21-5 多点保障与多因素影响示意图

随着传感技术的发展，可以通过电子标签技术对人员所在位置和周围空气温湿度信息进行精确的获取，从而获得室内不同位置区域的需求与偏差状况的实时动态分布，确定需求信息和调控目标。在获得需求信息的基础上，需要开发针对多点需求的送风参数快速调控方法。由于每个位置的参数形成受送风条件、室内源条件、初始参数分布条件的共同影响，建立各需求位置参数与上述边界条件的定量关联式，是进行多点送风参数控制的基础，在此基础上可进一步增加约束条件，通过建立优化模型，计算出需要的送风参数调节量。总体优化问题建立过程见图3-21-6，基于建立的优化模型的求解结果，即可进行相应的一步或多步送风参数快速调控。

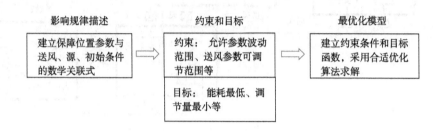

图 3-21-6 多点保障送风优化模型建立框架

四、技术应用

（一）应急通风

在某些应急状况下，要求通过清洁空气或者某些特殊气体的送入，快速、准确地将所关注区域的浓度控制到合理水平，以保证人们的生命安全。例如，反恐应急通风中，为解救室内人质，经通风系统送入麻醉气体以使人质区域的浓度尽可能低，而恐怖分子所在区域的浓度尽可能高，即实现面向人质和恐怖分子不同需求的非均匀环境营造；隧道火灾应急通风中，可采用局部通风创造出一逃生空气通道，在该逃生空气通道中向逃生人员呼吸区送入新风，以确保逃生人员的新风需求且防止隧道烟气直接流入逃生通道，即实现面向逃生人员新风需求的非均匀环境营造。

下面将以反恐应急通风为例，通过应用非均匀环境营造理论，建立数学模型对各个风口的送入浓度进行优化。具体算例如图3-21-7所示，房间采用地板送风系统，由8个地板散流器构成。假想人质事件在其中发生，图中红色的方块代表人员，恐怖分子和人质分别位于房间的前后两侧（Z轴方向）。控制目标为：保证恐怖分子所在环境中的浓度危害度高于 $14mg/m^3$（可危及生命），而人质所在区域的危害程度最低。

通过模拟优化，最终获得其室内麻醉气体浓度分布如图3-21-8所示。由图3-21-8可知，此时恐怖分子区域（上半区域）的浓度很高，而人质区域（下半区域）的浓度很低，营造了恐怖分子区域和人质区域具有显

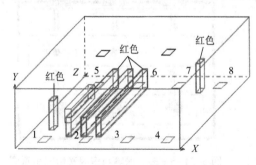

图 3-21-7 采用地板送风的房间示意图

著浓度差别的非均匀室内环境。此时最终优化的 8 个地板送风口的送风浓度分别为 42.4mg/m³、0mg/m³、0mg/m³、0mg/m³、12.6mg/m³、39.6mg/m³、0mg/m³、0mg/m³、19.0mg/m³。

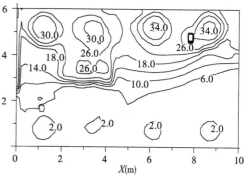

图 3-21-8　优化后的室内麻醉气体浓度分布

（二）高温回风处理系统

以夏季工况为例，非均匀环境中回风和室内热源区域的温度通常较高，此时若仍采用高品位（低温）冷源进行统一处理，则非均匀环境节约的空调能耗非常有限，无法实现大幅度降低。实际上，回风和室内热源均存在可以利用自然环境低品位冷源直接去除的可能性，剩余部分也有相当比例可以用中品位（高温）冷源进行处理，只有最难处理的那一部分才需要用传统的高品位（低温）冷源处理。基于该思想，在高大空间顶部安装自然冷却系统来排除顶部灯光、设备、太阳辐射等高温热源以降低高大空间类建筑的空调能耗，在数据机房内利用热管背板空调来处理高温回风从而可以使用高温冷水甚至自然冷源以降低机房空调能耗。

下面将以高大空间顶部自然冷却系统为例进行介绍，通过应用非均匀环境营造理论，以实现满足高大空间底部人员活动区的需求且降低空调能耗。高大空间在其顶部有大量的灯光、设备、太阳辐射等高温热源，通常存在明显的温度分层现象，从而形成典型的非均匀环境。此时采用高大空间顶部自然冷却系统［图 3-21-9（a）］，可利用低品位甚至自然冷源来单独处理顶部的高温区域，这样，即使在空调负荷总量略微增加的情况，由于自然冷源能效比高而最终仍然能实现节能。高大空间顶部自然冷却系统采用的自然冷源可来自直接蒸发/间接蒸发冷却塔、土壤源以及江河湖海和地下水等。而至于顶部空间的末端，同样可以有多种形式，干式风机盘管、被动式冷梁或者辐射吊顶等。以冷却塔为自然冷源，干式风机盘管为顶部空间末端的系统形式为例［图 3-21-9（b）］，通过模拟研究发现，高大空间顶部自然冷却水系统有可观的节能效果，最大节能率可高达 21.4%。

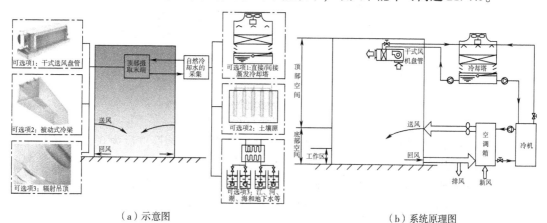

（a）示意图　　　　　　　　　　　　　　　　（b）系统原理图

图 3-21-9　高大空间自然冷却系统

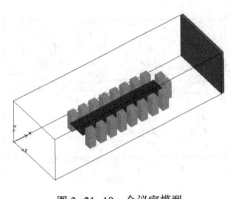

图 3-21-10　会议室模型

（三）面向多场景的多模式通风

以办公室为应用对象，对非均匀环境设计、调控的实现进行举例。会议室尺寸为 12m（长）×3m（高）×4m（宽），会议桌周围布置 18 个座位，如图 3-21-10 所示。针对夏季制冷工况，只考虑显热部分。根据实际会议性质不同，参会人员数量和所处位置分布将不同，呈现多种需求分布场景。此外，会议室中设备和通过窗传入的太阳辐射等热源的位置或强度将发生变化，呈现多种热源分布场景。

1. 典型场景确定

在进行多模通风设计时，需要首先确定典型的需求场景，假设充分考虑该会议实际使用特征后，已确定典型场景，见图 3-21-11。控制目标为维持人员占据区域的平均温度为 26℃。

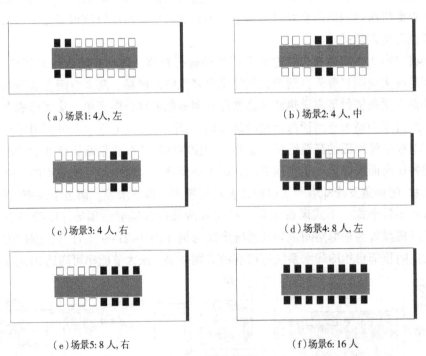

（a）场景1: 4人, 左　　　　　　　　（b）场景2: 4人, 中

（c）场景3: 4人, 右　　　　　　　　（d）场景4: 8人, 左

（e）场景5: 8人, 右　　　　　　　　（f）场景6: 16人

图 3-21-11　人员需求场景（占据位置数）

假设仅东侧墙为外墙，其余墙均为内墙（设为绝热），外墙厚度设为 0.2m，墙体室外侧对流传热系数为 20W/（m² · k），室外温度为 30℃。假设室内有一个发热设备，发热量为 600W；太阳光从外墙上的外窗入射到地面，引起地面发热量为 1500W。在不同时刻，设备和太阳照射区域均会发生改变，假设典型热源分布场景为：

（1）热分布 1：热源在地面（太阳辐射得热）；

（2）热分布2：热源在桌面靠左侧（设备发热）；

（3）热分布3：热源在桌面靠右侧（设备发热）。考虑实际需求场景和源场景时确定的典型场景见表3-21-1。

表3-21-1 典型场景设计

需求场景编号	1	2	3	4	5	6	1	1
源场景编号	1	1	1	1	1	1	2	3
典型场景编号	1	2	3	4	5	6	7	8

2. 单一通风形式初选

假设根据实际情况，初步选择4种单一通风形式（图3-21-12）：顶送顶回（通风形式1）、顶送顶回（通风形式2）、顶送顶回（通风形式3）和侧上送异侧下回（通风形式4）。送、回风口尺寸均为0.2m×0.2m，送风速度为1.5m/s。需要通过分析比较确定适合构建多模通风系统的2种单一通风形式。

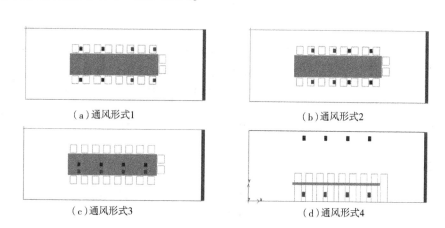

（a）通风形式1　　　　　　　（b）通风形式2

（c）通风形式3　　　　　　　（d）通风形式4

图3-21-12 4种单一通风形式

3. 多模通风设计

采用非均匀环境局部负荷对各单一通风形式对不同场景的保障效果进行评价，结果见图3-21-13。每种通风形式仅对部分场景高效保障，而无法对所有场景均实现高效保障。例如，通风形式1对场景1、2、4、6、8具有较好的保障效果，而通风形式2对场景3、5、7具有较好的保障效果，因此，选择将单一通风形式1、2组合成多模通风系统，构建后的多模通风系统见图3-21-14。热湿处理空气经主风道输送至支风道，在两条支风道上安装两个送风阀门调节送风的流向；室内回风经由支风道流向主风道后排出，在两条支风道上安装两个排风阀门调节排风的流向。实际通风形式的切换通过风阀的开/闭实现。

4. 面向多场景的运行调控

多模通风系统设计完成后，还需对多模通风进行有效的运行调控，基本思路如表3-21-2所示。

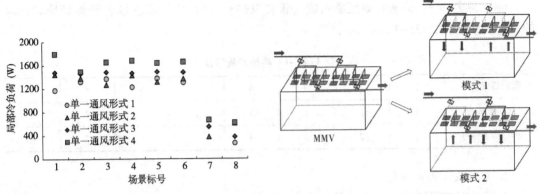

图 3-21-13　不同通风形式的局部空调负荷　　　图 3-21-14　构建的多模通风系统

表 3-21-2　典型场景设计

第一步	第二步	第三步	第四步	第五步
人员辨识源辨识（热、湿、污染）	获得实时场景，与各种典型场景类比，确定相似程度较高的场景	根据设计时对不同气流组织应对当前场景的优化气流模式	实时确定优化气流模式下的送风参数调节量	送风模式切换、送风参数在线调控

五、展望

为了进一步系统地研究面向需求的非均匀环境营造理论与技术，并使其在实际系统中广泛应用，未来还需在以下几个方面开展工作。

（1）理论研究方面。不同类型建筑空间的非均匀需求特征和典型需求场景确定方法；基于预测的非均匀室内环境调控理论。

（2）设备研发方面。针对实际建筑空间的局部需求特征，开发能高效保障局部区域参数的末端装置。

（3）系统设计方面。需要在通风形式选择、通风管道及阀门设计、空气参数处理装置设计、各送风末端冗余设备优化等方面进行研究，确定出兼顾经济性和节能的多模通风设计方法。

（4）系统调控方面。研究人员位置、工艺需求的实时获得方案，研发面向需求的非均匀环境的控制系统。

参考文献

［1］CROOK B, BURTON N C. Indoor moulds, sick building syndrome and building related illness ［J］. Fungal Biology Reviews, 2010, 24：106-113.

［2］MELIKOV A K. Advanced air distribution：improving health and comfort while reducing energy use

[J]. Indoor Air. 2016, 26 (1)：112-124.

［3］ HEISELBERG P. Room air and contaminant distribution in mixing ventilation ［J］. ASHRAE Trans actions，1996, 102 (2)：332-339.

［4］ SANDBERG M. Displacement ventilation systems in office rooms ［J］. ASHRAE Transactions，1989, 95：1041-1049.

［5］ LOUDERMILK K J. Underfloor air distribution solutions for open office applications ［J］. ASHRAE Transactions. 1999, 105：605.

［6］ MELIKOV A K. Personalized ventilation. Indoor Air. 2004, 14：157-167.

［7］ 马晓钧. 通风空调房间温湿度和污染物分布规律及其应用研究 ［D］. 北京：清华大学，2012.

［8］ SHAO X L, LI X T, LIANG C, et al. An algorithm for fast prediction of the transient effect of an arbitrary initial condition of contaminant. Building and Environment，2015, 85：298-308.

［9］ 梁超. 非均匀室内环境的空调负荷与能耗构成及其降低方法 ［D］. 北京：清华大学，2017.

［10］ 邵晓亮. 面向需求的室内非均匀环境营造若干关键问题研究 ［D］. 北京：清华大学，2013.

第二十二节　温湿度独立控制空调技术

一、背景

室内的温度、湿度控制是空调系统的主要任务。从 1904 年美国发明空调系统至今，100 多年来传统空调系统一直延续着通过冷凝除湿统一对建筑热湿环境进行调控的方法，夏季采用冷凝除湿方式（采用低温冷媒）实现对空气的降温与除湿处理，同时去除建筑的显热负荷与湿负荷来实现温湿度调控。

这种调节存在明显不足：

（1）传统空调方式通过冷凝除湿方法统一调控室内温湿度，但冷凝除湿较小范围的热湿比调节特性与建筑实际热湿比大范围变化不相适应，难以同时满足室内温度、湿度调节需求，如果借助再热等手段，将造成冷热抵消和能量浪费；

（2）传统空调方式利用统一冷源来同时满足降温与除湿需求，降温要求冷源温度低于空气干球温度即可，而除湿则要求冷源温度低于空气的露点温度，占负荷一半以上的降温需求，却与除湿需求一起共用低温冷源，限制了空调系统能效水平的提高。

要从根本上避免上述传统空调系统存在的问题，就需要借助新的空调理念来改变现有空调方式，需要从空调系统的整体结构上做变革性的创新。只有这样，才有可能实现在满足室内热湿环境调节需求的基础上大幅提高空调系统能效、降低运行能耗。

二、解决问题的思路

空调系统承担着排除室内余热、余湿、CO_2，保障空气质量等任务。

（1）排除余热可以采用多种方式实现，只要媒介温度低于室温即可实现降温效果，可以采用间接接触的方式（辐射板等），也可以通过低温空气的流动置换来实现。

（2）排除余湿、排除 CO_2 及室内异味等任务，就不能通过间接接触的方式，而只能通

本节供稿人：张涛、刘晓华，清华大学。

过低湿度或低浓度的空气与房间空气的置换（质量交换）来实现。

常规空调方式的排热排湿大都是通过空气冷却器对空气进行冷却和冷凝除湿，再将冷却干燥的空气送入室内，实现排热排湿的目的。由于采用热湿耦合处理的方式，为了满足除湿需求，冷源温度受到室内空气露点温度的限制，通常在 5~7℃。而若只是进行排除余热的过程，只需要温度为 15~18℃ 的冷源就可以满足需求。很多自然冷源如地下水，江、河、湖水等都可以作为排除余热所需的冷源，但对于热湿统一处理时所需的 5~7℃ 冷源，一般情况下只能通过机械制冷方式获得。在空调系统中，显热负荷（排热）占总负荷的 50%~70%，而潜热负荷（排湿）占总负荷的 30%~50%。占总负荷一半以上的显热负荷部分，本可以采用高温冷源排走的热量却与除湿一起共用 5~7℃ 的低温冷源进行处理，造成能量利用品位上的浪费，限制了自然冷源的利用和制冷设备效率的提高。而从空调系统承担的任务来看，排除室内余湿与排除 CO_2 等所需的风量与变化趋势一致，即可以通过送风同时满足排余湿、CO_2 等要求，而排除室内余热的任务则通过其他的系统（独立的温度控制方式）实现。由于无需承担除湿的任务，因而用较高温度的冷源即可实现排除余热的控制任务。

温湿度独立控制空调系统（Temperature and Humidity Independent Control of Air-conditioning Systems，简称 THIC 空调系统）是一种有效的解决途径。如图 3-22-1 所示，THIC 空调系统包含温度控制系统与湿度控制系统，分别控制室内温度与湿度。温度控制系统包括高温冷源、余热消除末端装置，推荐采用水或制冷剂作为输送媒介。由于除湿的任务由独立的湿度控制系统承担，显热系统的冷水供水温度可以从 7℃ 提高到 16~18℃，为天然冷源的使用提供了条件；即使采用机械制冷方式，与常规系统相比，制冷机组工作的温差大幅降低，有助于制冷机组能效水平的大幅提升。余热消除末端装置可以采用辐射板、干式风机盘管等多种形式。湿度控制的系统同时承担去除室内 CO_2、保证室内空气质量的任务，此系统由空气处理机组（处理新风或回风等）、送风末端装置组成。由于温度、湿度采用独立的控制调节系统，可满足房间热湿比不断变化的要求，克服了常规空调系统中难以同时满足温、湿度参数的要求，避免了室内湿度过高（或过低）的现象。

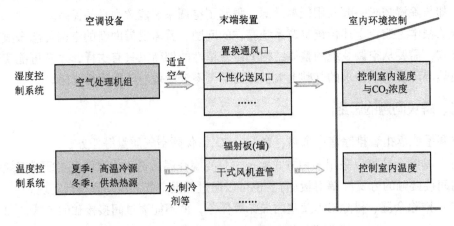

图 3-22-1　温湿度独立控制空调系统工作原理

三、技术方案

与传统空调方式相比，THIC 空调系统利用不同手段分别实现建筑温度、湿度调节，能够更好地满足建筑热湿环境调节需求：湿度控制系统利用干燥送风排出室内余湿，实现湿度调节；温度控制系统需要冷源温度从传统的 7℃提高到 17℃左右，为直接利用自然冷源提供了条件，即使采用机械制冷方式也可大幅提高性能水平。基于温度、湿度独立调节的空调理念，这种新型空调系统能够更合理地利用不同品位的冷源分别承担室内温度、湿度调节任务，有助于实现空调系统的高效运行。

温湿度独立控制（THIC）是一种空调理念，系统结构是开放的，各种设备均可构建此系统。针对不同气候区、不同建筑类型，可以构建不同的 THIC 系统方案，从温度、湿度独立调节的理念出发，建立合理的系统架构，选取适宜的设备。在较小规模的公共建筑中，利用"高温"多联式空调机组（工作在较高蒸发温度下）实现温度控制，利用单独的新风处理机组处理新风来实现湿度控制是这种场合温湿度独立控制的可能形式。在具有一定规模的公共建筑，可以根据不同建筑特点、需求等建立相应的 THIC 系统方案。以机场航站楼等高大空间为例，室内人员一般只在近地面处（<2m）活动，空调系统的任务即是保证人员活动区的温湿度需求。目前这类空间大多采用全空气空调系统，通过安装在空间上部或中部的射流式喷口送风，全面控制室内空间的热湿环境。根据温湿度独立调节的空调理念，在这些场所可以应用局部、分层控制的手段来实现热湿环境的有效调控，并大幅降低空调能耗：通过设置专门的空气处理系统和单独的送风系统（置换通风或其他下送风方式），将处理后的空气送入人员活动区，满足室内湿度调节需求；利用辐射地板等末端装置，利用高温冷水（16~18℃）、低温热水（35~40℃）分别满足夏季、冬季的温度调节需求。此外，在很多工业厂房如电子洁净厂房等，利用温湿度独立控制的分析方法，通过对这些场所的使用特性、功能特点等进行分析，也可以得到一些不同于现有处理方式的热湿环境调控方案。

与常规空调系统的设备不同，温湿度独立控制系统中的关键设备在运行工况、参数需求等方面存在显著差异（图 3-22-2）。例如，THIC 中的显热末端装置，利用高温冷媒或低温热媒满足室内温度调节需求，冷热媒与室温之间的换热温差显著小于常规末端方式，需要研究开发在小换热温差下性能优异的末端装置；高温制冷机组可以选取自然冷源（例如间接蒸发冷却方式等）方式，也可以选取机械蒸汽压缩方式，后者需要工作在较小的压缩比下，需要制冷机组的各部件进行相应的调整和优化；空气湿度处理装置是满足室内湿度调节的重要组成，需要将空气处理至能够满足室内湿度调节需求（排除室内多余湿负荷）的状态。采用不同的湿度处理方式来构建适宜的空气湿度处理流程，是 THIC 系统实施中需要重点研究的方面。

四、技术应用

（一）理论研究、工程应用和国际影响力

（1）在基础理论方面。《温湿度独立控制空调系统》专著于 2006 年由中国建筑工业出版社出版，第一次全面阐述了该新型空调系统形式；鉴于该新型系统已从最初的研究思

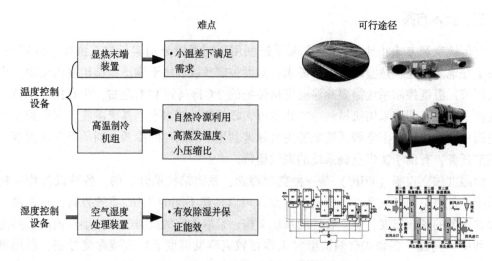

图 3-22-2　THIC 空调系统关键设备的研发需求

路与设想转变为在众多工程得到实际应用的发展趋势，2013 年《温湿度独立控制空调系统》第二版出版，其中约 90% 内容为重新撰写；全面介绍该新型空调系统的英文专著 *Temperate and Humidity Independent Control（THIC）of Air-conditioning System* 已于 2014 年由 Springer 出版社出版，有力促进了这一新型空调系统理念在国际范围上的传播和推广；该新型系统的设计指南已于 2016 年出版，为系统实际工程应用提供了有力的设计方法和参考。

（2）在设计方法与标准指南方面。此新型系统方式与设计方法逐渐被本行业的权威设计手册与标准规范采纳，《实用供热空调设计手册（第二版）》、GB 50736—2012《民用建筑采暖通风与空气调节设计规范》《全国民用建筑工程设计技术措施——暖通空调·动力》等行业权威设计手册和标准规范中均对温湿度独立控制空调系统相关内容给出分析介绍，将最新理论研究成果落实到系统设计，使得实际工程应用有规范可循、有标准可依。

（3）在国际影响及推广方面。日本、欧洲、美国等均已将温湿度独立控制及相关研究作为未来空调系统发展的重要方向。在 2012~2016 国际能源组织（IEA）建筑与社区节能协议（EBC）Annex 59 项目中，由中国牵头，多个国家（中国、丹麦、日本、比利时、意大利、韩国、德国、芬兰等）共同开展以 THIC 概念为核心的合作研究，致力于发展未来的新型空调方式。这是我国学者首次在国际能源署-建筑与社区节能（IEA-EBC）主持国际合作项目，有力推动了温湿度独立控制空调理念在国际范围内的传播和推广。

（二）相关产品的技术进展

在这样的大形势下，在产品开发和工程项目两条道上，温湿度独立控制空调系统都取得了可喜的发展。例如：

（1）珠海格力电器开发出大型变频离心式高温冷水机组，出水温度在 16℃ 时的标准工况下，COP 已经超过了 8.5 kW/kW。行业内多个冷水机组厂家也开发出了螺杆式高温冷水机组、磁悬浮离心式高温冷水机组等多种高温冷源设备。

（2）研制出基于吸湿溶液的空气全热回收装置和新风处理装置，利用同一装置可满足对空气进行热回收、除湿、加湿等多种处理需求，是完全不同于传统冷凝除湿方法的一种空气湿度处理装置，为构建适宜的温湿度独立控制空调系统提供了重要选择。

（3）研制出新的间接蒸发冷却装置，不需要蒸汽压缩制冷循环，理论最低出水温度为室外空气露点温度，实际开发出的间接蒸发冷却冷水机组的出水温度介于室外湿球温度与室外露点温度之间，为干燥地区构建 THIC 空调系统提供了重要的高温冷源设备选择。

（4）多种采用冷凝除湿、溶液调湿、转轮、透湿膜等技术的调湿装置出现。例如，日本大金（DAIKIN）公司推出一种将制冷系统与固体吸湿剂有效结合的新风处理装置 DESI-CA，将固体吸湿剂与制冷循环有效结合，为构建小型办公室等场所的 THIC 空调系统提供了重要选择。新风的湿度处理方式逐步趋于多样化。

（5）温湿度独立控制空调系统的发展重在对室内末端的革新。在温湿度独立控制空调系统及该空调理念的推广带动下，多种空调末端产品相继涌现，包括干盘管、毛细管、冷梁、辐射板、置换通风型末端等多项系列产品。THIC 空调理念的传播有力推动了毛细管辐射板等辐射式空调末端产品的发展，促进了这类产品的应用。

伴随着我国城镇化与城市建设步伐的不断加快，提高建筑运行能效、降低建筑能耗是实现经济社会可持续发展的重要途径，而温湿度独立控制空调系统的推广与应用为构建建筑高效用能系统、开展建筑节能工作提供了有效技术支撑。该新型空调系统已逐渐得到社会认可，并在越来越多的实际工程中得到应用。较早应用 THIC 空调系统的办公建筑是2007 年投入运行的深圳蛇口招商地产南海意库工业厂房改造项目，目前这座建筑是招商地产总部的办公大楼。2012 年，作为又一个代表 THIC 阶段性标志的项目，咸阳机场 T3 航站楼正式投入运行。这是国内第一个高大空间全面采用辐射地板与置换通风联合供冷的工程案例。据不完全统计，截至 2015 年底温湿度独立控制空调系统的应用建筑面积已超过2000 万平方米。

五、展望

温湿度独立控制是一种从实现室内温度与室内湿度独立调节出发的空调理念，以该理念为基础的温湿度独立控制技术及相关产品、设备的应用已获得飞速发展，但相关研究和设备研发等工作仍需得到进一步研究。

首先是理论体系与设计方法的深化完善。不同地域气候条件、不同使用功能的建筑中，温湿度独立控制空调可以有多种形式，如何选取合理的温湿度独立控制空调方案及设备形式就成为亟需解决的问题。设计方法的深化分析可以为合理系统设计提供指导，一些关键问题如辐射末端的应用设计等也需进一步给出合理分析，进一步完善 THIC 方式的理论体系。

其次是相关设备产品的进一步研发。THIC 空调理念为空调设备、产品的研发提供了新的思路，多种高温冷源设备如高温多联式空调机组、新型新风除湿设备、承担显热负荷的末端设备如辐射末端等都还需要进一步研发，现有产品也还有性能进一步改进和提高的余地，适用于多种工业场所、性能优异的 THIC 空调产品和设备也是需要研究的方面。

再次是实际运行的反馈与再认识。从实际应用中可以找出在方案设计、产品设计生产中未注意或忽略的问题，将这些问题加以总结思考，可以进一步完善温湿度独立控制空调技术。在运行中，可以完善控制调节如系统全年运行控制方案、日常运行策略等内容；可对一些设计中不易确定的影响因素如渗透风的影响等进行实际评估；可以实际测试空调系统的运行性能，分析关键设备性能、系统能效等，为设备研发等工作提供实际数据。

参考文献

[1] 清华大学建筑节能研究中心. 2014 中国建筑节能年度发展研究报告 [M]. 北京：中国建筑工业出版社，2014.

[2] 张涛，刘晓华，江亿. 集中空调系统各环节温差及提高性能的途径分析 [J]. 暖通空调，2011，41（3）：22-28.

[3] 刘晓华，江亿，张涛. 温湿度独立控制空调系统 [M]. 2 版. 北京：中国建筑工业出版社，2013.

[4] ZHAO K, LIU XH, ZHANG T, JIANG Y. Performance of temperature and humidity independent control air-conditioning system applied in an office building [J]. Energy and Buildings, 2011, 43：1895-1903.

[5] ZHANG T, LIU XH, JIANG Y. Development of temperature and humidity independent control（THIC）air-conditioning systems in China [J]. Renewable and Sustainable Energy Reviews, 2014, 29：793-803.

第二十三节　空气净化技术

一、背景

随着大规模集成电路的芯片线宽从 32nm 到 12nm、晶圆片尺寸从 20.32cm（8 英寸）到 45.72cm（18 英寸），平板液晶显示器从 2200mm×2500mm（8.5 代线）到 2880mm×3130mm（10 代线）的快速发展，现有的一般净化厂房净化等级已不能控制空气中颗粒物、酸碱气体、VOC_s 对产品造成的粒子污染、光刻胶分解和破坏。用于电路图形生成和复制的光刻技术，在每一代集成电路技术的更新中都扮演着技术先导的角色。

随着线宽的光刻工艺由 0.5～0.35μm 缩小至 0.25～0.1μm，以及 193i 浸入式光刻工艺的发明，又将线宽缩小至 32nm，而今由于极紫外光刻技术的发明，线宽已缩小至 7nm，使得制程环境污染的防治重点已由微粒（Particle）转移至分子级空气化学污染（AMC）。

二、解决问题的思路和方法

从通风专业的角度来看，空气化学污染物的特点是：

（1）颗粒度<0.01μm 通常在 0.2～5nm 的范围；

（2）在通常状态下是以蒸汽或气体状态存在；

本节供稿人：陈二松，南京天加环境科技有限公司。

（3）可以完全穿透常规高效过滤器/超高效过滤器；

（4）不能使用粒子计数器检测。

目前，空气污染控制技术主要针对微电子、光电子领域。国际半导体设备与材料协会的标准 SEMI F21-95 将空气化学污染物分成四大类：酸性气体、碱性气体、气相可凝聚化合物和气相掺杂化合物四大类。但即使同类中的不同污染物之间性质差别也很大，某些污染物的浓度可随环境的温度、湿度变化而改变以及污染源有很大的随机性等，且品种、数量之多已是不胜枚举。由于改性活性炭技术的进展，对于很多污染气体已能达到对症下药，有针对性地控制空气化学污染。在应用中，供应商提供的不仅仅是化学过滤器，而是根据现场环境的特点提供最有效的解决方案。准确提供洁净室及相关受控环境中污染气体的品种和浓度的水平，将为过滤器供应商更合理地选用充填介质的配方及配比创造条件，控制环境中的化学污染物达到所在环境限定的浓度值，最终将取得更佳的净化效果。

三、技术方案

（一）空气化学污染的控制技术

在洁净室 HVAC 系统中安装化学过滤器系统，可以有效地降低 AMC 浓度，使之达到或低于所用监测技术能达到的探测程度。分别叙述如下。

1. 新风处理系统

新风处理系统主要处理对象是室外空气，新风系统通常必须被设计成能控制 SOx、NOx、臭氧、挥发性有机物，以及一些该地区特定的污染物或如氯、有机磷、氨等。

2. 再循环风系统

处理对象是新风+再循环风或单一再循环风。在再循环风系统中的化学过滤器必须被设计成能除去大量的酸、碱、碳氢化合物和其他挥发性有机化合物的能力，因为这些都是在生产制造过程排放的，污染物数量较大。再循环空气系统要求空气化学过滤器基于功能区域污染物的种类以及工艺过程的要求来选择对 AMC 相应的控制。

3. 微环境通风系统

所谓微环境，是一个通过分隔设计，使这一局部环境能单独控制气相污染。分隔设计使生产操作区与工作人员及洁净室的其他区域环境能有效地隔开，尤其在一个生产设施中的某些局部区域存在一些特殊的污染物，或某一生产过程的产品对污染物特别敏感，为此，要求在大通间的洁净室（Ballroom）通过分隔设计形成局部的微环境。

在微环境中可以采用一些专门的化学过滤器或专门定制的过滤介质。这样可在一个较小的环境中可达到某些特殊严格的要求，比起在整个大通间这种形式的净化，不但能满足高标准的技术需要，还大大降低了能源消耗，同时也降低了生产成本。对于微型环境洁净度的要求，可达到更先进的净化标准，即从 ISO 2 级提升到 ISO 1 级；另外，对整个洁净室的洁净度可以被轻松地从目前的 ISO 6 级到 2012 年以后下降到 ISO 7 级，到 2019 年以后可下降至 ISO 8 级，这几乎已接近一般的居室环境。根据 ITRS 要求摘录相关标准在表3-23-1 中。

表 3-23-1　ITRS 洁净室整体与微环境洁净度及化学污染要求

年份		2005	2007	2010	2013	2015	2019
动态随机储存器半节距（nm）		80	65	45	28	24	17
临界颗粒物尺寸（nm）		40	33	23	20	15.9	10
洁净室整体洁净度		—	ISO 6 级	ISO 6 级		ISO 7 级	ISO 8 级
微环境局部洁净度		—	ISO 2 级	ISO 1 级	—	ISO 1 级	ISO 1 级
微环境化学污染控制（在气相中）	总酸（包含有机酸）（pptM）	—	1000	500	—	500	—
	总碱（pptM）		5000	2500		2500	
	可凝聚有机物（pptM）		3000	2500		2500	
微环境化学污染控制（晶片表面沉积极限）可凝聚有机物（一天暴露的表面）（ng/cm²）		—	2	0.5		0.5	

4. 最终废气排放处理系统

对于最终空气排放系统，就不仅仅是去除化学污染物，也必须具有除尘的功能。因此，该系统应包括气体净化器和颗粒污染物收集器等，并要求达到所谓的 EHS solutions，即环境、健康和安全的解决方案。图 3-23-1 所示为 ITRS 洁净室化学污染控制综合解决方案。

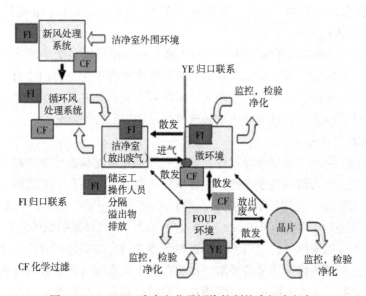

图 3-23-1　ITRS 洁净室化学污染控制综合解决方案

（二）空气化学过滤器

化学过滤器所采用的各种不同技术，市场上可供选择的空气化学过滤器种类繁多，使得选择最经济、最合适的过滤器成为一件比较难的事。每种过滤器都有其优点及缺点，分别如下。

（1）粒状活性炭。吸附面积大，1g 活性炭的吸附面积高达 1000m²，吸附量为自重的 1/5~1/6（每升活性炭重 485g 左右）。它具有使用广泛、对氯和许多有机物去除能力高、成本低等优点，但是，它会发生优先吸附与解吸、对甲醛等低分子量有机物无效、高湿条件下性能降低且易滋生细菌和真菌。

（2）浸渍活性炭。它具有浸渍状态去除单项或成组污染物的能力提高、气体与介质的结合不可逆、粒状介质产品的剩余寿命可测等优点，但是浸渍方法与浸渍程度对实际性能会有不利影响，材料不具兼容性且成本较高。

（3）高锰酸钾浸渍氧化铝。高锰酸钾可与很多污染物产生反应，它具有气体与介质的结合不可逆、细菌真菌不易滋生、无毒无害等优点，但是，它对有机物、氯的效果偏低，可能有粒子产生。

（4）浸渍炭+氧化铝。它具有去除特定气体的能力高、气体与介质的结合不可逆、无毒等优点，但是，它因浸渍减少了表面积，对 VOC 效果偏低，可能有粒子产生。

（5）混合吸附介质。可在一个过滤器中放入两种以上介质，提高过滤能力，因此在许多场合，比单一介质系统的效果更好。但是，它在薄床层系统中，污染物接触合适介质的机会降低。

（6）载有吸附介质的非织造材料。其效率可与大宗介质床层相媲美，为提高性能，可将吸附介质混合，可以将有些类型的介质褶皱，用于标准的过滤器，可作为 AMC 与粒子的联合过滤器使用。但是，它比大宗介质产品的介质含量低，去除能力较低，所以更换较频繁，不同类型间性能差异很大。

（7）黏合介质板。炭含在一个自支撑板中，厚度为 25~50mm。其平板形状使其可用在很多种类的过滤器及相关配置中；没有粒状活性炭的尘埃释放问题。但是，黏合工艺使吸附力大大降低，压降相当高，初始效率与平均效率低，产品（物理特性）随使用降级。

（8）粒状活性炭。它对特定污染物去除效率很高，其平状可用于很多种过滤器及相关配置中。但是比大宗介质的去除效率低，成本高，是粒状活性炭的 5~20 倍。

（9）离子交换器。它对特定污染物有非常高的效能，可用在很多种过滤器及相关配置上。但是价格昂贵，成本为粒状过滤器的 5~20 倍。

四、产品化或工程应用情况

在洁净室的暖通空调系统（Heating Ventilation Air-Conditioning，简称 HVAC）中，包括新风机组（Make-Up Air Unit，简称 MAU）和循环风机组（Recirculation Air Handling Unit，简称 RHU）都应配置合适的空气化学过滤器，在风机过滤单元（Filter Fan Unit，简称 FFU）中配置化学过滤网以及专用化学过滤装置，以满足大环境、微环境中维持合格的空气质量。此外，为了各生产工序设备维修的需要，必须设置可移动的深层空气化学过滤器，专门去除局部高浓度的污染气体，否则高浓度的污染气体进入主回风系统将会带来污染控制系统失调，经济上也很不合理。

室外空气经由 16~20 个功能锻有机组合成的新风机组的四级过滤，处理新风中的悬浮粒子和空气化学污染物，达到 ISO 5 级洁净度送入回风夹层，再由超高效净化风机过滤单元处理到 ISO 1 级，实现核心区 ISO 1 级洁净度，并将空气化学污染浓度值受控为 ppb-ppt 范围，即 $10^{-9} \sim 10^{-12}$。图 3-23-2 示出了控制空气化学污染实施系统的平台总体思路。

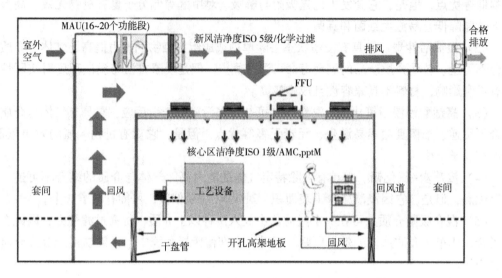

图 3-23-2　控制空气化学污染实施系统的平台总体思路

新风机组是该实施系统的首要关键设备。新风机组箱体结构的设计，在面板铝型材上插装隔热型材成为一体化铝塑型材，铝型材边带有凹凸槽，凹凸槽相互衔接时形成榫头，再通过螺栓紧固形成严密的迷宫式密封。对该实施系统（图 3-23-2）的工程化建设，包括空调自动监控、风机过滤机组（FFU）群控监测、粒子在线监测。

工程化应用后，核心区洁净度检测按国际标准 ISO 14644-1：2015，两台 PMS 粒子计数器（采样量 28.3L/min）同时检测（进行数据比对），每个点采样 3 次，每次采样 90min，每个点测 4.5h，连续检测 20h。六个通道（0.1μm、0.2μm、0.3μm、0.5μm、1.0μm、5.0μm）全部达标，达到 ISO 14644-1：2015 空气洁净度分级标准的最高等级 ISO 1 级。

五、展望

洁净室空气净化技术行业在我国属于快速发展的新兴行业，洁净室工程所涵盖的技术水平和科技含量较高。IC 半导体、光电行业等对洁净室工程要求严苛，业内仅有少数企业具有规划和建造 IC 半导体、光电行业所需高等级洁净室的技术，而此类技术的取得需要长时间的研发和洁净室系统集成的经验积累。随着下游企业自身技术的发展以及生产工艺特殊性的逐渐显现，其用户的需求呈现个性化、多样化、复杂化的趋势，对洁净室工程服务企业和洁净设备制造厂家提出了更高的技术创新能力和研发能力要求。未来的洁净技术走势：

（1）洁净技术标准国际化，对照 ISO 14644 系列标准，建立中国的技术标准体系。

（2）超大面积、大跨度、大空间、高洁净度洁净厂房的发展。例如，合肥京东方 10.5 代 TFT-LCD 面板生产线核心区 268m×318m，单体 8 万平方米，二层（16 万平方米）；上技术夹层 3.9m，工艺层 9m，下技术夹层 6.5m，建筑层高 40m。

（3）设备"工艺化"，工程"产品化"，产品"模块化"。

（4）节能途径，例如，精确的热工计算，避免"过度设计"；HVAC 系统，避免"冷热抵消"；空调功能与净化功能分离，除湿、降温、净化分开实施；风机采用变频电动机、FFU 采用无刷直流电动机；研发新型滤材降低过滤器阻力；研发节能高效主机；余热回收或冷凝热回收等。

参考文献

[1] KINKEAD DA，GRAYFER A，KISHKOVICH O. Prevention of Optics and Resist Contamination in 300mm Lithography-Improvements in Chemical Air Filtration ［C］. Metrology, Inspection, and Process Control for Microlithography XV, Neal T. Sullivan；Proc. SPIE Vol. 4344；Ed. 2001，739-752.

[2] 安志星，白玉山. 空气化学污染探讨 ［J］. 洁净与空调技术，2010（2）：65-70.

[3] 刘兴学、邓志伟、蔡春进、李寿南. 应用化学滤网去除某晶圆厂黄光区洁净室的氨气 ［J］. 工业安全卫生，2018（3）：8-27.

[4] C. MULLER，DORAVILLE，GEORGIA，Comparison of Chemical Filters for the Control of Airborne Molecular Contamination ［C］. ICCCS 2004，Bonn，Germany.

[5] 刘媛娜. 谈 300mm 晶圆厂洁净室光刻区域环境中 NH_3 和 SO_2 的控制 ［J］. 电子工业设备，2006（142）：19-23.

第二十四节　空气除湿技术

一、背景

目前，空气除湿的手段包括加热除湿、通风除湿、冷却除湿、液体吸湿、固体吸湿、电解除湿。

（1）加热除湿。加热除湿只能降低空气的相对湿度，不可改变其绝对含湿量，所以并不是一种根本性的除湿方法；然而，由于加热方法简单、设备经济，在某些场合被广泛采用。

（2）通风除湿。若室外空气的含湿量较室内的低，就可以采用通风手段达到除湿目的；然而，单纯的通风不能兼顾室内温度的调节，因此结合了加热与通风的除湿方法就克服了各自的不足，在自然条件允许的前提下可达到经济、便捷、可靠的除湿效果。

（3）冷冻除湿。冷冻除湿是目前应用最广泛的一种方法，其原理很简单，即需要除湿的空气经过喷水室或表面式冷却器，空气温度降低至露点温度以下，其中的水凝结析出，达到除湿目的。要求喷水室喷洒的冷流体（水/盐水）温度低于空气的露点温度，通过表面式冷却器的冷流体（水/盐水或制冷剂）温度同样低于空气的露点温度。这种方法的优点是用一套设备同时实现了空气的冷却、除湿处理，且效果可靠、使用方便，其缺点是投

本节供稿人：姚如生、黄培炫，广东吉荣空调有限公司。

资和运行费用较高。

（4）液体吸湿。需要除湿的空气中的水蒸气分压力大于液体吸湿剂（盐水或醇类）表面的水蒸气分压力，空气中的水蒸气分子自发地向液体吸湿剂表面转移，达到除湿目的。可见，液体吸湿剂的浓度越高，除湿效果越好、除湿效率越高。然而随着除湿进行，液体吸湿剂的浓度下降、除湿能力下降。为了重复利用液体吸湿剂，需要对其进行再生处理。

（5）固体吸湿。固体吸湿的原理分两类，一类是固体吸湿剂表面的水蒸气分压力低于空气中的水蒸气分压力，空气中的水蒸气分子自发地向固体吸湿剂表面转移并发生化学反应，生成含有多个结晶水的化合物，同时释放化学反应热；另一类是固体本身具有大量孔隙，形成大量的吸附表面，利用水蒸气分压力差吸收空气中的水蒸气，达到除湿目的。这两类固体吸湿剂均需要再生和及时补充，以保证连续除湿的效果。需要注意的是，固体吸湿处理后的空气温度升高。

（6）电解除湿。电解除湿的基本原理是应用只能传导（氢）质子的固体电解质膜，在外加电场作用下电解空气中的水分子，从而达到除湿目的。由法拉第定律可知，电流越大，相应的质子的迁移越多、电解效率越高，因此空气湿度越大，稳态电流值越大，相对应的电解除湿量越大。在相同的相对湿度条件下，温度越高，稳态电流值也越高，与之相应的单位时间除湿量也越大。然而实际应用表明，该方法的除湿效率较低，目前只适用于一些小型高密闭空间的除湿作业。

上述除湿方法各有特点和适用场合。随着社会发展和技术进步，越来越多的生产、生活场所对室内热湿环境提出了日益严格的要求。在这样的背景下，单一的除湿技术往往难以满足要求，或造成大量的能源消耗。因此，在积极开发新方法的同时，如何合理应用传统的除湿技术达到工艺要求，是每个暖通人需要认真思考的问题。

二、解决问题的思路和方法

正如前面所提到的，单独的加热、通风手段不能满足室内空气的热湿处理要求时，结合两者的空气处理系统或许能够满足工艺要求。例如，工业恒温恒湿机组，空气经过冷却除湿后，为满足送风温度要求，需要将空气再次加热。倘若另设加热器，固然可以满足送风温度要求，但也带来了较大的能量浪费。因此，工程师将部分（或全部）冷凝器置于制冷循环蒸发器的空气通道的下游，那么离开蒸发器的空气先经过冷凝器，被加热至较高温度后再送出，从而回收了制冷循环的余热，在满足送风要求的前提下实现了节能减排。图3-24-1简述了某类工业除湿机的系统原理。

可见，传统的除湿方法未必不能满足新的温湿度控制要求，所需要的是把握空气处理过程，灵活运用多种除湿方法，在满足空气处理要求的

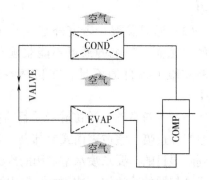

图3-24-1 某类工业除湿机组系统原理
COMP—压缩机 COND—冷凝器
EVAP—蒸发器 VALVE—膨胀阀

前提下，降低能源消耗、减少系统冗余、提高设备的利用效率。

以工业空调为例，起初有工程师提出蒸汽压缩式制冷循环除湿+雾化溶液除湿的复合系统（图3-24-2），旨在充分利用自然冷源（地表水或地下水，水温16~20 ℃），提升蒸汽压缩式制冷循环的蒸发温度，改善冷机除湿的能效，从而增加复合系统的除湿效率。该系统的工艺（空气）流程为：室外新风首先通过间壁式换热器预冷除湿，再经过雾化溶液二次除湿后送入室内。由于雾化除湿过程可自主调节空气温度，该系统在满足除湿要求的前提下改善了送风温度的调节范围。模拟与实验研究表明，该系统的除湿量较单独的高温冷冻除湿和雾化溶液除湿分别增加了140%、130%，同时减少了系统的初投资和

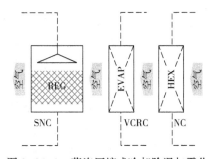

图3-24-2　蒸汽压缩式冷却除湿与雾化
溶液除湿复合系统原理
EVAP—蒸发器　HEX—间壁式换热器
NC—自然冷却循环　REG—再生器
SNC—溶液循环　VCRC—蒸汽压缩制冷循环

运行费用。受该系统启发，又有技术人员提出了蒸发冷却冷凝除湿复合新风系统（图3-24-3），旨在回收室内排风及蒸汽压缩制冷循环的冷凝余热，同时建立蒸发式（预）冷却+蒸汽压缩式二级冷却的梯级除湿结构，从而降低压缩机能耗、提高新风系统的能效。该系统的工艺（新风）流程为：室外新风首先经过一级间壁式换热器完成预冷除湿，再经过二级间壁式换热器（蒸汽压缩式制冷循环的蒸发器）二次冷却除湿，最后经过三级间壁式换热器回收排风余热后送入室内。实测数据表明，室内排风经过第三级间壁式换热器吸收送风的冷量后接近饱和状态，切实提高了蒸发式冷却器（REG）内热质传递过程的能质效率。

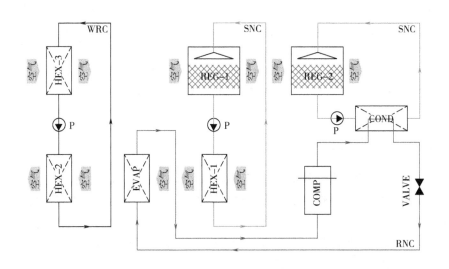

图3-24-3　蒸发冷却冷凝除湿复合新风系统原理
COMP—压缩机　COND—冷凝器　EVAP—蒸发器　HEX—换热器　P—泵　REG—再生器
RNC—制冷循环　SNC—溶液循环　VALVE—膨胀阀　WRC—水循环

技术的进步和市场的成熟化发展促使设备制造商向整体解决方案服务商转变。今天的公共设施冷热工程已逐渐打破过去的行业隔阂，成功转型的设备制造商不仅为项目提供相关设备，还承担了方案规划、系统设计、项目施工、运营维保等一系列服务。这种新的服务结构（模式）约束了寻租环境、遏制了嵌套腐败，使设计者得以从更宏观的层次把握公共（冷热）需求，优化系统设施规划和设计、减少设备（资源）冗余、降低能源消耗、提高能量的利用效率。

以（工业用）深度除湿工艺为例，传统的设计者通常采用多级冷冻除湿或搭配转轮或溶液除湿的结构。为达到送风温度要求，必须设置再热器，以提高空气处理后的温度。在这样的方案下，系统各元素（模块）之间的独立性较强，设备冗余现象突出，能量浪费严重。为响应可持续发展战略，应充分考虑可再生能源在项目中的应用，同时重构系统方案，以加强各元素之间的关联性、减少无效冗余、提高能源利用率。综合考虑目前可再生能源利用技术的成熟度、经济性，以及与冷热工程的关联性，提出太阳能光伏/热驱动的蒸汽压缩式制冷结合雾化溶液除湿复合系统。所述复合系统综合利用太阳能光伏/热技术、蒸汽压缩式制冷技术、液体吸湿技术、蓄热技术等相关技术储备，以实现经济—生态效益。其系统方案规划如图 3-24-4 所示，在夹点分析和过程集成的指导下，按照规划区域

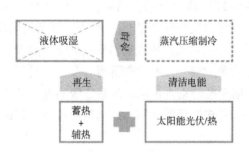

图 3-24-4 太阳能光伏/热驱动的蒸汽压缩式制冷结合雾化溶液除湿复合系统方案规划

内的电、热负荷确定太阳能光伏/热容量；根据湿负荷匹配液体吸湿设施/备容量；根据区域自然条件和液体吸湿剂再生热负荷选配蓄热、辅热设施/备容量；根据区域自然条件和液体吸湿剂冷却负荷选配蒸汽压缩式制冷子系统；同时匹配相关部件、管路和保温措施等。所述复合系统一方面实现了规划区域内的热、电自产，另一方面利用太阳能转化的电能驱动冷机以冷却液体吸湿剂，较传统冷冻除湿大幅提升了冷机的能效比、削减了冷机容量；同时太阳能转化为热能，结合蓄热设施/备为液体吸湿剂再生提供能量。即构成了一个清洁能量环流。

三、组合除湿的技术方案

正如前面所提到的，组合除湿设计应建立在系统（全局）概念上。第一步，应明确规划区域内的所有能量目标，包括所有冷、热、电负荷。第二步，对这些能量目标初步设计一套最简单的匹配设施，暂不考虑热回收。第三步，从全局视角把握每个能量流动的过程，绘制过程流程和能量网络。第四步，根据能量网络绘制冷、热组合曲线并统计过程夹点。第五步，根据质量守恒及热力学第一、第二定律制作问题表，绘制冷、热级联图；在此基础上，绘制位移组合曲线（The Shifted Composite Curve, SCC）以及总组合曲线（The Grand Composite Curve, GCC），同时完成最大热回收设计。此时，最初的系统设计已被更改，须根据最终的组合曲线调整系统设计。组合曲线不仅反馈净加热、净冷却量，还限定

了最小（或经济）传热温差。夹点分析（Pinch Analysis）的优势源于其 3 条准则：

（1）夹点不传递能量；

（2）夹点以上无需冷公共工程；

（3）夹点以下无需热公共工程。按此方法构建的系统，实现了规划区域内最大程度的热回收，而夹点的大小（Groove）则决定了系统的初投资。

工业应用上最常用的组合除湿方式主要是冷冻除湿+转轮除湿，利用冷冻除湿在高温高湿工况下有较强的除湿能力，先把大部分水蒸气冷凝析出，再利用转轮除湿可以处理低温低湿空气的特点，获取低温低湿空气。较新型的组合除湿方式有太阳能光伏/热驱动的蒸汽压缩式制冷+雾化溶液除湿。

现以太阳能光伏/热驱动的蒸汽压缩式制冷结合雾化溶液除湿复合系统为例，简述组合除湿技术方案。图 3-24-5 描述了该复合系统的流程。从该图中可知，需要处理的空气依次经过第二级、第一级雾化溶液除湿模块（DEH-2、DEH-1），达到深度除湿目的；如果经过除湿处理后的空气需要再热，可从太阳能热水循环（图中连接 PV/T 的红色线，SRC）取热（图中未显示）。经过再生（REG）的高温浓溶液自浓溶液罐（CST）泵送至溶液回热器（SHEX），预冷后经自然水冷换热器（NC）二次冷却降温，再通过蒸汽压缩式制冷循环（VCRC）的蒸发器（EVAP）达到目标温度，成为低温浓溶液。此后依次通过第一级、第二级雾化溶液除湿装置（DEH-1，DEH-2），吸收空气中的水蒸气，成为较低温度的稀溶液；此后由稀溶液罐（DST）进入溶液回热器（SHEX），被高温浓溶液加热；再经过再生加热器（REH）加热至目标温度，成为高温稀溶液；最后于再生器（REG）内被高温干空气脱水，再度成为高温浓溶液，返回浓溶液罐（CST）完成一次能

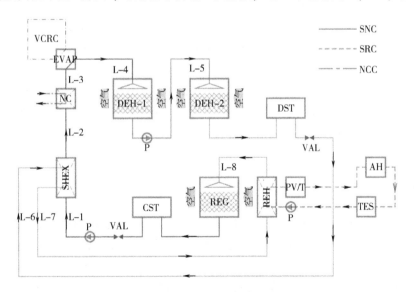

图 3-24-5　太阳能光伏/热驱动的蒸汽压缩式制冷结合雾化溶液除湿复合系统流程

AH—辅热　CST—浓溶液罐　DEH—雾化溶液除湿　DST—稀溶液罐　EAVP—蒸发器　NC—自然水冷换热器

NCC—自然水冷循环　P—泵　PV/T—太阳能光伏/热　REG—再生器　REH—再生加热器　SHEX—溶液回热器

SNC—溶液循环　SRC—太阳能热水循环　TES—蓄热器　VAL—阀　VCRC—蒸汽压缩式制冷循环

量循环。在上述循环内，自然水冷（NC）与蒸汽压缩式制冷（VCRC）不必同时参与浓溶液的冷却，应从节约能源和降低成本两方面综合考虑此处热回收的分配。

仿真结果表明，与传统冷冻除湿系统相比（除湿条件相同），该复合除湿系统可节约55.7%的能量消耗，其等效发电效率为8.7%。另外，双级雾化除湿结构实现了能量的梯级利用，因此该复合除湿系统在（溶液）除湿环节的熵产生较单级溶液除湿系统减少了约65.4%，大幅提升了系统的能量利用效率。

四、组合除湿技术的发展与应用

正如前文所述，组合除湿技术的发展经历了简单拼接、有机融合以及全局规划3个阶段。从目前已公开的文献资料看，工程项目需要和（环保）政策鼓励是组合除湿技术产生和发展的动力之源。一方面，工业技术的进步对除湿效果和效率不断提出更高的要求，开发新方法和传统技术升级是设计者的必然选择。另一方面，综合考虑技术成本、投资收益、政策优惠等因素，组合除湿方法成为多数企业的首选。目前，美国、欧洲、日本、印度、中国等国家和地区都在探索更有效、更经济的除湿方法。其中美国的研究主要集中在新方法和新材料，欧洲、日本主要致力于组合除湿方法与新能源的融合，中国近年也开始向这一领域发轫，但对基础研究的投入明显不足。

与理论研究的发展速度和规模相比，组合除湿技术的实际应用显得落后很多。这种现象在国内尤其明显，其原因大致包含以下几个方面。

（1）相关学科领域基础研究落后，对区域能源规划的认识还不到位；

（2）相关政策制定部门的理论知识较薄弱，规范、标准、文件的制定出台机制不完善、修订更新不及时、条文不清晰不准确；

（3）公众和广大设计者对能源环境问题的认识还不够清晰、深入。

在产品化方面，以广东吉荣空调的工业除湿机为例，其发展大致历经3个阶段：

第一阶段，升温型设备，研发于1995年，主要用于沿海配电房、制药及军事场所；

第二阶段，调温型设备，研发于1998年，主要用于海岛军事、仓库、制药等领域；

第三阶段，降温型设备，研发于2001年，主要用于化工、医疗领域。另外，从2000年起，冷冻除湿结合转轮除湿机的组合除湿方式，广泛应用于锂电池、胶片、血制品等不同低湿（低温）行业。

五、展望

组合除湿方法是一种全局设计的除湿理念，虽然其理论研究工作已进入能量目标和过程集成阶段，但相关基础性研究和工程实践还远远不够。未来仍需要在以下几方面继续开展工作。

（1）基础理论和设计方法的深化完善。不同地域气候条件、不同应用场合，组合除湿系统的具体形式千差万别，如何设计系统的主体结构和方案需要分类讨论。基于热力学理论的能量目标和过程集成方法需要进一步深化完善。一些关键设备产品的优化设计升级亟待开展。

（2）相关设备产品的进一步研发。虽然全局设计的组合除湿方法淡化了具体设备的存在，但并未削弱相关设备产品的重要性。相反地，基于过程集成的换热设备、热质交换设备亟待优化升级，个别设备或部件还需要进一步研发，以适应更多样、更复杂的工商业场所和过程。

（3）实际工程应用与政策推行。应加快相关政策、法规、标准、规范的制定和出台，并在实际工程项目中积极推行组合除湿方法，及时总结反馈回来的运行数据，找出影响系统性能的敏感因素，为关键设备（部件）以及过程环节的优化提供实际数据。

参考文献

[1] 陈维玲, 胥海伦, 刘东, 周李茜. 复合除湿系统的可行性分析 [J]. 制冷与空调, 2016, 30 (5)：564-567.

[2] 查小波, 张伦, 张小松. 蒸发冷却冷凝除湿复合新风系统优化 [J]. 东南大学学报：自然科学版. 2018, 48 (4)：646-653.

[3] SU B, QU W, HAN W, JIN H. Feasibility of a hybrid photovoltaic/thermal and liquid desiccant system for deep dehumidification [J]. Energy Conversion and Management, 2018, 163：457-467.

[4] 伊恩 C. 肯普. 能量的有效利用——夹点分析与过程集成 [M]. 2 版. 北京：化学工业出版社, 2010.

第二十五节　自然冷却技术

一、数据中心能耗

随着我国社会信息化的高速发展，特别是云计算、物联网、移动互联网、大数据战略和"互联网+"行动的提出，使得国民经济各行业对信息交换和处理的需求越来越大，数据中心的数量和规模也在不断增长。由于政府加强政策引导、开放 IDC 牌照，同时移动互联网、视频、游戏等新兴行业发展迅速，在 2014 年我国 IDC（Internet Data Center）市场，推动 IDC 行业发展重返快车道；2015 年互联网巨头为推进云服务战略投资建设大规模数据中心，行业整体供应规模保持增长，同时国家宽带提速，互联网行业获得持续快速增长，拉动对数据中心等互联网基础设施需求的增长。受供需两端快速增长的影响，2017 年中国 IDC 市场延续了高速增长态势，市场总规模为 650.4 亿元人民币，近五年年复合增长率为 32%。如图 3-25-1 所示。

由于数据中心要求全年 8760h 不间断运行，因此数据中心数量和规模的快速增长，带来的是能耗总量的急剧增加。目前我国数据中心总量已超过 40 万个，年耗电量超过全社会用电量的 1.5%，达到近千亿千瓦时。作为一种特殊的建筑物，数据中心的发热密度高达 300~2000W/m²，是普通公共建筑的数十倍。一个 20 万台服务器规模的数据中心的功率大约为 9 万千瓦，年耗电高达 8 亿千瓦时，如此巨大的能源需求，对于我国紧张的能源形势来说提出了巨大的挑战。数据中心的能耗问题已经不仅仅是企业节能、降低成本的个体需要，更是国家开展节能减排战略的全方面要求。《"十三五"国家战略性新兴产业发展规划》《"十三五"国家信息化规划》等文件提出"要加快推动现有数据中心的节能设

本节供稿人：周峰，北京工业大学。

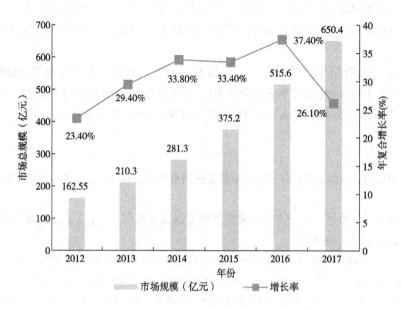

图 3-25-1　2012~2017 年中国 IDC 市场规模
来源：中国 IDC 圈，中国信息通信研究院

计和改造，有序推进绿色数据中心建设"。

目前我国的数据中心与欧美国家先进数据中心相比还存在一定的差距，包括技术水平以及能耗水平。数据中心电能使用效率常用电能使用效率 PUE（Power Usage Effectiveness）来表征，它是数据中心总电耗与 IT 设备总电耗之比。其值越高，意味着数据中心能效水平越低。目前，美国平均电能使用效率为 1.9，谷歌、雅虎、微软等大型用户的最先进数据中心的电能使用效率据称可低于 1.3。我国 2017 在建超大型、大型数据中心平均设计 PUE 为 1.41、1.48，中小规模数据中心 PUE 值普遍在 2.2~3。这意味着我国的数据中心具有较大节能潜力。要保证数据中心内的 IT 设备能够全年 8760h 正常工作，必须确保其室内温度在合理范围内。而由于 IT 设备、电源设备在工作时要散发出大量的热，因此要维持相应的温度范围，必须持续不断地对设备进行冷却，并且在这个过程中不能减少信息处理量、不能降低信息处理效率，更不能宕机。中华人民共和国国家标准 GB 50174—2017《数据中心设计规范》中给出了信息机房内的温度和湿度要求，如表 3-25-1 所示。

表 3-25-1　机房环境温湿度要求

冷通道或机柜进风区域的温度（℃）		18~27	
冷通道或机柜进风区域	露点温度（℃）	5.5~15	
	相对湿度（%）	不大于 60	
主机房环境（停机时）	温度（℃）	5~45	露点温度不大于 27℃，不得结露
	相对湿度（%）	8~80	

主机房和辅助区温度变化率（℃/h）	使用磁带驱动时	<5
	使用磁盘驱动时	<20
辅助区（开机时）	温度（℃）	18~28
	相对湿度（%）	35~75
辅助区（停机时）	温度（℃）	5~35
	相对湿度（%）	20~80
不间断电源系统电池室温度（℃）		20~30

目前，空调系统已成为数据中心最大的能耗来源之一，数据中心空调系统能耗占数据中心总能耗40%左右，几乎与IT设备相当。研究表明，应用节能技术即可使数据中心IT设备系统、空调系统、配电系统平均实现节能25%、36%和18%，使数据中心整体平均节能35%。因此空调系统已经被认为是当前数据中心提高能源效率的关键环节。

二、节能技术路线

传统数据中心通常采用常规机房空调实现冷却，但其存在传热效率低、局部热点难以消除以及制冷系统能耗大等问题。针对常规机房空调能耗较高和使用局限性，研究人员采用变频风机、背板冷却器、天花板冷却器、优化穿孔地板结构和机架布置方式、改变送回风方式等措施不断尝试降低数据中心的空调系统能耗。近年来，又进一步提出了利用自然冷源冷却数据中心的新型冷却方式，在具备条件的地域利用室外自然冷源进行冷却的技术，可降低数据中心空调系统能耗40%~65%。目前采用的自然冷却方式主要分为三大类：风侧自然冷却方式、水侧自然冷却方式和热管自然冷却方式[2]。

风侧自然冷却方式是指将室外温湿度适宜的冷空气引入室内或通过使用换热器使室内外冷风与室内热风进行换热，从而带走数据中心热量的方式。风侧自然冷却方式在不同条件下的应用衍生出了带超声波加湿器的直接空气侧经济器、带热管或转轮换热器的间接空气侧经济器、带蒸发冷却器或湿盘管的间接空气侧经济器等不同配置的风侧自然冷却系统。直接风侧自然冷却方式，对空气质量有很高要求。对于间接风侧自然冷却方式，其设备一般体积比较庞大，应用场地受到了极大的限制。图3-25-2所为直接风侧自然冷却系统。

水侧自然冷却方式既包括直接利用自然环境中低温水的直接水侧自然冷却方式，还包括通过冷却塔或者干冷器利用冷空气获得低温水的冷却方式。采用水侧自然冷却方式的系统能够大大降低制冷系统的能耗，提升系统的整体能效。

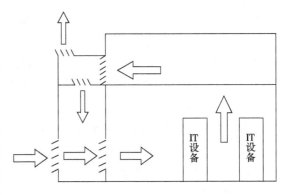

图3-25-2 直接风侧自然冷却系统原理图

但对于直接水侧自然冷却方式需要较恒定的冷源温度，因此推广范围将受到一定的限制。图 3-25-3 所示为利用水侧经济器的数据中心冷却技术。

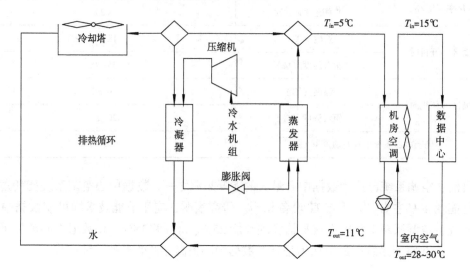

图 3-25-3　利用水侧经济器的数据中心冷却技术

热管自然冷却方式可分为独立和复合等不同的自然冷却方式。采用独立热管冷却方式的系统无需机械制冷便可实现机房冷却，然而当环境温度相对较高时需要蒸汽压缩系统辅助制冷。在此基础上，集热管和蒸汽压缩式制冷系统为一体的复合热管自然冷却系统应运而生，该系统避免了使用两套设备，从而可以减少设备初投资。而为热管自然冷却方式提供循环动力的，既有毛细力、重力等小驱动力，也有机械泵之类的较大驱动力部件，因此也将该回路称为两相循环自然冷却回路。

三、自然冷却循环回路

在冬季和春、秋过渡季节，当室外气温较低时，利用室外的自然冷源对数据中心进行冷却，从而减少或免除机房精密空调的开启时间，在保证环境条件要求的同时可大幅降低数据中心冷却能耗，达到充分利用室外自然冷源实现数据中心节能降耗的目的。但当气温升高时，自然冷却对数据中心的冷却效果将难以满足数据中心热负荷的需求。在这种情况下，自然冷却与蒸汽压缩复合型系统应运而生。由于自然冷却回路驱动力不同，因此也就顺势形成了不同的复合型系统。同一类型驱动力下，实现的技术路线也不尽相同，研究人员开展了相应的理论、实验和应用研究。本文以不同驱动力为线索，在同一驱动力中，对单一自然冷却及其与蒸汽压缩复合型的研究均有涉及。

（一）重力驱动型及其与蒸汽压缩复合型

重力驱动型自然冷却循环回路，又称分离式热管、回路热管或环路热管。在数据中心高显热散热密度环境中，该技术也被用于内部排热，如图 3-25-4 所示。通过工质在室内外换热器之间的相变压力差传递热量，在重力作用下实现自然循环和回流。整个系统通过制冷工质的自然流动将热量从室内排到室外，无需外部动力（如压缩机），运行能耗相比机械制冷系统大幅度降低。其传热性能较好，可以在室内外小温差的情况下运输高热流密度，适用于数据中心这类对环境和安全性要求高的场合。

重力热管结构简单，内部没有吸液芯，液态工质依靠重力流回蒸发器，所以对蒸发器与冷凝器的位置有限制。但是重力回路热管结构简单的优点使得其有一定的应用价值，国内外大量学者对重力回路热管进行了理论和试验研究，主要集中在稳态运行特性、启动特性、充液率及混合工质方面的研究。研究发现，热管型机组的平均能效比（EER）可达 9.05，与传统空调相比，其节能率高达 62.4%。而系统的最佳充液率介于 113%～140%，在此区间内的单位面积换热量最大；当高度差从 0.75m 增加到 1.2m 时，热管的单位面积换热量增加了

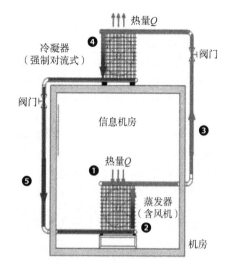

图 3-25-4　重力驱动型两相循环
自然冷却回路

267%。另外，换热器进出口数量过少会导致工质分布不均和完全气化，降低换热量。李震等分析了机房传热过程热损失及其成因，提出以分布式冷却系统代替集中式冷却系统来改善机房热环境，提高冷机效率，降低制冷能耗。

石文星等将重力型热管技术与蒸汽压缩式制冷技术结合，开发出小型一体重力复合空调系统，并开发了适合于两种模式性能特点的三通阀、蒸发器入口分液器和连接管等部件，使得热管模式的流动阻力有所降低，制冷量大幅改善，并在全国南北多个基站中进行试点应用，实测结果表明，在同等条件下，比常规基站空调节能 30%～45%。邵双全等提出了机械制冷\回路热管机房空调，利用三介质换热器将机械制冷与热管耦合，包括热管模式、制冷模式以及双启模式。机械制冷/回路热管一体式空调，避免了电磁阀使用的同时也实现了三种模式的自由切换，三个工作模式均具备良好的制冷能力，热管模式 EER 值在 20℃温差下达 20.8。实际测试数据显示，其节电率达到 63.9%。

存在的问题：一直以来，以重力驱动的热管系统存在着启动困难、启动时间长、启动条件苛刻等问题；在某些情况下，系统启动所产生的过热温度甚至会超过设备所能承受的温度。为了扩展重力驱动型热管的应用范围及提升其性能，研究者们做出了诸多改进，但面对目前紧凑式、分散式、长距离和高热流密度的发展趋势，系统所能提供的循环驱动力仍是有限的，特别是在处理大阻力回路或多个发热点并行散热的复杂支路结构、室内外高差无法保证等方面的冷却任务时仍显得力不从心。

（二）液泵驱动型及其与蒸汽压缩复合型

为了克服在驱动力、散热能力和传热距离上的限制，研究者们将外加驱动力引入热管系统。机械驱动两相回路的主要优点是具有较高传热能力，传输距离远、适用性广、启动速度快、变负荷系统响应稳定等特点，但需要额外的机械系统和特殊的系统设计。如图 3-25-5 所示，液泵驱动型系统主要由冷凝器（室外侧）、蒸发器（室内侧）、液泵、储液

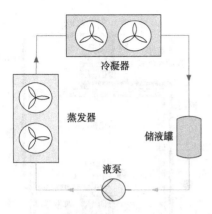

图 3-25-5　液泵驱动型自然冷却循环回路

罐和风机组成，通过管路连接起来，将管内部抽成真空后充入冷媒工质。系统运行时，由液泵将储液罐中的低温液体冷媒工质输送到蒸发器中并在蒸发器中吸热相变汽化，之后进入冷凝器中放热，被冷凝成液体，回流到储液罐中，如此循环，从而将室内的热量源源不断转移到室外，达到为数据机房冷却散热的目的。

近年来，液泵驱动在热管系统中的应用受到了越来越多的关注，国内外学者对此进行了深入的研究，包括系统型式与结构匹配、工质种类、液泵类型以及能效、制冷量、流量和温差等方面，也有部分工程应用的案例，运行和节能效果得到了初步验证。Yan 等在传统的蒸汽压缩式空调上串联一台工质泵，形成了一种复合系统，该系统含有泵循环和蒸汽压缩两种循环模式，两种模式间通过电磁阀进行切换。实验发现，蒸发器和冷凝器之间连接管路的压力降对系统压降有重要影响；当室外温度低于-5℃时，复合系统制冷量接近于蒸汽压缩系统，因此该系统适宜的模式切换温度为-5℃。但该系统模式切换温度过低，这主要是由于系统管路及蒸发器都是基于蒸汽压缩循环而设计的，因此无法发挥泵循环的最佳效果。王铁军等设计并测试了以屏蔽泵为驱动力的回路系统，在泵出口处配置旁通回路，使部分工质返回储液器。在外界环境温度10℃的工况条件下，制冷量为31.4kW，EER 达到15.3。进一步提出了蒸汽压缩制冷、蒸汽压缩/热管复合制冷和热管制冷的三种分区工作模式，可根据室内外温差和热负荷状况自动切换，引入复合制冷模式有效拓宽了热管运行温区，大幅提高了制冷系统的 EER。

马国远等提出了一种自然冷却用的液泵驱动热管冷却装置和一种复叠机械制冷的液泵驱动热管装置，针对不同制冷剂泵类型，设计出屏蔽泵、滑片泵和旋涡泵驱动的循环回路系统，探究系统型式与结构匹配、工质种类以及流量、温差、迎面风速等对系统性能的影响。在室内温度25℃、室外温度15℃下，机组 EER 超过6，最高可达13；当室内外温差25℃时，EER 超过15；全国70%的地域年节能率超过30%。在液泵驱动与蒸汽压缩复合方面，一是间接复合，利用板式换热器作为冷凝蒸发器，开发全年用泵驱动回路热管及机械制冷复合冷却系统，结果表明，复合系统全年能效比（AEER）高达8.3。但由于该系统增加了中间换热器（冷凝蒸发器），使得系统成本增加，换热器阻力的存在，导致系统性能有所衰减。二是直接复合，研制出屏蔽泵和旋涡泵驱动与蒸汽压缩制冷复合系统样机，共用蒸发器、冷凝器等部件，研究表明，35Hz 是最适宜泵循环模式工作的频率，并将复合模式转换温度从室外温度5℃提高到10℃。工程应用实测结果，年节电率在20%～52%范围内，节能效果较为明显。

液泵驱动型系统虽然解决了重力驱动型系统的问题，但目前仍面临以下问题。

（1）初投资虽低于常规机房精密空调，但仍高于常规重力型热管。

（2）EER 虽明显高于常规机房精密空调，但由于液泵能耗的存在，仍低于常规重力型热管。

（3）液泵长期运行面临流体机械不可避免的空化和汽蚀问题。

（4）液泵的小型化与高效化，以进一步提高系统能效。

（三）气泵驱动型及其与蒸汽压缩制冷复合型

同样是基于强化驱动力的考虑，除了在液相侧强化驱动外，在气相侧同样也可以考虑强化驱动力。如图 3-25-6 所示为气泵驱动型自然冷却回路，主要由以下设备组成。

（1）气泵。主要是将蒸发器中的制冷剂蒸汽吸入，并将其增压到冷凝压力，然后排出至冷凝器中。主要起到为系统提供动力，将制冷剂再分配的作用。

（2）冷凝器。将来自气泵的高压制冷剂蒸汽的热量交换到外界，使制冷剂蒸汽冷凝成液体，并使冷凝后的制冷剂液体压力下降。在冷凝过程中，通过空气或水等换热载体冷却。主要起到冷却高温制冷剂，并使其降压的作用。

（3）蒸发器。将来自冷凝器的制冷剂液体通过换热使其蒸发成制冷剂气体，吸收被冷却物体的热量，并使制冷剂气体压力升高。主要是向外输出冷量，使制冷剂气体压力升高。

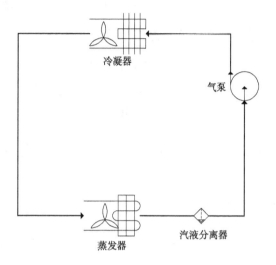

图 3-25-6 气泵驱动型自然冷却回路

（4）汽液分离器。用于保证进入气泵的工质状态为气相，从而避免液击等发生。工作流程为：气相工质经汽液分离器被气泵吸入，经过气泵绝热增压，排出至冷凝器；在冷凝器内，气相工质与冷源发生热交换，从饱和气体被冷凝成饱和液相或过冷液相；液相工质接着从冷凝器出口流入蒸发器内，在蒸发器内完成与室内空气的换热，液相工质变成气相工质或气液两相工质，经汽液分离器后，气相工质再次被吸入气泵，开始循环。

马国远等在专利中公开一种用于机房或机柜的带气泵分离式热虹吸管散热装置，在蒸发器出口侧增加气泵装置，用于提供分离式热管内的循环驱动力。后续开展了实验研究，利用滑片式压缩机作为气泵装置，设计出气相驱动回路循环机组，测试了机组在不同充注量、高度差和温差下的循环性能，结果表明，在室内外温差 30℃ 时，EER 达到 7.7。将改进的气泵驱动热管机组与液泵驱动热管机组进行了比较，结果表明，室内外温差在 10~25℃ 范围时，气泵机组的 EER 优于液泵机组，但二者差距随着室内外温差的增大在缩小。

石文星等针对数据中心机房全天候排热降温需求，提出融合蒸汽压缩式制冷循环和气体增压分离式热管循环的气体增压型复合空调机组技术方案。设计额定制冷量为 10kW 的复合空调样机。结果表明，当室内外温差大于 20℃ 时，节能率约为 8%；机组的能效比（EER）与室内外温差近似呈线性趋势增长，当室内外温差为 30℃ 时，其节能率达到

70%；其全年能效比（AEER）比常规蒸汽压缩式机房空调高40%。

液泵驱动作用在蒸发侧，抬高了蒸发压力，减小了室内换热温差，拉低了冷凝压力，减小了室外冷凝温差，导致系统换热量不足，弱化了理想热管循环，尤其不适用于长配管、高落差等阻力较大的工况；而气泵驱动作用在冷凝侧，增大了冷凝温差，强化系统冷凝效果，强化了理想热管循环，理论上可以使得性能更为优越。另外，液泵在运行时会发生气蚀，在部分实验及应用过程中可能会断流。研究人员虽对气泵驱动型自然冷却回路开展了初步研究，但气泵驱动与液泵驱动的比较还不能明确，需要进一步探讨。

四、数据中心标准规范及发展趋势

数据中心是一个复杂的信息系统工程，涉及建筑、消防、监控、电子信息、照明等多个方面，即数据中心环境要求、建筑与结构、空气调节、电气、电磁屏蔽、网络系统与布线、智能化、给水排水、消防等技术，而每个方面都有相关的标准，需要根据这些标准对数据中心的各个分系统进行设计。为了规范这个行业的发展，国内外不少的机构都发布了数据中心建设的相关标准（表3-25-2），指导数据中心行业的健康发展。

表 3-25-2　数据中心建设部分标准及规范

序号	国标号	标准名称
1	GB 50174—2017	电子信息系统机房设计规范
2	GB 50462—2015	数据中心基础设施施工及验收规范
3	GB/T 2887—2011	电子计算机场地通用规范计算机场地通用规范
4	SJ/T 10796—2001	防静电活动地板通用规范
5	GB 50243—2016	通风与空调工程施工质量验收规范
6	GB 50116—2013	火灾自动报警系统设计规范
7	GB 50166—2007	火灾自动报警系统施工及验收规范
8	GB 50052—2009	供配电系统设计规范
9	GB 50303—2015	建筑电气工程施工质量验收规范
10	GB 50343—2012	建筑物电子信息系统防雷技术规范
11	GB 50057—2010	建筑物防雷设计规范
12	GB/T 50311—2007	综合布线系统工程设计规范
13	GB/T 50312—2016	综合布线系统工程验收规范
14	DXJS 1029—2011	中国电信 IDC 机房设计规范
15	DXJS 1006—2005	中国电信数据中心机房电源、空调环境设计规范
16	GB 50019—2015	工业建筑供暖通风及空气调节设计规范
17	GB 50189—2015	公共建筑节能设计标准

序号	国标号	标准名称
18	GB 50052—2009	供配电系统设计规范
19	GB 50034—2013	建筑照明设计标准
20	Q/CT 2171—2009	数据设备用网络机柜技术规范
21	JGJ 16—2008	民用建筑电器设计规范
22	GB 50045—95（2005 版）	高层民用建筑设计防火规范
23	GB 50348—2018	安全防范工程技术标准
24	GB 50394—2007	入侵报警系统工程技术规范
25	GB 50395—2007	视频安防监控系统工程设计规范
26	GB 50396—2007	出入口控制系统工程设计规范
27	DGJ 08—83—2000	防静电工程技术规程
28	09DX009	电子信息系统机房工程设计与安装

另外，工信部还发布了包括《互联网数据中心技术及分级分类标准》在内的数据中心相关的行业标准，如 YD/T 2542—2013《电信互联网数据中心（IDC）总体技术要求》，YD/T 2441—2013 互联网数据中心技术及分级分类标准，YD/T 2442—2013《互联网数据中心资源占用、能效及排放技术要求和评测方法》，YD/T 2543—2013《电信互联网数据中心（IDC）的能耗测评方法》等。标准涵盖了互联网数据中心的能效评价指标、测量方法、绿色分级等内容。

除了这些标准，还有一些行业标准，这些标准根据行业的特点而制定，还有一些大型的数据中心，结合国家标准制定了适用于自身机房的标准。以金融行业为例，关于金融行业数据中心建设的标准如表 3-25-3 所示。

表 3-25-3　金融行业数据中心建设规范

序号	国标号	标准名称
1	JR/T 0011—2004	银行集中式数据中心规范
2	JR/T 0026—2006	银行业计算机信息系统雷电防护技术规范
3	JR/T 0044—2008	银行业信息系统灾难恢复管理规范
4	JR/T 0068—2012	网上银行系统信息安全通用规范
5	JR/T 0003.1—2001	银行卡联网联合安全规范

国外的数据中心相关标准发展得更为完善，制定的标准更符合实际发展需要。我国一些大型、先进的数据中心在设计、建设时也参考国外的一些标准，向国际水平靠拢。部分国际标准如表 3-25-4 所示。

表 3-25-4　部分国际数据中心建设标准及规范

序号	标准号	标准名称
1	TIA-942	数据中心通信设施标准
2	ANSI/BICSI 002：2011	数据中心设计与实施的最佳实践
3	2011 ASHRAE	数据设备环境指南
4	IEEE-1100	电子设备供电和接地操作规程
5	UPTIME INSTITUTE	数据中心基础设施分级标准
6	ANSI/BICSI 002：2011	数据中心设计与实施的最佳实践
7	ISO/IEC 24764：2010	一般数据中心用有线系统
8	ANSI/TIA-942：2005	数据中心用远程通信基础设施标准
9	ANSI/TIA-942-1：2008	数据中心同轴电缆布线规范和应用距离
10	ANSI/TIS-942-2：2010	数据中心用附加指南
11	BS EN 50173-5：2007	通用布线系统

需要指出的是，标准也不是一成不变的，也需要跟随技术的发展而不断变化。这个领域长期以来，一直是技术走在前，推动标准去发展，标准所发布的内容往往是滞后的，有时也并不适合指导数据中心的建设，所以要综合看待数据中心的标准，以数据中心的标准作为依据，但不能全面照搬，因地制宜地，结合数据中心实际需要，建设适合自己业务的数据中心。没有规矩不成方圆，数据中心的发展离不开标准的制定和规范，只有通过标准才能保证这个行业健康、高速地发展。

总体来看，我国数据中心布局渐趋完善，并逐渐呈现以下趋势。

（1）新建数据中心，尤其是大型、超大型数据中心逐渐向西部以及北上广深周边地区转移。

（2）旧厂房改造成为一线城市数据中心建设新模式。

（3）高效运行维护管理以及人才问题凸显，出现运行维护人才短缺、运行维护能力跟不上、产业发展要求越来越高等问题。

（4）密集型、高热流密度渐成趋势，散热要求越来越高；模块化和定制化成为新的发展趋势；对新建、扩建数据中心的能耗标准进一步提高。

参考文献

［1］中国信息通信研究院，开放数据中心委员会．数据中心白皮书：2018年［R］．北京，2018.

［2］中国制冷学会数据中心冷却工作组．中国数据中心冷却及技术2016年度发展研究报告［M］．北京：中国建筑工业出版社，2016.

［3］田浩，李震．基于环路热管技术的数据中心分布式冷却方案及其应用［J］．世界电信，2011（10）：48-52.

［4］石文星，韩林俊，王宝龙．热管/蒸发压缩复合空调原理及其在高发热量空间的应用效果分析［J］.

制冷与空调，2011，11（1）：30-36.

［5］　张海南，邵双全，田长青. 机械制冷\回路热管一体式机房空调系统研究［J］. 制冷学报，2015，36（3）：29-33

［6］　YAN G, FENG Y, PENG L. Experimental analysis of a novel cooling system driven by liquid refrigerant pump and vapor compressor［J］. International Journal of Refrigeration, 2015, 49：11-18.

［7］　王铁军，王飞，李宏洋，等. 动力型分离式热管设计与试验研究［J］. 制冷与空调，2014，14（12）：41-43.

［8］　马国远，周峰，张双，等. 一种自然冷却用的液泵驱动热管冷却装置［P］. 201110123424.3.

［9］　马国远，周峰. 一种复叠机械制冷的液泵驱动热管装置及运行方法［P］. 201210084797.9.

［10］　马国远，周峰. 一种用于机房或机柜的带气泵分离式热虹吸管散热装置［P］. 200910088535.8.

第二十六节　制冷空调系统热回收技术

一、背景

制冷空调系统已成为人们生活中的必需品，其能耗占建筑总能耗的比重日益加大。如何提高其能效以达到节能的目的成为制冷空调领域的突出问题。而制冷空调系统热回收利用技术就是提升空调整体能效，节约能源的重要技术之一。制冷空调系统中的余热资源主要集中在系统排风、空调系统冷凝器等位置，空调系统排风温度一般为 $25 \sim 30℃$，冷凝器处温度一般为 $35 \sim 40℃$，余热量大，但是余热品位较低，且分布分散。例如，在制冷空调系统中，压缩机出口的高温高压制冷剂蒸汽在经过冷凝器时会放出大量的热量，这部分热量通常直接经由冷却塔或风机排放到周围环境中。对于办公建筑、商场、酒店等典型建筑是一种严重的浪费；而且释放的热量也会影响周围环境的热量平衡，带来一定的废热污染。同时，随着建筑体量的加大以及玻璃幕墙的广泛应用，商场写字楼等大型建筑出现了明显的室温分布不平衡现象，冬季外区需要供热，而内区需要常年供冷，在冬季出现了一边供热一边供冷的"矛盾"现象。若在系统内加装余热回收设备，将建筑内制冷空调系统余热回收再利用，用以预热新风、制取生产生活热水或抵消一部分供热负荷，可以有效减少余热的直接排放，提高制冷空调的运行效率，满足生产生活用热需求，降低供热成本，缓解常规系统能耗大、能源浪费和环境热污染等问题。

二、技术方案

制冷空调系统按照热回收装置在系统中的不同位置，可以分为排风热回收、建筑物内区热回收和机组冷凝热回收等。

（一）排风热回收

1. 排风热回收系统原理及组成

空调系统的新风负荷巨大，通常占空调系统总负荷的 20%~40%。以空调系统冬季工

本节供稿人：张群力，北京建筑大学。

况为例，系统需要将室外温度极低的冷空气加热至合适的送风温度，这一过程需要消耗巨大能量；同时系统又有大量室内热空气被排放至室外环境中。利用系统同时存在需热和排热处理过程的这一特点，可以采用热回收装置来回收排风中的热量，用于预热新风，可以有效地减少新风负荷。

热回收装置是热回收系统的核心设备。空调系统中常用的热回收装置多为空气—空气换热器，按照工作原理不同可分为溶液吸收式换热器、转轮式换热器、热管换热器、板式和板翅式换热器、中间媒体式换热器等几种常见的形式。按照回收热量的不同，热回收装置可以分为显热回收装置和全热回收装置。

排风热回收系统形式如图3-26-1所示。利用热回收装置实现新排风之间的热湿交换可以在夏季利用低温低湿的排风预冷干燥新风，或在冬季利用高温高湿的排风预热加湿新风。而在热交换器新风入口处设置旁通管道，在过渡季节和不需要进行排风热回收情况下可将其打开，直接通入新风。

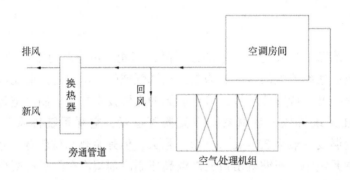

图3-26-1 带排风余热回收装置的空调系统

排风热回收系统对新风进行了预处理，具有分布式能源的结构特征，即利用当地当时的能量就地收集产生就地消纳。减小空调系统新风负荷，节约了运行费用。当热回收装置回收效率达到70%时，就可以使空调系统能耗降低40%~50%甚至更多。

2. 排风热回收系统节能性分析

排风显热热回收装置的显热交换效率可以用下式表示：

$$\varepsilon_{T} = \frac{m_{s}(T_1 - T_2)}{m_{min}(T_1 - T_3)} \tag{3-26-1}$$

式中：ε_{T}——换热器效率；

T_1——室外新风温度，℃；

T_2——室外新风经过处理后的温度，℃；

T_3——室内排风温度，℃；

m_s——送风气流量，kg/h；

m_{min}——送风和排风中较小的气流量，kg/h。

带有排风显热回收装置的空调系统，影响其回收的冷（热）量的主要有换热器显热效

率 ε_T 、室内外温差 ΔT 。ε_T 越高，换热效果越好，回收热量就越大。但同时，随着 ε_T 的提高，热交换器的造价也会逐渐增加，这样就增加了系统初投资，有可能会延长初投资回收期。

对全热回收装置，由于不仅有热量的传递，还有湿量的转移，因此这类热交换器存在两种效率。

湿度效率：

$$\varepsilon_d = \frac{m_s(d_1 - d_2)}{m_{\min}(d_1 - d_3)} \tag{3-26-2}$$

全热效率：

$$\varepsilon_h = \frac{m_s(h_1 - h_2)}{m_{\min}(h_1 - h_3)} \tag{3-26-3}$$

式中：ε_d ——热交换器湿度效率；

　　　ε_h ——热交换器全热效率；

　　　d_1 ——室外新风湿度，g/kg（干空气）；

　　　h_1 ——室外新风焓值，kJ/kg；

　　　d_2 ——新风经过处理后的湿度，g/kg；

　　　h_2 ——新风经过处理后的焓值，kJ/kg；

　　　d_3 ——室内排风湿度，g/kg；

　　　h_3 ——室内排风焓值，kJ/kg。

对于带有排风全热回收装置的空调系统，影响其回收的冷（热）量的主要有换热器全热效率 ε_h 、室内外焓差 Δh 。其中全热效率 ε_h 的影响与显热换热相同。但室内外焓差 Δh 不仅与温度有关，还与空气湿度有关。由焓湿图可以看出，相同干球温度条件下，相对湿度越大，空气焓值越大。所以全热交换器比较适用于室内外温差较大且湿度差也较大的地区。

（二）建筑物内区热回收

随着现代化城市发展，购物广场及综合写字楼等大体量建筑越来越多。这些建筑容积率较大，存在有较大面积的内区。一般把距离外墙外窗 3~5m 范围以外的区域作为内区，进深在 8m 以内房间无明显内外分区。在夏季，内外区都需要供冷。在冬季，建筑外区因为冷风渗透和维护结构散热的原因而存在较大的热负荷；而建筑内区无外墙和外窗，无围护结构热负荷。由于内区有人员、灯光、设备散热等，致使内区全年均有余热。建筑内部需要制冷的内区和需要制热的外区同时存在。因此若将内区的余热回收利用，送至外区，则可以有效降低建筑的冷热负荷，节能降耗。

1. 水环热泵空调系统

内区热回收最常采用的方式就是水环热泵空调系统，水环热泵空调系统是一种以回收建筑内部余热为主要目的的系统。最初于 20 世纪 60 年代出现在美国的加利福尼亚州，80 年代开始引入中国。水环热泵空调系统是利用水环路将水/空气热泵联成一个封闭的水环路，以建筑物内部余热为低位热源的热泵系统。其结构如图 3-26-2 所示，主要包括室内水/空气热泵、水循环环路、辅助设备（如辅助热源、辅助冷源、蓄热设备等）、新风排风系统四部分组成。

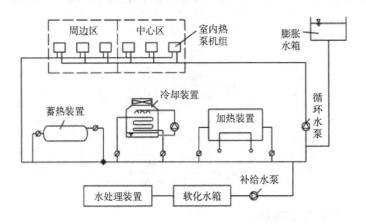

图 3-26-2　水环热泵空调系统工作原理图

在水环热泵系统中，各空调分区的用户可以根据自身冷、热需求不同，独立控制本区域的水/空气热泵机组供冷、供热或停机。供冷的热泵机组向水循环环路中释放热量，供热的热泵机组从水循环环路中吸取热量。当水循环环路的水/空气热泵机组制冷工况较多时，热泵向水循环环路的放热量大于取热量。环路水温有升高的趋势，此时辅助冷源开始运行，从而向室外环境释放水路中富余的热量，以维持环路水温在合适温度。相反，当水循环环路中制热工况机组较多时，热泵从水循环环路的取热量大于放热量。此时辅助热源运行，以补充水循环环路中需要的热量值。当整个系统中的各个热泵制冷和制热容量平衡时，即制冷量+制冷耗功率＝制热量−制热耗功率，系统自身的冷热平衡，环路水温基本稳定。此时辅助冷源和辅助热源均不必开启，可以充分发挥水环热泵空调系统的节能环保优势。因此水环热泵空调系统的运行工况越接近此冷、热平衡工况，其节能效果越明显。

水环热泵空调系统适用于北方体形系数较大、内外分区明显、使用时间不一致、负荷要求多样的建筑。而在南方一些城市冬季室外气温较高，外区热负荷较小，水/空气热泵机组需要常年按照制冷工况运行的场合，与使用风机盘管系统相比起来并不节能。

2. 热回收型多联机空调系统

热回收型多联机空调系统原理如图 3-26-3 所示，相比于常规多联机系统，热回收型多联机系统最大的特点就是每台室内机都连接三个冷媒管道，分别是连接压缩机出口的高压气管、连接压缩机进口的低压气管以及中压液管，并且分别用两个电磁阀控制高压气管和低压气管的启闭。

当 A 房间需要制热时，电磁阀 A_1 开启 A_2 关闭，高温高压的气态制冷剂通过电磁阀 A_1 进入室内机 A 进行冷凝放热，成为高压低温的液态制冷剂，再通过电子膨胀阀 A 进入中压液管，这样就实现了室内机 A 的制热运行；此时需要制冷的房间 B，电磁阀 B_1 关闭 B_2

开启，中压液管中的制冷剂通过电子膨胀阀 B 节流后，进入室内机 B 进行蒸发吸热成为具有一定过热度的低压气态制冷剂，通过电磁阀 B_2 进入低压气管，再通过低压气管回到气液分离器，进入压缩机进行下一次制冷循环。

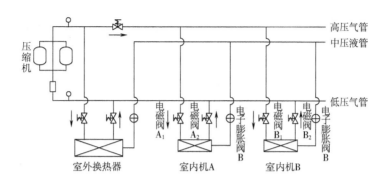

图 3-26-3　热回收型多联机系统原理图

多联式空调机组具有能效高、安装灵活、易维护、初投资低等优点，在过渡季节，冷热负荷变化较大的建筑等众多应用场合均可发挥其显著的节能优势。

（三）制冷系统冷凝热回收

制冷空调系统在制冷工况下运行时，冷凝器侧会有大量的冷凝热排出，冷凝热量通常为空调冷负荷的 1.3~1.5 倍，是数量可观的废热。若将这部分余热通过适当的换热器收集起来用于制备生活或工业用热水，充分利用制冷空调系统压缩机排出的过热蒸汽的高温显热，部分利用制冷剂在冷凝过程中放出的低温潜热，有效降低制备热水的能耗，大幅降低整体系统运行费用。尤其适用于酒店、工厂等既需要制冷又需要 24h 热水供应的场所。

1. 双冷凝热回收系统

双冷凝器热回收系统是最简单的冷凝热回收系统，通常在冷凝器附近加装热回收换热器，根据连接方式的不同，双冷凝器热回系统又可以分为串联型、并联型以及旁通型，其系统原理分别如图 3-26-4~图 3-26-6 所示。

串联型双冷凝器热回收系统又称直接式冷凝热回收系统。压缩机出口的高温高压制冷剂蒸汽，先进入热回收换热器，放出热量加热生活热水，再经过冷凝器，将剩余的热量通过风冷冷凝器排出，或者通过水冷冷凝器放热至冷却水系统，再送至冷却塔释放到环境中。串联型双冷凝器热回收系统构造简单，但是系统阻力较大，回收的热量有限且效率较低。其只能回收制冷剂蒸汽中的显热，回收效率为 10%~25%。

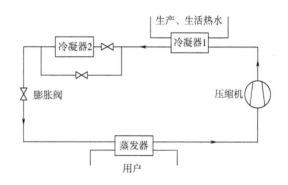

图 3-26-4　串联型双冷凝器热回收系统

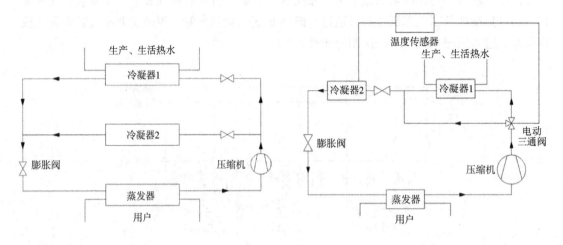

图 3-26-5　并联型双冷凝器热回收系统　　　　图 3-26-6　旁通型双冷凝器系统

为了改善串联型冷凝热回收系统的缺点，出现了并联型双冷凝器热回收系统和旁通型双冷凝器热回收系统。并联型双冷凝器热回收系统将热回收器与冷凝器并联，压缩机出口的高温高压蒸汽分别通过热回收器及冷凝器，用户根据实际需求调整两并联支路截止阀的开度，进而控制制冷剂流量；旁通型双冷凝器热回收系统是在热回收器处加一旁通，通过电动三通阀控制来改变制冷剂蒸汽进入热回收器的流量。

2. 蓄热式冷凝热回收系统

空调冷凝热回收系统回收的热量一般用于制备生产生活用热水，但是两者时间上的不同步性经常导致供给与需求的不匹配，具体表现在日逐时负荷不同步性与季节负荷不同步性。解决这一问题的办法为在热回收器末端加入蓄热装置，通常为蓄热水箱。从冷凝器回收的热量先储存在蓄热水箱中，有需要的时候再放出使用。其结构形式如图3-36-7所示。

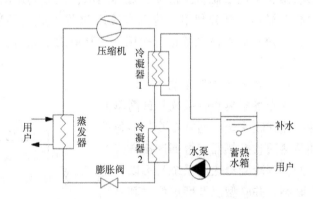

图 3-26-7　带蓄热水箱的冷凝热回收系统

但是随着系统的增大，蓄热水箱占地面积越来越大，近年来结合相变蓄能技术的冷凝热回收系统逐渐受到人们重视，相变蓄能技术是利用相变材料在其相态变化过程中的相变潜热来实现热量的储存和释放，旨在解决热量供给侧与需求侧在时间空间上的不匹配问题。其具有相变温度稳定、相变潜热大、储能密度高、体积小等优点。

3. 冷却水水源热泵系统

空调系统冷凝热和生产生活用热水需求不仅存在时间上的不匹配，也存在品位上的不匹配。制冷空调冷却水水温一般在 30~37℃，而中高档旅馆各用热场所水温一般在 65℃左右，两者品位上存在着较大差别。因此近年来相继出现了回收热量更多、效率更高的冷却水水源热泵系统。

将冷水机组冷凝器出来的高温冷却水作为低温冷源，与热泵机组蒸发器相连，吸收冷却水中的低品位热量，经过冷却水水源热泵转换为较高温度的热量，用于制备生产生活热水。而冷水机组的冷却水降温后再流至冷却塔，将剩余少部分热量排放到环境中，再回到冷水机组冷凝器处进行循环。此方式充分利用了低品位的冷凝余热。

三、热回收工程应用

（一）北京新机场航站楼空调排风热回收系统

北京新机场属于超大型国际航空综合交通枢纽，位于北京市大兴区礼贤镇、榆垡镇及廊坊市广阳区。按照 2025 年机场旅客吞吐量 7200 万人次、货邮吞吐量 200 万吨、飞机起降量 62 万架次的目标设计。航站楼占地面积约 30 万平方米，总建筑面积约 78.3 万平方米，建筑高度 50m，地上 5 层、地下 2 层。航站楼和换乘中心建筑由主楼和五条指廊组成了一个包络在 1200m 直径大圆中的中心放射形态。建筑供冷季设计冷负荷约 130000MW·h，供热季设计热负荷约 30000MW·h。冷源为东西两个停车场地下设置的两个集中制冷站的离心式冷水机组，配以冰蓄冷机组；热源由新机场区域供热站提供。

采用转轮式换热器对排风进行全热回收，当冬季室外空气焓值低于室内焓值以及夏季室外空气焓值高于室内焓值时，开启热回收转轮进行排风热回收，其余时段以及过渡季进行旁通，因此热交换装置全年实际运行时间约 4812h。在扣除风机电耗折算的冷热量之后，多余的回收热量根据热源锅炉热效率 90% 计算。得到年节能量 2816.7 MW·h，节能效果显著。

（二）江西赣州市妇幼保健院空调排风热回收系统

江西赣州市妇幼保健院，总建筑面积为 134973.15m²，主要包括主楼、行政保健楼、报告厅、污水处理站、垃圾站等。由于医院人群复杂，病原体较多，为防止病菌交叉污染，卫生新风、排风消毒杀菌及气流组织尤为重要。因此传统热回收装置一般采用显热回收机组，如热管式换热器或者中间冷媒式换热器，但是显热回收装置只能回收排风中的显热，回收效率较低，不能充分利用余热资源。因此，项目采用蒸发式全热回收系统对排风进行热回收。可以有效防止空气交叉污染，同时回收全热，降低运行成本，控制投资成本，实现节能、舒适及卫生运行。

蒸发式全热回收系统组成如图 3-26-8 所示，采用水作为中间热媒。在排风出口处加装喷淋式蒸发器，利用喷淋塔对排风进行全热回收。建筑排风逆流通过喷淋塔，与喷淋塔中的水进行热交换，喷淋水吸收排风的全热，温度升高，之后在循环水泵的驱动下，进入新风换热盘管与新风进行热交换，将热量传递给室外新风。之后再流回喷淋塔，重新与排风进行热交换。系统全热回收的效率在 70% 以上，进行热交换时室内排风与新风间无任何直接接触，通过水作为运送能量媒介，完全杜绝空气在热回收过程中的交叉污染问题。全热回收率按 60% 计算（参考设备实际 73%），蒸发式全热回收系统比普通新风系统初投资增加 111.6 万元，总运行费用每年节约 48.97 万元，理论回收期约 2.3 年。

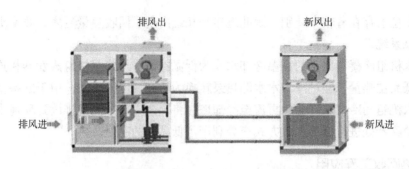

图 3-26-8　蒸发式全热回收系统

（三）数据中心冷却系统余热回收

数据中心余热量较为集中的地方主要有两个，一是机房热通道内的热空气，另一个是空调系统冷却水回水。针对这两个余热热源，可以采用的余热回收手段主要有直接式热空气应用方案、空气源热泵方案和冷却水水源热泵方案三种。热空气直接应用方案通过风管把机房热通道内的热空气直接输送到临近需要采暖的配套房间，如办公室、操作间等。数据机房热通道内的空气温度一般为 25~30℃，所以直接式热空气应用方案只能提供 30℃ 左右的热空气。这种方式系统简单，造价低廉，适合输送距离短、规模小的数据机房。当热量较大，输送距离较远，无法直接利用热空气传递热量时，可以考虑用热水作为热媒，利用空气源热泵来提取机房热空气中的余热，制取温度较高的热水。这种方式叫作空气源热泵方案，其原理如图 3-26-9 所示。对于空调系统冷却水的热回收，主要是在冷水机组和冷却塔之间加装板式换热器和水源热泵机组，即本节前述的冷却水水源热泵系统。

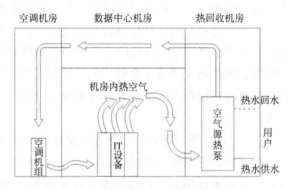

图 3-26-9　空气源热泵方案系统原理图

四、展望

制冷空调系统余热回收技术合理利用制冷空调系统中的余热，变废为宝，必将日益成为发展绿色建筑的必经之路，具有非常广阔的前景。然而，关于热回收系统理论基础的关键问题有待深入研究，如理论最大热回收上限、最适宜的结构与系统形式、系统性能的合理评价方法等。未来需要进一步发展和完善工作有：

（1）热回收过程的性能考量因素较多，评价体系较为复杂，如何才能合理地评价热回收系统是亟待解决的问题。针对热回收系统，特别是既有热回收系统，如何建立一套便捷可靠的仿真模型，并通过计算来分析系统的不合理因素是亟待解决的问题。

（2）制冷空调热回收系统的应用形式较为单一，由于蓄热设备的欠缺和技术上不完善，目前回收的热量主要用于制取热水。开展空调冷凝热回收在空气处理过程中的应用，探寻一种高效节能且具有经济效益的应用技术方案是一个重要的研究课题。

（3）各项新技术层出不穷，但是相关从业人员的专业技能欠缺，导致新技术无法做到及时推广，市场化进程缓慢，反过来又制约了技术的更新迭代。为进一步加快技术更新步伐，从业者应该进一步完善技术开发体系，培养良好的专业素质。

参考文献

[1] 祝根原，居发礼. 液体循环式热回收系统的工程适应性 [J]. 暖通空调，2016，46（8）：92-97.

[2] 刘舒，胡益雄，黄新兆. 微通道换热器在压缩冷凝机组中的应用分析 [J]. 制冷与空调，2010（2）：31-34.

[3] 葛洋，姜未汀. 微通道换热器的研究及应用现状 [J]. 化工进展，2016（S1）：10-15.

[4] 张国昊，徐文华. 水环热泵空调系统能耗模拟和节能评价 [J]. 制冷与空调，2017（3）：60-65.

[5] 詹跃航. 热回收型多联机空调系统节能分析 [J]. 制冷与空调，2014（10）：62-64，28.

[6] 谢大明，蔡觉先，郭丽婷. 双冷凝器热回收技术研究现状及展望 [J]. 能源与环境，2015（6）：28-29.

[7] 刘坡军，刘雪峰. 空调热泵冷凝热回收技术在酒店生活热水中的应用 [J]. 制冷与空调，2016（3）：59-63.

[8] 李晋秋，等. 大型航站楼暖通空调系统设计节能评价研究 [J]. 供热制冷，2018（2）：23-27.

[9] 董长进. 医院空调排风热回收应用分析 [J]. 洁净与空调技术，2017（4）：96-99.

[10] 李萌，冯红梅，程磊. 数据中心余热利用方案探讨 [C]. 中国移动通信集团设计院第19届新技术论坛论文集，2013.

第二十七节　气调保鲜技术

一、气调贮藏技术及其发展

气调贮藏一词最早出现于英国，当时称为气体冷藏（Refrigerated Gas Storage）。后来美国学者建议改为气调贮藏（Controlled Atmosphere Storage），并被广泛接受，目前我国通称的 CA 贮藏就是指的后者。果蔬的贮藏保鲜经历了由简到繁、由低级到高级的发展过程，即常规贮藏、降温贮藏、机械冷藏、气调贮藏的过程。目前我国市场上的许多高档果品都是气调贮藏的产品。

气调贮藏就是在冷藏的基础上，把果蔬放在特殊的密封空间内，同时按照果蔬的不同要求改变贮藏环境的气体成分，从而达到良好的贮藏效果。它是建立在对果蔬采后生理深刻认识基础上的一项新技术，堪称贮藏行业一项技术革命。在果蔬贮藏中降低温度、减少氧气含量、提高二氧化碳浓度，可以大幅度降低果蔬的呼吸强度和自我消耗，抑制催熟激素乙烯的生成，减少病害发生，延缓果蔬的衰老进程，从而达到长期贮藏保鲜的目的。近年来，随着气调技术的不断发展，又出现了与此相近的多种新技术，如低乙烯技术（将乙烯脱至果蔬的临界值以下）、超低氧技术（氧气浓度为1%）、快速气调技术（降温降氧在7天之内完成）等，使气调贮藏获得更好的结果。与通用的常规贮藏和冷藏相比，气调贮

本节供稿人：吕维成，天津立喆舜保鲜科技有限公司；刘兴华，天津商业大学。

藏具有贮藏时间长、贮藏质量好等特点。不少水果经气调长期贮藏（如6~8个月）之后，仍然色泽艳丽、果柄青绿、风味纯正、外观丰满，与刚采收时相差无几。

气调贮藏可以很好地保持原果色泽。绿色辣椒冷藏十几天，就开始变红，但用气调贮藏，可以明显抑制变红。冬枣采后变红现象非常明显，但用气调可以得到明显抑制。

气调贮藏可以明显降低呼吸强度，降低糖、有机酸和其他风味物质的消耗，保持果蔬风味。苹果冷藏至第二年3月，酸度已明显下降，风味已大大降低，但气调贮藏至第二年5~6月，酸度仍然较大，保持原果风味。

二、气调库的结构及建造

（一）气调库的建筑组成

气调库一般应是一个小型建筑群体，主要包括气调间、包装挑选间、化验室、冷冻机房、气调机房、泵房、循环水池、备用发电机房及卫生间、月台、停车场等。气调间是果蔬贮藏的场所，预冷间是用来对果蔬冷却加工的库房，气调库月台供装卸货物之用。常温穿堂是果蔬进出各个气调间的通道，并起到沟通各气调间，便于装卸周转的作用；技术穿堂是气调库特有的建筑形式，通常设置在常温穿堂或整理间的上部，它的作用是方便操作管理人员观察库内果蔬贮藏情况和库内设备运行情况。冷冻机房内装若干台制冷机组，所有贮藏库的制冷、冲霜、通风等皆由该房控制。气调机房是整个气调库的控制中心，所有库房的电气、管道、监测系统等皆设于此室内，主要设备有配电柜、脱氧机、CO_2脱除器、乙烯脱除器、O_2和CO_2监测仪、加湿控制器、温湿度巡检仪、果温测定器等。变、配电间及控制室用于放置变压器及各种控制仪器，循环水池用来提供和收集制冷系统、气调设备的冷却水和库房冷风机的化霜水。气调库的配套附属建筑还有办公室、值班室、泵房、包装材料库、质检室、卫生间、发电机房、车场、道路、绿化、围墙等。

（二）气调库建筑结构特点

气调库作为一组特殊的建筑物，其结构既不同于一般果品冷藏库，也不同于一般民用和工业建筑，应有严格的气密性、安全性和防腐隔热性。其结构应能承受得住自然界的风、雨、雪以及本身的设备、管道、水果包装、机械、建筑物自重等所产生的静力和动力作用。同时还应能克服由于内外温差和冬夏温差所造成的温度应力和由此而产生的构件变形等，保证整体结构在当地各种气候条件下都能够安全正常运转。气调库的基础应具备良好的抗挤压、弯曲、倾覆、移动能力，保证库体在遇到水害、冰雪、大风等自然灾害时的稳定性和耐久性。气调库是在传统果蔬冷库的基础上逐步发展起来的，与一般冷库有许多共同之处，又有许多不同点。一般恒温库所具备的设施气调库也都有，其不同点主要表现在以下几点。

（1）气密性。普通冷库对气密性没有什么要求，但对气调库来说气密性则至关重要，要想在气调库内形成气调工况，气调库必须有严格的气密性。只有气密性合格，才能保证库内气体成分的稳定，才能达到气调贮藏的技术要求。

（2）安全性。由于气调库是一种密闭式冷库，库内温度的波动，能使库内外产生很大的压差，因此要求气调库有良好的围护结构和承重结构以及安全设施才能保证气调库的正常运转。

（3）单层建筑。由于果蔬在库内运输、堆码和贮藏时，地面要承受很大的动、静载荷，如果采用多层建筑，一方面气密处理十分复杂，另一方面在气调库使用运行中易破坏气密层，所以现在的气调库绝大多数采用单层建筑。

（4）速进整出。频繁开库门，库内的气体指标变化大，增加运行费用，影响贮藏效果。因此气调贮藏要求果蔬入库速度快，尽快装满封库和调气，在尽可能短的时间内进入气调状态。出库时也要尽量做到一次出完或在短期内分批出完。

三、气调设备

（1）脱氧机。是把库房内的氧气浓度降至一个合理的指标，它的工作流程是通过闭环风机将库内气体抽出，通过装满碳分子筛的罐体内部，碳分子筛吸附氧气分子，而氮气分子自由通过，又回到库内。闭环风机的转速是通过氧气传感器和变频器控制的，浓度高时高转速，反之低转速，达到节能的效果。当该分子筛罐吸附饱和时，转换至另一个罐继续吸附，该饱和的罐利用真空泵迅速解析，富氧气体被排至库外，解析后的分子筛等待下一次循环。通过变频器调整风机的转速达到节能的效果，通过真空泵达到解析迅速高效的目的。

（2）二氧化碳脱除机。可以有效地控制气调库内的二氧化碳浓度。在气调过程中，因果蔬呼吸而产生的二氧化碳会使库内的二氧化碳浓度越来越高，当超过一定浓度时将导致果蔬出现二氧化碳中毒现象，最终使蔬腐烂变质。因此必须严格控制库内的二氧化碳浓度。

（3）气体检测控制系统。自动循环检测各间库房的氧气、二氧化碳的浓度。当氧气浓度过低或者二氧化碳浓度过高时，自动开启相应库房的阀门，并且启动二氧化碳脱除机，做出相应的补氧或者脱除二氧化碳的操作。

（4）气调专用超声波加湿器。进行库内空气补湿，这是维持果蔬生命活动和新鲜品质的必要条件。它的特点是：

①全闭式循环，即取库内气体，经加湿器回到库内，与外界空气隔离；

②设有温度补偿，自动调节控制水温；

③水箱独立设计，与机体分离，双层，不会因内外温差造成结露而滴水；

④可以与制冷系统互锁，即制冷时不加湿，以防风机结霜严重。

（5）果蔬灭菌机。利用臭氧进行除乙烯、杀菌。臭氧的分子式为 O_3。具有氧化性，杀菌能力比氯强，O_3 极易分解：$O_3 \rightarrow O_2 + O$。其分解产物 O 不稳定且是环境清新剂。

（6）库体安全阀。安装在库体墙壁上，用于调节库内气体压力的一种装置，多采用水封式，优点是水封效果一目了然，缺点是冬天需要防冻。

（7）压力平衡袋。一般安装于库外顶板上方，是用于调节库内气体压力的一种气袋。

便携式气体分析仪，用于氧气与二氧化碳的浓度检测，体积小，方便携带。

上面介绍的主要是气调设备部分，其实气调保鲜库还有一个更重要的问题即库体气密性问题。库体的保温材料现在都是采用彩钢聚氨酯夹芯板，板缝采用气密胶与非织造布结合的方式来确保气密性。还有要注意的就是地面的气密性。库门要采用气调专用平移保温门，门上多数带观察窗，方便进出检查商品质量。

四、对我国气调库发展的认识和建议

气调贮藏由于具有贮藏时间长和贮藏效果好等多种优点，因而可使多种果蔬几乎可以达到季产年销和周年供应，在很大程度上解决了我国新鲜果蔬"旺季烂、淡季断"的矛盾，既满足了广大消费者的需求，长期为人们提供高质量营养源，又改善了水果的生产经营，给生产者和经营者以巨大的经济回报。在我国已经和正在实行的"中国果蔬绿色行动"中，也明确提出大力发展气调贮藏的指示，这将使我国的采后处理技术在近期内再上一个新台阶。

应当特别指出的是，气调贮藏并非简单地改变贮藏环境的气体成分，而是包括温控、增湿、气密、通风、脱除有害气体和遥测遥控在内的多项技术的有机结合，它们互相配合、互相补充、缺一不可。这样才能达到各种参数的最佳控制指标和最佳贮藏效果。还应当说明的一点是，气调贮藏并非万能，它只能创造一个人为的环境，尽量为保持果蔬的原有品质创造良好条件，而不可能将劣果变优。由于气调贮藏（CA）技术科技含量高、贮藏效果好，因而它的贮藏成本也比普通冷藏高，所以用来气调贮藏的果蔬，对其产品质量的要求也就更加严格，劣质品或某些不适于气调贮藏的品种，即使经过 CA 技术的处理，也不能达到优质的目的，更不会出现优价。由此可见，CA 技术是一种高投入、高产出、高回报的高新技术，同时它对果蔬的采前管理和产品质量也提出了更高的要求。

气调保鲜库作为我国贮藏保鲜行业的发展方向和新的增长点已逐渐得到认可，在一些农业发达地区获得了较快发展。由于气调库在我国发展的时间还比较短，部分企业盲目照搬国外模式没有结合中国的国情，因而存在着这样那样的问题，其原因有三：一是思想意识跟不上，对形势认识不足。二是大多数企业尚未掌握其他果蔬的贮藏技术，三是大多数气调库单库间容积不合理，在原料收购、出入库等各方面都极不方便，无法贮藏少量的稀有果蔬品种。

针对我国气调库的现状，建议如下：

（1）建库之前一定要确定贮藏品种和销售方式。要根据当地种植情况、市场情况和果蔬的贮藏特性，并用发展的眼光结合国内外形势做好调查论证。

（2）避免求大求洋。当前我国果蔬贮藏业正在由数量效益型向质量效益型转变，气调库规模和经济效益并不成正比，关键是要合理，符合企业实际的才是最好的。进口的东西并不都好，质量可靠价格合理的国产设备可能更合适。

（3）现代化的气调贮藏技术和采后处理系统是一个高新技术项目，要有一个强大的技术支撑体系。每一个气调贮藏工艺都必须建立在对其贮藏对象进行大量的实验研究的基础之上，在气调贮藏专家的指导下开展工作，以免出现事故和造成损失。

（4）库体结构设计要合理。对中、小型气调库每个气调冷藏间的容量不应过大，每间以 50~150t 为宜，各气调间也不一定一样大小，房间高度 5~7m 较为合适。气调库房的间数与总体建设规模，应考虑经营的品种，并应与运销的周期、运输工具及运量的大小相协调。

（5）要保证一定的投资力度。在相同贮藏量的前提下，用于气调库建设的费用一定高于修建普通保鲜库的费用。因为规模相同的贮藏设施，气调库要比冷藏库多了一套气调设备和检测仪表的投资；另外气调库库体的工程造价要比同等贮藏容量的冷藏间的库体造价高一些。因此，投资者应充分考虑上述这些因素，从总体上考察气调贮藏的运营成本。

（6）要保证气调库建设的合理周期。气调库之所以能够实现气调，除了气调设备的正常工作外，还和气调库的库体、库门具有一定的密闭性是分不开的。而气调库库体密闭层的施工是要一定时间的，它是要在库体基层完全干燥后才能施工的，否则很难保证库体密闭层的施工质量，进而保证库体的密闭，实现人工控制贮存空间内的气体成分。

（7）要确保进入气调贮藏间果品的质量。任何先进的贮藏手段都只能维持果品的原有质量和延长果品的保质期，而不能提高原有果品的质量。因此只有高质量的果品，事先经过采前处理，进入气调间通过正确的气调贮藏操作，才能获得高质量的气调产品，投入市场后才能有好的经济效益。

（8）要有一个素质较高的气调库操作管理班子。气调贮藏保鲜技术是一种综合技术，对操作管理气调库的人员的素质要求较高，要求他们具有上述这些相关学科的基本知识，能针对不同的气调贮存的对象，制订出切实可行的操作规程，同时还应具有综合处理问题的能力。

第二十八节 预冷技术

一、背景

随着我国生产能力和经济水平的提升，果蔬的产量一直在显著增长。国家统计局发布的 2011～2016 年我国果蔬数据见表 3-28-1，产量在逐年递增，至 2016 年，我国果蔬的总产量已经达 10.8 亿吨。而我国水果和蔬菜采后腐损率在 20%～30%，直接经济损失超过4000 亿元，浪费巨大。

表 3-28-1 2011～2016 年我国果蔬总产量（万吨）

年份	水果	蔬菜	年份	水果	蔬菜
2011	22768	67930	2014	26142	76005
2012	24057	70883	2015	27600	76900
2013	25093	73512	2016	28319	80005

果蔬在采后的所有阶段均存在不同程度的损失，采用合理的采后保质技术可以保持果蔬的品质，同时增长其货架期。在所有果蔬采后保质技术中，温度管理是最主要的方式。

本节供稿人：田长青，中国科学院理化技术研究所。

温度管理即在果蔬采后的不同阶段采用一定的措施使果蔬处于特定的温度，其通常被称作冷链物流，而果蔬冷链物流的第一个环节为产地预冷。

所谓产地预冷是对采收后的果蔬进行快速冷却，用于降低呼吸强度，抑制或阻止微生物生长并使得水分蒸发最小化，最大限度地保持农产品的新鲜品质。预冷可以迅速排除果实采后的田间热，降低呼吸作用，抑制酶和乙烯的释放，延缓其成熟衰老的速度，有利于保持其营养成分和新鲜度；预冷还可以提高果实对低温的耐性，增强产品抗低温冲击的能力，在冷藏中降低对低温的敏感性，减轻或推迟冷害的发生。20 世纪 60 年代，日本就已经开始进行果蔬预冷技术的研究，70 年代，预冷蔬菜大量上市，到 1994 年日本就拥有预冷设施 3224 座，其中，强制通风预冷设施 1875 座、差压通风预冷设施 940 座、真空预冷设施 408 座。因为日本淡水成本较高，所以很少采用冷水预冷。现在，日本 90%以上的蔬菜都要预冷后，才能进入贮藏和运输环节。美国从 20 世纪 40 年代开始对预冷技术进行研究，70~80 年代，美国低温冷藏链进入迅速发展时期，预冷技术在实践中得以广泛应用，到目前为止，已经形成果蔬产地预冷、冷藏运输及流通消费的连续低温冷藏链。而我国果蔬采摘后除极少量出口有预冷外，大多不经过预冷，即使有一些预冷过程也是在冷库或者冷藏车中进行。然而，冷藏车和大部分冷藏库不是为果蔬预冷设计的，而仅仅是为了维持冷却后果蔬的温度，其设计制冷量较低，达不到果蔬预冷的需求，且其气流组织也不适用于果蔬的快速冷却。因此，采用冷藏车和冷库对果蔬进行预冷时冷却时间过长，无法保证果蔬品质，因此研制和采用高效专用果蔬预冷装置对果蔬采后保质具有重要意义。

二、解决问题的思路

首先通过分析果蔬在冷却介质中的换热过程，明确影响果蔬冷却速率的主要因素，进而有针对性地提出加快果蔬在冷却介质中降温速率的新思路。果蔬在冷却介质中的传热传质过程如图 3-28-1 所示。首先分析传热过程，果蔬在冷却介质中的传热包括果蔬内部的导热和果蔬表面与冷却介质间的传热，果蔬内部的导热过程主要由果蔬的导热系数决定，

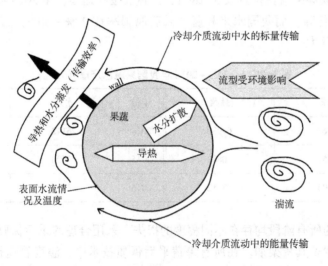

图 3-28-1 果蔬在冷却介质中的传热传质过程

与冷却介质无关，而果蔬表面与冷却介质间的传热则与冷却介质的种类、温度和传热方式有关。其次对于传质过程，其主要影响的是果蔬预冷前后的失重，包括果蔬内部的水分扩散和果蔬表面的水分蒸发，果蔬内部的水分扩散仅与果蔬的传质系数相关，而果蔬表面的水分蒸发主要由冷却介质的参数决定。

在掌握果蔬在冷却介质中的传热传质机理后，就可以提出相应的方法来提升果蔬的冷却速率并抑制果蔬的水分散失。主要方法就是对果蔬进行预冷处理，预冷的方法主要包括压差预冷、真空预冷、冷水预冷等。表3-28-2是几种常见预冷方法的对比。

表 3-28-2 常见预冷方法的对比表

预冷方法	冷却速度	能耗	成本	包装要求	适用范围
压差预冷	慢	低	低	复杂	果蔬
真空预冷	快	高	高	要求严格	叶菜类
冷水预冷	快	较高	低	要求严格	果实类、根茎类

三、典型预冷方法

（一）压差预冷

1. 压差预冷原理

压差预冷是果蔬采后预冷的一种主要预冷方式。相比于其他预冷方式，压差预冷具有运行简单、预冷速度快、费用低、适用范围广等优点，特别适合我国现阶段冷链物流发展。

压差预冷是利用一定的装置在被预冷果蔬包装两侧形成压力差，增强冷空气流动，使冷空气与被预冷果蔬充分接触换热，其原理图如图3-28-2所示。压差预冷要求必须在果蔬包装箱两侧打孔，使冷空气仅通过包装箱上的小孔进入果蔬的缝隙中，为使一定量的空气流入箱内，在箱两侧必然存在压差。通常采用风机强制冷风循环在箱体两侧产生压力差。冷风从箱内通过，将箱内果蔬热量带走，以达到冷却的目的。压差预冷相比于冷库预冷来说，可以明显缩短冷却时间，同时冷却均匀、无死角。此外，隧道式压差预冷由于安装了传送装置，在一定时间内可以进行大批量的产品预冷，预冷效率很高。

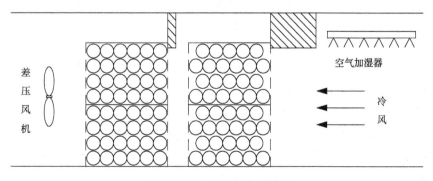

图 3-28-2 压差预冷原理图

LR. De Castro 等采用隧道式差压预冷的方法进行了实验研究。研究得出了设计隧道宽度的经验公式。John Kienholz 等通过对压差风机的改造，采用橡胶管道和静压箱与风机连接的方法进行了实验研究，使预冷效果更加均匀。

2. 双向交替送风压差预冷装置

因为在传统的压差预冷装置中，沿气流方向的果蔬在预冷过程中存在很大的不均匀性。为了改善这种不均匀性，有学者提出一种新型的双向交替送风压差预冷方式，并开发出双向交替送风压差预冷装置。双向交替送风的原理如图 3-28-3 所示，预冷装置主要包括空气冷却单元、双位风阀和均压孔板。

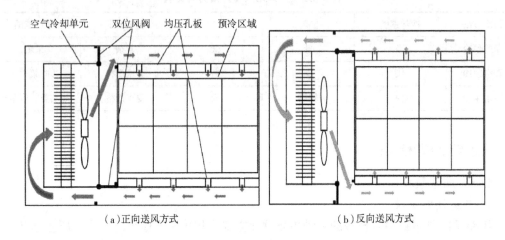

（a）正向送风方式　　　　　　　　　　　（b）反向送风方式

图 3-28-3　双向交替送风原理图

空气冷却单元用于给循环空气降温冷却，双位风阀用于切换空气循环方向，均压孔板用于给果蔬预冷区域进行均压送风。进行果蔬预冷时，2 个双位风阀首先切换到如图 3-28-3（a）所示位置，此时空气按顺时针方向循环，在果蔬预冷区域形成正向送风。当 2 个双位风阀切换到如图 3-28-3（b）所示位置后，空气如图中所示逆时针方向循环，此时在果蔬预冷区域形成反向送风。如此反复切换双位风阀，就在果蔬预冷区域形成双向交替送风的方式。有学者采用番茄对双向交替送风预冷过程进行试验研究，并与单向送风预冷过程进行对比，得出的主要结论是：

（1）单向送风时沿送风方向的番茄在降温过程中温度存在很大的不均匀性。当送风方向发生变化后，降温过程中的温度不均匀性会被减小，最不利位置由末端位置变为中间位置，且交替次数越多，降温过程中番茄的温度越均匀。

（2）单向送风时沿送风方向的番茄失重逐渐增加。采用双向交替送风方式后，沿送风方向不同位置番茄的失重趋于一致。

3. 可移动式双温区压差预冷装置

对于通常预冷设备移动性较差，且只能预冷一种果蔬，严重影响了某些果蔬的品质。为满足实际生产的需求，有科研人员提出一种移动灵活的压差预冷装置，可以同时预冷两种不同冷藏温度的果蔬。其示意图如图 3-28-4 所示。

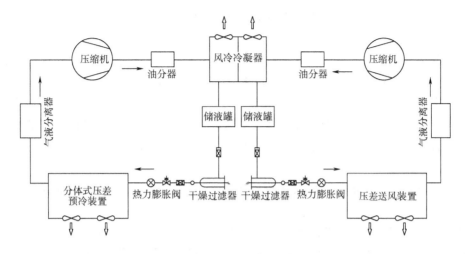

图 3-28-4　可移动式双温区果蔬压差预冷箱体制冷系统原理图

4. 压差预冷现状

压差预冷的研究和应用还依然还存在一些需要尽快解决的问题。首先是推广应用困难，缺少产业化经费，难以真正实现大规模的田间预冷的需求。其次是对于压差通风预冷中压差风机的选择、包装箱开孔形状、开孔面积与通风量的关系以及压降等，仍然需要系统深入的研究。

（二）真空预冷

1. 真空预冷原理

任何液体蒸发成为其气体状态时，蒸发部分都需要吸收来自于液体本身或周围环境的热量即蒸发潜热，从而使自身温度或周围环境温度降低。真空预冷就是在真空条件下，使水迅速在真空处理室内以较低的温度蒸发，水在蒸发过程中要消耗较多的热量，在没有外界热源的情况下，便会在真空室内产生制冷效果。其系统原理如图 3-28-5 所示。

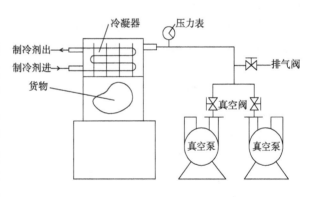

图 3-28-5　真空预冷原理图

2. 真空预冷特点

（1）优点。

①冷却速度快。即使在预冷前进行包装的大部分叶类蔬菜，常也只需要 20~30min 就可以使温度降至 4%~5%。而其他冷却方法达到同样效果需要几个甚至几十个小时。

②冷却均匀。由于预冷箱内各点的压力均衡，果蔬个体自身都形成类似的冷却系统，而且果蔬处于真空条件与较低温度下，冷却时各部分温度梯度远远小于冷风和冷水预冷。真空预冷产品的温度不均匀现象较其他冷却方法要少。

③保鲜效果好。对采后园艺产品快速降温，在最短的时间内去除田间热，降低呼吸速

率、减缓成分分解，尤其可显著延长易腐或成分变化较快产品的保鲜时间。另外，延长贮藏期的同时也方便了远距离冷藏运输，扩大了市场服务范围。

④相对清洁。真空预冷在真空、密闭的环境中进行，产品在无菌状态下被冷却，避免了交叉污染。真空预冷还有很好的杀菌效果，尤其是嗜温细菌。

（2）缺点。

①真空预冷过程中会出现重量损失，蔬菜的重量损失是真空冷却前重量的 3%~4%。由于真空预冷是依赖果蔬内水分的蒸发吸收蓄存的田间热，因此比较适合水分充足，叶片较大的蔬菜。

②由于真空预冷技术的初期设备投资较大，所以比较适用于大批量的果蔬生产基地预冷。

③果蔬的降温是一个复杂的传热传质过程。对于真空预冷这种快速降温技术，应特别注意对箱内压力、温度、湿度的变化监控，真空预冷技术程度要求较高。

3. 真空预冷中降低失水率的方法

由于温度降低通过水分蒸发实现，因此真空预冷中蔬菜失水问题不可避免。对于叶菜类蔬菜由于比表面积大，组织柔软，表面游离水分多、容易蒸发，因此在实验过程中失水比较严重。针对此问题相关学者以生菜进行实验，实验结果如图 3-28-6 所示。

从图 3-28-6 可以看出，直接进行真空预冷的蔬菜失水最严重，生菜失水率高达 4.85%。喷水处理对防止失水有一定的作用，

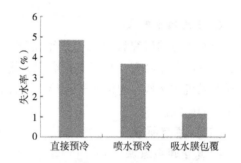

图 3-28-6　不同处理方式生菜失水率对比图

但作用较小。吸水膜包覆处理可有效防止预冷过程中的失水问题，失水率大大降低，生菜的失水率比直接预冷降低 76.3%。

（三）冷水预冷

1. 冷水预冷原理及特点

冷水预冷是指冷水作为冷媒，将装箱的果蔬浸泡在流动的冷水中或采用冷水喷淋使果蔬降温的一种预冷方法。冷却水有低温水（一般在 0~3℃）和自来水两种。为提高冷却效果，可用制冷水或加冰的低温水处理。通常是将果蔬直接浸入冷水中或者将冷水喷洒到其表面。表 3-28-3 显示了不同水预冷方式的优缺点及适用范围。

表 3-28-3　不同形式水预冷的特点

水预冷具体方法	优点	缺点	适用范围
喷雾式	动力消耗小	易出现预冷"热点"，预冷不均匀	甜玉米、芹菜、芦笋和荔枝等沾水不易腐烂的果蔬
洒水式	动力消耗小	易出现预冷"热点"，预冷不均匀	甜玉米、芹菜、芦笋和荔枝等沾水不易腐烂的果蔬
沉浸式	预冷均匀，预冷效率高，具有清洗功能	需要往水中加入防腐剂，对产品也产生污染	甜玉米、芹菜、芦笋和荔枝等沾水不易腐烂的果蔬
混合式（浸渍+洒水）	预冷均匀，预冷效率高，具有清洗功能	需要往水中加入防腐剂，对产品也产生污染	甜玉米、芹菜、芦笋和荔枝等沾水不易腐烂的果蔬

2. 冷水预冷设备

冷水预冷装置有喷雾式、洒水式、沉浸式和混合式四种结构型式。

图 3-28-7 为一种连续沉浸式水预冷装置示意图。产品固定在传送带上，传送带位于装有冷却水的水箱的上部，产品随着传送带转动，被运至另一端并潜入水中再回到起始端传出。该装置主要是利用碎冰或蒸汽压缩式制冷系统供冷，其中的冷水依靠水泵驱动循环流动。沉浸式水冷中冷却水完全将产品包围，在短时间内最大程度地降低了产品温度。产品在冷却水中的时间主要是由产品的初始状态和最终冷却温度决定。实验表明，沉浸式冷水预冷是水冷中最快的预冷方式，它的冷却速度几乎是常规水冷速度的 2 倍。

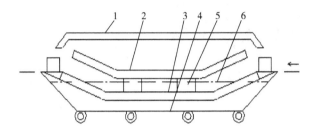

图 3-28-7　连续沉浸式水预冷装置示意图

1—顶盖　2—上传送带　3—下传送带　4—槽体　5—物料　6—冷却水

水预冷由于冷水直接同果蔬表面换热，预冷速度快，装置简单，对于沾水不易腐烂的果蔬是一种较好的预冷方法。应用的主要问题是防止循环冷水的污染。

图 3-28-8 为一种喷淋式水预冷装置示意图。这种装置用水作为冷却介质传热性好、冷却速度快且均匀；预冷时间一般在 20~60min，适用于根菜类，小果类蔬菜，对于根菜类蔬菜有清洗功能；其缺点是产品淋湿后易携带细菌，导致病害发生和腐烂增加；必须配套恒温贮藏库。

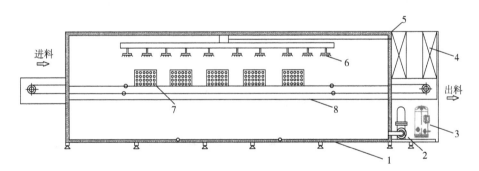

图 3-28-8　喷淋式水预冷装置示意图

1—保温层　2—循环水泵　3—压缩机　4—冷凝器　5—盘管蒸发器　6—喷淋装置　7—物料　8—传送履带

（四）流态冰直接预冷

流态冰直接预冷的技术方案较为简单，即直接将流态冰充注到摆放整齐的果蔬箱体内进行预冷，预冷速率高且果蔬失重小，其适用于沾水不易腐烂的果蔬。图 3-28-9 所示为流态冰直接预冷。

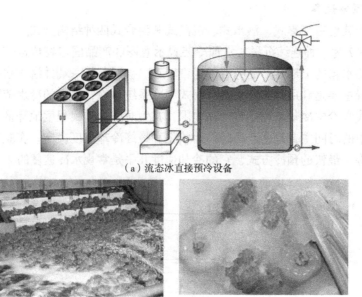

（a）流态冰直接预冷设备

（b）预冷果蔬照片

图 3-28-9　流态冰直接预冷

（五）流态冰间接预冷

如图 3-28-10 所示，流态冰间接预冷系统主要包括制冰机组、储冰桶和预冷装置。制冰机组设置在电力充足地区，采用夜间低谷电价制取流态冰，并将其储存于储冰桶中。完成制冰后，关闭制冰机组和储冰桶之间的阀门后将储冰桶与制冰机组分离。之后将储冰桶运输至田间地头与预冷装置连接形成闭合环路对农产品进行预冷。待储冰桶内的冷量用完后再将储冰桶拆分运输回电力充足区域与制冰机组相连进行制冰，如此反复。如若使用地区电力充足，可将制冰机组与储冰桶直接放置在田间地头与预冷装置连接使用。

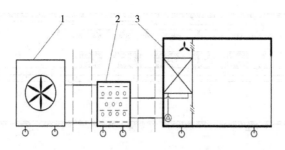

图 3-28-10　流态冰间接预冷系统原理图
1—制冰机组　2—储冰桶　3—预冷装置

预冷装置采用压差预冷的方式。预冷装置主要包括供水泵、换热器、风机、储水箱和回水泵等部件。供水泵将储冰桶内的冰水抽吸至换热器上方，冰水通过喷嘴喷淋到换热器内部的蜂窝湿帘上与风机抽吸的空气进行换热；在此换热过程中，空气被冷却后送至果蔬摆放区域对果蔬进行预冷，冰水吸热后通过重力作用流入换热器下方的储水箱内，储水箱内设置有液位控制器来控制回水泵的启停；当储水箱内的液位到达最高液位时，回水泵开启，当液位下降至最低液位时，回水泵关闭。流态冰间接预冷技术与压差预冷技术相同，适用于绝大多数的果蔬。

四、产品化或工程应用情况

针对果蔬采后腐损率高、损失严重的情况，我国已逐步启动果蔬产地预冷的试点示范和推广应用工作。以冰山集团为例，研发了移动式压差预冷设备，可根据季节变化，对不同果蔬进行移动作业。2017 年，大连三寰有机蔬菜采用包括预冷的全程冷链配送取得成功，损耗降低至 5% 以下，产地到餐桌的时间从原有的 4 天缩短至 24h 内，2018 年将启动扩建至 500 家便利店。大冷股份与昆明市科学技术局合作，采用压差预冷方式对原有冷库预冷进行了改造升级，2016 年项目启动，2017 成功通过验收；预冷时间降低为 4h，实现了快速预冷。大冷股份与新疆市科学技术局合作建设特色水果示范基地，将产地冷库改建为移动压差冷库，延长当地特色水果保鲜时间。冰山集团与中集集团合作，为顺丰提供了移动压差预冷集装箱，可在不同季节、不同地域，应用于不同果蔬的预冷。大连蓝莓谷庄园与大冷股份合作，采用快速预冷+冰温联合保鲜技术对蓝莓进行保鲜贮藏，建立了大连蓝莓谷示范基地，保鲜时间长达 59 天。2017 年 1 月，预冷+冰温联合保鲜设备应用于郁南县砂糖橘示范基地，保鲜超过 90 天。

虽然我国已开始开展果蔬产地预冷，但是目前应用极少，果蔬产后预冷环节普遍缺失。

五、展望

目前国内果蔬预冷技术研究和产品开发具有一定基础，但是缺少应用。除极少量出口有预冷外，果蔬采后大多不经过预冷，即使有一些预冷过程也是在冷库或者冷藏车中进行。主要原因是我国现有标准或规范中，对于果蔬没有预冷要求；而采用预冷不仅初投资高，还要增加一次搬运。针对国内果蔬预冷应用存在的问题，建议进行如下工作：

（1）采用预冷进出料自动化搬运，制订合理的预冷操作工艺，提高效率。

（2）研究发展连续性预冷设备，将冷库贮藏和冷藏运输有机结合，降低成本。

（3）预冷的应用主要是果蔬产地，考虑到技术人员的匮乏，应发展可靠性高的智能化预冷设备和移动式预冷装置。

（4）以提高预冷效率为目的，进一步进行预冷工艺的研究，包括包装箱形式、码垛方式、气流组织、预冷过程的干耗控制等。

参考文献

[1] 贾连文，吕平，王达 . 果蔬预冷技术现状及发展趋势 [J]. 中国果菜，2018.3（38）：1-4.

[2] 潘仟仟，张宁，陈学永 . 预冷技术在我国果蔬保鲜冷链中的应用研究综述 [J]. 2016.12（4）：6-10.

[3] 高玉平，邵双全，田长青，刘彦杰 . 双向交替送风压差预冷装置开发与试验研究 [J]. 2017.12（17）：79-82.

[4] 侯冬苗，可移动式双温区压差预冷装置设计与实验研究 [D]. 哈尔滨：哈尔滨商业大学，2016.

［5］杨俊彬，刘圣春，杨文哲，宁静红．真空预冷技术的现状及展望［J］．冷藏技术，2016，9（3）1-4.

［6］王雪芹，刘宝林．蔬菜真空预冷中降低失水率的方法研究［J］. 2013，4（2）：81-84.

［7］董杰．真空预冷实验与理论分析［D］．天津：天津商业大学，2018.

第二十九节　冰箱节能及保鲜技术

一、背景

冰箱是以人工方法获得低温并提供储存空间的冷藏与冷冻器具。而家用电冰箱是指供家庭使用并有适当容积和装置的绝热箱体，用消耗电能的手段来制冷，并具有一个或多个间室。冰箱以电动机压缩式电冰箱最为常见，此外还有一种半导体式冰箱。

保质保鲜是冰箱的一个很重要的功能要求，对于果蔬的保鲜效果，在很大程度上取决于水分保持的状态。当果蔬贮藏环境中的水蒸气压低于表面水蒸气压时，会引起果蔬水分蒸发，使细胞膨压降低，果蔬便产生萎蔫现象。萎蔫不仅造成果蔬外观损坏，品质下降，损耗增加，而且使果蔬正常的呼吸作用受到影响，促进酶的活性，加快组织衰老，从而大大降低了果蔬的营养价值。所以湿度控制是增强果蔬保鲜效果的关键方法之一。除了冰箱的保湿保鲜，冰箱的节能减排也已经成为国家和社会的重要发展方向。随着家用电器的普及，家用电器的能耗占据社会总用能的比例逐步升高。其中电冰箱作为一款家庭必备、连续运行、占据居民家庭生活用电量很大一部分的家用电器产品，其节能势在必行。应国家超高效冰箱的开发需求与即将实施的新能效标准的要求，冰箱的整体能效都将上升一个台阶，需要行之有效的科学方法与切合实际的解决措施来实现新能效指数标准的要求，进而开发出能效系数更低、性能更好的冰箱产品。因此，电冰箱节能技术的研究也具有重大的社会意义和现实意义。因此研发出新的保鲜措施及节能手段势在必行。

二、风冷冰箱增湿技术

在冰箱的分类中，按制冷方式一般分为直冷冰箱和风冷冰箱，这两种冰箱因为制冷的方式差异，在冷藏室内产生不同的保湿效果。

直冷冰箱因为冷藏蒸发温度高，依靠空气的自然对流，使冰箱内的水分凝结在蒸发器的表面，这样凝结的速度慢，而且在停止制冷后，凝结在蒸发器上的霜会再慢慢蒸发到冰箱的冷藏室内，也有部分的凝结水流出到冰箱的外部。从湿度测试的数据看，一般冷藏室内的相对湿度会在50%~80%之间变化，在制冷时相对湿度变小，在停止制冷后，相对湿度慢慢回升。

风冷冰箱就是利用空气进行制冷，当高温空气在流经内置蒸发器时，会因为空气温度高而蒸发器温度低，然后它们之间直接发生热交换，从而降低空气的温度，冷气就被吹入冰箱，以此达到降低冰箱内温度的目的。风冷冰箱，不仅具有温度均匀、制冷速度快以及

本节供稿人：李成武，海信科龙公司；邵月月，北京工业大学。

自动除霜的优点，它还有着冰箱内湿度低、易风干食物的缺陷，储藏的食物（尤其是蔬菜、水果等）极易失去水分，保鲜效果极差，易造成食物表皮风干、营养流失等。下面介绍风冷冰箱冷藏室失水的原因，以及常见的增湿方法。

（一）风冷冰箱冷藏室失水原因

对于单循环制冷系统的风冷冰箱，冷藏室内的空气经过风道进入一般设计在冷冻室内的蒸发器，通过与蒸发器进行能量交换后，温度变低，再进入冷藏室内；进入室内的空气通过吸收冷藏室内的热量，温度进行回升，从而对食物进行降温。经过这种不断的循环，使冰箱内保持较低的温度，抵制细菌的生长，从而在第一步保证了食品不容易变质。

风冷冰箱冷藏室内的温度降低主要是通过空气介质进行能量传递，在这一过程中，除了温度发生变化外，空气中的水分含量也发生了变化。在温度降低时，水分开始向低温的方向移动，到了一定程度，开始出现露点，空气中的水分不断凝结成水从空气中分离出来。对于风冷冰箱来说，蒸发器主要是采用翅片蒸发器，它通过风扇强制空气流过蒸发器，这样冷藏室内的空气经过蒸发器时，空气中大量的水分凝结在蒸发器的表面，由于蒸发温度在−30℃左右，大量的水分在蒸发器表面直接结成霜状，最后流过蒸发器后的空气水分明显变少，到冷藏室变成温度较低，相对湿度较小的"干空气"。这样的空气进入到冷藏室内，会从冷藏室内不断抽取其他空气中的水分，使其他空气的相对湿度也变小，进而使食物表面的水分再蒸发到空气中。经过不断的空气循环，食物脱水越来越严重。

在空气中的水分流经蒸发器时，空气中的大水分子先凝结在蒸发器温度较高的地方，而小的分子则凝结在蒸发器温度较低的地方，即使在−20℃的冷冻室内，空气中的水分子依然存在，只是水分子小到在此温度下不能结冰，所以蒸发温度越低，冰箱内的水分越容易流失。

强制的空气对流，使冷藏室内的空气流动加快，空气中的水分交换也加快，食物表面也更容易流失水分。

（二）增湿方法

1. 保鲜透湿膜保湿

保鲜透湿膜是一种通过特殊处理的植物纤维薄膜，如图3-29-1所示，水分子将纤维分子链的化学基团作为台阶，使得水蒸气分子通过紧密分子链之间的间隙。当果蔬室内湿度接近饱和时，通过保鲜透湿膜将部分水蒸气排出，以避免湿度过高；当果蔬室内湿度不足90%时不进行交换，维持果蔬室的湿度。

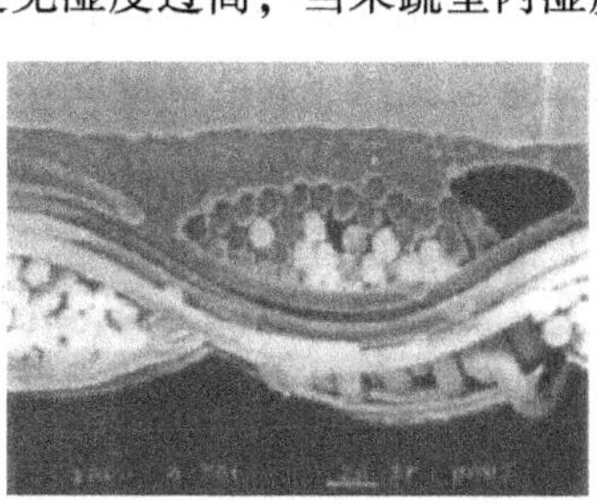

相关学者通过对果蔬室内的湿度、果蔬失水率、蔬菜叶绿素含量、果蔬硬度、凝露测试以排除乙烯测试等方面对保鲜透湿膜的实际运用效果进行了探讨。试验表明，保鲜透湿膜具有良好的自主调节果蔬室内湿度的功能，不仅能提供果蔬保鲜的适宜贮藏湿度，还能排除乙烯气体，有效地保持了果蔬的外观和品质，延缓果蔬成熟和衰老的速度，是提升

图3-29-1　保鲜透湿膜的电镜照片

冰箱增湿保鲜效果的有效途径。

2. 对食物进行密封

首先隔离食物与空气间的水分交换，通过采用密封等方式，可以锁住水分不向空气侧流失，这种方式可以降低食品的温度，同时不流失水分，所以在实际中会采用密闭式果菜箱或抽屉，或采用保鲜膜的方式进行保湿处理。

3. 采用双蒸发器系统

对冷藏室采用单独的蒸发器，可以提高蒸发器的蒸发温度，减少小水分子的凝结，这样可以提高进入冷藏室空气的温度与相对湿度，从而使失水相对较少。在蒸发器的设计上，冷藏室翅片蒸发器翅片间距加大，可以减少水分子凝结的机会；另外，由于单独蒸发器可以通过加大蒸发面积，提高制冷速度，使冷藏室降温速度很快，停止制冷时间长，水分从蒸发器上挥发出来的机会较多。

4. 对于双蒸发系统采用回风循环化霜

因冷藏室的温度一般高于0℃，凝结在蒸发器上的霜层，相对于冷藏室内的空气还存在能量利用，可以通过冷藏室的内循环对蒸发器进行空气循环换热，这样可以将蒸发器上的能量再次带入冷藏室内，减少压缩机制冷的机会。由于不制冷进行空气循环，蒸发器上的水分被不断带入冷藏室内，这样原来蒸发器制冷时凝结在蒸发器上的水分会大量再次循环到冷藏室内，而不是通过化霜后流失到冰箱的外部。这种设计虽然成本高，控制复杂，但对于目前的电子控制技术也很容易实现，在市场上也有很多产品是采用这种方式，在保湿效果上较好。

5. 采用变频压缩机

当蒸发温度升高时，可以有较大的水分子通过蒸发器的低温而不凝结，相对来说，空气中有较多的水分子可以通过蒸发器，这样相对来说可以提高相对湿度，减少食物表面水分的流失。变频压缩机主要是通过降低转速后，减少制冷量，这样在制冷系统中提高了蒸发温度，使循环空气中较少的水分凝结在蒸发器上。对于双系统采用变频压缩机也同样有这样的效果，只是在原来的基础上效果会更好。但是变频压缩机的低速运行主要是在环境温度较低的情况下，冰箱的外界热负荷较小时可以采用，在高温环境下，变频压缩机会用更高的速度运行，制冷量会加大，使蒸发温度降低，空气脱水加快。

6. 采用离子雾化水分

除了上述几种方式，还可以通过电离子将水分子雾化，实际上是通过放电的方式，将大水分子细化，这样食物的表面容易吸附，另外，小的水分子可以通过蒸发器而不凝结，这也是提高空气湿度的方法。

三、冰箱的保鲜技术

随着生活水平越来越高，人们对于冰箱的要求也不仅仅是冷藏和冷冻而已。对于食品的保鲜品质及食品安全性的注重，使人们越来越注意冰箱的保鲜功能，特别是对于讲究色香味的中国家庭来说，防止食物变质只是最基本的需求，保鲜才是消费者购买冰箱的第一需求。

目前冰箱保鲜主要有3个方向：一是速冻解冻技术，使食物在冷冻过程中细胞膜不会被破损；二是精确控制温度和湿度，给食物提供适合其保鲜的储存环境；三是除菌抗菌技术，防止冰箱内的食品滋生细菌而变质。针对这几个方向介绍和分析最近冰箱市场比较流行的保鲜新技术，即静电保鲜技术、冰温保鲜技术和紫外线杀菌保鲜技术，对其原理、效果以及应用情况作详细的阐述。

（一）静电保鲜技术

近年来，食品工业中静电技术的应用研究正在悄然兴起，并越来越受到人们的重视。目前，静电场已应用于果蔬的保鲜、对微生物的抑制、加速食品解冻的研究等领域。当前，虽然对利用静电场实现果蔬保鲜的机理尚不完全清楚，但出现了 3 种值得重视的观点。

（1）外加电场能改变果蔬细胞膜的跨膜电位，影响生理代谢。

（2）果蔬内部生物电场对呼吸系统的电子传递体产生影响，减缓了生物体内的氧化还原反应。

（3）外加能量场可使水产生共鸣现象，引起水结构及水与酶的结合状态发生变化，最终导致酶失去活性。

根据目前的分析和掌握的资料，水是生物化学反应的介质，并且水本身是具有一定分子团结构的液体，水分子与水分子之间总是处于一种不停地缔合为大分子团和解缔为小分子团的动态平衡之中。外加静电场极有可能打破原有的平衡状态，使水分子结构发生改变。有研究人员利用空气放电保鲜机，对甜辣椒进行 10min、20min、30min 的一次性处理，然后将果实放入塑料袋中，贮藏于 8℃ 左右的恒温库中，与不处理的甜辣椒果实作比照。结果表明，放电处理对甜辣椒的呼吸强度、转红率有明显的抑制作用；放电处理 20min，花萼新鲜度最好，而果实腐烂率以处理 10min 的较低。可见，利用静电保鲜果蔬效果比较理想。

（二）冰温保鲜技术

冰温保鲜技术（Controlled Freezing-point Technology）是日本山根昭美博士于 20 世纪 70 年代提出的一种保鲜技术。近年来，冰温保鲜技术已在日本、美国、韩国、英国等国家得到了推广及应用。

食品并非在 0℃ 开始冻结，而是拥有各自不同的固有"结冰点"，从 0℃ 到这个结冰点的温度领域叫作"冰温区"，以此为基本技术的保鲜方法叫作冰温技术的应用。冰温技术有着其他保鲜技术无可比拟的效果。首先，利用冰温技术保鲜贮藏食品，在时间和鲜度上比现有冷藏技术要延长保存期数倍以上。例如，原来只能保存 1 周左右的梨在冰温状态下能够保存 200 天以上，海蟹可以在保活状态下贮藏 150 天，而且体重不会减少。之所以能够更好地保鲜，是因为食品在冰温状态下呼吸代谢受到抑制，老化过程减缓，细胞活性得到保持，因而比冷藏状态提高保鲜程度 3~5 倍。而且在冰温状态下，大肠杆菌、葡萄球菌等有害微生物均无法存活，所以从卫生角度讲冰温库是食品加工生产的最佳环境。实验证明，冰温贮藏的食品质量更高。当细胞处于 0℃ 以下的环境时，为了不被冻死而采取自我防御措施，就是不断地分泌防冻物质，细胞分泌的这种防冻物质中含有游离氨基酸、天冬氨酸和葡萄糖，同时它也是构成甜味的成分，这就使食品的味道更加鲜美。

（三）杀菌、抗菌型保鲜技术

1. 冰箱内主要微生物类型

温度对微生物影响很大，冰箱内的低温环境虽然能够延缓、减弱它们的繁殖和生长，但是并不能够完全抑制它们，冰箱内的有害微生物主要有细菌、酵母菌和霉菌，其中以大肠杆菌、沙门氏菌、氏杆菌、葡萄球菌、霉菌危害最大。

2. 杀菌、抗菌的主要方法

冰箱杀菌、抗菌产品按其技术方法可分为四大类：臭氧杀菌技术、紫外线杀菌技术、负离子杀菌技术和纳米抗菌技术。

（1）臭氧杀菌技术主要通过臭氧发生器产生臭氧，杀灭冰箱内的细菌，臭氧具有杀菌力强、杀菌种类广、可自行分解不产生残余污染的优点，但由于高压放电部分使用寿命短、臭氧浓度不稳定等因素，在市场上已经很少应用。

（2）紫外线杀菌技术是通过紫外线对微生物照射，以改变及破坏微生物的组织结构（DNA 核酸），导致核结构突变，生物体丧失复制、繁殖能力，功能遭受破坏，从而达到消毒、杀菌的目的。紫外杀菌速度快、效率高、效果好。但紫外线辐射易造成冰箱内胆发黄、老化等不良现象，且会对人体产生危害，所以紫外灯的照射时间、质量、使用寿命是紫外线杀菌技术的研究重点和难点。

（3）负离子杀菌技术主要是通过负离子发生器产生大量负离子，负离子与细菌结合后，使细菌产生结构的改变或能量的转移，导致细菌死亡，最终降沉于地面，使空气中细菌迅速递减。负离子杀菌技术反应快，作用效果明显，而且对食品本身品质没有影响，是常见的杀菌技术。

（4）纳米抗菌技术使用纳米银、纳米金等纳米抗菌剂。以纳米银为例，其在发挥银抗菌功效的同时，由于颗粒极其微小，表面积较大，具有超强的活性及更强的组织渗透性，抗菌杀菌作用是普通银的数百倍。

四、冰箱节能技术

（一）变频压缩机

在冰箱的发展历程中，压缩机的技术升级对冰箱节能效果的影响是最为重要的，是压缩机的发展带动了冰箱的发展。就目前的技术而言，压缩机的电动机性能及结构性能有了很大的提升，其制冷效率已经达到 COP2.0 的水平，在很大程度上降低了冰箱的能耗。不仅如此，压缩机的制冷量及绝热效率等方面的优化也能使冰箱达到节能的目的。其中，压缩机的制冷量主要由压缩机的转速决定，而压缩机对转速的控制可以通过变频技术来实现。因此，变频压缩机在冰箱节能技术方面发挥着关键作用。

1. 变频压缩机的节能原理

在实际的冰箱制冷系统设计过程中，冰箱的蒸发器和冷凝器在设计方案明确之后，不可以进行更改，这就使得冰箱的蒸发面积以及冷凝面积不会出现变化。而对于冰箱的制冷系统来说，制冷量及散热量与冰箱的蒸发和冷凝有直接的关系，蒸发和冷凝的温度差会影响冰箱的散热量，从而对冰箱的负荷造成影响。与此同时，冰箱的负荷还会受到环境温度的影响。变频压缩机可以通过转速的变化提供不同的制冷量，如果变频压缩机的转速相对较低，制冷量也比较少，可满足低温环境下冰箱对于负荷的需求；如果变频压缩机的转速相对较高，制冷量也比较高，则可满足高温环境下冰箱对负荷的需求。因此，在冰箱制冷系统的蒸发器和冷凝器固定的基础上，变频压缩机制冷量降低之后，很容易使蒸发器和冷凝器发生匹配过大的现象，在很大程度上提高了冰箱的蒸发温度和冷凝温度。降低蒸发温度、冷凝温度与环境温度之间的差值，从而提升变频压缩机的制冷效率，才能实现冰箱的节能。

2. 节能技术的应用效果

通过变频压缩机的节能原理可知，当制冷量相对较小时，变频压缩机能够产生较高的蒸发温度，从而提高制冷效率。一般来说，冰箱的运行环境相对复杂，而变频压缩机的节能技术可以应用于低温及高温等多种环境下。在低温环境下，冰箱附近的热负荷相对较小，消耗的电量随之降低；在高温环境下，冰箱附近的热负荷相对较大，压缩机需要进行长时间的运行，不仅工作效率低，消耗的电量也比较大。有研究学者对变频压缩机和定频压缩机在冰箱中的节能效果进行了分析，分析的结果显示，在变频压缩机的运行中，会根据冰箱不同的温度环境，设定相应的制冷量参数，通过制冷量参数的调节，使变频压缩机的制冷量和冰箱的热负荷相对应，降低冰箱的能源损耗，保障冰箱在任意温度环境下都有良好的节能效果。

（二）制冷剂的应用

1. 纳米添加剂的应用

从已有研究看，纳米添加剂对制冷系统是有利的。添加纳米添加剂后，压缩机壳温下降、排气温度降低、蒸发温度降低、冷却时间缩短。在能耗方面，有相关研究人员进行了使用纳米冷冻油冷柜的耗电量实验，实验结果表明，从试验的冰箱上有 2% 左右的节能效果。从两个型号冷柜的试验结果也都看到了节能效果（3.5%～13.2%）。所以从相关文献和上述作者的研究结果看，纳米添加剂对冰箱冷柜均有一定节能效果。

2. 采用新型制冷剂

制冷剂作为冰箱制冷系统的"血液"，在制冷系统各个部件中流动完成制冷过程。氟利昂对臭氧层的破坏已引起各国的重视，替代氟利昂的新型环保制冷剂逐渐成为市场中的主流。目前烃类化合物及其混合物作为新型制冷剂在冰箱中得到广泛应用。R600A 就是一种典型的烃类制冷剂，是一种无色、稍有气味、不破坏臭氧层的易燃性气体，其具有潜热大、冷却能力强、流动性好、耗电量低等特点。在冰箱中使用能够很好地降低能耗，提高制冷效率。

（三）冰箱材料的应用

1. 改进冰箱的保温层

对于冰箱来说，箱体的漏热量是冰箱总漏热量的主要组成部分，对冰箱的能耗起着决定性作用，研究人员也在致力于改善箱体保温性能的材料研究。目前选用环戊烷作为发泡剂的冰箱占绝大多数，并适当地加大发泡空间，保温绝热效果有较大的提高，再利用微孔发泡技术合理地增加保温层厚度，并采用优化的门封结构，减少箱体漏热量，进一步达到节能效果。适当加厚保温层厚度可减少箱体的漏热损失，但是随着保温层厚度的增加，发泡层的传热系数也会随之提高。当发泡层在 100mm 左右时，门封条的漏热量会变大，并且很难得到有效控制；同时，保温层厚度的增加也会大大减小箱体的容积率，箱体自重增加，制造成本也随之提高。

2. VIP 材料在冰箱上的应用

真空绝热板（Vacuum Insulation Panel，VIP）是基于真空绝热原理制成的一种新型、高效绝热材料。它能有效减少保温层厚度、减少发泡材料、增加内部储存空间、降低产品的耗电量，是目前保温材料更新换代的最佳产品。VIP 材料结构及其板材放置示意如图 3-29-2 和图 3-29-3 所示。

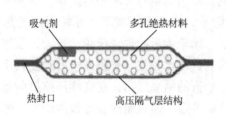

吸气剂　多孔绝热材料

热封口　高压隔气层结构

图 3-29-2　VIP 材料结构

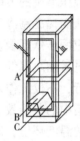

图 3-29-3　VIP 板材放置示意图

真空绝热板（VIP 板）的导热系数很小，可低于 0.003W/（m·k），这比目前冰箱中常用的发泡剂的导热系数［0.01W/（m·k）左右］低很多。采用真空绝热板（VIP 板）的冰箱隔热层可以有效节能 10%~30%，并且可使冰箱的有效容积增加 20% 以上。但是真空绝热板的长期稳定性较差，绝热板中的真空度难以长期保存，一旦真空板中的真空度降低，那么其保温绝热效果就会大打折扣，冰箱的用电量也会急剧增加，反而达不到节能的效果。

（四）采用新型节流装置

节流装置在制冷循环中起着非常重要的作用，当常温高压的液体制冷剂流经节流装置时节流处形成局部收缩，从而使流速增加，静压降低，起到降温减压的作用。常见的节流装置有毛细管、节流阀以及短管喷嘴等。在制冷循环中膨胀节流过程是不可逆的，并且节流前后的焓值不变，因此这部分损失是固然存在的。为了减少这部分损失，我们采用能够回收膨胀功的膨胀机代替节流阀，可以大大提高制冷循环的效率。膨胀机是通过利用气体膨胀完成近似等熵的膨胀过程，并向外输出可用于驱动压缩机或者发电的功，从而达到节能的效果。

（五）循环系统的改进

1. 采用高效制冷循环系统

在冰箱制冷循环系统中导致能量损失的主要设备有蒸发器、冷凝器、节流机构以及压缩机，减少这些设备的不可逆损失对于改变制冷循环的能耗具有重要意义。冰箱压缩/喷射式混合制冷循环是通过降低双温冰箱中的不可逆损失，提高冰箱制冷性能的一种有效方式。该制冷循环可以回收制冷系统中的节流损失，提高制冷循环系统的制冷系数。蒸汽压缩/喷射混合制冷循环与传统蒸汽压缩式制冷循环相比较，其最大的特点是使经过冷凝器后的高温高压液态制冷剂直接进入喷射器的喷嘴，制冷剂在喷嘴内压力降低速度增大，当速度增大到一定程度时从喷嘴中喷出，喷出时的速度一般大于声速，而压力下降到比蒸发压力还低。在气液分离器内进行气液分离后，气态制冷剂进入压缩机，液态制冷剂进入蒸发器，这样可以使进入压缩机的吸气压力高于蒸发压力，从而提高制冷系统的效率。

2. 采用多循环系统

对于采用双循环独立制冷的冰箱，冷藏室和冷冻室都是独立运行的，两者的蒸发器采用并联设计。由于多循环冰箱的每一个间室都独立运行，压缩机运行时间的长短可根据每个间室的实际所需的冷量来确定，这种系统能够精确控制每个间室的温度，提高食品保鲜度同时达到静音的效果。当双循环独立制冷冰箱启动后，冷藏室的温度迅速降低，当冷藏室的温度达到设定值时，冷藏室停止制冷，冷冻室开始制冷，当冷冻室的温度达到设定值时压缩机停止运行；之后不论哪个间室的温度高于设定温度，压缩机重新启动开始制冷。

五、展望

随着科技的进步和人们对生活质量的要求逐渐提高，电冰箱的设计和研发在一路创新。但仍然存在很多问题，比如在保鲜方面，产品的功能单一、保鲜作用程度有限。掩盖式除味剂、物理消臭式除味剂、化学消臭式除味剂产品的基本功能就是除臭，虽然能够在一定程度上去除异味，但不能杀灭细菌，产品的稳定性不高、使用寿命不长，除臭产品除臭活性组分消耗快，除菌产品高压放电部分使用寿命短，臭氧浓度、紫外灯质量等不稳定因素造成冰箱保鲜效果不佳等问题存在。因此仍然需要进一步的探索和创新。

参考文献

[1] 方明明，刘志诚. 冰箱果蔬保湿技术研究［C］，中国家用电器技术大会 2015：246-248.
[2] 张启花，贾守涛，程琳，张波，阚苗. 单循环风冷冰箱冷藏室保湿技术研究［J］. 家电科技冰箱制冷性能优化专题.2016.12（4）：61-64
[3] 刘忠民，胡哲. 风冷冰箱加湿技术探究［J］. 制冷与空调，2001.4（1）：47-50.
[4] 方明明，刘志成，冰箱保鲜技术现状及发展趋势［C］. 中国家用电器技术大会 2016：215-218.
[5] 肖建军. 冰箱保鲜技术的研究［J］. 家电科技，2007（8）：47-49.
[6] 任祯，徐昊. 变频压缩机在冰箱中的节能技术初探［J］. 家电科技.2018（7）：82-84.
[7] 肖建军，张宏伟，王蕾蕾，毕胜山，刘志刚. 纳米添加剂在冰箱冷柜上节能研究［J］. 家电科技：2012（10）：62-64.
[8] 钟明，陈开松，尚殿波，马长州，王瑶. 新标准下冰箱节能方法研究［J］. 轻工标准与质量，2015（4）：16-17.

第三十节　全自动运行冷库技术

冷库运行费用的主要构成是人工费与能耗。其关键因素：在保证冷藏食品的品质的前提下，把冷库的冷藏温度控制在合理的波动范围内；根据环境温度的变化，尽量降低冷凝温度、提高蒸发温度。这些因素都与能否实现冷库的全自动运行密切相关。首先自动运行

本节供稿人：李宪光，广州市粤联水产制冷工程有限公司；郑松、毕超，福大自动化科技有限公司。

把人工的费用最小化，同时也保障了食品的品质；其次，由于运行的自动化程度高，可以通过计算机的有效监控，降低系统运行的能耗。

冷库的全自动运行内容包括两个部分，即制冷系统设备的全自动运行和冷库中进出货物的智能管理。其中的智能管理包括货物的自动堆垛、仓库管理（WMS）系统（Warehouse Management System）、仓储控制（WCS）系统（Warehouse Control System）、运输管理（TMS）系统（Transportation Management System）以及订单管理（OMS）系统（Order Management System）等。但是这些技术属于冷库的运营管理，主要体现在使用计算机的软件配置和系统管理上。本章节不详细讨论这方面内容。

一、制冷系统设备的全自动运行

在制冷系统设备的运行中，要实现全自动运行，以下的一些工作和步骤是必不可少的。

第一，根据制冷系统的设计图制订合理的冷库运行控制逻辑方框图。

第二，根据设计图纸选择控制阀门、检测元件。了解这些自控元件的特点以及这些元件需要执行动作所需要的输入信号，检测元件所发出的输出信号。

第三，根据制冷设备的型号与选择的控制元件设计合理的电气控制线路图。电气控制线路图的选择形式包括继电器、PLC（可编程控制器）或者专业模块控制（固定控制线路，部分可以输入应用数据）。

第四，根据设计图纸和选择的各种设备元件进行安装与线路连接。

第五，制冷系统调试。包括模拟调试与带负荷试运行。检查制冷系统是否达到原设计的要求和使用指标。

以下以一个小型制冷系统为例，根据目前市场比较先进的理念去设计，以实现这个制冷系统的全自动运行为目标的整个过程。

（一）图纸设计

图 3-30-1 是一个简单的直接膨胀供液制冷系统的设计。

根据设计图纸分析，这个系统的各种设备配备的自控元件与检测元件主要包括以下几部分。

（1）压缩机。压力控制器（双开关）：高压保护（防止压力过高）和低压停机保护（防止压力过低），压缩机内置过热保护（防止由于各种原因造成压缩机内的温升过高）。

（2）风冷冷凝器。压力控制器（单开关）：高压保护（防止压力过高）。

（3）冷风机蒸发器。除霜温度传感器（用于除霜温度结束，除霜过程设置两种程序：除霜时间程序，在设置的时间内结束除霜；以及除霜温度达到设置温度，结束除霜。这两种程序同时作用，以除霜温度达到的程序优先，即当除霜温度到达设置的温度时，即使除霜时间没有到达，也可即时终止除霜过程）。

（4）制冷系统。供液电磁阀（控制系统的制冷剂供给）和库房温度控制器（控制冷库的温度）。

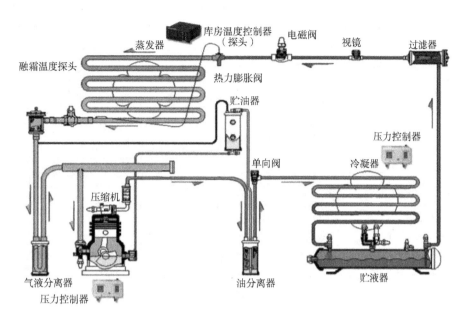

图 3-30-1 直接膨胀供液制冷系统

（二）制订合理的冷库运行控制逻辑方框图

1. 制冷过程

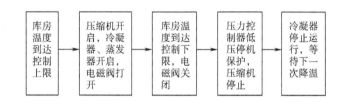

2. 除霜过程

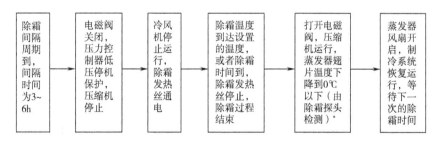

注意：由于除霜程序刚刚结束，蒸发器内处于比较高的温度。如果这时启动蒸发器风扇，会把这些热量通过风扇吹入冷库与冷空气混合，造成库内空气快速膨胀，对库内的货物产生不利影响，甚至造成冷库结构破坏。

（三）设计合适的电路控制图［包括一次线路（主回路）与二次回路（控制回路）］

由于该制冷系统比较简单，可以选择一种称为电子制冷控制器的微电脑控制器作为这个控制系统的核心。这种电子制冷控制器的设计是根据一些小型甚至中型制冷系统的运行模式而特别设置的微电脑控制系统（图 3-30-2）。由于这种设计面板的形式比较形象，连接方便，目前在国内的中、小型制冷系统广泛应用，以代替原来的继电器控制线路。

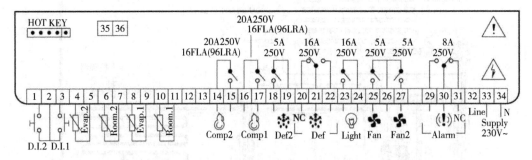

图 3-30-2　中小型冷库的控制模块

HOT KEY—编程钥匙　D.I.1、D.I.2—数字输入 1、2　Evap.1、2—蒸发器探头 1、2　Room1、2—库温探头 1、2

Comp1、2—压缩机 1、2　Def、Def2—融霜输出 1、2　Light—库灯　Fan、Fan2—蒸发器风扇 1、2

Alarm—报警输出（出厂默认，是可以由 oA6 定义的辅助输出）　Supply 230V~—230Vac 电源　Line—火线　N—零线

控制系统在使用这些模块时，可以根据使用的需要，简单地编制输入一些应用的数据。例如，需要控制的各个冷间的温度、冷风机融霜的时间、融霜的结束温度，甚至是融霜结束后，冷风机风扇的延时开始运行时间等。

根据图 3-30-1 的制冷系统，设计出图 3-30-3 和图 3-30-4 的自动控制电路。

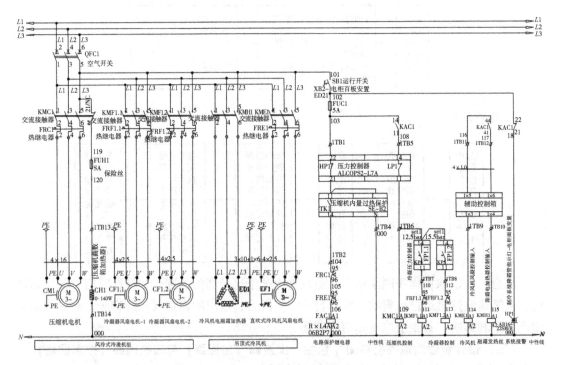

图 3-30-3　低温冷库电气线路图

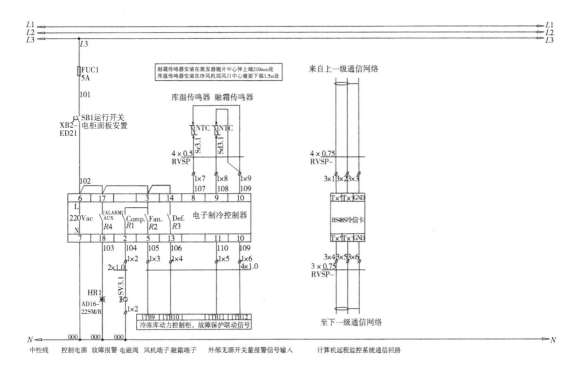

图 3-30-4　低温冷库辅助箱电气线路

注　图中的电子制冷控制器与图 3-30-2 的不是同一种型号

从这些线路图上可以看到，电气线路图中辅助箱的电子制冷控制器是这个控制系统的控制中心，制冷系统的各种输入与输出信号都是通过控制器处理后给各种执行元件发送指令，从而实现系统的自动控制运行。除了满足系统控制的各种功能以外，还配备了数据传送与网络监测的功能。通过通信卡把系统的运行参数传送到上一级的通信网络，也就是同时实现网络的现场监测。使用户与维护人员都得到所需要的信息。

这些微电脑控制器也有它的不足之处。例如，制冷系统需要热气融霜，从制冷工艺的角度分析，需要保证有三台冷风机在运行才能保证有足够的热量去支持一台相同冷量的蒸发器融霜。如果系统冷风机数量比较多，这种排列组合就非常复杂。还有对于一些工业制冷系统，各种设备的关联度比较复杂，显然这些微电脑控制器就难以胜任。因此，在工业制冷系统中常常是采用一种称为"BAS"（Broadband Access Server/ Broadband Remote Access Serve，宽带接入服务器）的智能化控制系统。

宽带接入服务器主要完成两方面功能：

1. 网络承载功能

负责处理用户的 PPPoE（Point-to-Point Protocol Over Ethernet，是一种以太网上传送 PPP 会话的方式）连接、汇聚用户的流量功能。

2. 控制实现功能

与认证系统、计费系统、客户管理系统及服务策略控制系统相配合实现用户接入的认证、计费和管理功能。BAS 智能化控制系统是将各个控制子系统集成为一个综合系统，其核心技术是集散控制系统，是由计算机技术、自动控制技术、通信网络技术和人机技术相互发展渗透而产生的。它不同于分散的仪表控制系统，也不同于集中式计算机控制系统，而是吸收了这两种技术的优点而发展起来的一门系统工程技术。

那么对于大中型制冷系统的 BAS 智能化控制系统又是如何规划的呢？图 3-30-5 是一个既有低温冷藏又有高温冷却库的中型制冷系统。

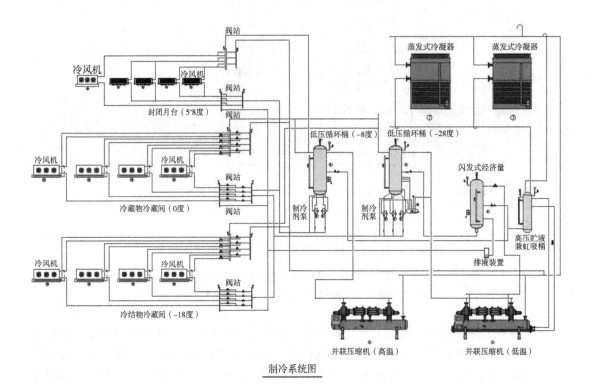

图 3-30-5　冷藏、冷冻库制冷系统图

首先为制冷系统的每一台设备设置为一套控制回路单元，并且根据设备所需要的输入与输出点，以及输入与输出的信号类型与数量（开关信号、数字信号或时间信号等）配置相应型号的 PLC（可编程控制器）。在这个系统中，大概可以分成以下的控制回路单元。

（1）压缩机控制回路。

（2）蒸发式冷凝器控制回路。

（3）冷库 1# 控制回路。

（4）冷库 2# 控制回路。

（5）封闭月台冷风机控制回路。

（6）低温循环桶控制回路。

（7）高温循环桶控制回路。

（8）中控控制回路（负责以上各个控制回路的关联控制）。

根据以上的回路，设计了以下的控制网络图（图 3-30-6）：

现在可以根据制冷系统在各个控制回路单元的控制运行要求进行编程。如果图 3-30-5

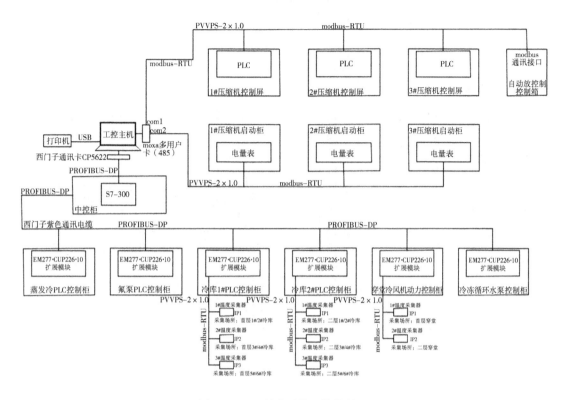

图 3-30-6　制冷系统通信控制图

的制冷系统是一个氨制冷系统，那么蒸发冷凝器的运行（夏季运行，冷凝压力 35℃，湿球温度 28℃）要求见图 3-30-7。

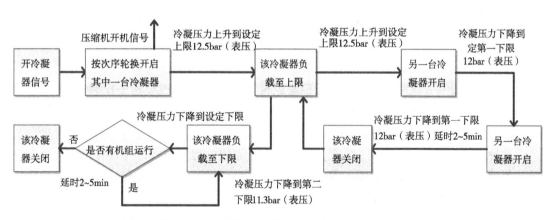

图 3-30-7　蒸发冷凝器的运行控制逻辑方框图

　　当然，如果考虑到系统的节能，还可以给蒸发冷凝器风机使用变频电动机。因为在蒸发冷凝器的水泵和风机中，一般情况下风机的电动机比较大。因此，当高压系统的冷凝压力下降时，通过变频的方式使风机的能耗下降。从而达到节能的效果。

　　该系统的蒸发式冷凝器的控制单元采用 PLC 程序控制器，其设计布置见图 3-30-8。

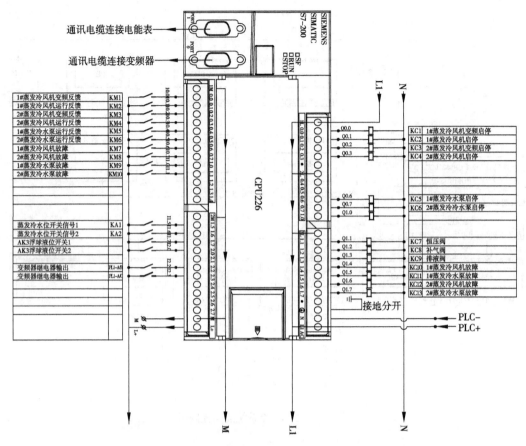

图 3-30-8 蒸发式冷凝器的 PLC 程序控制器设计布置图

　　而制冷并联机组的控制见图 3-30-9，这种并联机组的使用从节能方面考虑，根据制冷系统的负荷变化能够实现多级压缩上载或者卸载。从某种意义上代替了压缩机变频的功能。而且总体造价也便宜许多，当然也包括压缩机的启动装置。这是一种适合中国制冷市场使用的工具。

　　根据图 3-30-7 蒸发冷凝器的运行控制逻辑要求，可以在 PLC 程序控制器进行编程。不同厂家型号的 PLC 有不同的编程语言。例如，按图 3-30-7 的要求，在西门子的程序控制器进行编程，它的编程次序如图 3-30-10 所示。

　　这种运行控制逻辑的编制，需要具有熟悉制冷系统的运行模式，并且有一定的操作经验才能编制得比较合理。制冷系统最终是否能达到自动运行，而且安全可靠，与运行控制逻辑编制是否得当有密切的联系。

　　以上介绍的是目前国内比较流行的制冷系统控制模式。而在欧美国家，部分已经采用了网络控制模式，而且这种控制模式已经向智能化、数字化以及更加节能的方向发展。图 3-30-11 是一种使用在啤酒冷冻生产线的网络控制界面图，特点是除了具有 PLC（可编程控制器）的一些逻辑控制以外，还特别加上了系统控制的安全钥匙功能。工程技术人员根据他们管理的等级，在监控页面上输入他们的管理密码，实现在互联网上对系统的现场管理和修改系统运行的参数。

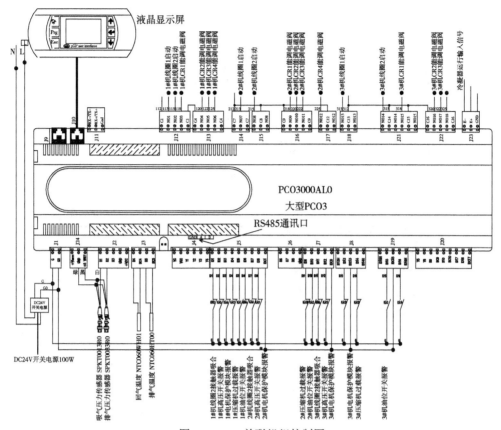

图 3-30-9 并联机组控制图

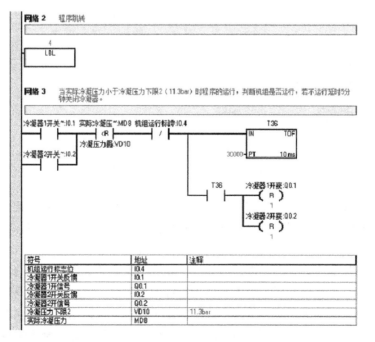

图 3-30-10

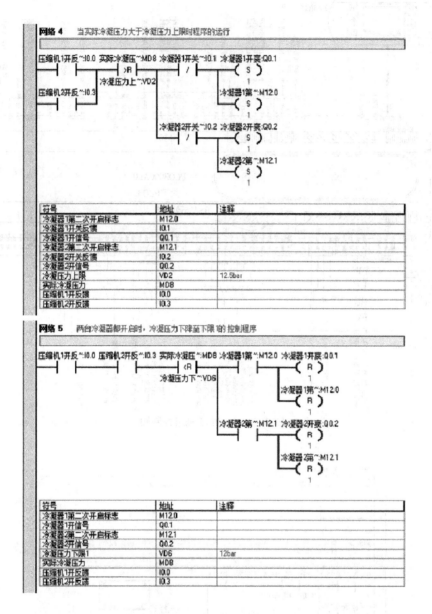

图3-30-10　西门子PLC控制逻辑

互联网上实现真正的实时监控最关键的问题，在于监控系统需要设置非常可靠的防火墙，以防止网络黑客的入侵或者竞争对手的破坏，导致监控系统的瘫痪，影响生产正常运行，甚至被更改管理密码，遭到对方的勒索或者出现更加不利的情况。

除了制冷系统运行的自动化设计以外，还有冷库的运营管理、货物的出入管理以及运输路线的设计等，这些都是属于冷库自动化管理的一部分。例如，自动仓储系统原来在普通常温仓储使用，近年来在冷链物流冷库发展迅速，它是一种用于货物在仓库内自动运输（进出货物）的工具。随着冷链物流配送的迅速发展，这种自动仓储系统自然地进入冷链

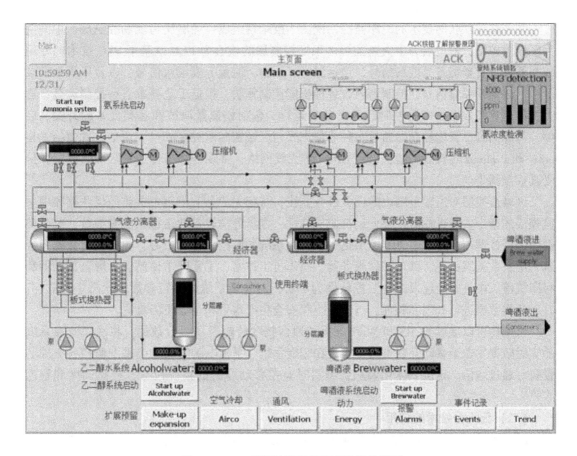

图 3-30-11　啤酒冷冻系统实时监控的画面

物流冷库的管理系统。它具有对货物管理的先进性与合理性，而且与现代的物联网可以进行无缝对接。它极大地节省了人力资源和降低了货物管理的出错率，使用这种系统的物流冷库，预示着管理模式已经进入行业领先。

二、冷库自动化运行发展趋势

近年来，制冷技术的创新方法为全自动运行冷库带来更为广阔的发展空间，给传统冷库向全自动冷库的转型提供了良好的契机。这些新技术应用于冷库自动化管控系统，将显著提升冷库的智能化、网络化水平，提高冷库使用、维护的便利性，在确保冷库安全运行的前提下可实现无人值守，并且可以通过互联网/局域网实时了解机组和系统的运行情况，同时通过互联网对制冷过程的系统运行参数进行动态管理，随时进行耗能对比，从而使制冷系统达到平稳、高效、节能运行，为客户带来经济效益和环境效益的双赢。

特别是随着自动化技术、计算机技术、通信技术的发展，不断推动移动互联网、云计算、大数据、物联网与现代制造业深度融合。其发展趋势主要体现于以下几个方面。

（一）移动互联网技术应用于冷库监控

基于移动互联网技术的冷库监控系统由 3 层结构组成：最底层为现场控制层，中间层为区域监控层，最上层为中央监控层。现场控制层的核心为 PLC 或基于 PLC 技术的专用控制器，负责采集各类现场信号，包括温度、压力、流量等模拟量信号，以及风机和水泵的启、停等开关量信号。控制器内含各种智能控制算法，根据工艺要求进行控制运算，通过控制运算和数据处理后控制各类设备的运行，包括模拟量调节和各类设备的开关、启停。与此同时，智能控制器通过多种通信方式与区域控制监控层相连，通信方式包括 Ethernet 和 Profibus 等有线网络，以及 GPRS 等无线网络，将现场数据传送到区域监控层并接受其控制指令。

区域监控层对所辖范围内的设备进行监控，将相关信息上传至中央监控层并接收中央监控层的指令。通过在监控层上运行监控软件，显示各类设备的运行状态和参数，对各类数据进行处理与存储。中央监控层是冷库监控系统的监控和管理中心，包括实时数据服务器、历史数据服务器、移动互联服务器、操作员工作站、工程师工作站、大屏幕显示器和打印机等。中央监控层以综合监控软件为中心，对各子系统的运行参数和状态进行监控，并对各类数据进行处理和管理，以提升冷库安全生产水平和企业经济效益。

该架构可以通过 GPRS 和 WiFi 等无线通信技术传输现场运行数据，将冷库监控系统的实时数据发送至移动互联设备，实现在智能手机、平板电脑等移动终端上监控各类现场设备。通过通信、定位一体化模块，可实时监控移动冷链的精确位置，提高调度和管理水平。

（二）云平台技术的应用

随着 IT 技术的迅速发展及其向工业制冷领域的渗透，冷库产业正在朝着规模化、智能化的方向演变。尤其是近几年兴起的云计算技术，其技术的成熟化也为 IT 系统的应用提供了新的技术途径。冷库云控制系统的概念也由此被提出，它是指一类融合了嵌入式、传感器、无线通信和智能物流等多种先进技术，以云平台为存储和计算中心的智能制冷控制系统。冷库云控制系统实现对冷库远程集中监控和分级分权限的管理及对分散多点的冷库设备温湿度实时监控，实现在远程的 PC 端和移动终端监测冷库温度。当出现问题时自动故障报警或短信通知报警；内置传感器参数资料库，根据实际情况调整冷库温度；通过物联网通信技术远程控制开关、除霜、加湿等实现冷库系统的智能控制。

冷库云控制系统的结构大体上可分为边缘系统、人机交互系统和云平台三大部分，如图 3-30-12 所示。边缘系统是由大量传感器/感知设备，控制环境因素的执行设备，以及用于边缘数据处理的控制器和网络设备组成。人机交互系统由可接入互联网人机交互软件构成，它可以远程访问云平台数据资源，对边缘系统中冷库设备管理和控制过程进行监控。从需求者的视角来看，云平台提供了数据转发、存储和计算的功能，这些功能是由许多虚拟化的服务器集群来完成，包括计算服务器、存储服务器和带宽资源等。

冷库云控制系统的优势是显而易见的，然而随着新技术和产业的发展和变迁，这项技术也将面临新的挑战，例如云平台的可靠性及其信息安全问题。云平台为冷库云控制系统

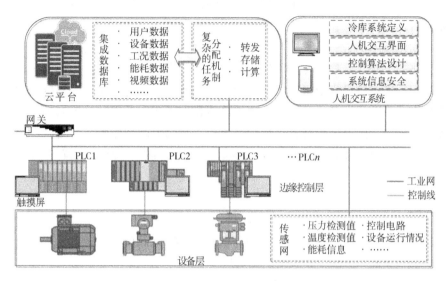

图 3-30-12　冷库云控制系统架构图

提供了远程访问的服务，采用云平台就意味着将数据和应用分发到多个数据中心，这就需要创建新的安全边界，需要在更多的地方建立防护措施，抵御攻击，以确保工厂和用户数据的安全。倘若云服务提供商遭遇严重的病毒攻击，势必会对服务网的访问造成破坏，这等同于冷库云控制系统的"大脑"被侵蚀，造成整个制冷系统的失控和严重的经济损失。

（三）控制功能更为复杂，自适应算法更优化

采用 PLC 及基于 PLC 技术的专用控制器对冷库进行监控，不仅能够采集各类运行参数和设备状态，而且可对温度、流量等实现精确控制。在配置多台同类设备时，通过专家系统等智能控制方案，可均衡各台设备的运行，延长设备的使用寿命和冷库的运行效率，进而提高制冷装置的综合性能，使装置从传统控制进入整个系统的最优控制。

此外，先进控制技术在冷库制冷领域的应用研究已经逐渐深入，控制目标参数从单一温度控制发展到对舒适度指标控制；在控制策略方面从基于查询表方法的简单模糊控制发展到智能模糊控制。为了优化控制效果和适应过程参数的变化对控制系统的要求，利用神经网络来在线调整模糊控制参数形成自适应、自组织模糊控制器，利用遗传算法对模糊规则进行优化等。模糊控制与神经网络、遗传算法等现代智能控制方法的结合对冷库制冷系统进行优化控制，是该领域的未来发展趋势。模糊控制、变频控制及自适应控制系统的不断应用，使制冷装置的控制效果趋于合理，实现高效节能。与之相应的新型制冷控制元件也在不断发展，这也必将推动制冷装置机电一体化的发展。

（四）采用大数据技术对数据进行深度挖掘

在获取现场实时数据的基础上，通过大数据技术对各类数据进行分析、管理，优化冷库运行参数，确保冷库在节能、自适应调节、最优配置、联合调节等方面处于最优运行状态。通过制冷系统大数据分析结果，在系统内建立庞大的专家库，做智能分析诊断，更加精准地控制制冷设备温度、压力和设备的运行参数，预防并减低故障，减少运营维护费用，达到节能减排目的。通过对不同机组、不同运行工况的运行数据进行分析，可对冷库各类设备进行预测性维护，并为产品完善提供原始资料。

随着自动化技术的进一步发展与完善，对企业各方面的经济效益越来越显著，而自动控制元件价格的下降，且技术与元件的可靠性进一步提高，这都使冷库向全自动化发展形成趋势。虽然冷库控制已经取得很大的成就，但在节能、自适应调节、最优配置、系统平衡等方面还存在一些没有解决的问题，这就迫使我们更深入地进行冷库自动化的研究，从制冷装置总体出发，综合考虑装置运行中诸参数之间的关联和影响、装置特性、环境因素和干扰特性以及它们之间的相互作用，确定出最佳控制律，真正实现冷库的自动智能控制。

参考文献

[1] 殷际英，李玎一.楼宇设备自动化技术［M］.北京：化学工业出版社，2003.

[2] 上海捷胜制冷设备有限公司产品文件［R］.2018.

[3] 广州市粤联水产制冷工程有限公司设计文件［R］.2012.

[4] 李宪光，工业制冷集成新技术与应用［M］.2版.北京：机械工业出版社，2017.

[5] 福大自动化科技有限公司设计文件［R］2018.

[6] 西安联盛能源科技有限公司设计文件［R］2018.

第三十一节　速冻技术

一、冻结机理

速冻，又称为迅速冷冻，常应用于食品加工过程中，一般是指运用现代冻结技术在尽可能短的时间内，将食品温度降低到其冻结点以下的某一温度，使其所含的全部或大部分水分随着食品内部热量的外散而形成合理的微小冰晶体，最大限度地减少食品中的微生物生命活动和食品营养成分发生生化变化所必需的液态水分，达到最大限度地保留食品原有的天然品质的一种方法。在食品冻结过程中其冻结方式大致分为快速冻结和慢速冻结，在快速冻结过程中，细胞内外的结合水和自由水能够同时形成大量的晶核，大量的细小均匀的冰晶平衡了细胞内外的压力，减少了对细胞膜和细胞质的损伤。相反，慢速冻结形成的较大冰晶会产生机械损伤，汁液流失等问题。快速冻结和慢速冻结的对比如表 3-31-1 所示。

表 3-31-1　快速冻结与慢速冻结的对比

冻结方式	冻结速度（cm/h）	冰晶大小（μm）	冰晶形态
慢速冻结	0.1~1	100~1000	圆柱状、块粒状
快速冻结	5~20	0.5~100	针状、杆状

本节供稿人：荆棘靓、左建冬，大连冷冻机股份有限公司。

冻结过程如图3-31-1所示，包括冷却阶段、相变阶段和冷冻阶段。在相变阶段放出大量的潜热，形成大量的冰晶。如果在此阶段散热不好，产生的大冰晶对细胞会造成损伤。因此，速冻方法对提高食品品质尤为重要。

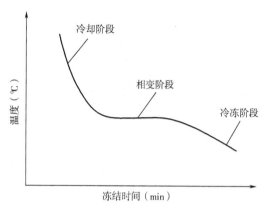

图3-31-1　冻结过程示意图

二、冻结方法

（一）冻结方法的分类

食品的种类丰富多样，冻结方法也不尽相同，可分为直接冻结与间接冻结。直接冻结是一种冷却剂直接和食品接触的方式，而间接冻结食品和冷却剂没有直接接触，冻结方法分类见图3-31-2。不同冻结方法的比较见表3-31-2。

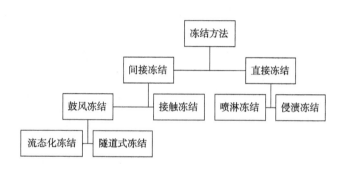

图3-31-2　冻结方法的分类

表3-31-2　不同冻结方法的对比

冻结方式	冷却方法	效果
流态化冻结	运用冷空气换热	冻结速度均匀且快，对象需为颗粒状
隧道式冻结	运用冷空气换热	冻结速度快，设备结构复杂，能耗大
接触冻结	冷却剂从空心板蒸发带走热量	能耗低结构复杂，对材料厚度有要求
喷淋冻结	冷却剂在材料周围循环	食品均匀冻结，冻结品质较高
浸渍冻结	材料直接沉浸在冷却剂中	冻结速度最快，但成本较高

（二）具体冻结装置

1. 隧道式冻结装置

隧道式冻结装置内设有空气冷却器和送风机，食品利用传送装置通过隧道时，吹入冷风使其速冻。由于隧道式冻结装置不受食品形状限制，食品依靠传送装置传送，劳动强度较小。该装置大多使用轴流风机，风速大、冻结速度快（但食品干耗较大），蒸发器融霜采用热氨和水同时进行，所以融霜时间短。常见的传送带式的冻结隧道如图3-31-3所示。

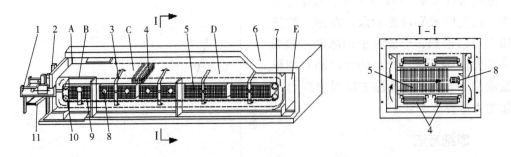

图 3-31-3 传送带式的冻结隧道示意图

1—装卸设备 2—除霜装置 3—空气流动方向 4—冻结盘 5—板片式蒸发器 6—隔热外壳
7—转向装置 8—轴流风机 9—光管蒸发 10—液压传动机构 11—冻结块输送带
A—驱动室 B—水分分离室 C、D—冻结间 E—旁路

该冻结装置的传输系统为两条平行的液压驱动链式传送带，上面放置冻结盘。为了加强换热，盘的外部加上了翅片。装置开始运行时，首先将冻结盘 4 放在装卸设备 1 上，盘被自动推上传送带并合盖后，液压传动机构 10 驱动传送带逐步向前移动，使冻结盘 4 通过驱动室 A 进入水分分离室 B。在分离室内，黏附在盘子外面的大部分水被除去，剩余的水分则结成冰，保证水分不被带入冻结间 C 和 D 内，以免蒸发器结霜。食品的冻结过程是在冻结间 C 和 D 内进行的，轴流风机 8 吸入经板片式蒸发器 5 冷却的冷空气，向冻结盘压送。为加速冻结过程，并保证食品降温的均匀性，在各个冻结间内，气流流过盘子的方向互为反向。冻结盘到达转向装置 7 时，改变运动方向，随后平稳地返回装卸设备 1。此时，冻结盘自动脱出链条卡扣，在除霜装置 2 上经过热蒸汽加热后，被送至端部位置并翻转，盘盖自动打开，食品冻块落在输送带 11 上，传输到外面后包装贮藏。至此，一次冻结过程结束。

传送带式冻结隧道可用于冻结块状鱼（整鱼或鱼片）、剔骨肉、肉制品、果酱等。特别适合于包装产品，而且最好用冻结盘操作，冻结盘内也可以放散装食品。

2. 螺旋式冻结装置

相比较隧道式冻结装置，螺旋式冻结装置克服了占地面积大的缺点，并将传送带做成了多层。这种装置由转筒、蒸发器、风机、传送带及一些附属设备等组成。其主体部分为转筒，传送带由不锈钢扣环组成，按宽度方向成对接合，在横竖方向上都具有挠性。当运行时，拉伸带子的一端就压缩另一边，从而形成一个围绕着转筒的曲面。借助摩擦力及传动机构的动力，传送带随着转筒一起运动，由于传送带上的张力很小，故驱动功率不大，传送带的寿命也很长。传送带的螺旋升角约 2°，由于转筒的直径较大，所以传送带近于水平，食品不会下滑。传送带缠绕的圈数由冻结时间和产量确定。

被冻结的食品可直接放在传送带上，也可采用冻结盘，食品随传送带进入冻结装置后，由下盘旋而上，冷风则由上向下吹，与食品逆向对流换热，提高了冻结速度。与空气横向流动对比，冻结时间可缩短 30% 左右。食品在传送带中逐渐冻结，冻好的食品从料口排出。传送带是连续的，它由出料口又折回到进料口。

图 3-31-4 所示是双螺旋速冻机结构示意图。将产品放置在螺旋输送机构的输送网带

上，通过速冻机入料口，进入速冻机内部。循环冷风逐步带走产品热量，使其降温并逐渐冻结。随着产品通过整个速冻机到达出口，在出口处设有刮料板，协助将产品从输送网带上脱离下来。螺旋式速冻机具有冻结速度快、耗能低、节省占地等特点，广泛运用于水产、调理食品、奶制品、肉禽加工、冰淇淋等行业的冷冻、冷却加工过程中。

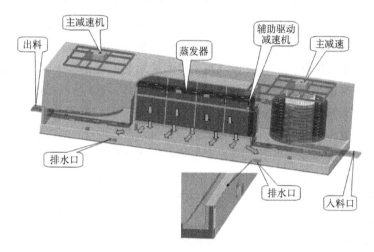

图 3-31-4　双螺旋速冻机结构示意图

3. 强烈吹风速冻装置

强烈吹风速冻采用翅片管蒸发器，送风机采用压头较高的离心风机或轴流风机，冷媒用泵强制循环，所以具有传热效率高、速冻速度快、生产能力较大等特点。这种强烈吹风速冻法通常用在冷库的冻结间。在冷间内设置吊笼或搁架排管进行冻结，食品用盘装或者箱装。这种冻结间内的气流组织需要冷风在盘间或箱间水平流动，且各层流速相等，尽量减少冷间的沿程阻力，防止气流的短路。图 3-31-5 是吹风式搁架排管结构示意图。

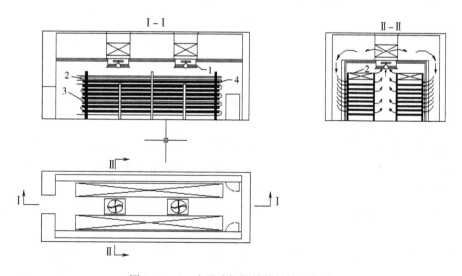

图 3-31-5　吹风式搁架排管结构示意图

1—轴流风机　2—顶排管　3—搁架排管　4—出风口

图中的搁架排管从结构上呈现多层货架的形状，可以将装好食品的盘或箱放在各层之间空隙。而构成搁架的管子内部有制冷剂流过。依靠热传导，放在搁架上的食品的热量被制冷剂带走，使食品降温。同时位于搁架排管上方的顶排管，冷却了周围的空气，通过轴流风机的强制对流循环，使被冷却的空气在食品周围流动，使食品以对流换热的方式被冷空气进一步降温。这样食品在热传导和对流换热两种传热模式的作用下，被快速降温。

强烈吹风速冻法多用于冷库中，速冻体积稍大些的食品，降温速度快，一次速冻量大，生产能力强。一次冻结量根据冻结间的规模，可以从几吨到几十吨，冻结加工时间也以速冻的食品种类为依据，一般为6~12h。但冻结加工不能连续进行，且无包装的食品由于裸露在一定流速的空气中导致干耗大。同时在冻结间内搬运食品时无法实现机械化操作，多数需要人工操作，工人的劳动强度大，工作环境差。此方法常用于冻结加工玉米、分割肉、禽类、鱼、罐头等体积稍大的食品。目前，很多冷库的冻结间用冷风机代替了轴流风机和顶排管，进一步提高了冻结速度，缩短了冻结时间。

总之，空气冻结法是目前应用最为广泛的速冻方法。除了上述介绍的几种典型设备之外，还有流态化类的速冻装置。流态化类的速冻装置的原理主要是利用一定流速的冷空气，自下而上通过铺在流化床上的食品，使食品处于冷气流的包围中，从而快速冻结。

流态化类的速冻装置适用于球状、圆柱状、片状、块状颗粒食品，尤其适用于果蔬类单体食品的冻结。流态化类的速冻装置具有冻结速度快、能耗低和易于实现机械化连续生产等特点。但在设计和操作时，应考虑冻品之间不粘连结块、气流分布均匀、风道阻力小、能耗低等问题。

4. 平板冻结装置

间接接触冻结法指的是把食品放在由制冷剂或载冷剂冷却的板、盘、带或其他冷壁上，与冷壁直接接触，但与制冷剂或载冷剂间接接触。

接触式速冻装置又称平板速冻装置，其工作程序是把食品放在各层平板间，把平板压紧，由于空心平板中冷媒蒸发，直接接触速冻，所以传热系数大，速冻时间短，而且可在常温间运行。这种装置可用氟利昂、盐水等作为冷媒，但缺点是结构复杂，而且对速冻食品的厚度有一定限制。图3-31-6所示为连续卧式平板冻结装置的结构图。

食品装入货盘1并自动盖上盖2后，随传送带向前移动，并由压紧机构3对货盘进行预压缩，最后，货盘被升降机4提升到推杆5前面，由推杆5推入最上层的两块平板间。当这两块平板间添满货盘时，再推入一块，则位于最右面的那个货盘将由降低货盘装置的7送到第二层平板的右边缘，然后被推杆8推入第二层平板之间。如此不断反复，直至全部平板之间全部装满货盘时，液压装置6压紧平板，进行冻结。冻结完毕，液压装置松开平板，推杆5继续推入货盘，此时，位于最底层平板间最左侧的货盘由推杆8推上卸货传送带，在此盖从货盘上分离，并被送到起始位置2，而货盘经翻转装置9翻转后，食品从货盘中分离出来。经翻转机构12再次翻转，货盘由升降机送到起始位置1，重新装货，如此重复。

直至全部冻结货盘卸货完毕时，平板间又填满了未冻结的货盘，再进行第二次冻结。除货盘装货外，所有操作都是按程序自动完成的。卧式平板冻结装置主要用于分割肉、肉副产品、鱼片、虾及其他小副产品的快速冻结。

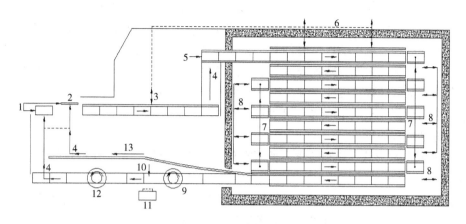

图 3-31-6　连续卧式平板冻结装置

1—货盘　2—盖　3—冻结前预压　4—升降机　5—推杆　6—液压系统　7—降低货盘的装置
8—液压杆　9—翻盘装置　10—卸料　11—传送带　12—翻转装置　13—盖传输带

5. 浸渍冻结装置

该方法要求食品（包装或不包装）与不冻液直接接触，食品在与不冻液换热后，迅速降温冻结。直接接触冻结法由于要求食品与不冻液直接接触，所以对不冻液有一定的限制，特别是与未包装的食品接触时更是如此。这些限制包括无毒、纯净、无异味和异样气体、无外来色泽和漂白剂、不易燃、不易爆等。另外，不冻液与食品接触后，不应改变食品的原有成分和性质。下面以液氮为例，图 3-31-7 所示为液氮喷淋冻结装置的示意图。

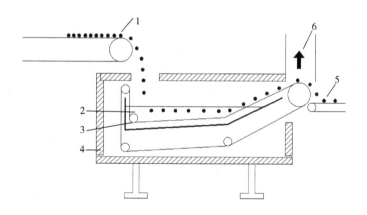

图 3-31-7　液氮喷淋冻结装置的示意图

1—进料口　2—液氮　3—传送带
4—隔热箱体　5—出料口　6—氮气出口

液氮浸渍冻结装置主要由隔热的箱体和食品传送带组成。食品从进料口直接落入液氮中，表面立即冻结。由于换热，液氮强烈沸腾，有利于单个食品的分离。食品在液氮中只完成部分冻结，然后由传送带送至出料口，再到另一个温度稍高的冻结间作进一步的冻结。

据研究，对于直径为 2mm 的金属球，在饱和液氮中的冷却速率高达 $1.5 \times 10^3 K/s$；如果降温速率过快，食品将由于热应力等原因而发生低温断裂现象，影响冻结食品的质量。因此，控制食品在液氮中的停留时间是十分重要的。这可通过调节传送带的速度来实现。除此之外，如果冻品太厚，则其表面与中心将产生极大的瞬时温差，引起热应力，从而产生表面龟裂，甚至破碎，因此，食品厚度以小于 10cm 为宜。

液氮冻结装置几乎适于冻结一切体积小的食品。

液氮冻结装置的特点：

（1）液氮可与形状不规则的食品的所有部分密切地接触，从而使传热的阻力降低到最小限度。

（2）液氮无毒，且对食品成分呈惰性，再者，由于替代了从食品中出来的空气，所以可在冻结和带包装贮藏过程使氧化反应降低到最小限度。

（3）冻结食品的质量高。由于液氮与食品直接接触，以 200℃ 以上的温差进行强烈的热交换，故冻结速度极快，每分钟能降温 7~15℃。食品内的冰晶细小而均匀，解冻后食品质量高。

（4）冻结食品的干耗小。用一般冻结装置冻结的食品，其干耗率在 3%~6%，而用液氮冻结装置冻结，干耗率仅为 0.6%~1%。所以，适于冻结一些含水分较高的食品，如杨梅、西红柿、蟹肉等。

（5）占地面积小，初投资低，装置效率高。

液氮冻结的主要缺点是成本高，但这要视产品而定。

三、速冻装置的融霜

在食品加工生产过程中，速冻装置在运转一段时间后，由于食品中的水气接触到蒸发器表面后会结霜，随着时间延长霜层便会越来越厚（图 3-31-8），这样导致蒸发器的热阻增加，换热效率急剧下降，便难以保证速冻装置的速冻效果，这时就需要停机做除霜处理。蒸发器一般连续工作 16~24h 必须停机冲霜处理，对于一部分用户，连续工作时间不超过 12h 的，生产结束后进行蒸发器融霜处理，能满足要求；但大多数用户，要求连续生产 24h 以上便需要除霜。随着蒸发器的结霜越来越厚，换热效率降低，制冷量降低，耗电量增加，严重影响设备的生产能力，浪费生产资料和增加了生产成本。各加工厂非常迫

70%蒸发器面在运行
12h后被霜堵塞

图 3-31-8　蒸发器表面结霜情况

切需要能够连续工作并持续保持蒸发器换热效率的速冻机产品。

（一）传统的融霜方法

各速冻机厂家常见的办法是增加蒸发器的翅片间距。但增大片距，会减小蒸发器面积，如果要保证蒸发面积，就需要增大蒸发器的外形尺寸，加大设备整体外形尺寸，增加成本。为了改善速冻机的生产能耗，提高蒸发器的整体换热效率，有的工厂采用人工扫

霜，即在速冻机加工过程中，定期有工作人员穿上棉袄，拿着扫帚进到-35℃的速冻机内部去扫落蒸发器表面的霜粒。有的速冻机采用热工质融霜，即在生产一段时间后发现蒸发器表面霜层过后即停止生产，将蒸发器管道内通入热工质将蒸发器表面的霜层融化掉。还有的工厂采用电热融霜，在运转过程中对蒸发器分组进行加热融霜。这几种方法都存在各自的弊端，并不是最好的解决办法。

（二）脉冲空气除霜法

如果速冻设备在运转中，能够随时清除蒸发器表面的微小凝霜，延缓蒸发器表面的结霜速度，始终保证蒸发器换热效率，延长速冻设备连续工作时间，以满足客户要求连续生产提高产量的需求，并且能够实现自动化控制，不再需要人为干预，是否就可以满足大多数速冻工厂的生产要求呢？目前一种有效的方法是在蒸发器的进风侧安装脉冲空气吹霜装置。能够有效缓解蒸发器表面滞留霜层的问题。

针对速冻生产过程中水分在蒸发器表面不断凝结成霜影响生产效率的问题，我们从以下几方面分析考虑解决方法。

1. 要使蒸发器表面不结霜

要使蒸发器表面不结霜，除非产品表面不含水分或采用带包装的方式生产，但是带包装会延长产品冻结时间，同样会降低生产效率，所以并不可取。通常可以采用降低进货产品的初始温度来降低产品在冻结时散发水分子。这样在生产一段时间后霜层也会结满蒸发器表面。尤其需要高温入货时无法避免结霜。

2. 要使蒸发器表面延缓结霜

现在的蒸发器通常采用的带亲水膜铝翅片能够起到一些延缓结霜作用，并且霜粒容易脱落，但并不彻底。进入速冻机的产品降温析出水分无法避免。

3. 要使蒸发器表面结霜及时剥离

利用外力将霜粒从翅片上剥离，使霜层不会越结越厚。

脉冲空气除霜原理是根据上面第3种解决方式入手，在蒸发器进风侧安装高压空气管路，高压空气直接巡回喷射蒸发器表面，采用脉冲式间断喷射，保证高压空气从管路中高速喷射形成气流漩涡，从而将蒸发器表面的霜吹落，随时清除蒸发器表面的微小凝霜，延缓蒸发器的结霜速度，保证蒸发器表面的换热效率。

脉冲空气除霜系统如图3-31-9所示，主要包括空压机、储气罐、空气管路、吹霜管路、喷嘴、控制电磁阀等，在无需停止设备或打开库体的前提下，在一个预订时间内，将蒸发器迎风侧翅片上所结挂的冰霜吹落从而达到延长蒸发器有效工作时间的目的。

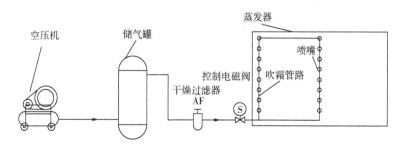

图 3-31-9 脉冲空气融霜系统示意图

空压机能够持续提供高压空气给储气罐，储气罐内空气压力达到设定值时，通过空气管路中设置的电磁阀开启，使高压空气进入吹霜管路，并通过喷嘴快速吹向蒸发器结霜表面。将蒸发器表面集结的霜粒瞬间清除。电磁阀关闭后储气罐内空气压力逐渐升高又一次达到设定值后进行下一次电磁阀开启动作，一次一次电磁阀循环开启，实现脉冲式动作实现吹霜。

吹霜管路和喷嘴的设置可以是固定的，也可以是移动的。如喷嘴可以移动，则每个喷嘴可除霜范围加大，效果更好。

脉冲空气融霜法具有以下特点。

（1）设计紧凑，安装、维护和调试简便，气动元件及电器元件性能稳定可靠；

（2）不停机清除蒸发器翅片表面结霜，提高蒸发器换热效果，使融霜成本降低，冲霜水量少；

（3）能有效延长速冻机连续工作时间；

（4）保证速冻食品更卫生、安全、放心。

（5）高压空气工作会增大速冻机冷量消耗；

（6）吹落的蒸发器霜粒可能会随循环风一起循环，并黏附到产品表面。

瑞典 Frigoscandia Equipment 公司很早就在他们生产的流态床冻结装置上采用获得专利的 ADS（Air Defrost System，空气除霜器）装置。当冻结装置生产运行时，一台高速通风机缓慢地沿蒸发排管一侧的表面往复移动，间断地发出 0.7MPa 的气流以吹掉排管上的积霜，从而延长除霜停机间隔时间 2~4 倍。

空气经过压缩、干燥、过滤后进入储气罐，通过电磁阀的启闭，压缩空气将进入喷嘴组件；ADF 装置依照预设的模式，在蒸发器下面来回移动，移动范围覆盖整个蒸发器的迎风面；ADF 装置移动的同时，喷嘴组件间歇性地喷出高压空气，迅速吹走在翅片表面的结霜；在速冻机运行期间，这样的除霜动作循环往复，使翅片之间保持气流通畅，蒸发器始终保持最佳换热效果。ADF 除霜系统的应用，延长了速冻机持续运行的时间，减少了因设备冲霜而停机的次数，因此降低了连续生产的成本。

一些国内的知名速冻机生产厂商也已先后在自己生产的速冻机产品上增加了高压空气辅助除霜机构，尽管各公司所采用的除霜装置结构大不相同，整体的原理仍是用外力将霜粒从翅片上剥离，使霜层不会越结越厚。

（三）超声波除霜法

超声波以波动的形式作用于物质时，会产生同波有关的折射、反射等现象。霜附着在翅片表面时，由于霜层的密度比翅片层低，超声波会在霜和翅片表面的界面上产生反射现象，翅片对声波的吸收很少，声波的能量将主要被反射回霜层中。选择合适的振动频率，使其同霜层的振动频率相吻合，产生共振。声波振动频率高于 20kHz，每秒将造成冰雪层发生上万次的反复膨胀、收缩运动，其在霜层内产生的内应力即使达不到能使冰雪层破坏的临界值，也会因短时间内就可以积累足够的次数，使霜层疲劳而破坏。同时由于超声波设备及超声波除霜机理，应用于低温的速冻系统上，除霜效果更优。

国内某知名制冷公司针对速冻冷风机在高湿低温环境下结霜速度快、运行效率低的问题，通过建立超声波除霜系统，搭建实验平台，并对超声除霜速冻冷风机进行测试，超声高频振动在结霜与基板界面处激发的剪切应力远大于结霜的黏附应力，具备了除霜的力学可行性；剪切应力的强弱交替，有利于结霜的破碎和剥离。超声波除霜效果良好，证明了基于超声高频振动的除霜技术在理论和实际上是可行的。

目前，脉冲空气除霜、超声波除霜是节能、高效的解决速冻机连续工作过程中，蒸发器结霜导致换热效率降低，能耗高的问题的好方法。当速冻加工作业要求连续、高产时，给速冻机配备合理的除霜方式是一个好的选择，能够有效延长速冻机的连续运作时间，不必消耗时间对速冻机蒸发器进行定时除霜以保证工作效率，节省了人力，物力。同时提高了速冻机的有效利用时间。能够为速冻加工厂节省非常可观的加工成本。

四、新型辅助冻结方法

在冻结食品的过程中，较大的冰晶会对细胞组织造成显著的伤害，均匀分布的细小冰晶能够在很大程度上减少对细胞的损伤。过冷度越高，冰晶的数目越多，尺寸越小。为了提高食品品质，提出了新兴的技术来辅助冻结过程，并取得了很好的效果，辅助方法分类见图 3-31-10。

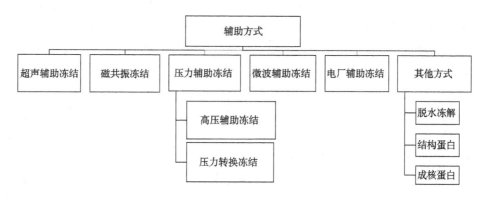

图 3-31-10　辅助冻结方法的分类

（一）超声辅助冻结

近年来，关于超声辅助冻结的研究非常广泛。研究结果表明，超声波对速冻过程的影响是确定的，但是超声影响结晶过程的机理仍未统一。关于超声诱发成核的机理有以下几种比较认同的说法：

（1）超声引起微小气泡的剧烈崩塌，非常高的压力导致较大的过冷度，形成较多且较小的冰晶。

（2）超声具有毁坏树枝状冰晶的能量，形成的碎片可以作为冰核。

（3）由于宏观上的湍流和微观上高度的粒子碰撞使固液边界变薄。

由于这一系列的原因，使其在超声的辅助下传热系数相对较高。但是超声辅助冻结一般运用于浸渍冻结的情况，其他情况的运用较少，所以其适用场合有一定的限制；其次，不同的超声强度、频率以及辐射温度对食品的影响需要进一步研究。

（二）电、磁场辅助冻结

电场辅助冻结是一种新颖的方法。有研究者以猪肉作为实验材料，发现采用电场辅助可以减少对肉类的损伤。脉冲电场的运用可以在很大程度上减少冻结时间，并得到较好的产品特性。还有研究者采用脉冲电场和静态磁场相联合进行食品冻结，得到细小且均匀的冰晶，且缩短了相变的时间。但是关于这项技术的研究并不彻底，对于各种不同类型的电场，如静电场、不同占空比的脉冲电场以及两者的联合等，需要进一步实验研究其对食品作用不同时间的影响，还需要进一步证实微观机理。

食品的主要成分是水，水是一种抗磁性物质，在磁场的影响下，能够改变它的特性。在冷冻室内，运用振荡的磁场来延迟冰晶的形成，结果表明，由于这种延迟效应，可形成均匀的冰晶，减少对食品结构的破坏。有学者采用磁场进行肉类冻结，结果发现加快了食品冻结的速度，减少了汁液流失，但是增加了烹饪过程中的损耗。截至目前，关于磁场对食品的影响还存在较多的争议。现在的研究主要集中在较低强度的静磁场、交变磁场在工频下对食品冻结过程的影响，今后可能需要在更宽频带、更宽的场强范围以及不同类型磁场的叠加上面做更多的工作来进一步探索磁场对冻结过程的影响。

（三）压力辅助冻结

在食品行业，高压的使用非常广泛。比较常见的是高压辅助冻结和压力转换辅助冻结。两种方式都是通过较高的压力来控制冻结过程，但原理略有差别。高压辅助的方式是在较高的压力下冷冻食品。压力转换辅助冻结的方式是在高压到低压的变化过程中实现食品的冻结，和高压辅助冻结方式不同的是，当高压释放的时候发生相变，较高的过冷度形成了更小更均匀的冰晶。针对压力转换辅助冻结方式的研究要比高压辅助冻结方式多，原因是前者形成的冰晶更小更均匀，冻结时间也较短。但是，要广泛运用还是有一些限制，如能够承受高压的设备的投资很高，此外，需要进一步研究在短时间内如何迅速移除产生的大量热量。

（四）微波辅助冻结和射频辅助冻结

微波辅助冻结和射频辅助冻结是两种较新的技术，但是目前对这方面的研究较少。两种方法的原理相似，利用微波或射频引诱水分子的偶极子旋转来破坏冰核的形成和发展。微波或射频的运用会引起温度的波动，有实验数据表明，这种有限的温度波动能够减少冰晶的尺寸。截至目前，仅有少量的研究来证实这种有效性。

五、展望

在冻结的三个阶段中，冰晶形成阶段对食品品质的影响较大，为了得到更高品质的食品，未来应该从下面几个方面做进一步的探究。

（1）对于不同的食品，由于结构组成、冻结特性和冻结要求各不相同，需要做更多研究来比较不同冻结方法对同一食品品质的影响，从而建立常见食品与最佳冻结方法的联系库。

（2）就现有的研究而言，各种辅助方法均具有一定的局限性，适用条件和产品类型有限，很多研究还存在着一定的争议，还需要更为精确的实验及模拟来探索宏观和微观机理。

（3）数值模拟技术的运用为食品速冻的发展提供了新的方法，模型的建立节约了大量的时间和资源成本，但是对于复杂对象而言，模拟和实验的结果还有一定的偏差，模型的简化以及采用的方法需要进一步完善。因此，通过模拟优化速冻过程参数，并指导实验探究，以得到更高品质的食品，满足广大消费者的需要，促进食品行业的发展。

参考文献

[1] 唐君言，邵双全，徐洪波，邹慧明. 食品速冻方法与模拟技术研究进展 [J]. 制冷学报. 2018 (10)：1-5

[2] ANUJ G. Short review on controlled nucleation [J]. International Journal of Drug Development and Research, 2015, 4 (3)：35-40.

[3] 黄忠民，齐国强，艾志录，等. 液氮冷媒介质对速冻饺子冻裂率的影响 [J]. 农业工程学报，2015，31 (14)：278-283.

[4] 冯均元. 速冻食品及速冻研究现状 [J]. 工艺技术，2016. (36)：126-127.

[5] 曾建波，郭霞龄，黄建华，变频空调器低温制热不停机脉冲除霜的试验研究 [J]. 制冷与空调，2014，6 (6)：103-107.

[6] DELGADO A E, ZHENG Liyun, SUN Dawen. Influence of ultrasound on freezing rate of immersion-frozen apples [J]. Food and Bioprocess Technology, 2009, 2 (3)：263-270.

[7] CHOW R, BLINDT R, CHIVERS R, et al. A study on the primary and secondary nucleation of ice by power ultrasound [J]. Ultrasonics, 2005, 43 (4)：227-230.

[8] WOO M W, MUJUMDAR A S. Effects of electric and magnetic field on freezing and possible relevance in freeze drying [J]. Drying Technology, 2010, 28 (4)：433-443.

[9] ANESE M, MANZOCCO L, PANOZZO A, et al. Effect of radiofrequency assisted freezing on meat microstructure and quality [J]. Food Research International, 2012, 46 (1)：50-54.

第三十二节　制冰技术

一、背景

我国是水产品生产大国，然而每年的捕捞期又多处在炎热的夏季。水产品的量比较集中，短期内市场又很难消化，而且水产品易腐败变质，这就给水产品的保鲜、贮藏带来了挑战。而且近年来，随着国民经济的发展，人民生活水平的不断提高，人们更加注重生活的品质。由于国际经济文化的交流越来越多，一些外国人的生活方式也在不断地渗透到寻常百姓的日常生活中。比如，在饮料中加冰改善饮料的口感，冰块用于藏酒、调酒，等等。因此，冰和我们的生活息息相关，影响着我们生活的方方面面。

早在1660年，冷饮在法国很流行，他们通过旋转放有硝石的长颈瓶从而使水变冷。此方法可产生低温并且制冰。到1834年，美国人做出了用乙酸作为制冷剂的蒸汽压缩制冷机，自此人工制冷开始发展，人工制冰也发展起来了。1850年做出了第一台制冰机，自此后制冰就开始进入了工业化的时代。在1929年，德国的物理教授发明了世界上的第一台管状制冰机，标志着人工制冰从此就进入了商业化。在1977年，美国的公司研发出了第一台片冰机。从20世纪80年代开始，我国也已经开始研发、小批量生产

本节供稿人：黄河源、范明升，福建雪人股份有限公司。

制冰机。目前，在我国生产和销售的制冰机中包括大中小型的制冰机，其厂家已经超过了几百家。我国的制冷制冰产业当前主要以商用制冰为主，商用的制冰机销售量在不断增长。

二、制冰设备原理与分类

制冰机利用制冷原理，将蒸发器改造成结构特殊的制冰器，制冷剂在制冰器内蒸发并带走（或通过载冷剂带走）水的热量，最终使水冻结成冰。

制冰设备的分类方式繁多，按制冷原理分为直接蒸发制冷、间接蒸发制冷；按制冰速度分为快速制冰、慢速制冰；按出冰方式分为连续制冰、间歇制冰；按使用对象分为工业制冰、商业制冰、家庭制冰；按脱冰方式分为热量脱冰（管冰、板冰、壳冰、颗粒冰、盐水块冰等）和机械脱冰（片冰、流化冰等）。

为使制冰设备适应水电站、核电站等大型混凝土工程现场，不少制冰设备制造商开发了成套储送冰系统。储送冰系统含自动储冰库、送冰系统和终端设备。自动储冰库可实现自动储冰、出冰，常见形式为耙式自动储冰库、履带式自动储冰库、螺旋式自动储冰库、旋转式自动储冰库。送冰系统可分空气送冰和螺旋送冰两种，空气送冰含空气冷却系统、关风器和送冰管道。螺旋送冰为水平螺旋与提升螺旋的组合。终端设备有缓冲仓、称重斗、分路阀、旋风分离器、自动包装机等。

制冰机一般按所产冰的形状划分，最为直观。可分为片冰机、板冰机、管冰机、流态冰机、块冰机、壳冰机、颗粒冰机（方块冰颗粒冰机、杯形冰颗粒冰机、子弹型颗粒冰机、月牙形颗粒冰机）、雪花冰机等。颗粒冰机、雪花冰机等民用制冰机自动化程度高，操作便捷，用户只需保持设备清洁卫生即可。在此仅对几种常用的工商业领域用制冰机做简单介绍。

（一）片冰机

片冰机是通过电动机驱动蒸汽压缩制冷循环的方式，将水连续地制成片状冰的设备。片冰机由片冰制冰器、制冷系统（包括压缩机、冷凝器、制冷配件等）、支架及自动控制系统组成，其典型结构如图3-32-1所示。

制冷系统工作正常后，循环水泵将水箱内的水抽至制冰器顶部并通过散水盘均匀地洒在蒸发器内壁，形成水膜；水膜与制冷剂流道中制冷剂进行热交换，温度迅速降低，在结冰面上形成一层薄冰，减速机带动螺旋刮冰刀沿着蒸发器内壁旋转刮削，在冰刀的挤压下，碎裂成片冰，冰片沿壁滑落。部分未结成冰的水通过接水盘从回水口回流至冷水箱

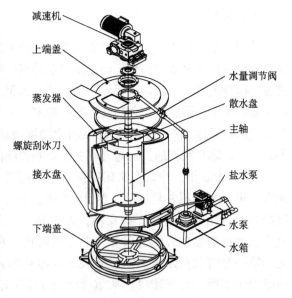

图3-32-1　片冰制冰器结构图

内，通过冷水循环泵，循环使用。

1. 制冰器结构原理

制冰器包括以下四大部分，通过粗略了解各部分的结构原理以及名称，可以大大方便安装和日后的维修保养。

（1）蒸发器。蒸发器是冰片生成的位置，制冷系统中的制冷剂通过蒸发器内壁，与水进行热交换，吸收大量的热，使蒸发器内壁表面流过的水急剧降温到结冰点以下，瞬间结冰。

（2）给水循环装置。给水循环装置包括水箱、抽水泵、浮球阀、供水管路、散水盘、接水盘、导流槽以及流量开关/液位开关。具体水的流动路线是：由外界水源接入的水流进入水箱，水箱内有浮球阀控制水箱内水位。通过水箱的抽水泵沿管路将水流引到制冰器的上端盖，从顶部进入散水盘，将水均匀分配给各个散水槽，并从散水槽下部的散水口均匀洒在蒸发器上，形成冰膜。可通过调节水流量调节阀，控制散水盘的水位，保证蒸发器结冰充分；在内壁上未结冰的水落在接水盘上，流入导流槽，汇入水箱再循环。流量开关或水箱液位传感器用于检测设备供水是否正常。

（3）主轴驱动部分。主轴的低速转动是由带有电动机的减速器带动的。

（4）刮冰部分。由主轴上下端伸出的支架固定的刮冰刀沿蒸发器内壁进行冰层切割运动，将达到一定厚度的冰剥离内壁，形成一定均匀形状的片冰掉落出制冰器的落冰口。刮冰刀有两种形式，一种是螺旋冰刀，一种是耙式冰刀，均能满足刮（剥）冰的功能，其对应的制冰机结构有所差别。

2. 片冰机特点

片冰过冷度大，干燥松散，输送、贮存和出冰方便。单位质量表面积大，并且冷却速度快。片冰扁平无锐角，与被冷却物接触好，不发生机械损伤。冰的厚度可达到 $1\sim2mm$，且不用碎冰机，可随时使用。但片冰易融化，需配冰库保存并随用随生产。

片冰与传统类型的冰砖（大块冰）以及雪花冰相比优势明显，具有干燥、不易结块、流动性好、卫生性好、与保鲜品接触面积大、不易损伤保鲜品等，在很多行业中是取代其他类型冰的首选产品。并具有以下特点。

（1）制冰效率高，冷量损失小。自动片冰机采用新式的立式内螺旋刀切冰式制冰器，制冰时由制冰器内部的分水装置将水均匀地分洒至冰桶内壁快速结冰，结冰成形后由螺旋冰刀切冰落下，使蒸发器表面得到了充分利用，提高了制冰机的效率。

（2）冰片质量好，干燥不黏结。自动片冰机的立式蒸发器制取的片冰厚度为 $1\sim2mm$，并且是干燥的不规则鳞片状，流动性好。

（3）结构简单，占地面积小。自动片冰机有淡水型、海水型、自带冷源、用户自配冷源，带冰库等多种系列。日产冰量有 $350\sim60000kg/24h$ 等多种规格。用户可根据使用场合、使用水质来选择适合的机种，相比传统制冰机具有占地面积小、运行费用低廉（无须专人脱冰取冰）的特点。

（二）板冰机

板冰机以电动机械压缩式制冷的方法将淡水间歇地制成板状冰。板冰机由制冰器、制冷系统（包括压缩机、冷凝器、制冷配件等）、支架、淋水系统、脱冰系统和自动控制系统组成。板冰制冰器由蒸发器、给水循环装置、碎冰机构及外框架组成，结构如图 3-32-2 所示。

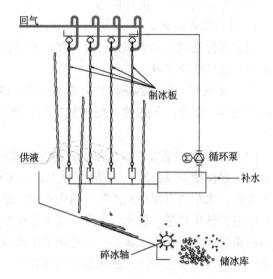

图 3-32-2　板冰制冰器结构示意图

当制冷系统运行时，通过冷水箱中的制冰泵将制冰水输送到制冰洒水盘进口，洒水盘上设置一排洒水的小孔，冷水通过小孔，均匀地洒在制冰板两侧的外表面，形成水幕，与制冰板内部蒸发的制冷剂进行热交换，带走水幕热量，温度降低，部分水在制冰板外部结成冰，未结冰的冷水通过底部的接水槽流到冷水箱，冷水又通过制冰泵再次循环。大约 20min 后，在制冰板的外部已结成一层板冰（厚度 10~12mm），此时制冷系统供液和循环泵自动停止，将高温制冷剂气体通入制冰板内腔，使制冰板温度升高，经过约 2min 后，因制冰板的温度上升，制冰板与板冰间的一小部分冰融化，板冰失去黏性因重力掉到落冰口处，经碎冰机构破碎后进入储冰库或用冰点。脱冰完成后，停止脱冰循环，至此一个制冰周期结束。恢复制冷运行和制冰循环，继续制冰。

获得的板冰不含空气泡，呈透明状，冰坚硬密实，过冷度较大、干燥、无粉末、冷却时间长。吸热外表面积较片冰小。板冰厚度 3~20mm 可调，满足不同场合的应用。板冰冷却效果均匀、透气性好、冷藏温度恒定。因冷却时间长久，非常适合于鱼类及各种易腐食品的冷却、冰鲜储藏，蔬菜夹冰冷藏运输以及冰蓄冷中央空调等。

制冰板采用不锈钢单板片双面结冰，产量足。特殊流道式板片设计，与同类产品相比制冰效率高、更节能。采用制冷剂热气脱冰，脱冰速度快，无二次污染。制冰器采用开放式设计，制冰板表面、洒水盘、水槽易于清洗。结构简化，整机运动部件少，维护便捷。机体采用钢制焊接热镀锌结构，耐腐蚀、使用寿命长。整机采用全自动控制，实现无人值守。

板冰洁净、无味，符合国际相关卫生标准，可用于水产食品加工、冷却、保鲜和运输；用于食用制冰工厂及港口、码头制冰工厂，化工染料反应釜降温冷却，医疗、制药降温；用于冰蓄冷中央空调和冷水降温系统。

（三）管冰机

管冰机与板冰机一样，以电动机械压缩式制冷的方式，将淡水间歇地制成管状冰。管冰机由管冰制冰器、制冷系统（包括压缩机、冷凝器、制冷配件等）、支架、淋水系统、脱冰系统及自动控制系统组成。管冰制冰器由蒸发器、给水循环装置、切冰机构及外框架组成，结构如图 3-32-3 所示。

另外，管冰制冰系统也可按水路循环、制冷剂循环两个彼此独立又互相关联的系统组成。

1. 水路循环

开始制冰时，冷水箱内的水通过循环水泵输送到制冰器顶部的分水盘，由分水盘分配到各个制冰管内，沿制冰管内壁顺流而下，制冰管内表面的水通过管壁与管外制冷剂进行换热降温，冻结成冰，形成冰层，未冻结的水回流至冷水箱通过水泵再次循环制冰，如此不断循环。冰由管内壁不断向中心冻结，最终形成带有中心孔的圆柱状管冰。脱冰时，管冰与制冰管壁融化脱离，冰在重力作用下掉落。被切冰机切断成一定长度的管冰。

制冷剂循环可分制冰工作及脱冰工作两部分，二者交替进行。

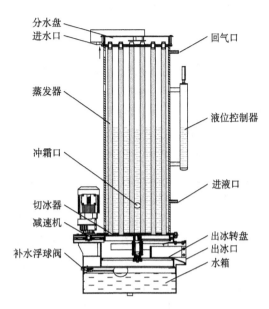

图 3-32-3 管冰制冰器结构图

分水盘
进水口
蒸发器
冲霜口
切冰器
减速机
补水浮球阀
回气口
液位控制器
进液口
出冰转盘
出冰口
水箱

2. 制冰工作

开始制冰时，低温低压制冷剂气体被压缩机吸走，经过压缩机压缩后形成高温高压制冷剂气体，排入冷凝器中，经过冷凝器换热后高温高压制冷剂气体冷凝成常温高压的制冷剂液体，通过膨胀阀节流膨胀后进入制冰器，进入制冰器内的液体制冷剂与制冰管管内的水进行热交换，变成低温低压气体，低温低压气体又被压缩机吸走继续制冷循环，直至脱冰开始，单次制冰结束。

3. 脱冰工作

脱冰工作开始时，制冰水路系统和制冰工作都已停止。储液器中的中温高压制冷剂气体通过热氟/氨管进入制冰器内，升高制冰器内的压力和温度，通过制冰管壁与制冰管内的冰进行热交换，使制冰管内的管冰表面融化成水，管冰依靠自重与制冰管分离下落，再通过底部切冰机构切断管冰，在出冰转盘的旋转作用下，将切断了的管冰从出冰口导出；同时由压缩机和压力恒定装置恒定制冰器内脱冰压力，保证脱冰顺利进行，直至脱冰结束。至此，一个制冰周期结束。管冰机的制冰周期为 20~30min。

4. 排水系统

多次制冰循环后，水箱内会沉积杂质，影响管冰的透明度。可在脱冰工作时接通排水电磁阀，适当排除水箱底部部分污水，保持水质清洁。

管冰透明、美观、壁厚较厚（可达到 8~20mm），不易融化而便于储存，透气性好，可食用。

管冰制冰器，采用制冷剂直接蒸发，制冰效率高；采用特殊的水路设计，确保冰质量好（厚度均匀、色泽美观、干净卫生等），且节省原料水；蒸发器采用双回路设计，有效提高系统制冷效果和脱冰效率；采用不锈钢高效换热管，保证整个制冰过程的卫生要求。

管冰机高效节能，相比于片冰机、板冰机和块冰机，管冰机具有蒸发温度高、能效比高的特点，采用相同型号的压缩机管冰机可以达到更高的产冰量。产品规格全，形式多样，多种管径可选，满足不同应用场合。整机采用全自动控制，实现无人值守。模块化设计，操作维护便捷。

管冰洁净、无味，符合国际相关卫生标准，接触面积为市场现有冰种类中最小、抗融性最好的，适合饮用品调制、装饰、食物冰藏保鲜等，可直接进行食用，广泛应用于超市、咖啡店、便利店、酒吧、宾馆等商业领域，用于冷冻冷藏、调制酒水、冰镇食物、保险冷敷；此外，也适用于海产品保鲜、化工厂反应釜降温、建筑混凝土降温等工业领域。

（四）流态冰机

流态冰机利用制冷系统将盐水（海水）制成具有流动状态的冰水混合物。流态冰机由流化冰制冰器、制冷系统组成。流态冰制冰器结构如图 3-32-4 所示，由蒸发器、洒水机构、主轴、刮冰板、保温层组成。经冷凝器冷凝后的制冷剂液体经膨胀阀节流降压后进入蒸发器。在蒸发器内吸收盐水热量并蒸发，形成气体的制冷剂，通过回气出口被吸进压缩机压缩成高温高压的气体。最后在冷凝器上排放热量并冷凝，进入下一个循环。

盐水进入洒水机构，被制冷剂吸热降温至冰点。并在蒸发器外壁面形成冰晶。冰晶被快速旋转的刮冰板迅速刮下，与盐水混合成冰浆流出制冰器。

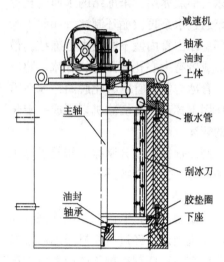

图 3-32-4　流态冰制冰器结构图

减速机为主轴的高速运转提供动力。在制冰器外表面覆盖一层保温层用于减少制冰器冷量损失。

流态冰机适用盐水浓度范围为 2.9%~3.5%。超出此范围可能导致制冰机工作不正常。流态冰是一种含有悬浮冰晶颗粒的固液两相溶液，充分利用冰的相变潜热，节能效果明显，冰晶粒子微小绵密，直径为 0.2~0.8mm，流动性强，不结块，输送及储存便捷，可利用泵输送，也称为冰浆、液冰、二元冰、颗粒流冰、泵送冰等，是目前国际上新兴的一种全新的冷却介质。

流态冰与其他传统冰相比，有单位表面积大、冷却效果迅速、输送简便等优点。冰晶颗粒细小圆润无锋利边缘，不会对被冷却产品表面造成损伤，可完全包裹住要冷却的产品，冰鲜速度快。主要用于渔业制冷、远洋捕捞、食品保鲜、食品加工、水产加工、井下降温、冰蓄冷空调等领域。

三、制冰新技术

（一）过冷水连续制冰

过冷水连续制冰是最近发展起来的一种新的制冰方式。图 3-32-5 是过冷水连续制冰的概念图。水在过冷却器中被冷却达到过冷状态（低于 0℃ 但仍然保持为液态），过冷水的过冷状态消除后成为冰水混合物，其中的水被分离出来继续在系统中循环。过冷水连续制冰制出的冰通常称为泥状冰或冰激凌式冰，是一种冰水混合物，其中的冰晶呈细小的片状或针状。

过冷水连续制冰过程中，水与冷媒之间始终保持较大的传热系数，因而过冷水连续制冰用于冰蓄冷空调能够提高冰蓄冷空调的用能效率。泥状冰具有非常好的分散性，容易融化释放冷量，可以用于蔬菜、鱼、肉类的冰水预冷。泥状冰可以直接随水在管道中输送，从而提高冷量输送的效率。与传统的输送冷冻水的方式相比，输送冰浆可以减少泵耗、减小管道直径和末端换热面积。

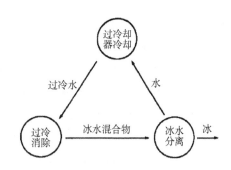

图 3-32-5　过冷水连续制冰概念图

图 3-32-6 是过冷水连续制冰系统结构示意图。系统开始运行前，制冰用水全部盛在蓄冰槽中。系统运行开始后，首先关闭过冷却器上与冷媒管路相通的阀门，开启制冷机，将冷媒系统中冷媒温度降低至预定温度。然后启动水泵，待水在系统稳定循环后，打开过冷却器上冷媒管路的阀门，让冷媒进入过冷却器，同时启动温度测量系统，监测系统温度变化。当过冷却器出口水温降至 0℃ 以下时，在蓄冰槽中的不锈钢滤网上过冷却器出口水流刚好冲到的地方放置一小冰块，冰块立即逆向水流方向生长。由于滤网表面距过冷却器出水口较近，为防止长出的冰晶接触过冷却器出口，需要人工不断地将长成的"冰山"抹平。

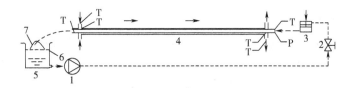

图 3-32-6　过冷水连续制冰系统结构示意图

1—水泵　2—阀门　3—微小冰晶消除器　4—过冷却器　5—蓄冰槽

6—400 目滤网　7—冰山　T—温度测点　P-压力测点

注：图中，虚线头指示是水流方向，实箭头指示冷媒流动方向

（二）吸附作用下闪蒸制冰

有研究人员基于水的低压条件下闪蒸现象，通过与无吸附剂系统进行对比性实验，得出吸附模块的存在对闪蒸室内压力及液体温度的影响。提出了在吸附条件下的低压闪蒸，并通过实验研究了吸附模块存在对于闪蒸及制冰条件的影响。图 3-32-7 所示为吸附作用下闪蒸实验系统图。实验中，压力达到一定程度，闪蒸室内会出现固、液、气三相共存的复杂相态变化，同时，闪蒸室内不仅有水蒸发致使温度下降，同时也有吸附热的放出，整个闪蒸室内的能量分布也较为复杂。采用对比的方法，利用吸附条件下真空闪蒸制冰系统，通过改变预设压力、液面高度，得出有吸附存在情况下对闪蒸制冰过程中闪蒸室内压力、液膜温度及闪蒸室内温度的影响规律，得出以下结论。

（1）相同的初始温度、液面高度、预设压力前提下，与无吸附条件相比，吸附模块的存在降低了闪蒸室内的压力升高率。同时，预设压力值越低，吸附效果越不明显。因此，在达到制冰要求条件下，尽量使系统压力维持较高水平，以保证吸附剂的吸附效果。

（2）相同的初始温度、液面高度、预设压力前提下，有吸附模块条件下能够降低温度升高率，但同时释放出大量吸附热，对结晶产生不利影响。因此，在后续实验中，应该把吸附模块与闪蒸液体用隔热层隔离，减小吸附热的影响。

（3）相同的初始温度、预设压力条件下，改变液面高度，结果发现液面高度越小，吸附条件下闪蒸室压力升高越缓慢。因此，在真空制冰过程中，采用薄液膜的效果更明显。

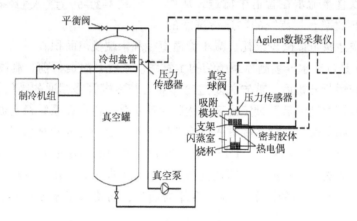

图 3-32-7　吸附作用下闪蒸实验系统图

（三）真空制冰机

真空制冰机因为高蒸发温度（-1℃）即可出冰，在制冰领域拥有很好的前景。真空制冰机制出的冰叫二元冰（又称冰浆），是水溶液与冰晶的混合物。具有流动性好、低温显热大、换热面积广等优点，可作为一种优良的能量输 送与贮存的流动介质。本文在分析真空制冰机工作原理的基础上，介绍了制冰系统的设计和设备选型。

真空制冰降温系统主要设备有压缩机、制冰发生器、冰晶分离器、刮冰机、冷凝器、冷却塔、冰浆泵、冷凝水循环泵等。作为制冷剂，水具有无毒、不燃烧、不爆炸、环保、成本低、潜热大等优点。真空制冰工作原理如图 3-32-8 所示。

在冰晶分离器中加入约5℃的冷冻水（可以通过冷水机组制取），与冰浆混合成0℃的水，进入制冰发生器蒸发腔。压缩机吸气端通过高真空度的抽气，使制冰发生器蒸发腔上部水滴汽化吸热，低温的液态水形成冰浆。制冰发生器蒸发腔制取的冰浆通过冰浆泵送到冰晶分离器，冰的密度小，上浮到冰晶分离器顶部通过刮冰刀从出冰口引出。剩余水通过过滤管进入制冰发生器蒸发腔制冰。在真空制冰机的设计和运行中，维持系统的真空度是一项非常重要的任务，否则会大大降低制冰效率。

四、展望

随着人造冰的应用范围越来越广，各类高效、节能、自动化制冰装置不断推陈出新，但是系统地对各类制冰机原理论述的文章很少，所以本文对各类制冰机进行介绍，并分析

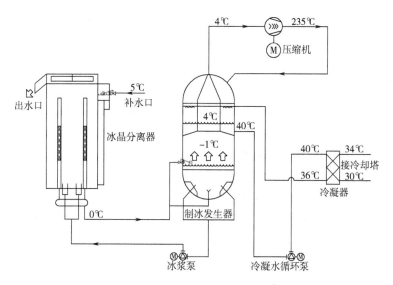

图 3-32-8 真空制冰工作原理图

其工作原理。

随着技术的不断发展,制冰机呈现如下的发展趋势。

(1) 提高成冰速率,缩短成冰时间。

(2) 从制冰到脱冰实现全过程自动化控制,提高运行效率,节约人力资源。

(3) 增加报警、保护装置,保证制冰机运行稳定、可靠。比如对水箱内水位、冷凝温度的高低、制冷剂不足、水泵的运行状况等的监控。

(4) 通过强化传热手段提高制冷效率。

(5) 注重节能,如对制冰用水实行预冷、对未冻结的制冰用水进行循环、利用热气脱冰等。

(6) 采用新型材料,减轻制冰机重量,减小制冰机体积,使得制冰机移动方便,不占空间。

参考文献

[1] 黄广峰,水力驱动的制冰装置的研制 [D]. 哈尔滨:哈尔滨商业大学. 2016.6:1-5.

[2] 钟栋梁,刘道平,邹志敏. 制冰原理与技术发展 [J]. 制冷与空调,2007,6 (7):5-9.

[3] 华泽钊,刘道平,吴兆琳,等. 蓄冷技术及其在空调工程中的应用 [M]. 北京:科学出版社,1997.

[4] 赵美,于航,詹光毅. 过冷水制冰控制参数的实验研究 [C]. 上海市制冷学会会议论文集. 2013.

[5] 章学来,赵群志,孟祥来,等. 等吸附作用下真空制冰特性的实验分析 [J]. 化工学报,2014,10 (14):4131-4137.

[6] 黄河源,范明升. 真空制冰的工作原理与选型设计 [J]. 制冷与空调,2017 (9):83-86.

[7] 孔庆源. 中国水产制冰业的发展与节能 [C]. 全国冷冻、冷藏企业管理及节能减排新技术研讨会论文集,2010:29-35.

第三十三节　多温冷藏运输车

一、背景

英、美等发达国家对冷藏运输历来十分重视，目前，欧美等国的易腐食品 100% 采取冷藏保鲜运输，其运输质量的完好率在 95% 以上。自多温运输概念提出以来，由于问题的重要性和复杂性，欧美等发达国家和地区立即将其作为研究重点展开研究。2005 年，F Kikuchi 在展望冷藏运输技术变革时，将多温运输列为未来市场的首要选择；2006 年，国际制冷学会在征集全球 61 个国家 550 余名专家意见后，也将多温运输，尤其是包括多温运输气流组织优化在内的操作策略问题（D2-3）、运输装备性能测试问题（D2-9）列为未来应优先研究的问题；2007 年 8 月第 22 届国际制冷大会中，国际制冷权威、剑桥制冷中心 Robert Heap 爵士在大会主题报告上进一步强调了冷藏运输中食品安全与节能的重要性，并呼吁应加强对多温运输的研究和推广利用。

作为冷藏运输的一种新形式，传统冷藏运输多年来在外界气象条件、运输工具的隔热性能与气密性、制冷系统的性能、装运货物的热状态及性质、包装与堆码形式、运输单元内的气流组织、运输过程操作策略以及衔接配合等方面的研究值得借鉴，但多温运输的新颖性和独特性能也决定了食品运输品质和节能的协调将取决于包括多温运输气流组织、包装、堆码、多温单元间传热传质等一系列控制机理的掌握和关键参数的优化，这也是国际上目前研究的新点和热点问题。

二、解决问题的思路和方法

（一）多温运输工具气流组织控制机理及优化

借鉴传统冷藏运输中的研究方法和成果，利用数值传热学、计算流体力学等技术，建立相应的数学模型，采用调研、模拟分析和试验相结合的方法，研究不同运输工况（冷冻货物、冷却货物、未冷却货物）、运输阶段（装载、运输途中、卸载）、货物堆码方式（紧密堆码以及留有通风间隙的不同装载方式）、包装形式（网兜、纸箱、木筐、麻袋、泡沫塑料盒等）等条件下，送风方式（顶送风、端送风、侧送风、下送风等）、送风温度、送风量、送风角度等因素对车内温度场、气流场的影响，掌握多温运输单元气流组织控制策略及合理匹配。

另外，着重对多温单元间空气渗透对内流场的影响展开研究，采用数值仿真和实验验证相结合的方法，分析由于不同单元间温度、内部隔断形式、车辆运行速度（外部压气场分布）、气密性等差异，形成空气渗透导致相邻单元货温、气体成分等受到的影响。同时，辅以食品生化分析和车辆能耗监测，分析其对食品品质和能耗的影响。在掌握渗风机理的基础上，得到相应的优化控制策略。

（二）多温运输工具装载堆码控制策略及优化

在相应数学模型的基础上，计算分析不同装载堆码方式条件下货物间传热及温度

本节供稿人：刘广海、谢如鹤，广州大学。

场分布，考察典型易腐食品在不同气流组织形式、不同运输工况、不同包装等条件下最佳装载堆码方式；同时，对紧邻不同温度单元内隔板附近的食品装载堆码进行详尽研究，在综合数值模拟、实验分析、生化分析等方法的基础上，分析多温运输对食品温度分布和品质的影响，通过装载优化、空隙的合理选取等减少多温单元间传热、渗风等对运输品质的影响。根据所得控制机理，在归纳整理后得出便于操作的多温运输装载模式。

（三）冷藏车厢的无接缝聚氨酯高压发泡技术研发

为强化车辆的保温性和气密性，拟采用高密度聚氨酯（不含 CFC-11），高压发泡一次成型、拼接缝处采用聚氨酯高压灌注密封，实现车厢整体无缝连接，增加厢体的强度和刚度，减轻厢体的重量，着重解决厢板接缝处高压灌注密封、车厢内外无金属冷桥连接等关键技术问题，提升冷藏车厢的制造技术水平。

（四）多温运输工具设计制造及标准测试方法研究

借鉴传统冷藏运输成果，并考虑多温运输的特性，对车辆漏气率、漏热量、控温范围、最大温差、温度稳定性、内部隔温设备性能等影响多温运输品质的参数展开理论分析和实验研究，考察其对食品品质和能耗的综合影响，掌握影响多温运输的关键因素。通过试验，修正并完善上述指标参数，得到各参数最佳值及合理匹配关系，在保证易腐食品最佳品质的同时，实现节能。

同时，完善所建数学模型，对实验方法进行归纳整理，在借鉴国外先进经验的基础上生产出新型多温运输车辆样车；在上述研究的基础上，归纳总结技术要点、制作工艺、制作流程、设备设施等各项内容，初步形成多温运输工具产业化基础。并初步得到可方便操作的关键参数标准化测试方法，为今后相关标准的制定提供基础和依据。

三、技术方案

首先，完善多温运输技术条件综合试验台，增加冷藏运输食品品质变化监测功能。然后选取几类有代表性的水果、蔬菜、肉类、水产品等，通过组合试验，在不同热状态条件下，模拟车内气流场、温度场变化情况，变化规律，结合数值仿真，同时对食品感官、理化和微生物指标变化实时监测与预测，找到影响多温运输食品品质和能耗的主要因素及其相互联系。重点对多温运输气流组织和货物装载堆码、冷藏运输食品品质变化监测方法进行研究，对多温运输单元间传热量、渗风量进行监测，掌握相关机理，寻求改进优化策略。试验中，气流组织测定拟采用烟雾法进行初测，能量利用系数测量法进行补充。多温运输单元间的渗风量测定采用压差法和示踪气体法综合获得，所需数据由压差计和气体成分监测仪获得。此外，实验所需温湿度记录、能耗记录、食品品质指标监测等均由试验台监测系统获得。

在车厢发泡技术上，重点解决冷藏车厢整体灌注问题，改进聚氨酯原料配方和发泡技术，提升聚氨酯泡沫的保温性能，降低车厢传热系数；在车厢板接合处预留高压灌注槽，厢体组装好后进行聚氨酯高压灌注，注意门楣的一体化，同时保障整个车厢内外面之间无金属件或其他易导热材料直接联通，无贯穿安装件，所有安装加强件均采用预埋的方式处理，断开厢体冷热交换通道。

以上述试验为基础，逐步掌握多温运输关键参数及其冷藏运输食品品质指标监测与控制机理，改进多温运输单元隔热性和密闭性、风道设计、气流组织、控温方式，优化货物堆码方式等，通过试验修正并完善上述指标参数，得到各参数最佳值及合理匹配关系和最佳工艺流程。进而设计生产出新型多温运输车辆，对典型易腐食品进行实际运输对比试验，考察在实际运输过程中货物的质量变化和各种措施的实际效果。对实验方法进行归纳整理，在借鉴国外先进经验的基础上得到可方便操作的关键参数标准化测试方法，为今后相关标准的制定提供基础。

四、产品化与工程应用情况

多温车的温区划分极具灵活性，同时温度的设定区域较为广泛。从温度分区的角度，多温区冷藏车可以分为双温区、三温区，甚至更多温区，可根据车的类型与装载货物的要求进行划分。通常多温车的分区有以下几种，深冷区（约-40℃）、低温区（-18℃及以下）、中温区（0℃左右）、高温区（15℃左右）等。从制冷方式的角度，多温区冷藏车可以分为单蒸发器式和多蒸发器式多温车。单蒸发器式多温车由较低温区的蒸发器进行制冷，较高温区的温度可依靠从低温区抽取冷空气来保证。多蒸发器制冷技术在冷藏车领域得到了迅速的应用，许多厂家在生产多温车时采用了这一方法，尤其是欧美地区较为普遍。与单蒸发器式多温车相比，多蒸发器对各分区温度的保持更好，可以有效地防止气体流通带来的不利影响。但是相对而言投入稍高，对载货量也有一定的影响。

图3-33-1为多蒸发器多温冷藏运输车概念图，图3-33-2为广州大学物流与运输研究所与广州拜尔冷链聚氨酯有限公司联合研制的三温区冷藏车（深冷区，约-40 ℃；低温区，-18℃及以下；中温区，0~15℃）。

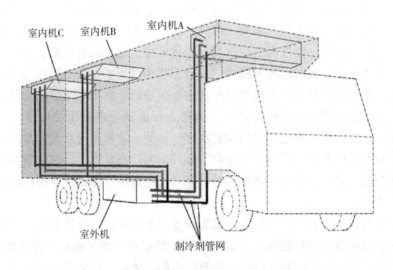

图3-33-1　多蒸发器多温冷藏运输车概念图

图 3-33-2　三温区冷藏车实物图

五、展望

多温车具有的灵活性使其在市区配送，尤其是点对点多种货物运送上有着绝对的优势，因此多温车将首先会在小型冷藏车上得到推广应用。在重型冷藏车方面，可以选择设置活动隔板，在需要的情况下进行适当的温度分区以解决装载率偏低的问题，提高运输效率。随着我国公路运输业的发展，冷藏汽车在中短途运输中已占据主导地位，在经济发达的珠三角、长三角地区，长中短途的冷藏运输基本由冷藏汽车来承担。作为冷藏汽车中重要一员的多温冷藏车必将在其中扮演重要的角色，成为市区配送的主要成员。

对于多温车的后续研究应从以下六个方面进行。

（1）不同运输要求、运输阶段、货物堆码方式、包装形式等条件下，送风方式、送风温度、送风量、送风角度等因素对车内温度场、气流场的影响研究。

（2）多温单元间内部隔断形式、车辆运行速度、气密性等的差异，造成的空气渗透对相邻单元货温、气体成分等影响的研究。

（3）多温运输单元间传热传质机理、车辆能耗监测与优化控制策略研究。

（4）对车辆漏气率、漏热量、控温范围、最大温差、温度稳定性、内部隔温设备性能的参数理论分析和实验研究，以及各参数最佳值及合理匹配关系。

（5）对气调、液氮、CO_2、蓄冷板等各类特殊要求、节能环保多温冷藏车（箱）的研究。

（6）多温运输控制机理、装备性能标准化测试及相关标准制定的研究。

第三十四节　高效冷藏展示柜系统

一、背景

在我国，随着城镇化和生活水平的提高，以连锁超市（包括大卖场和便利店等）为业

本节供稿人：田健、张朝昌，开利空调冷冻研发管理（上海）有限公司。

态的零售业发展迅速，但是技术发展水平较低，能耗普遍较高，节能减排的行动刻不容缓。据有关报道，我国大型百货店和超市的能源消耗高于发达国家同类商场 2~3 倍，即使是处于能耗较低水平的北京大商场，单位面积能耗仍然高出气候相近的日本同类商场40%左右。零售业是一个微利行业，因此节能减排将是零售业未来竞争的重要领域之一。

根据统计，一般超市中耗能主要由以下几部分构成：冷冻系统、空调系统、照明系统、动力设备和其他等，根据上海地区的超市耗能调查结果，各部分所占比例分别为42.26%、15.41%、25.05%、7.84%和9.44%。其中冷冻冷藏系统年耗电占整个超市的总能耗的42%，而空调系统的年耗能占比仅为15%。原因在于冷冻冷藏系统是用于保存生鲜食品的系统（包括展示柜和冷库等），为了延长保质期和食品安全，需要一年 365 天 24h运行；而空调系统只在夏季和冬季运行，一般也不是全天运行。因此冷冻冷藏系统相应的全年耗电量远远大于空调系统，是整个超市中最有节能潜力的地方。

二、解决问题的思路

商业冷冻系统的节能应从需求侧和供给侧两方面入手，即如何降低冷量需求侧的展示柜和冷库的负荷，以及如何提高冷量供给侧的制冷机组的效率。

（一）展示柜负荷分析

展示柜是食品冷藏链中的最后一个环节，它直接面向消费者，因而在食品冷藏链中占有重要地位。展示柜的负荷大小直接影响了整个制冷系统的能耗，节能应该首先从降低展示柜负荷出发。制冷展示柜的热负荷 Q_0，一般认为由 6 部分组成：即通过围护结构传入的热量 Q_w，通过展示柜的敞开口从周围环境辐射进入的热量 Q_k，环境空气渗入空气幕进入的热量 Q_s，柜内风机产生的热量 Q_f，柜内照明带来的热量 Q_1，化霜加热引入的热量 Q_d。

展示柜的种类很多，按照是否带门，可以分为开式与闭式展示柜。在超市中，立式敞开式展示柜数量最多，其负荷占比最大。负荷分析表明，通过风幕渗入的环境空气引入的热量 Q_s，在立式敞开式中温展示柜的总负荷中大约 60%~70%。因此，高效展示柜的设计，应重点关注风幕性能的优化，即通过结构设计，优化风幕性能，降低展示柜的负荷。

（二）提高制冷效率

当展示柜热负荷大致确定以后，就需要设计匹配相应的制冷系统来提供冷量。因此制冷系统的效率也是影响展示柜整体能耗的关键部分。制冷系统的效率和压缩机的选型、冷凝器的设计、制冷管路的优化、制冷剂的选择都有关。除此之外，可以采用的提高效率的方法还有：采用压缩机并联机组、变频技术、制冷剂过冷和回热等。

三、技术方案

（一）展示柜的结构设计和风幕优化

在开式展示柜中，要降低展示柜的能耗，最有效的措施是降低通过风幕的传热传质，其核心则是对展示柜冷风幕的流动及换热的深入研究。风幕的流动非常复杂，一般根据CFD 的模拟结果来进行优化。影响风幕结构的有如下几个因素：送风温度、送风速度、环境温度，环境湿度，风幕网结构及风幕上方导流板形状。其中，送风速度决定了完整风幕能否形成，而在风幕能完整形成的基础上，风幕的初始速度和导流板形状是决定风幕性能重要的两个方面，下文将从这两个角度对风幕进行优化。

改变出风口速度分别为0.5m/s、1.0m/s、1.5m/s、2.0m/s、2.5m/s，对CFD模型进行非稳态计算，以展示柜内部空气温度及货架上物品温度达到均匀冷却为停止计算的条件，当模型收敛并停止计算时，展示柜内温度已到达平衡，此时展示柜内部不消耗热量。此时展示柜所消耗热量全部都为与外界空气交换热量，即冷损。

计算结果如表3-34-1所示。

表3-34-1　不同风幕风速下展示柜负荷（冷损量）

出风口速度（m/s）	0.5	1	1.5	2	2.5
冷损（W）	1876	1798	2252	3872	6427

由表可见，当风幕速度低时，不能较为完整地形成风幕，从而不能很好地起到隔绝展示柜内外空气的作用，柜内冷气流通到外界，造成外界温度降低。随着风幕速度的提高，风幕的隔离效果增加，随之增加的是风幕与外界空气交界处紊流产生的换热。当风幕速度提高到一定值时，紊流换热成为展示柜冷损的主要因素。由此可见，风幕的送风速度存在优化值。当风幕速度区间在［0.5，1.5］时，展示柜冷损较小，因此在进一步计算时，风幕速度的变化区间在［0.5，1.5］较为合理。当蒸发器出口风速在1m/s左右时，其耗能最小。

通过改变导流板形状，可以进一步达到内层风幕速度高、外层风幕速度低的理想效果。这样，便于形成内外连续梯形分布的出风分布，风幕效果最好。

（二）化霜方式及化霜终止方式，减少化霜引入的负荷

展示柜化霜的方式主要有电加热化霜、热气化霜、自然化霜等。电加热化霜是目前大多中低温展示柜所采用的化霜方式。这种化霜方式简单可行，化霜可靠，控制回路也简单，但需要额外的热量，并且热量利用率较低。热气化霜方式是将高温压缩机排气引入需要化霜的蒸发器。与电加热化霜不同，热气化霜没有引入额外的热源（电源），而是利用压缩机高温排气，高温排气在蒸发器盘管内冷凝换热，盘管再和管外霜层进行传导换热，由内及外，换热效果好，化霜时间短，柜内温升小，能耗相对较小。但是热气化霜的控制相对复杂，同时高压蒸气流入蒸发器，对蒸发器盘管的耐压性要求较高。自然化霜即采取停止制冷供液，但维持风机运转，利用风幕循环的热空气来化霜。这种方式不需要额外的化霜热源，因此最节能，控制也最简单。但是因其可用热量较少，化霜时间较长，主要应用于部分中温柜。在设计中温展示柜时，应该尽量采用自然化霜，以减少热负荷，提高效率。化霜终止方式对展示柜能量效率和柜内温度波动影响也较大，常用的化霜终止方式有定时终止和温度终止。定时终止简单易行，但是无法准确控制化霜效果。温度终止化霜，是用温控器来采集化霜时展示柜内或蒸发器上某一处的温度，当达到设定温度时就结束化霜。这种方式需要增加额外的温度探头，成本稍高。开利空调冷冻研发管理（口海）有限公司的新产品设计中，一般都同时采用两种方式，在尽可能保证化霜彻底的情况下，达到能耗的最优化。

（三）降低照明负荷

展示柜的照明非常重要。根据展示柜种类的不同，照明灯的配置数量和安装位置不同。对于敞开式立柜，大多数在每层搁板下面都装灯，以 2.5m 长度的柜子为例，一般装有 10 根 1.2m 长的灯管。如果采用普通荧光灯，总功率大约 400W，约占柜子总负荷的 10%。如果采用 LED 灯，在同样照度的情况下，LED 灯的电功率仅为荧光灯的 30% ~ 50%。因此，在制冷展示柜中，非常值得大力推广 LED 灯的应用。

（四）先进制冷系统设计

1. 并联机组

商业冷冻设备一般需要全年 24h 运行，但是设计时需要按照夏季最高环境温度时的最大负荷选择冷凝机组。假设在夏季展示柜的最大冷冻负荷值是 100%，在冬季根据展示柜使用温度的不同，负荷将相应减少 20%~60%。若采用多机并联机组，则能根据负荷的不同，依次停止各台压缩机，达到合理匹配，提高系统效率。研究表明，采用二台压缩机的并联机组比单机头机组节能约 20%，而用合理设计的三台压缩机的并联机组，全年节能可达 20%~30%。并联机组的压缩机台数越多，可调节的冷量级数越多，对节能越有利；但是压缩机台数过多也会使得系统过于复杂。因此一般超市的并联机组多采用 2~6 台压缩机并联。

2. 变频机组

超市制冷机组，采用变频控制能够很好地应对超市冷冻冷藏负荷波动大的特点，具有以下优点：

（1）全年节能优势明显，节能量可高达 30%。

（2）展示柜温度更加恒定，储存食品更加安全。

（3）降低电网电压波动和压缩机维护成本。

（4）夜间噪声低，减少噪声扰民现象。

3. 过冷和回热

膨胀阀前的液体过冷可以减少节流时的闪发蒸气，提高效率。但是仅仅依靠冷凝器本身来使液体过冷，其过冷度是有限的，如果有外部冷源可以利用，则可以极大提高系统效率。超市中同时有空调系统，其制冷效率大大高于冷冻系统，利用空调的冷水来给冷冻系统提供过冷，可以极大提高冷冻系统的效率，从总体上降低超市的能耗，最大可以降低 8%。此外，展示柜一般具有较长的管路，采用将蒸发器回气管和膨胀阀供液管焊在一起的做法，利用回气给液体过冷，一方面增大了过冷度，另一方面又保证了回气不带液，这样既提高了系统可靠性又提高了制冷系统效率。

（五）高效蒸发器的设计

作为制冷系统的重要组成部分，蒸发器的设计是否合理，对展示柜的性能和能耗影响非常大。合理而高效的蒸发器应该结霜均匀，制冷运转时间较长，化霜时间短，化霜次数少。在展示柜领域，翅片管式换热器得到广泛采用。通常，影响翅片管式换热器换热能力的因素有换热器总体的结构布局、翅片表面空气侧的换热性能和风阻特性、制冷剂管内蒸发过程中的传热性能。

展示柜蒸发器设计时，除了传热量满足要求外，还必须考虑风阻和风量的影响。在展示柜中，霜层刚开始形成时，有利于增大换热面积；但是随着霜层增厚，霜的热阻较大，整体传热系数降低。因此展示柜每运行一定时间后必须化霜。为了降低结霜对展示柜性能的影响，延长化霜周期，蒸发器设计时一般采用较大的翅片间距。一般设计时中温柜的翅片间距在 6~10mm，低温柜的翅片间距在 8~16mm。实践中发现，对于低温柜，当采用长短翅片交错时，即增大蒸发器迎风面翅片间距，维持背风面间距不变时，结霜分布情况有所改善，蒸发器稳定运行时间延长。在外界条件和展示柜结构不变的情况下，结霜量的多少、速率和霜层形态都和蒸发温度有关，适当提高蒸发温度有利于提高展示柜性能。因此，展示柜蒸发器一般选用比较大的管排间距或较小的管径，在满足换热量要求和结构尺寸限制的条件下，尽可能采用较大尺寸的蒸发器，以增强蒸发器的容霜能力。同时，采用平片或波纹片，以降低结霜后的风阻，维持风幕的稳定运行。

此外，对于翅片式换热器，通过改变制冷剂流路的布置来提高换热是一种简单有效的方式。以管内制冷剂和管外空气流动方向来说，逆流布置换热效率最高，叉流次之，顺流最差。进行流程优化时，要注意制冷剂侧的压损越小越好。一般可以分多路，每路的压差应尽量相同，保证分液均匀。

在综合考虑以上因素的情况之后，就可以对蒸发器性能进行设计计算。关于管翅式蒸发器的计算理论已经比较成熟，可以通过软件模拟或者手工计算来完成。

四、产品化或工程应用情况

借助先进的 CFD 模拟设计，通过挤压式导流板的设计，运用专业的换热器仿真软件对蒸发器进行模拟优化，开利公司开发的 E6 系列立柜的蒸发温度从 −10℃ 提高到 −6℃，便利店系列的午餐柜也实现了比同类产品节能 30% 的效果，能效等级均可达到国家标准的一级。产品获得麦德龙、家乐福、沃尔玛、全家等大客户广泛认可，年销售量几万台，获得了广泛好评。

五、展望

（一）推广节能、环保的自然工质

目前，我国的商业冷冻（如大型超市）中大多使用 HCFCs 制冷工质，如 R22 和 HFCs 类工质 R404A 等，根据《蒙特利尔议定书》2007 年修正案的规定，将于 2030 年完全淘汰。HFCs 虽然 ODP 值为 0，但是一般具有高 GWP 值。根据 2016 年基加利修正案，对发达国家和发展中国家分别制定了 HFCs 削减时间表。我国承诺从 2024 年开始冻结并逐步削减 HFCs。因此，我国制冷剂替代的任务非常紧迫。采用对环境友好的制冷剂，满足未来商业冷冻的需要，重新起用自然工质是一种非常好的选择。许多国家正在大力研究开发采用自然工质的商业冷冻系统，其中 CO_2 和 R290 被认为是两种最具前景的节能环保工质。

（二）热回收利用

制冷机组运行时要向大气环境排放大量的冷凝热。同时，在生活和生产等方面又需要利用热能加热。若使用热回收技术，把制冷循环中工质冷凝放热过程放出的热量予以回收，可大大提高能源利用率，减少能源的消耗和对环境的污染。冷凝热再利用的途径有热气化霜、加热生活热水或冬季辅助供暖。在欧洲，开利对于制冷机组冷凝热回收技术的研究已取得显著成就，并在超市制冷系统中得到了广泛应用，被证明是节能的主要途径。随着超市在国内的迅速发展和数量的增多，冷凝热回收是一项值得大力推广的技术。

参考文献

[1] 张朝昌.环保节能型超市冷冻系统的设计 [C].第六届全国食品冷藏链大会论文集，2008.

[2] 詹杰炜.上海大型超市建筑能耗及节能潜力分析 [J].建筑节能，2016 (5)：105-108.

[3] 李玉红，陈天及.超市冷冻冷藏展示柜的节能探讨 [J].制冷，2003 (3)：20-23.

[4] 张朝昌，顾众.空调和冷冻联合系统在超市节能中的应用 [C].中国制冷学会 2009 年学术年会论文集，2009.

[5] 魏华锋.R290 在商用大容积展示柜的应用研究 [J].电器，2012 (增刊)：161-165.

第三十五节　大数据互联网

一、背景

建筑是目前世界上最大的能源消耗主体，占据了全球最终能源消耗的 1/3 以上，也是二氧化碳等温室气体排放的重要来源。在我国，建筑能耗占所有能耗的 27% 以上，而且保持着每年 1% 的增长速度。在建筑能耗中，采暖和制冷系统是最大的耗能主题，占整体比例的 50% 以上。研究表明，我国单位建筑面积采暖能耗是气候相近国家的 2～3 倍。在开展建筑节能工作之前，对建筑的能耗进行评价和诊断是一项重要的、基础的工作。一方面，合理的用能评价能够提供有用的信息，包括建筑当前的耗能水平、相比同类建筑或本身正常运行状态下的节能潜力大小等，这有利于明确节能目标、驱动节能工作的开展；另一方面，详细的用能诊断能够洞察能效欠佳建筑的根本症结，识别建筑的异常运行状态，为有针对性地开展节能工作提供理论和实践依据，从而降低节能投资风险、提升节能工作效率。

（一）大数据技术发展变革

现如今，物联网、云计算、移动互联网、车联网、手机、平板电脑、PC 以及遍布全球的各式各样的传感器，无一不是数据的来源及承载方式，人们早已经生活在数据爆炸的时代，大数据时代已经来临。大数据的价值就是在于对海量数据进行存储和分析，大数据的海量化、多样化、快速化和价值化的特征使得其"廉价、迅速、优化"这三个方面的综合成本最优。大数据正在开启一次重大的时代转型，特别是在制冷空调行业中，海量的互联网用户创造了大规模的数据量，在制冷空调行业中通过数据挖掘和关联规则可以从数据挖掘出有用的信息，运用大数据技术进行生产、销售、运行维护等正在潜移默化地改变整个行业。

建筑系统逐渐向着高度自动化、智能化的方向发展，许多建筑通过建筑自动控制系统（Building Automation Systems，BASs）来实时监控建筑中各个子系统或设备（如暖通空调系统、照明系统、电梯系统、安全系统等）的运行状况。为了实现 BASs 系统的功能，计算机以较短的时间间隔（几秒到几分钟）收集和存储各个系统或设备的实时运行数据，包括系统和设备的运行参数、分项计量电表数据等。随着建筑使用年限的增加，BASs 系统存

本节供稿人：陈焕新，华中科技大学。

储的数据量将会越来越庞大。建筑空调系统作为建筑中最复杂、最关键的系统之一，其运行监控参数占据了总数据的绝大部分。同时，许多大中型空调系统或设备（如冷水机组、多联式空调系统等）的内嵌的控制模块中也存储了大量的运行数据，可以通过计算机进行传输和存储。以上两种方式都为实际建筑的能耗评估提供了广阔的大数据来源。

（二）我国建筑现行节能标准与节能途径

我国自 1986 年以来，相继起草和颁布了一系列建筑节能相关的法律法规和政策制度，并开展了大量的建筑节能改造和能效优化的实践工作。从我国现行的节能标准来看，对建筑能耗评估的主要方式包括两种。

（1）建筑环境综合评估。该方法综合考虑建筑电量消耗、水资源消耗、废弃物、建筑围护结构、材料和场地等因素，最终形成较为公平的评价结果。代表性节能标准为《绿色建筑评价标准》。

（2）建筑系统能耗指标评价。根据我国建筑特点和气候特征制定了建筑中不同系统和设备运行效率的评价指标，通过指标的标准值和限定值对系统或设备的运行能效进行判定。

然而，从我国的《绿色建筑评价标准》实施和发展过程来看，一方面，目前我国只针对政府投资项目逐步实现强制性的建筑评价标识，其他建筑仍然采取自愿申请评价；另一方面，该标准的修订周期较长。因此，我国在建筑节能和绿色建筑的研究、发展和创新上仍然有较大的进步空间。此外，以建筑系统能耗指标评价法为核心的建筑能耗评价方法，主要以标准中规定的指标限定值和参考值作为评价基准，并进一步判断系统用能等级。然而，规定的指标限定值和参考值只是一个规定工况下的通用数值。相反，不同的建筑用能系统的能耗/能效受到气象因素、人员活动、安装环境、维护情况等因素的影响而导致能耗/能效的模式不尽相同。因此，仅根据规定工况下的标准值得出的建筑空调用能水平，而不考虑其实际运行情况中的动态过程得出的评价结果是不可靠的。

（三）大数据变革中的建筑环控系统节能手段

在建筑环控系统的运行过程中，利用大数据技术对运行过程采集的运行数据如温度、压力、室内湿度等进行采集并对从中得到的数据进行挖掘分析，从而达到系统的智能化运行，实现节约能源的目的，还可以通过跟踪系统的换热设备、压缩机等部件积累下来的超大量数据，捕捉到各换热部件的运行情况，从而能根本上杜绝能源浪费。

大数据的核心就是预测，它通常被视为人工智能，或者更准确地说，被视为一种学习。通过数据不是要找出因果关系，而是要找出相关性，空调智能系统就是通过一种"反馈学习"的机制，利用自己产生的数据判断自身算法和参数选择的有效性，并实时进行调整，持续改进自身的表现。通过个性化技术从而满足用户的需求。

利用数据挖掘技术根据空调系统的历史运行数据建立模型，通过实时数据的接收和计算，对空调系统中冷水机组、水泵、风机等设备的性能（能效）进行监控，在故障发生时能及时预警，寻找出故障源并实现维护预测，进而达到节省能耗、节省维护时间、降低人工维护成本的目的；还可以通过收集空调运行过程的历史数据，实现短期的预测，在空调用电高峰到来之前提前预警，为空调运行决策提供依据，达到节能减排的目的。

二、解决问题的思路和方法

（一）建筑环境及其空调系统故障诊断

对制冷空调系统进行故障诊断能够提前判断故障的发生，或者快速检测到故障发生类型，从而有效避免系统发生故障，或者快速排除系统故障，避免产生更加严重的后果，并能够提高系统运行稳定性及用户体验，降低系统维护成本。制冷空调系统故障诊断方法主要有物理模型和数据驱动模型两大类。基于物理模型的故障诊断方法虽然准确率较高，但其适用性差、建模复杂且耗时长，还需要大量故障数据对其进行验证。数据驱动的故障诊断方法具有建模灵活、简单、快速、准确率高等优点，且适用性强，已经得到了广泛的应用。

制冷空调系统实际运行数据数量巨大、质量偏低，但其更加真实、有效，通过有效的数据预处理和建模，可以得到更加可靠的故障诊断模型。数据驱动的故障诊断模型，一般可以采用支持向量机、神经网络、决策树等有监督学习的分类算法，及主元分析、独立成分分析等无监督学习算法。首先需要对原始数据进行预处理，然后使用预处理后的数据（包含正常数据和故障数据）对模型进行训练，最后测试模型的准确性，对模型进行评价，只要满足实际要求就可以应用在实际系统中。

将故障诊断模型嵌入制冷空调系统控制模块中，系统在实际运行过程中产生的数据将会实时输入故障诊断模型中，并实时判断系统是否发生故障，如果有故障发生，系统将会自动报警并显示故障类型，以便用户检查并维修。

（二）建筑环境及其空调系统能耗预测及用能评价

对制冷空调系统的运行数据、能耗数据、当地气象数据和环境数据等进行分析，以系统能耗为输出，在其他数据中选择部分或全部作为输入，采用数据挖掘算法，建立制冷空调系统能耗预测模型，提前预测系统未来能耗，从而精确匹配机组运行参数，优化系统运行，能够很好地弥补仅仅依靠人工经验设置参数的不足，使系统始终在满足室内负荷的条件下最优化运行，从而达到节能的目的。

对制冷空调系统能耗数据的空间分布情况进行分区，从而确定其不同的用能模式，一般包括高耗能模式、中等耗能模式和低耗能模式等。根据实际情况，构建用能评价基准，对同一建筑内制冷空调系统的不同用能模式或不同建筑内制冷空调系统的同一用能模式的内在特征进行分析，确定制冷空调系统的节能优化方向，并能够估算其节能潜力。通过有效的调节，将制冷空调系统始终控制在低耗能模式下运行，能够节约大量能源。

三、技术方案

（1）基于专家变量构造的环控系统故障诊断模型

结合虚拟传感器理论，提出了三种不同故障（冷凝器空气侧脏污，制冷剂过充与不足）的专家表征变量，该变量作为决策树的建模输入。提出的方法与决策树、随机森林、梯度提升树等方法进行比较。与现有基于黑箱算法的数据驱动的故障诊断模型不同，下面介绍一种基于专家变量构造的决策树模型，一方面保证了模型的可解释性，另一方面也使得模型的鲁棒性更优。

1. 构建基于虚拟传感器的故障指标变量

在三个单故障实验中，即冷凝器脏污故障、制冷剂充注量过量和不足，VAF（虚拟空气侧脏污传感器）和 SVR.VRC（基于支持向量机修正的虚拟制冷剂充注量模型）已经表现出良好的性能。我们在此前的实验中，利用对应的实验数据，分别构建了 VAF 和 SVR.VRC，对应的变量为 P_{aub} 与 RCL。

两种虚拟故障传感器的模型如下式：

$$\mathrm{RCL} = \frac{(m_{\text{total}} - m_{\text{total.rated}})}{m_{\text{total.rated}}}$$

$$= \begin{cases} \dfrac{1}{K_{\text{ch}}} \left[(T_{\text{sc.cd}} - T_{\text{sc.cd.rated}}) - K_{\text{sc}}^{\text{sh}} (T_{\text{sh.suc}} - T_{\text{sh.suc.rated}}) \right] & \text{if } \mathrm{RCL}_{\text{VRC}} \leqslant \alpha \\[2ex] \dfrac{1}{K_{\text{ch}}} \left[(T_{\text{sc.cd}} - T_{\text{sc.cd.rated}}) - K_{\text{sc}}^{\text{sh}} (T_{\text{sh.suc}} - T_{\text{sh.suc.rated}}) \right] + \\ \quad \mathrm{SVR}(T_{\text{sh.dis}}, D.T.acc, D.T.cd, D.T.sb) & \text{if } \mathrm{RCL}_{\text{VRC}} > \alpha \end{cases}$$

$$P_{\text{aub}} = \frac{(A_{\text{total.ODU}} - A_{\text{blockage.ODU}})}{A_{\text{total.ODU}}}$$

$$= K_{\text{cd}}(D.T.cd - D.T.cd_{\text{rated}}) + K_{\text{fan}}(I_{\text{od.fan}} - I_{\text{od.fan.rated}}) + $$
$$K_{\text{cd.fan}}(D.T.cd - D.T.cd_{\text{rated}})\ (I_{\text{od.fan}} - I_{\text{od.fan.rated}})$$

2. 诊断模型构建

对于现有的多联机数据，我们进行了训练集和测试集的划分。需要注意的是，上一步中构建的变量 P_{aub} 与 RCL 也加入了数据集。利用训练集，我们构建了 CART 决策树模型。

3. 模型验证与比较

除去使用第二步中得到的故障诊断的模型，我们还使用了实际在线运行的数据来进行模型的测试。同第一步类似，除却运行数据，我们还利用构建的虚拟故障传感器模型得到了所需的 P_{aub} 与 RCL 变量，并加入测试集。

图 3-35-1 所示为基于故障树的故障诊断方案流程。

（二）环控系统运行规则发掘框架

不同工况和充注量下多联机能耗模式识别和关联规则挖掘。框架的主要手段为，利用聚类分析来辨识不同的多联机能耗模式，关联规则挖掘则用于挖掘并分析不同工况和充注量与能耗模式之间的关联。该方法可以用于评估建筑环控系统的节能潜力，提升实际工程应用的环控系统能效等。图 3-35-2 所示为所提出方法的流程，下面就该方法流程的主要步骤进行介绍。

数据预处理流程如图 3-35-3 所示，主要分为三个步骤。

1. 数据集成

本实验是在焓差室进行，数据由两套数据采集系统构成，即多联机数据采集系统与焓差室数据采集系统。我们整合了焓差室中的空气温度压力等参数，多联机系统中的热力学参数以及控制信号、保护信号等参数。最后的数据集约有 20000 多行观测值，700 多个观测变量。

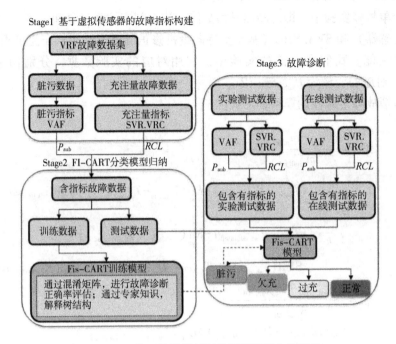

图 3-35-1 基于故障指标树的故障诊断方案流程

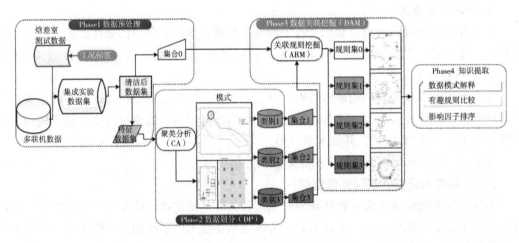

图 3-35-2 所提出方法的流程

2. 数据清洗

此步骤主要是针对观测值中出现的缺失值、异常值、死值、零值等现象。我们可以从行和列分别进行处理。从行处理时，如我们希望得到制冷模式下的多联机运行数据，则我们将制热数据观测值或者四通阀完全开启的数据提出；从列处理时，一般是针对一些无用列，如一些不太重要的电控信号，或者一些死值（即不变化的变量）。

3. 特征选择

在清洗之后，我们选择了 5 个与能耗相关的变量（室内机功率、室外机功率、制冷

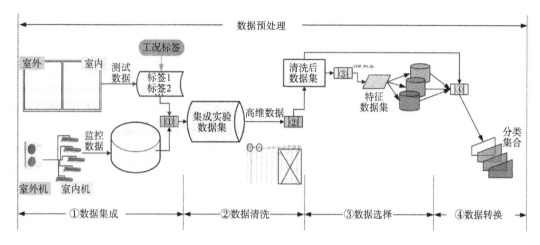

图 3-35-3　数据预处理流程

量、COP 以及多联机总功耗）和部分负荷率、充注量水平、温度工况水平。

四、产品化或工程应用情况

以多联机为研究对象，以故障诊断为主要研究内容。应用大数据方法，基于数据挖掘算法中的分类算法建立故障诊断模型、场所分类模型等，搭建空调大数据平台。研究的思路为收集大量空调故障和正常数据；利用专业知识进行数据特征热力分析与数据清理；综合分析数据挖掘算法初步分类/预测性能，确定最合适挖掘算法；结合课题目标需求，反复迭代调整模型参数，确定最终模型，实现故障诊断等功能；搭建平台，嵌入数据挖掘算法进行整合，实现空调大数据平台的最终构建。

分别建立基于神经网络构建空调制冷剂充注量故障诊断模型和基于主元分析方法的传感器故障诊断模型。故障诊断结果表明：

（1）对于制冷剂充注量实验数据的故障检测正确率为89.3%，满足项目合同技术要求中70%的故障检测正确率的要求；根据合同技术要求的调整，完成了所有网络（GPRS）数据的制冷剂充注量判定工作。

（2）对于传感器故障，共有 11 个检测率达到了 80%以上，满足项目合同技术要求70%的故障检测正确率的要求。

将空调 3/4 的实验数据进行神经网络建模，利用 1/4 的数据来检测模型的精度。整个故障诊断流程分为 3 步。首先，提取空调实验数据，根据经验选取特征变量，得到 total1、total2，然后对数据进行归一化；然后采用 3/4 的实验数据进行神经网络建模，利用贝叶斯归一化对神经网络模型进行优化；最后利用 1/4 的空调实验数据来检测模型的精度。

五、展望

传统的制冷空调产业与大数据技术应用是未来整个制冷空调产业的发展趋势。空调行业产值超过 5600 亿元，实现大数据健康管理产业化具有重要的意义。通过大数据技术，可以减少空调的运行能耗，用户费用节省可达 6 亿元人民币。利用数据挖掘技术，可以降低空调产品故障率，延长使用寿命和保护环境。未来可以实现提前预测故障何时发生，并提前排除故障。通过数据挖掘技术实现对建筑制冷空调能耗预测，可以有效地调整建筑冷热输送量，实现节能目的。

参考文献

[1] LI G, HU Y, CHEN H, et al. Identification and isolation of outdoor fouling faults using only built-in sensors in variable refrigerant flow system: a data mining approach [J]. Energy & Buildings, 2017: 146.

[2] LI G, HU Y, CHEN H, et al. Extending the virtual refrigerant charge sensor (VRC) for variable refrigerant flow (VRF) air conditioning system using data-based analysis methods [J]. Applied Thermal Engineering, 2016, 93: 908-919.

第三十六节 冰温贮藏技术

为什么蛇、青蛙等冷血动物冬眠时不会被冻死？研究表明：蛇、青蛙、肉食品等其体内含有糖、蛋白质、醇类等不冻液物质，使其冻结点降至0℃以下，故可以保持其细胞的活体状态。这说明食品的"生"与"死"的温度界限并非0℃，而是低于0℃的某一温度值。

食品贮藏中将0℃以下、冰点以上的温度区域定义为该食品的"冰温带"，简称"冰温"。冰温贮藏是将食品贮藏在其冰温带范围内，属于非冻结保存。冰温自发现之日起就受到广泛关注。冰温技术的应用发展，大致经历了冰温技术的产生，冰温在食品贮藏、后熟、干燥和流通等领域内的应用，冰温技术的发展与推广三个阶段，最终形成较为完整的冰温技术体系。目前，冰温技术已成为继冷藏、气调贮藏（CA）后的第三代保鲜技术。

一、冰温技术的机理、效应及特点

（一）冰温机理

对冰温机理及效应的研究可为食品冰温贮藏提供良好的理论依据。由于生物细胞中溶解了糖、酸、盐类、多糖、氨基酸、肽类、可溶性蛋白质等许多成分，而各种天然高分子物质及其复合物以空间网状结构存在，使水分子的移动和接近受到一定阻碍而产生冻结回避。因此，食品在0℃与冻结点之间的狭小温度带内仍能保持细胞活性，其呼吸代谢被抑制、衰老速冻也被减慢。食品的冰点一般在-3.5～-0.5℃。相对于冷藏，0℃以下的冰温能更有效地抑制有害微生物的生长。因此，冰温贮藏的机理包含两方面内容：

（1）将食品的温度控制在冰温带内，可以维持其细胞的活体状态。

（2）当食品冰点较高时，可以人为加入一些有机或无机物质，使其冰点降低，扩大其冰温带。

冰温保鲜技术即是在0℃到组织结冰点的这个温度范围内贮藏保鲜食品。

（二）冰温效应

食品在冰温区域的适应性和耐受性，称为冰温效应。食品原料组织冰点的高低及抗冻

本节供稿人：贺红霞、胡开勇，天津商业大学。

性的强弱直接影响到冰温贮藏的效果。

（1）细胞膜脂质。为了抗冷，细胞膜必须在低温下防止固化，保持正常的流动性，不饱和脂肪酸易被代谢中产生的自由基氧化，在正常生理状态下，过量自由基将被 SOD（超氧化物歧化酶）、CAT（过氧化物酶）、GSH-PX（谷胱甘肽过氧化物酶）等酶和 VC、VE 等非酶物质清除，两者维持相对平衡，使生物膜不致被破坏。适应冰温贮藏的果蔬在低温下自由基清除系统仍具较高活力，能有效地防止膜脂过氧化和 MDA（脂质过氧化物质）积累，保护膜结构不受损伤。

（2）蛋白质。蛋白质分子结构的改变或者破坏将使其功能削弱或丧失。植物的抗冷反应表现为：具有良好的持水性的可溶性蛋白质含量高；当遭受 0℃ 以下的低温胁迫时，细胞增加其游离氨基酸和糖类物质的含量，细胞液浓度提高，对细胞产生保护作用。研究发现，抗冷植物可诱导合成富含亲水性氨基酸的抗寒蛋白，具有热稳定性，不因低温而变性，以降低与底物结合时诱导契合过程的能耗，避免正常的酶反应受阻。

（三）冰温贮藏特点

1. 冰温贮藏的优点

（1）不破坏细胞。

（2）有害微生物的活动及各种酶的活性受到抑制。

（3）呼吸活性低，保鲜期得以延长。

（4）能够提高水果、蔬菜的品质。

其中第（4）点是冷藏及气调贮藏方法都不具备的优点。

2. 冰温贮藏的缺点

（1）可利用的温度范围狭小，一般为 -0.5~2.0℃，故温度带的设定十分困难。

（2）配套设施的投资较大。

二、冰温技术在食品保鲜中的应用

（一）冰温技术在果蔬贮藏中的研究进展

采收后的果蔬产品仍然是活着的有机体，还在进行着一系列的生命活动，其中呼吸作用就是果蔬采后最主要的生命活动之一。随着温度的降低，果蔬呼吸作用减慢，营养成分损失减少，因此，冰温贮藏技术可大大降低果蔬采后的呼吸强度，有效抑制有害微生物的活动，保持果蔬的色香味与口感，从而延长其保鲜期。

目前，冰温技术在果蔬保鲜方面的研究较多。绝大部分试验结果表明，利用冰温技术贮藏果蔬，可以明显降低果蔬细胞组织的新陈代谢，在色、香、味及口感方面都优于普通冷藏，可保持其良好的原有品质，新鲜度几乎与刚采收的果蔬处于同等水平。利用冰温技术对一些采收期集中、多汁高糖、不耐贮藏的果蔬，可以延长其采后保鲜期，此外，对于成熟度较高和组织冰点较低的果蔬产品，冰温贮藏是更好的选择。我国对于果蔬冰温贮藏也有研究，对于采收期集中、不耐贮而且对新鲜度极为敏感的果品及蔬菜如葡萄、桃、草莓等，应用冰温技术实现长期保鲜，已经取得了显著的效果。

（二）冰温技术在水产品保鲜方面的应用

水产品在冰温贮藏过程中，其感官品质、理化指标和卫生安全品质明显优于冷藏状态下样品，货架期几乎是冷藏处理的 1.5~3 倍。在冰温带贮藏水产品，使其处于活体状态，减缓新陈代谢，可较长时间地保存其原有的色、香、味和口感。鲫鱼在水中经过 1℃/h 由室温 18℃ 降至冰温-0.3℃，离水后僵硬指数上升缓慢，可以在无水冰温状态下存活 32h；并且水解及游离氨基酸中部分氨基酸含量得到提高，经过冰温储藏后蛋白质易于消化吸收，并提高了风味口感。在日本，冰温技术已广泛应用于虾、蟹等水产品的贮运。

（三）冰温技术在肉类产品保鲜方面的应用

冰温技术既能有效保持鲜肉的品质，又克服了冷冻鲜肉解冻后的质构劣变和汁液损失。将鲜肉经过预冷后，用尽快的降温速度使肉通过最大冰晶生成带（-5℃左右），并在-5℃的温度下进行贮藏的一种新技术称为冰鲜。与-18℃相比较，稳定的冰温-1℃有更小的汁液流失率和更好的感官品质。目前国内外研究均表明，冰温对鲜肉的保鲜效果明显，但不同研究所得到的贮藏保鲜时间有所不同，例如，-1.5℃结合二氧化碳包装可以将牛肉保鲜 17 周。

（四）冰温技术在其他方面的应用

冰温技术在食品加工方面也发挥着作用，在冰温范围内进行食品加工的技术已被开发和应用。

1. 冰温发酵

在古老的技术中，有所谓"寒冷酿造"和"寒冷发酵"等制作方法，这是一种在非常寒冷的时候，在低温下进行酵母或乳酸菌的发酵来提高口感的方法。工业化生产以后，这种传统的技艺已经丢失，而在现代发酵领域中引入了冰温技术，实现冰温发酵，可以说是"寒冷酿造"用现代技术的再现。进入在 0℃ 以下未冻结的冰温领域中，一方面有害微生物和病理性细菌减少，而能提高口感的酶、酵母和乳酸菌又十分活跃。把这种采取冰温发酵技术的食品称为冰温发酵食品（Controlled Freezing Point Fermented Food），已成功地实现了酒类、味精、乳制品、纳豆等的发酵。

2. 冰温干燥

冰温干燥是一种新的提高干燥效率和生鲜制品新鲜度的干燥方法。所谓冰温干燥就是控制结冰点，使其在 0℃ 以下的负温领域不冻结，进行生鲜品的干燥，是在寒冷中进行风干技术的再现。通过对猕猴桃、草莓、菠菜、胡萝卜等果蔬的研究发现，冰温干燥的特点与 0℃ 以上干燥方法生产出来的产品不同，它保持了刚摘下来，刚制作出来的风味和口感，而且，在复水时，能得到近似于具有生鲜品那样优点的产品。

3. 冰温浓缩

冰温浓缩是在 0℃ 以下结冰点以上的温度带里，细胞没有被破坏的真空状态下进行浓缩，果汁的变质能够控制在不能食用的最低限，从而得到含有生物细胞的高品质的浓缩果汁，也就使生物体浓缩成为可能。用冰温浓缩生产的浓缩物，由于浓缩的原因，结冰点可以降到-20℃ 以下，即使放在冷库中也是未冻结状态，可以保证生物体液的质量不被破坏。

三、冰点技术的研究进展

（一）冰点调节贮藏

向某种食品加入冰点调节剂（如盐、糖等），可以使食品细胞在更大的温度范围内始终处于活体状态。利用这种原理贮藏食品的方法就是冰点调节贮藏法，利用 CF 贮藏法贮藏的食品称为冰温食品（或称 CF 食品）。采用冰点调节剂既可增强果蔬的耐寒性，又可以扩大冰温带范围，便于冰温贮藏的实现。常用的冰点调节剂有果糖、尿素、VC 等溶液。与单独冰温贮藏相比，加入冰点调节剂可延长水产品的货架期，因此冰点调节剂的研究对水产品发展具有重要意义。

（二）冰膜贮藏

对一些低糖食品特别是对圆白菜等层状构造的蔬菜实行冰温贮藏时，极易出现干耗、低温冻害或部分冻结现象。经过大量的实验研究，成功地开发出冰膜（简称 ICF）贮藏技术，即在食品表面附上一层人工冰或人工雪等保护膜，以避免冷空气直接流过食品表面而出现干耗、低温冻害现象。以圆白菜的冰温贮藏为例，在-3℃环境下，将圆白菜冷却至0℃附近，向其表面间隙地喷水雾，使圆白菜表面形成一层极薄的冰膜，再将其保存在-0.8℃的冰温环境中进行贮藏。两个月后会在室温下经 4 天升温，可以恢复到本色。经过细胞组织分析细胞组织几乎没有损伤。采用 ICF 贮藏方法保存低糖蔬菜可以保持食品原有的特征。

（三）超冰温贮藏

超冰温贮藏，就是通过以合适的降温速度使贮藏对象逐渐适应低温环境，使冰点降低，这一过程也称为低温驯化过程，进一步拓宽了冰温的研究领域。超冰温领域极不稳定，很容易冻结。因此超冰温领域稳定条件的确立是该项技术的核心。随着超冰温技术的发展，也许将来就没有细胞已死亡的冻结品，而实现有生命的冷冻食品。

（四）冰温保鲜设备

冰温保鲜的特点决定了冰温保鲜库的建设必须达到很高的技术要求，即温度波动范围必须很小。冰温库则要求温度波动小于 0.5K，这就决定了冰温库的冷藏控制设备要比普通冷库的设备更为精确，需要对其材料、制冷设备匹配、各类传感器、布风系统、气调设备、自动化控制元器件以及控制软件程序等多方面技术和材料进行优化与调整。

2006 年天津商业大学与日本大青工业株式会社共同开展了"冰温技术运用"课题研究，并在天津商业大学建设了 $40m^2$ 的冰温中试库。该冰温库的维护结构采用了外层保温结构和内层非保温结构的双层结构，内、外层库体间设有空气夹层；送风方式采用顶送风，库内底部四周风口回风，气流沿空气夹层上升回到蒸发器，送风口下面设有静压箱层，气流在静压箱层中形成较大的压力，使空气非常均匀地往下送入库内，形成活塞流。在空库时，库内温度波动在±0.3K 范围。当满载时库内温度波动将更小，只有±0.1K。

2007 年，国家农产品保鲜工程技术研究中心（天津）建设了库容积 $200m^3$ 的冰温气调保鲜库。经测试，库内各部位温差小于 0.3K，各时间段温差小于 0.2K，融霜期间也保持了温度均一，几乎没有波动，各项技术指标达到设计要求。

2018 年，北京京科伦制冷设备有限公司在内蒙古巴彦淖尔建成一座超大冰温自动化库，该库制冷系统纯采用 CO_2 制冷剂，顶排管结构，单体总容积超过 10 万立方米，设有自动化预冷隧道。库内温度为-0.5℃，温度波动±0.1K，温度不均匀性<0.3K，库内湿度在没有任何加湿措施时，可保持在 90%以上。

冰温贮藏保鲜库的成功建设将对我国冰温保鲜技术的研究起到积极的推动作用，并使这项技术在我国的食品保鲜中得到更广泛的应用和推广。

四、展望

目前对于冰温与其他保鲜技术结合的研究，多为两种保鲜技术的结合。为更好地保持食品品质，根据栅栏技术原理可将 3 种或 3 种以上的栅栏因子进行科学合理的组合，发挥其协同作用和交互作用，从不同方面抑制微生物的生长，从而保证食品品质。与此同时，还可将冰温保鲜技术与微生物预报技术结合，建立数学模型与计算机联用，在无需微生物试验的情况下判断食品中微生物的生长、残留和死亡。利用微生物预报技术不仅有利于实时掌握食品在生产、运输、贮藏、消费过程中的安全性，还可以有针对性地选择和调整栅栏因子，使栅栏因子的组合更为科学合理，同时也可减少冰温保鲜技术在实施中的成本。因此，推广冰温保鲜技术，加强栅栏技术的研究，与国际上共同认可和接受的食品安全保证体系（Hazard Analysis Critical Control Point，简称 HACCP）结合建立食品冰温链，推进冰温技术在水产品贮藏中的应用，对推动食品产业的发展具有重要的意义。

冰温库、冰温集装箱、冰温运输车、冰温陈列柜、冰温冰箱和采购食品时的冰温菜篮等设备，让食品从产地至消费者家庭的流通过程，各个环节都保持冰温温度，把新鲜美味的食品送到人们的餐桌上。冰温贮藏保鲜库的成功建设将对我国冰温保鲜技术的研究起到积极的推动作用，并使这项技术在我国的食品保鲜中得到更广泛的应用和推广。

参考文献

[1] 石文星，邵双全，李先庭，等. 冰温技术在食品贮藏中的应用 [J]. 食品工业科技，2002 (4)：64-66.

[2] 王素英，申江. 食品冰温贮藏中微生物污染及食源性致病菌的快速检测技术 [J]. 食品研究与开发，2008 (6)：161-163.

[3] 蔡路昀，吕艳芳，李学鹏，等. 复合生物保鲜技术及其在生鲜食品中的应用研究进展 [J]. 食品工业科技，2014，35 (10)：380-384.

[4] 朱志强，张平，任朝晖，等. 国内外冰温保鲜技术研究与应用 [J]. 农产品加工（学刊），2011 (3)：4-6, 10.

[5] 申江，王晓东，王素英. 猕猴桃冰温贮藏实验研究 [C] // 全国食品冷藏链大会. 2008.

[6] 王晓东，张于峰，等. 库尔勒香梨冰温储藏实验 [J]. 化工学报，2008，59 (s2)：99-103.

[7] 申江，齐含飞，李超，等. 草莓贮藏保鲜技术实验研究 [J]. 食品科技，2011 (1)：1-4.

[8] 申江，李超，王素英，刘兴华，和晓楠. 冰温储藏对荔枝品质的影响 [J]. 食品工业科技，2011，32 (3)：360-363.

[9] 申江. 冰温储藏对荔枝氨基酸及其他品质的影响 [C]. 中国制冷学会. 第七届全国食品冷藏链大会论文集，2010.

[10] 申江，李慧杰，宋烨，等. 冰温气调贮藏对大桃氨基酸及其风味的影响 [J]. 食品科技，2013，38 (4)：24-27.

第三十七节　物联网空调技术

一、背景

物联网中央空调，通过室内与室外的各类传感器搭载与联网，将各自得到的数值传输到控制中枢，由控制中枢进行数据分析，智能化管理PM2.5过滤组件、温控组件的操作，根据人体体感最适宜的温度、室内外温差、时间分布等多项状况，依据事先设定好的判断条件（如室内外温差大小、室内当前温度、室内外PM2.5污染物差、医院病房微生物病毒状况等）对相应设备（中、高效过滤器、PM2.5过滤器、新风机组等）的调节，对温度、湿度、负离子含量等进行监测、控制、记录，实现分散节能控制和集中科学管理，为建筑物中的工作人员提供安全、舒适、经济、高效的工作环境和方便的管理手段，提高管理的科学性和智能化水平，减少机电设备运行产生的能耗并降低运行管理成本。物联网技术在空调上的应用，突破了产业的发展瓶颈。从根本上改变了空调控制角色局限，实现了远程监控、远程升级、远程维护等多项智能化功能，极大地满足了消费者多元化的需求，创造出一种全新的、高附加值的未来产业形势。而云计算作为智能网络化控制计算模式的新发展，以其卓越的分部式、并行网格化计算，及大量富有弹性的计算、存储资源等特点为大型中央空调系统的节能运行管理提供了更加广阔的发展空间。

（一）物联网中央空调发展背景

按照目前的建筑业发展现状，到2020年我国建筑总能耗将达到10.89亿吨标准煤，超过2000年的3倍，由此建筑能耗状况已经成为牵动社会经济发展全局的重大问题。据测算，建筑能耗约占全社会总能耗的30%。其中最主要的是建筑采暖和空调，两项合计可占到全社会总能耗的20%。商用空调节能市场空间巨大。

（二）物联网中央空调的发展趋势

随着现代化社会人们生活方式的多样化，用户对建筑的功能诉求也越来越丰富，家居、办公、娱乐、健身、会议等，都要在同一建筑里实现。现代建筑多样化的功能诉求最终的结果便是能源的浪费，而此类大型复合型建筑多数是使用的中央空调系统。中央空调系统在设计时，是按照建筑的最大用能需求来选配风量的，而在实际运行过程中，中央空调系统大部分时间是在较低的负载状态下运行的。

复合型建筑中各组成部分对中央空调的需求是完全不同的。商场一般使用时间为白天至傍晚，且由于人流较大，制冷需求偏大，制热却偏小；会议中心多为临时性使用，大部分时间为空置，对中央空调需求量时高时低；酒店为保证住客的舒适度，需要空调机组24h不间断运作，且需要低噪声、低功率的温柔供给；会所、棋牌室等的营业时间多在夜晚，部分甚至通宵；办公室则需要根据是否加班决定不同的空调使用时间。如此复杂的空调能耗需求，没有功能完善的分区调控，中央空调系统最现实的运行模式就只能是按照某个建筑区域用户的最大需求全负荷开启，最终导致业主无法根据建筑功能的不同而采取分时分区的控制。

本节供稿人：国德防、时斌，青岛海尔空调电子有限公司。

物联网中央空调控制系统概念的设计，以健康、节能、舒适为理念，根据人体对温度的感知和智能系统集成技术相结合，通过智能优化单元，改变并优化中央空调主机及末端的运行曲线，以达到最大限度降低能耗，提高利用效率，实现节能减排、省钱增效、延长空调使用寿命的目的。但是，物联网中央空调控制系统仅仅解决了本地中央空调的控制，面对越来越多的跨地域甚至跨国同步管理需求，仅仅凭借局部的控制是无法彻底解决问题的，故而，我们需要借用虚拟云平台，将各地数据统合至云端，通过不同的登录权限，借用云计算技术，从手机、平板等不同终端通过互联网，随时随地对所有中央空调进行控制操作。

由中央空调制造企业建立混合云，对内提供私有云服务，可以在云端提取所有设备的状态、图纸、照片等，为施工现场安装调试、售后维修提供极大的帮助；对外提供公有云服务，根据不同的用户名称与相应密码，可以查看用户所购买设备的实时状态，信息汇总，以及远程操控。

中央空调云智能控制系统具有设置、规划、控制、统计、分析、记录、查询、提示、报警等功能，实现在不同领域内对各个物联网中央空调控制系统终端的个性化管理，根据不同需求（开启时间、关闭时间、房内的实时温度、适度、负离子含量等）实时智能启动相应的程序，同时，用户可以自由设置访问权限，利用互联网实现远程监控。

制造商方面，售后服务人员可以利用客户端登录中央空调云智能控制系统，进行远程维护和故障诊断，查看客户中央空调设备运行的相关机组系统参数，进而诊断设备所出的问题，就可以远程解决，节约了时间与技术成本。当系统出现报警信息时，可以迅速告知用户，一般的问题可以连线解决，甚至可以通过照片拍摄上传至中央空调云智能控制系统求助专业技术人员解决较为困难的问题。

客户方面，可以借用中央空调云智能控制系统对空调机组实施远程监控，直接观察用户的操作情况和运行状态。可以定期检查空调的全部运行参数，并分析是否出现运行异常，详细记录第一手的分析资料，并随时反馈到控制中心。同时，远程控制系统可以预防、及时发现设备故障，及时报修，使空调机组设备运行始终处于正常状态，从而提高机组的使用效率。

（三）物联网中央空调对信息技术提出的挑战

根据智能化中央空调的定义，物联网中央空调须具备自联网、自节能、自优化的基本特点。电信通信网络作为中央空调智能化的重要基础设施，保障了物联网中央空调在全生命周期各阶段的物联网应用场景的安全性、可靠性、准确性、智能性。物联网中央空调的发展对信息技术提出的挑战主要体现在两大方面：一是对连接性提出的要求，即中央空调与物联网技术的结合；二是对云计算提出的挑战，可以看作是中央空调对大数据、云计算、人工智能提出的挑战。具体包括以下几个方面。

（1）信息技术是中央空调智能化的基础。物联网中央空调的核心是数据，而数据采集和数据分析的基础是物联网技术，中央空调的全部数据需要通过物联网技术在云端进行分析，中央空调的远程控制和远程维修都需要物联网技术来下达指令。

（2）无线替代有线是中央空调的发展趋势。目前中央空调各组件之间一般通过 RS485 利用有线的方式进行连接和数据交换，但是中央空调的安装环境千差万别，有些建筑的中央空调各组件安装位置距离比较远，通过有线连接对于中央空调设计和施工而言都是一个挑战。因此空调系统内部无线的连接方式将给中央空调的设计和安装带来很大的灵活性，也更有利于空调智能化的发展。

（3）高宽带应用场景对现有通信网络提出了挑战。

二、物联网空调技术的解决思路和方案

物联网中央空调整体解决方案分为终端层、边缘层、平台层三个部分，其体系架构如图 3-37-1 所示。

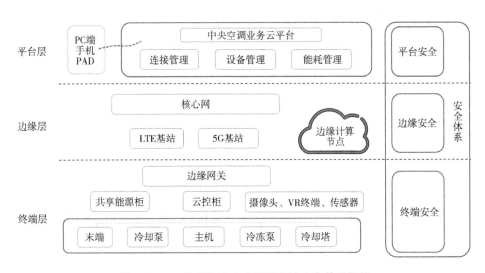

图 3-37-1　物联网中央空调的解决方案体系架构

终端层主要包括四大种类终端。第一类是中央空调主机类终端，直接集成通信模块与云平台进行数据交互。第二类是共享能源柜，主要搜集分布于空调主机、水泵和冷却塔的各类传感器数据，用于空调节能。第三类终端是云控柜，向下通过 PLC 连接主机、水泵、冷却塔和各类传感器，向上通过边缘网关与空调云进行数据交换，上行进行数据的汇总、模数转换、协议转换、云端上传，下行通过 PLC 执行云端下发的控制指令。第四类终端是独立于空调系统的其他类型终端，包括高清摄像头、VR/AR 设备、室外天气监控终端、室内环境传感器等。

边缘层包含两个层次，其一是管道部分，其二是边缘云部分。管道主要包括基站、传输、核心网、连接管理平台等，共同为物联网中央空调的终端和云平台之间搭建可管可控、能力匹配、能力开放的物联网通道。边缘云是中心云平台的扩展，利用边缘云的低延时、边缘计算能力、边缘存储能力，可以为中央空调打造本地边缘应用，例如，视频和AR 的本地处理，以及数据的本地化存储和处理，既能保障应用的实时性，又能减少数据爆炸式增长带来的云端回传压力。云边端三体协同可以为智能空调提供端到端的完整解决方案。

平台层是物联网中央空调的核心和大脑，可以为用户提供主机保障、系统运行、节能改造等中央空调的核心业务能力。主机保障服务包括开机调试、合约保养服务、维修服务

等。系统运行服务包括节能检测服务、智能运行检测服务、大客户服务、现场作业等。节能改造服务包括主机升级服务、能源管理服务、交钥匙工程、翻新服务、运维人员服务。云平台通过数据采集和数据分析，以设备智能连接、数据采集能力为基础，通过 4G 和 5G 等技术实现空调设备上网，采集水冷式冷水机组、风冷冷水热泵机组、水源热泵机组、热水机组、多联机、空气处理机组等多种类型设备的运行数据和故障信息，实现中央空调跨地域、全覆盖、贯穿设备生命周期智能化运营体系建设，提高生产决策的及时性和准确性，提高管理水平，降低运行成本和安全风险，提升服务效率，节约服务成本，提高客户满意度。

三、物联网空调技术的技术方案

物联网空调技术的技术方案如图 3-37-2 所示。

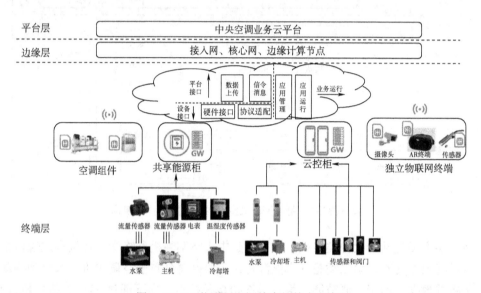

图 3-37-2　物联网空调技术的技术方案

（一）设备监测与预警

平台通过采集空调系统设备运行的数字与模拟数据，用以判断其运行功耗及趋势，同时借助多媒体与物联网装置采集环境的声音图像等数据，用以判断设备是否带障运行，提前做好设备养护。

1. 设备运行监测

实时监控空调设备的测点数据，查看当前一段时间范围内的数据趋势。通常 30s 一次采集设备运行参数。以水冷机组为例，设备包括制冷主机（压缩机、蒸发器、冷凝器等）、冷冻水泵、冷却水泵、冷却塔等。采集参数含制冷量、能效比、功率、电压、电流、温度、压力、流量、转速、液位、阀门开度等。根据采集数据实时显示系统的进出水温度、制冷量以及 COP 等。

2. 设备状态环境监测

通过温度传感器、水压压差开关、水管压力传感器、水流开关、流量传感器、过滤网压差传感器、振动传感器、声波采集器以及视频图像采集等，采集检测设备的状态与环境信息。

3. 预警

空调系统存在带障运行情况，此时故障不排除，将带来系统能耗浪费、设备损坏、停机等隐患，因此根据不同设备与零件的运行标称值或运行范围，按阈值定义相应预警级别，设定告警规则。平台将按照不同的告警级别（一般、次要、重要、严重）以可视化的方式（闪烁、滚动等）对告警信息进行提示。

（二）故障处理与智能维保

对影响空调系统运行的故障，平台监测到故障发生或严重的预警后将自动推送信息至值班人员与维护人员。借助平台的实时监测数据与设备的故障知识库等判断故障发生原因，确定处理方案，并通过平台调度人员与备件进行快速修复。对于知识库无法判定的故障，平台可接通视频通道进行现场图像采集，接入远程专家进行远程视频诊断。平台根据设备属性状态运转频率等，制订设备维保计划，提供主动的运维保障。

（三）数据管理与分析（能耗管理）

平台按照安全与效率优先原则设置数据库，采用内存数据、时序数据、关系型数据、文档型数据等存储形式对不同类型与使用频率的数据进行分别存储管理。内存数据为确保页面查询响应速度而设立，缓存一周内的历史数据。时序数据存储设备和系统的状态监测、故障告警等数据。关系型数据存储客户信息、设备信息、工单流转等数据。知识库、日志等通过文档型数据记录。

1. 周期性统计分析

周期性统计分析提供用户使用、故障数量、点检状态、耗电量、能耗比 COP、进出水温度、运行时长等常规运行历史数据的统计对比监测。

2. 个性化定制分析

基于时序数据库，对系统/主机的实时负荷曲线、输入功率、主机工况实时变化曲线（温度）、机组热平衡率等进行实时分析监测，同时采用数理分析模型对故障前后的时序数据进行定制建模分析，抽取故障发生前特征与异常信号，从而优化预测告警数据。

定制化建模分析环境与冷量需求、系统运行的关系，从而适应环境的运行策略。

（四）设备远程控制

平台通过边缘网关下发指令实现对设备的逆向控制与调节。

（1）模式场景控制。控制设备（主机、内机）运行，如开关、模式等。按场景进行定时控制、模式选择等。并可对控制条件进行添加、修改、删除的编辑。

（2）语音控制。用户可以通过语音对已经关联的设备进行控制，包括对设备开关、模式、风量、风速等的控制，用户场景的选择，智能模式的开启等。

（3）设备运行控制。控制多联机、内机、外机等调整设备运行状态，辅助技术支持人员进行现场故障诊断。

（五）系统节能运行

1. 节能技术

通过采集空调设备状态和运行数据，经过平台智能化分析，下发控制指令至空调系统，调整设备运行状态，实现中央空调系统节能，节能技术主要包括：

（1）冷却系统耦合节能控制策略。中央空调主机运行效率随冷却水流量的增加而提高，而冷却水流量的增加势必导致冷却水泵消耗更多的电量。通过控制上的优化，对系统最低能耗点进行寻优，提高系统整体运行效率。

（2）风水联动技术。系统的冷、热及湿负荷与送风量及冷、热水的流量和温度息息相关。系统通过将机房及末端有机结合，根据末端的冷热效果对制冷机房进行匹配控制，进一步提高主机运行效率及冷冻水输送效率。

（3）负荷巡航技术。集控群控系统通过实时采集系统及室内外温度数据，智能分析建筑负荷，采用气候补偿、时段补偿、环境急变补偿等负荷巡航策略，确保主机及整个系统根据负荷随需而变，进行智能无级负荷调节，实现系统整体节能。

2. 节能方式

空调系统各设备的节能方式具体如下。

（1）主机节能。运行电压自适应，压缩机冷却自适应，多压机的负荷自适应，运行范围自诊断，故障自诊断，实现主机节能运行。

（2）水泵节能。根据外部天气和系统建筑负荷需要，对系统进行节能调节，冷冻侧使用一次泵变流量控制，冷却侧使用耦合节能控制策略，实时控制水泵的运行频率，改变其流量使水流量根据实际需求自动配置，并自动侦测温差和水流量。实现水系统的节能运行。

（3）末端节能。实时监测室内外空气参数，室内空气质量，自动选择运行模式、新风比例和送/回风量，并联动调节电动阀的开度，实现水流量的自动调节，空气质量、室内温湿度、系统能耗三者最优控制。实现末端冷量按需索配。

（4）附属设备节能。实时监测附属设备的运行状态和健康状态，并根据系统温度、压力、流量等信息自动开启附属设备，实现附属设备的无人值守功能。

四、物联网空调技术的应用实例

（一）物联网中央空调多联机案例解析

深圳光明新区高新产业区北侧项目，毗邻易方大厦。所处区域距离公明中心商圈约3.5km，距离凤凰新城商圈约1.5km。项目总占地约6万平方米，建筑面积约36万平方米，其中商业约2.48万平方米，核增面积约1.66万平方米，配套办公约4.76万平方米，研发厂房约16.96万平方米。

使用需求：项目共由8栋楼组成，建筑物业全部为开发商持有，产品包括配套办公、研发厂房及裙楼商业街等不同业态，配置的空调需能满足不同业态需求，并在保障节能的前提下尽量减少管理复杂程度，以降低管理成本。

设备解决方案：本项目8栋楼全部配备海尔E+MX无线多联机，安装机组近万匹，根据室内不同用途配置低静压风管机、中静压风管机及嵌入机等，并配置新风系统保障空气健康。

E+物联云平台可根据用户使用习惯，设定节能自运行状态，机组自动根据所在位置、当地气候、用户使用习惯等情况自动调整至最节能的运行模式。除此之外，管理者也可以通过 E+物联云平台设定机组的温度上下限、机组运行模式等，以达到机组的整体节能。海尔 E+物联云平台提供手机端控制，每台室内机均配备全球唯一二维码，用户可通过扫描内机二维码直接绑定距离自己最近的内机，从而简化终端用户控制。

（二）物联网中央空调磁悬浮离心机冷水机案例解析

海口某五星级大酒店，是海南首家具有国际五星级水平的酒店之一。它坐落于海口市金融贸易中心区，以杰出工艺打造 23 层豪华客房。

项目选用海尔磁悬浮离心机，通过海尔 E+物联网模块接入云服务，空调系统相对常规机组节能超 50%。

自运行功能：系统可以通过预先设定的运行周期，自动运行，冷冻水泵、冷却水泵、冷却塔、主机依次启动。当出现故障时，系统会自动启动备用设备，并故障报警。

自清洁功能：通过冷凝器前的在线自清洁端盖，可以实时监测冷凝器的脏堵情况，无需停机即可对机组冷凝器进行自动清洗。使机组时刻运行在最高效的区间。

自节能功能：根据天气温度及室内负荷变化，自动调节机组出水温度，同时调节水泵变频，冷却塔变频，流量变化，和磁悬浮主机多压缩机自动负荷适应。可根据系统运行记录，自动学习，自动调节系统运行逻辑，自动节能运行。达到舒适温度后，系统自动低频节能运行，水泵变频，流量变化。能源价格上升之前，水温自动设低，主机高频运行，低电价储存冷量等。

五、展望

通过分析物联网中央空调整个生命周期中典型物联网应用场景的现状及未来通信需求，结合未来 5G 物互联的技术能力，物联网中央空调需要基于终端、边缘、平台、安全四大领域提供端到端解决方案。随着信息通信技术和物联网技术的不断发展，物联网中央空调的发展会有新的趋势。

在终端层面，终端的种类和形态会有很大的变化。目前终端种类主要是空调主机、云控柜、共享能源柜和边缘网关，未来随着 5G 网络的部署，物联网中央空调的物联网终端会下沉到更多的空调组件中，中央空调内部由 PLC 连接的部分都有可能利用无线网络来替代，空调内部的部件和传感器都会演变成物联网终端。目前接入层技术主要以 NB-IoT 和 4G 模块为主，未来将逐步演变成 5G。边缘网关会具备存储和计算能力，变成边缘计算的计算节点，使得未来的边缘计算节点可以有更多的选择。边缘网关将由目前的专用网关演进为通用网关，SDN 化和白盒化是边缘网关的发展趋势，通过软件定义来适配不同厂家不同型号的中央空调。

在边缘层面，边缘计算和 5G 技术使物联网中央空调的物联网应用场景可以不受信息技术的束缚，可以根据不同的应用，灵活选择边缘计算的节点，将云计算扩展到区域级、地市级、接入网、客户机房等，以适配不同应用对于时延的要求。5G 网络切片技术可以用不同网络切片承载不同的应用，具备增强带宽、超低时延、海量连接的不同应用场景可以用 5G 的三大典型场景 eMBB、URLLC、mMTC 以固定切片的方式来提供解决方案。未来对于物联网中央空调新出现的应用场景，也可以通过动态切片的模式提供定制化、动态化的专属切片，保障物联网中央空调业务的数据隔离和定制化 SLA 需求。

在平台层面，目前的集中化的空调云将演进为分布式云，在统一空调数据规范的前提下，同时接入不同厂家不同型号的空调数据，形成城市级、省级、国家级、全球级等不同层级的空调云，真正实现端边云协同。随着人工智能与大数据在物联网中央空调的应用的逐渐成熟，人工智能物联网（AIoT）未来必然是中央空调发展的趋势和方向。不仅如此，人工智能应用于中央空调云平台，将解决中央空调行业目前最大的问题——节能问题，当智能化的空调云与智能电网平台对接，实现中央空调的削峰填谷、从能源端控制能耗都有极大的想象空间。

在安全领域，主要考虑空调的使用安全以及中央空调的数据安全两方面。空调的使用安全通过预测性维护来实现空调的安全可靠运行，需要以大数据为基础，结合人工智能来达到预测性维护的准确率。对于无人值守空调机房，需要借助高清摄像头和 VR 技术，来避免空调机房的非授权进入。对于数据安全，需要终端、接入网、核心网、云平台几个领域配合实现中央空调端到端数据安全。

第四章　学生创新实践与作品点评

第一节　大学生科技竞赛及创新评判标准

一、我国面向大学生的科技竞赛

目前，我国制冷行业面向在校大学生的科技竞赛主要有"中国制冷空调行业大学生科技竞赛"和"全国大学生节能减排社会实践与科技竞赛"，两者总体目标一致，但各具特色。下面对这两个竞赛的特点和具体要求进行说明。

（一）中国制冷空调行业大学生科技竞赛

1. 竞赛简介

中国制冷空调行业大学生科技竞赛，是面向高校能源动力类、建筑环境类等专业或相关学科大学生和研究生的群众性科技活动，也是目前唯一的全国范围的制冷空调专业竞赛。它由中国制冷空调工业协会与北京工业大学发起并组织，中国制冷空调工业协会主办、教育部高等学校能源动力类专业教学指导委员会联合主办，国内外知名企业支持并赞助。该竞赛设华北、华东、华中、华南、西部和东北六个赛区，每年 5~7 月分赛区举办。本科生竞赛由创新设计、实践操作和知识竞答三个模块组成，研究生只做创新设计竞赛。

2. 发展历程

为充分发挥行业在专业人才培养中的积极作用，破解高校毕业生普遍存在的工程能力不强的问题，2007 年中国制冷空调工业协会与北京工业大学发起并组织了中国制冷空调行业大学生科技竞赛，共同起草了《大学生制冷空调科技竞赛章程》，同时双方成立竞赛工作组。提出"团队合作、快乐参赛，学以致用、实践创新，提升能力、服务行业"的竞赛理念，构建出"三三制"竞赛体系：创新设计、实践操作和知识竞答三个竞赛模块，体现其综合性；三名选手组队，重在培养组织协调能力和团队精神；初赛—预赛—决赛的三级赛制，凸显其群众性和竞争性。从 2014 年起，教育部高等学校能源动力类专业教学指导委员会联合主办该竞赛。经过十余年的推进和发展，本竞赛参赛学校已覆盖全国。特别是台湾勤益科技大学自 2013 年起参加华中赛区的竞赛，香港理工大学 2017 年参加华南赛区的竞赛，目前该竞赛已经覆盖全国各地。

竞赛十多年来发展规模演变历程见图4-1-1和图 4-1-2。竞赛经历了从 1 所大学 44 名学生参赛的校内学生竞赛，到北京地区大学生竞赛，再到京津冀地区大学生竞赛，最后走向全国六大赛区、100 多所院校的 5000 名学生参赛，成为行业高度认可和支持的全国性大赛。

本竞赛以行业协会为支点，正在逐步撬动制冷空调专业教育朝着更加开放和交流融合的方向发展，带动实践创新活动持续开展，使学生的工程能力得到显著提升。本竞赛已经

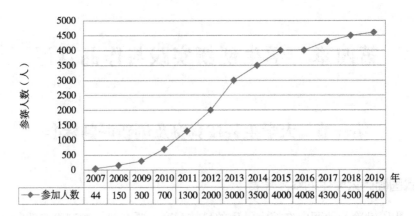

图 4-1-1 参赛人数的变迁

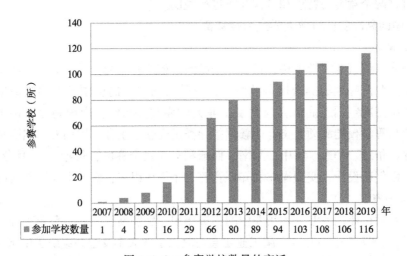

图 4-1-2 参赛学校数量的变迁

成为高校和企业协同推进大学生工程能力提高的平台和纽带，有力推进了我国高等院校制冷空调专业培养目标的实现，也塑造出一批素质高、能力强的专业技术人才，正在服务于中国制冷空调行业的创新升级和可持续发展，为实现制冷空调行业"由大到强"的梦想做出积极贡献。

3. 竞赛要求

全日制非成人教育的本科生以团队形式参赛，每支队伍必须由 3 人组成。可聘请指导教师 1~2 名。研究生以个人形式只参加创新设计竞赛。

参加决赛的团队或选手需准备创新作品实物、作品简介展板及现场答辩 PPT，同时填写并提交制冷空调创新设计大赛作品申报书及说明书。

决赛内容包括：

（1）现场竞答（成绩占决赛总成绩的 30%，30 分）。现场竞答分为举牌题和抢答题。举牌题题型为多选题，每题 1.5 分，满分 15 分，答题时间 40s，多选、漏选、错选均不得分。抢答题题型为单选题，每题 1 分，满分 15 分。主持人在宣读题目过程中，参赛队随时都可以抢答，抢答后必须在 10s 内回答，答对得 1 分，答错或在 10s 内未回答均扣 1 分。

（2）团队实践技能操作（成绩占决赛总成绩的 35%，35 分）。比赛设在企业的实践技能竞赛基地或赞助企业提供的竞赛场地，并由企业技术人员组织实施。承办组织单位的负责人员，根据试题难易程度及重要程度分配每一道试题的总分值。每道试题，应按照实际工作步骤的难易及其达到的工作标准，设置每个步骤的得分；裁判根据现场参赛队完成情况，按该步骤的工作标准进行打分评判，并记录每道试题参赛队的完成时间。若实操总成绩出现多个并列第一的参赛队伍，则按照总用时来进行排序，时间短的队伍排名在前；若时间也一样，则按照试题中分数高低的题目得分来进行排序。

（3）创新设计作品答辩（创新设计作品成绩占决赛总成绩的 35%，35 分）。创新设计作品答辩由参赛选手答辩，评委根据创新性、科学合理性、可行性、节能环保性、现场展示 5 个方面来进行评判，现场打分。总得分由竞赛组委会评审专家组根据各个阶段的现场打分合计而成。

（二）全国大学生节能减排社会实践与科技竞赛

1. 竞赛简介

全国大学生节能减排社会实践与科技竞赛是由教育部高等教育司主办、唯一由高等教育司办公室主抓的全国大学生学科竞赛。该竞赛充分体现了"节能减排、绿色能源"的主题，紧密围绕国家能源与环境政策，紧密结合国家重大需求，在教育部的直接领导和广大高校的积极协作下，起点高、规模大、精品多、覆盖面广，是一项具有导向性、示范性和群众性的全国大学生竞赛，得到了各省教育厅、各高校的高度重视。本活动每年举办一次。全国大学生节能减排社会实践与科技竞赛主要是激发当代大学生的青春活力、创新实践能力，承办单位一般为上届竞赛表现突出的院校。目前已举办 11 届，全国几乎所有 211 大学都积极参与其中。

2. 竞赛要求

参赛对象：全日制非成人教育的专科生、本科生、硕士研究生和博士研究生（含港澳台，不含在职研究生）。参赛者必须以小组形式参赛，每组不得超过 7 人，可聘请指导教师 1 名。

参赛单位：以高等学校为参赛单位，每所高校限报 15 项作品，申报作品时需对所有作品进行排序以作评审参考。

作品申报：参赛作品必须是比赛当年完成的作品。参赛学生必须在规定时间内完成设计，并按要求准时上交参赛作品，未按时上交者作自动放弃处理。

作品评审：专家委员会根据作品的科学性、创新性、可行性和经济性等对作品进行初审和终审，并提出获奖名单。

参赛作品在现场展览或演示，供专家委员会评审和其他人员观摩。

二、作品创新性的评判标准

创新作品主要的评判标准是作品的创新性、科学合理性、可行性等，同时根据竞赛侧重点不同，往往会增加经济性、节能环保性等辅助的评判标准，也有将现场展示的情况加入评分项。

（1）创新性。要求作品应体现创新思维、创新精神，对传统有突破或者实质性改进，风格独特，特点突出，效果显著。

（2）科学合理性。要求作品设计应有相关科学理论支持，原理清楚，方法正确，结构合理。

（3）可行性。要求作品应符合社会经济发展的趋势，符合现实生活规律，能够将作品的创意思路应用于生产实践，技术上可行，具备实施条件。

（4）经济性。要求作品应有较好的技术经济性，实现的成本较合理，性价比高。

（5）节能环保性。作品应体现绿色环保、节能减排的理念，体现低碳经济和可持续发展的理念，很好地符合现有的节能环保政策和法规等。

（6）现场展示。要求参赛选手对作品进行全面展示，语言表达准确，思路清楚，逻辑性强，并能正确回答评委提问。

第二节　如何指导学生的创新实践活动

在指导学生创新实践方面，各个学校都有独特的方法和培养途径，下面给出了四所学校的指导思想、具体做法，并给出了采用这些做法取得的成效。这些方法虽然只反映了各类学校在实践教学和指导学生创新创业活动方面的一个侧面，但也可以看出各高校紧密结合新时代对人才的需求，不断研究教学与育人方法，探索培养创新型人才的可行途径。

一、以竞赛为引领，创新"双导师、双导向、双结合"人才培养模式

（作者：北京工业大学　马国远、姜明健、晏祥慧）

（一）指导思想

北京工业大学以参加中国制冷空调行业大学生科技竞赛等为抓手，全面调动学生、老师和企业导师等校内外各方面的积极性，自新生入学开始就引导和指导学生利用课余开展实践创新活动，并将之持续贯穿四年整个大学生涯。采取"双导师、双导向、双结合"方式，即为学生配备学校和企业双导师、结合导师科研课题和大学生创新项目、采用目标导向型和问题导向型的方法，以竞赛引导学生积极主动地参加科技创新活动。

（二）具体做法

北京工业大学的人才培养模式如图4-2-1所示，主要包括如下环节：

首先，为每位参加实践创新活动的同学配备两位导师，一位是学校专业教师，另一位是来自支持竞赛企业的一线工程技术人员。北京工业大学能源动力类的本科生全员实行导师制，新生入学后，都会为每位同学安排一位专业教师为其校内导师，利用新生研讨课环节，结合培养目标向学生讲清楚培养方案课程之间、实践环节之间环环相扣的有机联系，以及它们对培养目标的支撑作用，让学生弄清楚培养目标和培养方案之间的内在关系。明确了目标和目的之后，在目标驱动下开始大学学习生涯。

其次，学生从一年级开始就进入导师的实验室，在校内导师的指导下逐步接触所学的专业，熟悉和认知具体的专业技术、产品和科研活动，了解产品研发和工程设计的方法和

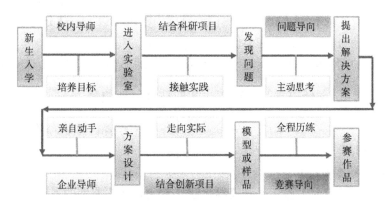

图 4-2-1　北京工业大学的人才培养模式

手段。然后，与校内导师的科研课题相结合，做科研助手参与具体的科研项目，在导师和研究生引导下进行科研训练，并承担部分科研工作；在导师启发下去寻找和发现自己身边与专业有关的问题，如雾霾空气的高效净化、浴室废水的热回收、电热杯是否可以做成电冷杯，等等。以问题为导向切入科技创新活动，鼓励他们查找资料和文献，尝试找出解决这些问题的新方案，使他们将创新的热情变为行动。引导他们组成团队协同探索、互学互促、取长补短，提出解决所发现问题的初步方案，在校外导师的指导下细化和改进所提出的方案，并逐步完成方案设计，让他们感受到团队的力量和综合运用所学知识的乐趣；指导和鼓励他们以设计方案为基础，申请"杰出学子计划""大学生创新计划""星火基金"等大学生科技创新项目，在项目资助或导师资助下，将设计变为模型或样品，让他们亲历一次工程训练的全过程，享受获得初步成果的喜悦。

在学习专业课程之后，结合所学专业知识和实践环节获得的信息和能力，在导师指导下，进一步将模型或样品升级为参加科技竞赛的作品，通过参加科技竞赛感受同台比拼的激烈，同时，观摩和学习别人的作品，达到取长补短、提高自己的目的。

参加完科技竞赛之后，鼓励他们结合毕业设计，再进一步将竞赛作品细化设计成产品样机，整理出全套技术资料，绘制出图纸，达到可以进行试制的阶段。对于同学们新颖的技术方案和独到的想法，校内导师指导其申请专利以保护知识产权。在整个实践创新过程中，导师始终教导他们：做科研一定要持之以恒、心无旁骛、兢兢业业且精益求精，以培养工匠精神。这种以竞赛引导学生在大学四年中持续开展课余实践创新活动的模式，充分调动了学生参加科技创新活动的积极主动性和参赛热情，有效地锻炼了其解决实际问题的能力，学生的工程能力得到显著提升。

另外，专业实验室全力支持学生科技活动，主要措施如下：针对在校大学生进行职业技能培训，让他们掌握基本职业技能和实操技艺，具备一定的动手能力；全面开放实验室资源，鼓励学生利用实验室资源；设立《制冷新技术》专题讲座课程，邀请知名专家为本科生讲解新产品、新技术和新工艺等。

（三）学生成果

北京工业大学相关专业学生近 5 年获批国家级大学生创新创业训练计划项目 11 项，

校星火基金 65 项，参加竞赛获省部级以上奖项 39 项；依托竞赛作品，获批发明专利 5 项；连续 5 年就业签约率均为 100%，出国考研率均在 30% 以上。部分同学通过参加竞赛，激发学生的学习动力，由后进生变为优秀生。

参加过竞赛的同学毕业后，大都呈现出良性发展的趋势，得到用人单位的好评。

二、"知识传授+创新研发"双螺旋，实现教学科创融合

（作者：清华大学 王宝龙、石文星）

（一）指导思想

1. 教学科创融合的必要性

建筑环境与能源应用工程专业（简称：建环专业）属于典型的通识工科专业，其主要研究方向为建筑节能，即在保障建筑环境或工艺需求前提下最大限度地降低环境营造的能耗。经过十多年的发展，目前，我国的建筑节能工作已处于国际先进行列。依据教材或者传统经验开展的初级建筑节能已不再是工作的重点，更大的建筑节能潜力则来自于冷热制备、输配及空气处理的方法、提升系统和设备综合能效的创新思维。但是，目前在专业课的教学环节中尚缺乏创新思维培养的专门训练。

建环专业属于热能、机械、建筑、自动化等多学科高度融合的专业，传统的教学方法通常是先学习上述相关基础课程，然后再进入专业课程的学习。即使对相关学习内容进行选择、压缩，但所需的教学课时仍相当大。故在通识教育的大趋势下，按照传统的教学方式难以完成专业课程的教学。另外，当前以教师讲授为主的教学方式导致学生的参与度低、教学内容的挑战性不足，最终导致学生的学习效率低下，知识留存期短。

激发学生在教学过程的主动性是提升教学质量的关键。因此，清华大学建环专业积极探索教学课时占用少、融合创新思维方法训练、提高学生主动性的教学方法。在挑战性选修课过程中采用"知识传授+创新研发"双螺旋的教学模式，实现了教学、科创（即：科研创新）的有机融合。科创与常规教学的有机融合刚好能满足上述课程改革和创新实践的双重需求。

2. 践行先进工程教育理念

对于工程教育方法问题，前人已有很多研究和探索，其中包括美国麻省理工学院提出的 CDIO 工程教育理念。

CDIO 教育理念认为，工程教育的价值体现在于如何构建抽象能力与具象知识之间的联系。伽罗瓦总结了人类提炼知识的生命周期，即建立从抽象域的设计（Design）到具象域的产品或操作（Operate），以及联系两者的构思（Conceive）和实施（Implement）的四个过程元素，将此四要素简称为"CDIO"，如图 4-2-2 所示。四要素之间的有机联

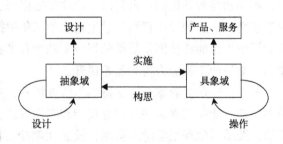

图 4-2-2　CDIO 工程教育思想

系，即从具象域的反复操作中学习和理解产品运行的基本规律，发现产品衍化和改良的基

本问题，进而运用对产品运行规律的认识，构思产品的演进和优化，同时通过反复的设计获得更佳的实现方案，最终通过实施将抽象的构想转变成具象的改进产品或服务，进而获得新的具象经验。总之，使学生在工程实践与理论学习之间反复碰撞，才能更好地完成工程教育训练。

可以看出，CDIO 不仅是解决工程问题的方法，其思想更是工程教育的方法论。因此，将 CDIO 理念纳入工程教育体系和专业课教学活动中，将使教育和教学活动符合创新型人才培养的基本规律，具有事半功倍的效果，为解决工程问题和工程人才培养提出了统一而完备的科学化指导思想。

基于上述指导思想和相关高校工程教育的先进经验，针对目前建环专业教学中存在的不足，清华大学建环专业以挑战性选修课《空调与热泵装置设计》为平台，开展专业课程教学方法的改革，以培养学生的工程创新思维。

（二）具体做法

挑战性课程将学生分成若干小组，每个小组 3~4 人，要求他们在较短的时间（几十小时）内，在教材和任务之间的多次反复，边做边学，完成一项"看似不可能"的研发任务。同时，较难的任务设置可提升学生学习的挑战性，从中学习的知识能长时间"记得牢"。此外，实物产出、多次汇报讨论与小组合作的学习方式有助于学生动手实践能力、表达能力、团队合作等综合能力的培养。

1. 调整教学目标

大学生在毕业后的研究和工作必将面对现有工程方法和技术的挑战。因此，教学中除了需打好扎实的专业基础知识外，还需重点培养学生对于方法、系统和设备的创新思维。此外，良好的组织、协作、表达能力也是优秀工程师的必备素质。基于此，课程将教学目标调整为：学习知识：深化制冷空调系统的技术原理，为产品设计、运行和应用积累完备知识；培养方法：通过严密的研发训练，系统地培养创新思维；锻炼能力：全面锻炼学生的技术实现、组织协调、协作配合、表现表达能力。

2. 采用"知识传授+创新研发"双螺旋式教学方法

对于课程教学方法的设计，借鉴 CDIO 工程教育理念和挑战性课程模式，构建包含以教师主导的"知识传授"和以学生主导的"创新研发"并行的双螺旋教学模式如图 4-2-3 所示。教学过程中，老师根据学生的研发需求适当调整授课重点，学生将老师讲授的内容及时转化吸收，调整研发技术路线。两条主线相互关联，相互影响。

在具体教学过程中，每个小组在完成专业知识集体学习的同时，还需开展创新作品的背景调研、选题、技术路线选择、产品设计、特

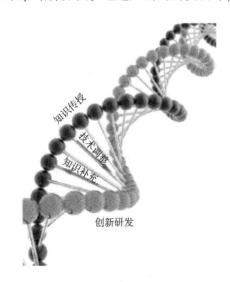

图 4-2-3　"知识传授+创新研发"
双螺旋式教学方式

性分析和性能评价，最终研制出原理样机。在课程学习期间，每周有一堂讨论课，对学生在创新设计中遇到的问题进行讨论和相关知识的补充讲授。这一教学模式也极大地提升学生在教学活动中的主体地位，提高了学生学习的主动性和学习效果。另外，创新研发带来的"挑战度"提高延长了学生的知识留存期。

3. 采用"课内课外结合+教学与竞赛"的课程组织方式，保证有效学习时间

教学内容设置实现了对学生创新能力的培养，调动了学生学习的主动性，使得学生在知识与实践之间快速反复碰撞，实现了有效的学习。但如何组织课程才能实现上述目标呢？

课程采用"课内课外结合+教学与竞赛（课赛结合）"的课程组织方式，如图 4-2-4 所示。学生课内学时的一半用于重要知识点的讲授，另一半用于创新作品的讨论和知识点补充。学生利用课外学时（课内学时的 3 倍以上）进行创新技术或产品的研发训练。此外，鼓励学生积极参加行业内各种科技竞赛，以竞赛荣誉来刺激学生的学习主动性。

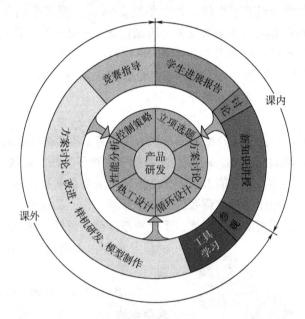

图 4-2-4　《空调与热泵装置设计》课程的组织方式

（三）学生成果

经过 9 年的教学实践和 6 年的应用检验，由"制冷与热泵装置设计"选修课程探索出的"知识传授+创新研发"双螺旋式教学方法不仅获得清华大学教学成果二等奖，而且该课程被评为清华大学精品课程。特别是学生利用课程中研发的创新作品参加全国性科技竞赛取得了优异成绩：

（1）自 2010 年参赛以来获得中国制冷空调行业大学生科技竞赛 7 个综合一等奖和 17 个单项一等奖。

（2）超过 15 件作品入围 2013~2017 年的全国大学生节能减排社会实践与科技竞赛决赛，其中 1 件作品获得特等奖，3 件作品获得了一等奖，5 件作品获得二等奖。

（3）2016 年学生作品以第五名的成绩获得中国制冷学会创新大赛三等奖（面向全国

专业技术人员的无级差竞赛）。

此外，还获得了 3 项发明专利，特别是在 2014 年"大金空调杯"第八届中国制冷空调行业大学生科技竞赛中获得创新模块设计一等奖作品的技术方案获得了国家发明专利（一种锅炉烟气深度热回收装置及方法，ZL201410374397.0），经过研究团队后期的不断完善和发展，诞生了一系列技术方案，并成功应用于实际工程中。

上述成果表明，"知识传授+创新研发"双螺旋式教学方法实现了对学生专业知识、创新思维方法和组织、协作、表达能力的综合培养。同时，这一教学方法显著提升学生在教学活动中的主体地位，提升学生的学习主动性，提高了学生学习的主动性和学习效果；高"挑战度"的创新研发延长了学生的知识留存期，同时为学生以后的创新创业奠进了坚实的基础；实现了课内与课外、教学与竞赛有机结合的工科选修课的教学模式，实现了短课时条件下对学生能力的全面深入培养。

三、"三步走"专创融合教育模式

（作者：山东商业职业技术学院　邵长波）

（一）指导思想

以习近平新时代中国特色社会主义思想为指导，深入贯彻党的十九大精神和全国教育大会精神，全面贯彻党的教育方针，落实立德树人根本任务，以提高人才培养能力为核心，以学生创新精神、创业意识和创新创业能力培养为重点，推进创新教育与专业教育深度有机融合，根据不同专业人才培养特点和专业能力素质要求，挖掘和充实各类专业课程的创新创业教育资源，按照"打好基础、搭建平台、以赛促创"三步走的专创融合教育模式，积极推动学生专业素质和创新素养一体化发展，促进高校人才培养水平和学生整体素质全面提升。

（二）具体做法

1. 打好基础

通过校企合作，引企入校打造校内生产性实训、实习条件，将企业先进生产设备、先进技术、先进工艺融入学校教学环节，使专业技能培养和企业岗位能力无缝对接，打造"理论、实践、虚拟"相结合的立体化教学资源和教学环境，切实提高专业课程的技术含量，提高学生的技能水平，为学生的创新素质培养打好基础。

山东商业职业技术学院智能制造与服务学院 2018 年打造了多个生产性实训室：建设改造了制冷与空调技术专业制冷压缩机实训室（欧菲特捐赠价值 30 余万元实训设备）、海信 SMT 自动化生产型实训室（海信智动精工捐赠价值近 400 万元生产型实训设备）、联想智能创新工作室（联想捐赠 40 余万元用于创新工作室改造）、人工智能体验与实训中心（山东闪亮赞助近 50 余万元实训设备），涵盖制冷、电子、物联网等骨干专业。通过此次改造，淘汰了部分落后设备，实现了实训条件的更新换代，为学生提供最符合职业要求的生产性实训条件，促进企业岗位核心素养与学校学生综合素质培养相融合。

2. 搭建平台

学校搭建多个跨学科、无界化的应用研究平台，依托合作企业引入社会服务项目，师生共同完成研发和应用项目，锻炼并提高教师和学生的创新能力，形成创新项目案例库，将研发过程和成果不断融入专业教学环节。

智能制造与服务学院 2018 年先后成立产教融合协同育人研究中心、智慧冷链集成技术研究与服务中心、人工智能技术应用研究中心、机器人工作室、国家级培训中心良好操作中心、国家级技能大师工作站、应用软件开发中心等多个技术应用研究中心，启动了一批社会服务项目和企业横向课题，广泛开展跨专业搭配、跨学科研究、跨企业合作的创新行动，调动了广大师生参与企业服务项目的热情，提高了师生的项目实战能力。

3. 以赛促创

在每个专业建立技能大赛选拔、推荐的长效机制，改变临时选拔参赛选手的办法，在专业课程学习过程中收集学生的安装、操作、排故等各项行为数据，建立"教、学、练、赛"数据库，在每门专业课程学习过程中挖掘每个学生特长，并结合大数据分析，有针对性地培养学生的各项专业技能，做到查缺补漏、惠及全体、优中选优。

开展校级创新创意产品大赛，给学生提供创新创意展示平台，促进全体学生开展创新活动。

（三）学生成果

2018 年 3 月，指导学生参加山东省人社厅主办的世界技能大赛制冷与空调项目山东省选拔赛，获得三等奖；

2018 年 5 月，指导学生参加山东省教育厅主办的山东省大学生机电产品创新大赛，获得一等奖；

2018 年 7 月，指导学生参加山东省团省委、人社厅、教育厅主办的"彩虹人生-挑战杯"全国职业学校创新创效创业大赛，获得山东省特等奖、国家二等奖；

2018 年 9 月，获山东省高校"学创杯"大学生创新创业综合模拟大赛山东省决赛一等奖。

2018 年 9 月，指导学生参加中华职业教育社、山东省教育厅、山东省人社厅联合举办的山东省 2018 年黄炎培职业教育奖创新创业大赛，获得第一名；

2018 年 10 月，指导学生参加人社部组织的 2018 年中国技能大赛——"三向杯"全国机械行业职业技能竞赛制冷工（制冷与空调）项目，以第三名的成绩勇夺一等奖，取得历史性突破；

2018 年 10 月，指导学生参加省科学技术协会、省教育厅、共青团山东省委、省人社厅等单位主办的第十届山东省大学生科技节暨第七届山东省大学生"富士通杯"制冷空调设计大赛，获得一等奖 1 项、二等奖 2 项；

2018 年 11 月，指导学生参加 2018 年全国机械行业职业技能大赛——"三向杯"制冷与空调赛项，获得一、二等奖各 1 项。

四、分层推进、点面结合、师生相长、创（业）就（业）并进

（作者：顺德职业技术学院 吴治将、徐言生）

（一）指导思想

为了指导好学生的创新实践活动，顺德职业技术学院确定了如下推动学生科技创新的指导思想。

1. 积极贯彻"分层推进",完善组织管理与保障机制

学校确定了创新创业教育为学校"一把手工程"的重要地位,成立了由顺德职业技术学院校长任组长的"顺德职院创新创业教育改革领导小组",下设创新创业教育办公室,机构设置在教务处。建立以教务为主导,团委、人事、就业、科研、创业培训学院、各二级学院等多部门共同参与的创新创业教育工作协调机制,每学期召开不少于两次创新创业教育领导小组会议,明确创新创业教育工作要点。创新创业教育办公室设专职副主任,负责学校创新创业教育的日常管理工作,各部门设置专门负责创新创业教育工作人员,以保障创新创业工作在全校范围内有效分层推进。

2. 大力构建"点面结合"的创新创业教学体系

学校制订了完整的创新创业能力培养计划。大学一年级为创新创业的认知阶段:侧重创新创业思维、意识和观念的培养。二年级为核心能力培养阶段:侧重创新创业素质的提升和精神的历练,组织对创业感兴趣及有潜力的学生组成项目团队。三年级为创新创业实践阶段:提升创新创业实践技能,着重指导、扶持优秀而且有兴趣、有具体项目的学生进行实质性的创业,为学生配备专门的导师,积极孵化。

3. 整合搭建"师生相长"创新创业实践平台与实践活动

在校内建设有综合性及专业性的创新创业实践平台。学校投资 280 万元场地改建费,将学术交流中心一楼改建为大学生创新创业孵化基地,总面积为 2180m²,室内设置独立的办公区域和配套的各种空间,能够满足学生创业团队办公、项目研讨、客户接待、休闲交流的综合性创新创业实践平台,孵化基地面向全校学生公开遴选优秀项目入驻。各二级学院鼓励学生紧密结合专业开展创业实践活动,建设有 27 个面向全体学生开放的专业创新创业实验实训基地,包括经济管理学院"跨专业综合实训基地"、外语学院"外贸精英创新创业中心"、医药卫生学院"康复保健美容养生示范性创业基地"等。

在校外,顺德职业技术学院充分利用地缘优势及社会资源,开展校企合作,建立起 44 个校外创新创业实践基地。如机电工程学院 2016 年重点打造的双创教育实践项目"唯金"班,组建学生团队利用课余、暑假时间进入校外创新实践基地广州市唯金空调科技有限公司开展产品营销、团队建设、营销实战等创新创业实践技能培训。

4. 切实提高"创就并进"教育工作成效

学院紧扣地方经济和社会发展对人才发展的需求,办学十多年来,学校培养毕业生已经超过 4 万人,80%以上的毕业生都在顺德就业,直接服务于顺德的经济社会发展、产业转型,对拉动顺德的人力资源结构和学历层次起了关键作用。顺德职业技术学院毕业生的就业率,连续三年初次就业率都高于我省同类院校平均水平。毕业生就业满意度连续三年逐年提高。毕业生对母校的满意度也逐年提高。

(二) 具体做法

1. 营造创新氛围,增强创新创业意识

积极开展各类创新训练项目、创业训练项目、创业实践项目,营造"创新、行动、分享"的文化氛围,增强学生的创新精神、创业意识和创新创业能力。具体如下:

(1) 组织学生参加"发明杯"和"挑战杯"创新创业大赛和"攀登计划"专项资金,让学生感受创新创业的激情;组织师生参加每年全国职业技能大赛的广东省选拔赛和全国决赛，通过备赛、比赛来提高老师的指导能力和学生的创新能力，进行赛教结合的实践教学改革，以赛促教。

（2）邀请校友回校分享自己的成功创业经验，让有志创业的青年能够收获来自同龄人的创业感悟，以学长的力量助力创新创业梦想扬帆起航。

（3）举办"创业一条街"活动，通过招投标、创业培训讲座、发放营业执照等流程挑选出大学生创业摊位，让学生模拟创业过程，提前感受创业氛围。

（4）布置激励立志创业成才的名言警句，张贴创业者的成就榜和风彩照，展示创业教育成果；把课外活动作为营造创业氛围、培养创业意识的重要途径。

（5）通过智慧校园建设积极为学生搭建免费校内网络平台和短信平台，及时发布与创业项目、政策、资金资源等相关的消息。

（6）建立创新创业指导导师制度。一方面通过聘请企业家、创业成功人士、企业管理人员以及正在进行创业的本校毕业生等作为兼职教师参与创新创业教育教学、组建创新创业教学团队等，为学生创业团队现身说法、答疑解惑，并提供项目论证、业务咨询和决策参考等服务，着力解决学生团队在创业过程中遇到的难题。另一方面，在提供决策咨询的过程中，导师也可以发掘有潜力的创业项目重点跟踪帮助，甚至直接进行投资。

2. 改革课程体系，构建创新创业实践体系

积极促进创新创业教育与专业教学有机融合，修订了专业教学标准及人才培养方案，完善评价要素，将创新精神、创业意识和创新创业能力纳入评价人才培养质量的指标体系。

（1）根据学校的教育教学要求，建立创业教育与专业教育相结合的课程体系，使创业教育从课堂走向实际，提高学生的创业能力。

（2）积极开展创新创业教育优质课程信息化建设，建设一批资源共享的网络课程等在线开放课程。

（3）开设跨专业的交叉课程，探索建立跨院系、跨专业交叉培养创新创业人才的新机制，促进人才培养由专业单一型向综合型转变。

3. 构建多元平台，助推学生双创行动

（1）成立"顺德区大学生创业服务中心"，为学生提供"一站式"创业服务。中心开设"绿色通道"，为学生创新、创业免费提供工商注册等一站式服务；指导、帮助创业学生进行资质认定等前期准备工作；指导、帮助创业学生积极申请相关政策优惠，帮助大学生创业企业落户孵化基地。

（2）在全区范围内组建大学生创业俱乐部，一方面广泛联系有创业愿望的大学生，帮助其加强与政府部门、科研院校、工商企业、孵化基地等有关机构及平台的沟通与对接；另一方面促进大学生跨行业跨专业领域进行创业问题的研讨、创业经验交流、创业信息沟通、创业点子的酝酿。

（3）成立"镇（街）大学生创业社团"，将有创业愿望的大学生按镇街或按行业组成创业社团，以便于开展创业知识和技能的学习交流、创业项目的分析研讨以及创业团队的组建等。

（4）成立"创业科技园孵化基地"，形成创业培训与辅导、创业咨询、技术咨询、检验检测、商务保障、财务等一体化、全方位的大学生创业孵化体系，力争将其打造成为在整个顺德区乃至珠三角地区起示范、引领作用的特色鲜明的大学生创业企业孵化基地、创业人才的培养基地、创业文化的传播基地。

（三）学生成果

通过上述指导思想和具体措施，学生自 2014 年起，在国内各种大学生科技竞赛中表现突出，获得了大学生科技竞赛、全国机械行业职业院校技能大赛以及"挑战杯"等科技竞赛的大奖，见表 4-2-1，还基于这些成果申请了多项国家专利（表 4-2-2），极大地鼓舞了学生创新潜力的迸发。

表 4-2-1 顺德职业技术学院学生获奖情况

序号	获奖时间	获奖人	获奖名称与等级	指导老师
1	2018.6	刘林彬、严思远、李庆源	"大金空调杯"第十二届中国制冷空调行业大学生科技竞赛一等奖	郑兆志、李玉春、何钦波
2	2017.12	陈金瑞、苏志炎、邓韵贞、冯达通、梁颖琪	第三届"挑战杯——彩虹人生"广东职业院校创新创效创业大赛	吴治将、徐言生
3	2017.10	李文浩、叶明亮	全国机械行业职业院校技能大赛——"三向杯"制冷设备安装与调试技能大赛二等奖	何钦波、李东洺、王斯焱
4	2017.10	陈虹余，何加瑞，黄兆锦，魏高猛，封水荫	第十二届高等职业院校"发明杯"大学生创新创业大赛一等奖	何钦波，闫格尼
5	2017.7	陈虹余、何加瑞、梁家兴	第十一届"盾安环境杯"制冷空调行业大学生科技竞赛（华南赛区）三等奖	何钦波
6	2017.5	赖贵斌、林思宇、何进华、洪洁瑜、陈家栋、谭雪莹、雷婉玲	第十四届"挑战杯"广东大学生课外学术科技作品竞赛二等奖	吴治将、曾宪荣、彭莺
7	2016.6	赖贵斌、蔡植泰、张泽滨、赖良斌、周厚煌	"挑战杯—彩虹人生"广东职业学校创新创效创业大赛特等奖	吴治将
8	2016.6	梁进河、林旺海、黎梧然、梁彩河、连桂炎、蓝坚楷	"挑战杯—彩虹人生"广东职业学校创新创效创业大赛二等奖	何钦波
9	2016.10	赖贵斌、张泽滨、周厚煌、赖良斌、蔡植泰	第十一届全国高职高专"发明杯"大学生创新创业大赛一等奖	吴治将、曾宪荣
10	2015.5	李文侠、陈培雄、李兰芳、周金磊、房声其、李志辉、黄杰炜	2015 顺德区"科达杯"学生专利发明大赛	殷少有、廖翠玲
11	2014.5	袁耀辉、黄超明、陈坚胜、林云云、唐仲海	2014 年"挑战杯—彩虹人生"广东职业学校创新创效创业大赛	吴治将、廖翠玲

表 4-2-2 顺德职业技术学院学生申请与获得国家专利情况

序号	发明人	专利名称	专利类型	专利号或申请号
1	李玉春、廖翠玲、颜奇林、邹镰海、余世野、黄欢欢、欧阳雨晴、王晓晴、吴少邦	寒带鱼智能运鱼箱	实用新型	ZL201720124550.3
2	吴治将、徐言生、李东洺、黎绵昌、熊良田、李桂强、李文侠	一种车辆门禁全自动出卡装置	发明专利	201510807778.8
3	吴治将、徐言生、李东洺、黎绵昌、熊良田、李桂强、李文侠	一种出卡机的夹持机构	发明专利	201510807795.1
4	吴治将、徐言生、李东洺、黎绵昌、熊良田、李桂强、李文侠	一种门禁自动感应按键系统	发明专利	201520930741.X
5	吴治将、彭莺、王远志、黄呈锦、黄兆锦、梁家兴	便于拆装的弹簧减震降噪井盖	发明专利	201610888854.7
6	何钦波、徐言生、余华明、殷少有	蓄能辐射式三位一体空调机组	发明专利	201310333228.8
7	徐言生、邹时智、傅仁毅、金波、游茂生、吴治将	空调器远程控制运行故障判断方法	发明专利	201610413137.9

第三节 学生创新作品

2015 年 3 月 5 日，十二届全国人大三次会议上海代表团审议《政府工作报告》时强调了人才培养的重要性，指出："抓创新就是抓发展，谋创新就是谋未来。人才是创新的根基，创新驱动实质上是人才驱动"。欲将我国建设成创新型国家，首先要培养创新型人才。

基于这个目的，从近年来参加"中国制冷空调行业大学生科技竞赛"取得优异成绩的学生作品中挑选出一部分，分四类（空调热泵、空气处理、冷冻冷藏、余热与可再生能源利用）分享给读者。这些内容由获奖学生撰写，较为清晰地阐述了他们作品的研发背景、技术方案和取得的成果，并邀请他们的指导教师对这些作品的创新性给予点评。相信同学们一定能从这些创新方案的思维过程、科学巧妙的实现方式以及导师们的点睛评价中获得启发。

这些作品有很多尚未转化为产品，有些甚至还很稚嫩，但它们绝对称得上是创新的种子、智慧的火花。"星星之火，可以燎原"，这些小小火花，必将点燃智慧的火炬，为创新型人才培养提供方法论的指导，必将推动我国向创新型国家迈进。

一、空调热泵设备与系统

（一）可实现"无霜效果"的空气源热泵系统

（作者：东北电力大学 赵洪运、于琦、张森；指导教师：邱国栋）

1. 创新背景

我（赵洪运）家位于江西省南昌市，冬天在使用空调（空气源热泵）供热时，空调器总会出现停机和吹冷风的现象，室内忽冷忽热，供热效果很差，严重的影响了人的舒适感。当时我并不明白这是什么原因导致的，在大学学了建环专业后，才知道原来是空调器结霜、空调要从室内吸热除霜导致的。在向指导老师请教后，老师给了我一个蓄能除霜的思路，经过查阅相关文献，了解到蓄热除霜的原理为：利用蓄热材料蓄存系统在结霜期间的部分热量，除霜时低温制冷剂吸收蓄热材料中的热量从而避免了室内吸热。根据蓄热材料的不同，可分为有机（如石蜡类）、无机（如水合盐）化学材料蓄热（相变蓄热）和水蓄热（显热蓄热）；根据热量来源的不同，可分为制冷剂的过冷热量和压缩机废热蓄热等。从前人的研究结果来看，蓄热除霜不仅可以大幅缩短除霜时间，而且除霜彻底，系统运行稳定，室内舒适性大大提高，但其除霜期间依然要从室内吸收少量热量，再加上室内向室外的散热，室内温度依然会下降。

无霜效果被认为是解决空气源热泵结霜除霜问题的终极目标，一直是业内人士努力的方向，清华大学的石文星教授在《小型空调热泵装置设计》一书中曾指出，为提高融霜时室内环境的舒适性，对空气源热泵提出了如下两个要求：融霜过程中连续吹出热风（用户感觉不到融霜运行）；融霜运行中室温降低幅度小于2℃，维持室内舒适性"。

在总结和参考前人的研究成果后，我和我的团队提出了一种蓄热除霜技术方案，可实现空调器在除霜时依然能强劲制热，保证除霜期间室内温度不下降，让室内用户感觉不到除霜的运行，实现和无霜一样的效果，故命名为"可实现'无霜效果'的空气源热泵系统"。

2. 技术方案

可实现"无霜效果"的空气源热泵系统的工作原理如图 4-3-1 所示。

该空气源热泵系统的制冷剂流程为：

（1）供热蓄热过程。F_1 和 F_3 打开，F_2 和 F_4 关闭，制冷剂流向：压缩机→四通阀→室内换热器→F_1→蓄热器→毛细管→室外换热器→F_3→四通阀→气液分离器→压缩机。

（2）除霜过程。F_2 和 F_4 打开，F_1 和 F_3 关闭，制冷剂流向为：压缩机→四通阀→室内换热器→F_4→室外换热器→毛细管→蓄热器→F_2→气液分离器→压缩机。

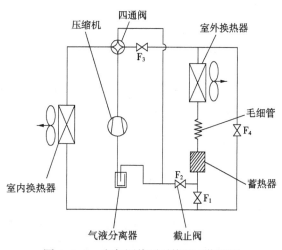

图 4-3-1　空气源热泵系统的工作原理

　　在供热蓄热过程中，室外换热器作为蒸发器，蓄热器充当过冷器的作用，蓄存从室内换热器出来的制冷剂的过冷热，从而避免了蓄热器对正常供热的影响；除霜时，蓄热器作为蒸发器，室外换热器充当过冷器的作用，压缩机的高温排气先用于供热，出来的制冷剂温度约40℃，再进到室外换热器中除霜，从而实现除霜期间的连续供热，同时把霜除掉。

　　基于上述技术方案，制作的样机，如图4-3-2所示，并进行了相应的测试，除霜期间室内机出风温度是否下降是衡量"无霜效果"除霜技术能否实现的重要标志。测量室外温度在-1℃左右，相对湿度85%±3%的条件下，传统逆循环除霜和"无霜效果"除霜技术两种除霜方式出风温度详细的变化过程，结果如图4-3-3所示。

图4-3-2　实样样机

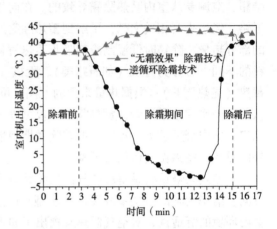

图4-3-3　除霜期间室内机出风温度的变化

　　由图4-3-3可以看出，逆循环除霜开始后，室内机的出风温度由40.5℃开始下降，除霜结束时下降到最低值-2.6℃，如此大的温降是由于低温的制冷剂吸热所致，室内温度必然也会大幅度下降；而"无霜效果"除霜技术在除霜刚开始的10s内，进风温度由36.7℃下降至35℃，然后开始增加，320s后出风温度达到最大值44.2℃，然后在43℃左右波动，直到除霜结束。从图中可以看出，除霜期间室内机的出风温度基本都在40℃以上，比正常供热时的出风温度都高，所以"无霜效果"除霜技术在除霜期间依然能够强劲制热，能够很好地保证室内的舒适性，用户也不会感觉到除霜过程的进行，即"无霜效果"可以实现。

3. 作品成果

　　该作品获得了2016年中国制冷空调行业大学生科技竞赛东北赛区一等奖，以及第十五届"挑战杯"中国银行全国大学生课外学术科技作品竞赛三等奖。申请了发明专利：一种空气源热泵系统的除霜控制装置及其方法，申请号：201610670377.7。

4. 专家点评

　　邱国栋：实现空气源热泵的"无霜"一直是本领域努力的方向，要实现真正的无霜，往往面临技术难度大或成本高等问题。本作品创造性地采用一种全新的思路来实现无霜——效果上"无霜"，即实际运行仍然有结霜和除霜，但是彻底消除了除霜对室内舒适性的影响，用户感觉不到传统除霜所带来的问题，在效果上实现了"无霜"。相比而言，这种方式更容易实现，成本也低得多，更容易产品化。该作品采用蓄热除霜的技术方案，但是又显著区别于现有的蓄热除霜技术，现有的蓄热除霜技术方案一般是"除霜优先，兼顾供热"，而本作品采用"供热和除霜全保证"的设计理念，采用的具体技术方案得到了实验的验证，证明该方案可以达到"无霜"效果，且运行可靠。整体来看，作品思路新颖，方案可行，论证严谨，是一个比较完善的作品。后续可以考虑面向实际产品对其进行优化。

（二）一种免气阀摆动转子式压缩机

（作者：桂林航天工业学院 王止静、何信言、饶顺；指导教师：龙鹏、陈洪杰）

1. 创新背景

摆动转子式压缩机常被用作空调制冷压缩机，其具有余隙容积小、结构简单紧凑、可承受压力差较大、机械效率高等特点。

传统的摆动转子式压缩机通过簧片排气阀进行排气。簧片排气阀是安装在压缩机气缸上通过两侧压差控制气体进出的关键部件，簧片排气阀性能的优劣对压缩机的经济性和可靠性有着决定性的影响。一般设计优良的簧片排气阀中，流动阻力损失可控制在压缩机总功率的4%~9%；而设计不良时，其流动阻力损失可达到压缩机指示功率的15%~20%。此外，在工作过程中，簧片排气阀与阀座频繁碰撞，产生噪声的同时导致阀片疲劳破坏，而气阀寿命的长短直接影响着压缩机的运行可靠性，特别是对于制冷压缩机，由于采用的大多是全封闭型式，其维修过程复杂，气阀的损坏将导致压缩机无法正常运转，进而决定空调性能的好坏。

因此，需要解决传统摆动转子式压缩机噪声大、簧片排气阀易损坏、流动阻力损失较大等问题。本作品提供了一种依靠摆动转子、偏心轮轴和气缸端盖相互位置的改变来控制排气的摆动转子式压缩机。

2. 技术方案

为了克服传统摆动转子式压缩机噪声大、簧片排气阀易损坏的不足，本作品提供了一种免气阀摆动转子式压缩机。主要由气缸端盖、圆柱形导轨、摆动转子、偏心轮轴、气缸体构成。其特征在于：摆动转子的圆柱面上设有一通孔，偏心轮轴上设有一通孔，气缸端盖上设有一通孔。偏心轮轴上的通孔将偏心轮轴的柱面和一个端面连通。在偏心轮轴的一个旋转周期内，摆动转子、偏心轮轴和气缸端盖上的通孔在吸气和压缩时相互错开，在排气时相互连通。

图4-3-4为压缩机内部结构示意图，图4-3-5为压缩机吸气及压缩过程示意图，图4-3-6为压缩机排气过程示意图。其中1为气缸端盖上的通孔，2为气缸端盖，3为吸气口，4为圆柱形导轨，5为摆动转子上的通孔，6为摆动转子，7为偏心轮轴，8为连通偏心轮轴的柱面和一个端面的通孔，9为气缸体，10为压缩腔，11为吸气腔。

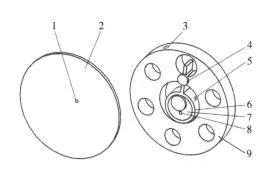

图4-3-4 压缩机内部结构示意图

结合上述示意图，可以分析其具体

实施方式。工作时，电动机驱动偏心轮轴转动，拖动摆动转子进行滚动和摆动，而气缸端盖是静止的，导致偏心轮轴上的通孔、摆动转子上的通孔和气缸端盖上的通孔的相对位置在偏心轮轴的一个转动周期内不断变化。在压缩终了时，三个通孔刚好相互连通，排气得以进行。在其余过程，柱面通孔、轴通孔和端盖通孔相互错开，保证了吸气和压缩过程的进行。

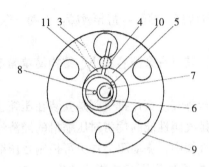 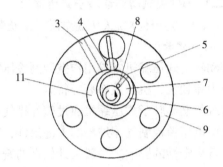

图 4-3-5　压缩机吸气及压缩过程示意图　　图 4-3-6　压缩机排气过程示意图

在图 4-3-5 中，在偏心轮轴 7 的一个旋转周期里，吸气和压缩过程同时进行。吸气和压缩过程中，摆动转子 6 上的通孔 5、连通偏心轮轴 7 的柱面和一个端面的通孔 8、气缸盖 2 上的通孔 1 相互错开，使得吸气腔 11 可通过容积不断增大进行吸气，压缩腔 10 可通过容积不断减小进行压缩。

在图 4-3-6 中，压缩终了时，摆动转子 6 柱面上的通孔 5、连通偏心轮轴 7 的柱面和一个端面的通孔 8、气缸盖 2 上的通孔 1 开始连通，排气开始。随着偏心轮轴 7 的进一步转动，通孔 5、通孔 8 和通孔 1 连通部分截面积逐渐增大到完全贯通后又逐渐减小。在旋转至通孔 5、通孔 8 和通孔 1 不再相互连通后，排气结束。紧接着开始新的一个旋转周期。

3. 作品成果

该作品获得了 2016 年中国制冷空调行业大学生科技竞赛华南赛区一等奖，并申请了国家专利：摆动转子式压缩机，申请号：201621233795.1。

4. 专家点评

龙鹏、陈洪杰：此方案通过摆动转子式压缩机通过摆动转子、偏心轮轴和气缸端盖相互位置的改变控制排气，省去了簧片排气阀，克服了传统的摆动转子式压缩机噪声大，弹簧排气阀易损坏的不足，在减少了易损件的同时降低了噪声，结构更加简单，在一定的程度上减少了对加工工艺的要求，增加了压缩机在使用过程中的安全性，延长了压缩机的使用寿命，从经济性和可靠性方面考虑，本设计有一定的优势。

（三）一体化蓄冷新型消防背心

（作者：北京石油化工学院　陈晓丹、马嘉迪、付思铭；指导教师：吴小华、张璟）

1. 创新背景

消防官兵在火场救援时要忍受高温造成的不适感，体表温度的迅速升高会极大地降低救援效率和限制消防员的活动，高温甚至会将皮肤烧伤，损害人体健康。因此，降温服的研究就变得极为迫切和重要。但市面上存在和已经投入消防工作中使用过的降温服普遍存在穿戴不便、费时、质量大、制冷时间短等问题，因此，如能设计出一款既能穿戴方便快捷，又能减轻消防员重量负荷的降温服，将会为消防的救援工作带来很多便捷，为消防员的人身安全和健康增加保障。

2. 技术方案

一体化蓄冷新型消防背心采用半圆管嵌入式一体化设计，使背心和由半圆管组成的蓄冷系统一体化，更利于消防员穿着，便于快速执行任务；新型消防背心采用周身模块式布置，在增大蓄冷剂与人体换热接触面积的同时，能避免传统冰袋式背心因冻结产生的变形导致与人体接触不均匀的缺点，实现为人体均匀送冷；新型消防背心采用半圆管，平面管壁与条状

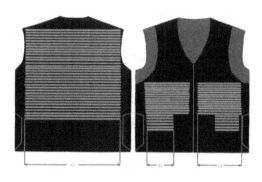

图 4-3-7　新型消防背心整体构示意图

冰袋相比更贴合人体，提高人体在运动时的便捷度和灵活性；设计过程中避开了人体的腹部、腰部，以防人体因受凉而产生的不适；该新型蓄冷背心采用相变潜热较大的蓄冷剂，能有效地提高蓄冷量；背心内层采用吸湿排汗面料，能更好地提高人体舒适度。一体化蓄冷新型消防背心的整体构示意如图 4-3-7 所示，局部结构和穿着效果如图 4-3-8 所示，穿戴使用效果示意如图 4-3-9 所示。

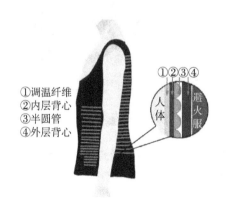

图 4-3-8　局部结构和穿着效果示意图

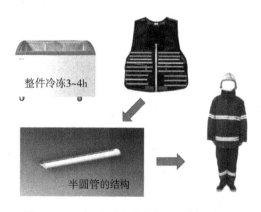

图 4-3-9　新型消防背心穿戴使用示意图

一体化蓄冷新型消防背心平时储存在特制冷冻箱中，使用时从冷冻箱中取出可直接穿戴，通过蓄冷剂相变，均匀吸收消防官兵工作时人体散发的热量，并通过背心内部的吸湿排汗纤维排湿，使人感觉更加舒适。

3. 作品成果

该作品获得 2016 年第十届全国大学生制冷空调科技竞赛华北赛区一等奖，2016 年第九届全国大学生节能减排社会实践与科技竞赛三等奖；并申请了国家发明专利（名称：一

体化蓄冷新型消防背心，申请号：201610609291.3），目前已获得了同名实用新型专利（专利号：ZL201620810669.1）。

4. 专家点评

吴小华，张璟：三位同学经过多次到消防中队进行实地走访和调研，针对传统降温背心存在的穿戴不便、费时、质量大、制冷时间短等问题，设计出了一种新型消防背心。该新型消防背心采用一体化的设计，使用半圆管蓄冷以增大消防背心与人体的有效换热接触面积，重量较普通消防背心减少约1/4，内设阻燃吸湿排汗面料可增强穿着舒适感。

新型消防背心一体穿戴免去了冰袋的拆装，使消防员可在5s内穿戴好消防背心，大大缩短了穿戴所耗费的时间，提高消防官兵的出警速度。目前全国有约17万消防官兵，如果能够进一步深入研究并推广，相信会为更多消防官兵带来舒适和便利，提高他们在恶劣环境中的工作效率，挽救更多生命。也可推广到高温作业的其他工作领域中，为相关从业者带去更多清凉和舒适。

（四）挂壁式空调送风口优化节能设计

（作者：重庆大学　逯浩圻、郑绍华、付洁；指导教师：王勇）

本设计是一种室内空调气流导流装置，通过改变挂壁式空调室内出风的方向，提高室内环境舒适度、减少人体辐射热损失，从而实现节能的目的。

1. 创新背景

空调在冬季制热时存在两方面的不足，一方面，冬季室内上部会产生热量堆积现象，室内下部工作区的温度明显低于室内上部温度；另一方面，玻璃门是室内冷壁面，如图4-3-10所示，因辐射传热原因会造成人体热损失，产生不舒适感。正因为这两方面的原因，使得用户提高制热设定温度用以提高室内下部温度，但是实际效果并不理想，造成大量的能源浪费。

图4-3-10　室内实景图

本设计采用改变挂壁式空调原有出风风向的措施，改善室内热堆积的现象，提高室内下部温度，同时利用竖直出风加热较冷壁面，减少人体辐射热损失，进而达到节能与舒适的目的。

2. 技术方案

通过改变挂壁空调原有的出风方向，使室内温度分布更加均匀，同时提高用户舒适度，达到节能的目的。

采用如图4-3-11所示的实验装置进行了实验，获得实验数据。

为减小实际运行气流沿程损失与局部阻力损失，减少能量浪费，采用弧形L形送风，成品采用与空调外壳相同的ABS塑料制作，同时兼顾其经济性、美观性、重量等因素，可拆卸，小巧轻便，如图4-3-12所示。

在寝室内基本均匀设置测点（门边及下方工作区较密集），通过实验测量同时间内改造前后温度分布、温升幅度和功率消耗大小，从而得出改造后空调制热效果的改善及其节

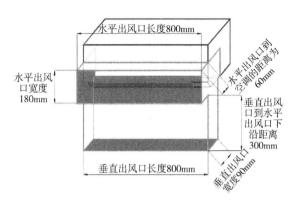
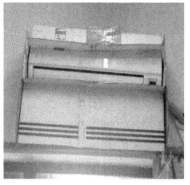

图 4-3-11　实验装置示意图

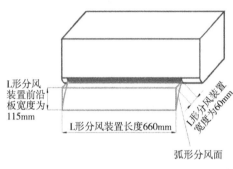
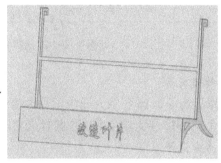

图 4-3-12　设计示意图

能效果。实验测点如图 4-3-13 所示，其中，串联在一起的是同一水平面上的温度测试点。

　　为了对实验效果的作用原理进行理论分析，建立了实际环境相同的物理模型，采用
Fluent 软件模拟改造前后的室内气流流动及温度分布图，并且对竖直向下和向前两种出风
口大小比例以及夏季制冷情况做进一步测试，以达到最好的制热（冷）、节能效果。模型
及网格如图 4-3-14 所示。

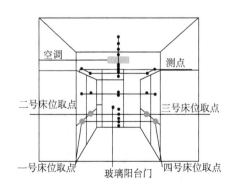

图 4-3-13　实验测点分布图

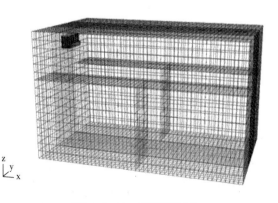

图 4-3-14　网格划分图

由实验和模拟数据分析可以得出结论，通过加入送风分配装置分流热空气加热较冷壁面的方法，可以明显减少热量损失、提高制热效果、降低功率以达到综合节能的目的。实验数据对比如图4-3-15所示。

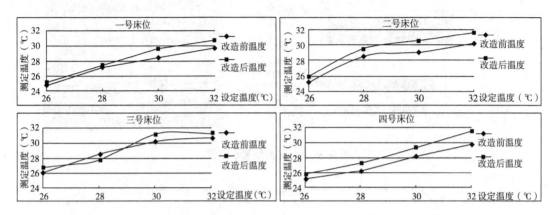

图4-3-15　送风口改善前后的实验比较

3. 作品成果

本作品获得2015年第九届中国制冷空调行业大学生科技竞赛西部赛区一等奖，并获得重庆大学2014年大学生节能减排社会实践与科技作品竞赛二等奖。

4. 专家点评

王勇：气流组织一直是单元式空调提高热舒适性的难点之一。作品利用供热工况下气流分布不均匀的条件下，改变气流送风条件，可以达到在相同条件下供热温度的有效性以及热舒适条件下的节能性。该作品通过简单以及价格低廉的送风口型式的改变，不仅在相同条件下，降低维持热舒适条件下的供热温度，同时可以减低冷渗透和冷辐射对供热环境的影响，而且可以降低保持供热温度条件下的能源消耗。该作品可以很好地应用于实际工程，且造价低廉，改装方便，此作品对于类似空调器的安装场所推广应用潜力广泛，有较大的应用前景。

二、空气处理设备与系统

（一）适用空间变化的一种改进型脉动热管散热器

（作者：浙江大学　方一波、徐硕荣、杨一鸣；指导教师：韩晓红）

1. 创新背景

随着电子器件和大规模集成电路技术的快速发展，电子元器件越来越趋于小型化和集成化，而性能的更加完善和强大使得其热流密度越来越大，散热问题日渐凸显。资料显示，包括CPU在内的电子设备，现在55%的失效问题都是由于元件过热引起的，单个半导体元件温度每升高10℃，系统可靠性约降低50%，电子元器件散热问题已成为当前电子元器件和电子设备制造中亟待解决的关键问题。

目前常用的电子器件散热方式，有自然冷却散热、风冷散热、液冷散热、冷板散热和热管散热等。随着电子技术的不断发展，传统的依靠单相流体的对流换热方式和强制风冷方法已经难以满足很多电子器件的散热要求，特别是风冷需要安排高效、高翅片化比的扩展散热表面，常常受到应用场合的限制，还会产生噪声。与传统的液冷、风冷散热器相比，脉动热管热响应快，当量导热系数很大，具有优良的传热性能。与传统热管相比，脉动热管无需吸液芯、体积小、结构简单、环境适应性强。在体积越来越小而散热量需求越来越大的电子器件散热领域中极具优势，该特征迎合了市场的需要，在电子器件和设备冷却领域有着广阔的应用前景。

脉动热管又称振荡热管，其蒸发端与高温端接触，使管内工质得到加热，气塞和液塞分布不均，导致工质膨胀不均，形成压力波动。各管间形成的压力波动使得工质在管内形成随机性的往复震荡，从而将热量源源不断地送到冷凝端，其结构如图4-3-16所示。

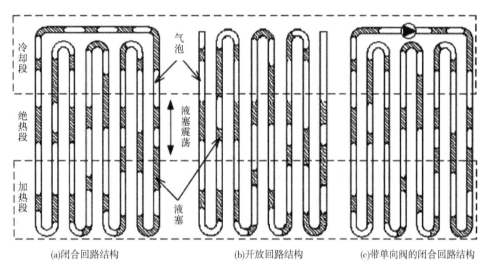

图 4-3-16　脉动热管结构示意图

目前脉动热管存在着竖直放置启动较为容易而水平放置启动较为困难的问题，这在一定程度上限制了其应用场合。针对这一问题，本团队对脉动热管的布置形式进行了新的设计，尝试将管道水平布置与竖直布置两种形式相结合扩展它的应用范围。

2. 技术方案

脉动热管的布置方式通常为竖直布置，在实验中发现脉动热管在竖直状态下最容易启动且性能最好，但水平起振十分困难。针对此，团队尝试探究新型的结构，试图将管道水平布置与竖直布置两种结构相结合，同时根据电子器件散热的实际情况设计出合适的布置形式。

在传统的蛇形盘管基础上，我们采用了多种脉动热管布管方式，多次试验发现L形布置的效果最好，其结构如图4-3-17所示。该种布置方案采用管道水平和竖直两种布置方式相结合，外形类似L形。这样的结构具有两个优点，一是水平部分的蒸发端可以深入电子器件（特别是薄扁形的电子器件）散热核心部位，使其能更加适用于不同尺寸和形状的电子器件的散热要求；二是竖直段的管道保证了该种形式可以容易起振。

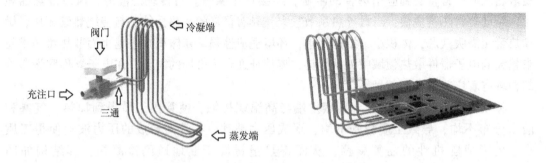

图 4-3-17 L 形脉动热管布置方案

脉动热管各项尺寸如图 4-3-18 所示，根据式（4-3-1）计算出实验所用脉动热管的管径：

$$0.7 \sqrt{\frac{\sigma}{(\rho_1 - \rho_2)g}} \leqslant D \leqslant 2 \sqrt{\frac{\sigma}{(\rho_1 - \rho_2)g}} \qquad (4-3-1)$$

其中，σ——充注介质的表面张力，N/m；

ρ_1——充注介质的液相密度，kg/m³；

ρ_2——充注介质的气相密度，kg/m³；

g——重力加速度，$g = 9.8 \text{m/s}^2$；

D——脉动热管内径，mm。

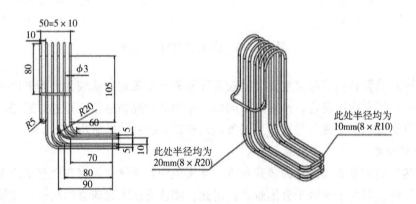

图 4-3-18 实验脉动热管尺寸设计图

选用的工质为去离水，根据纯水物性，计算可得实验用脉动热管的内径范围，考虑到实验室现有材料和电子器件散热的实际应用场合，采用内径为 2mm 的光滑紫铜管进行实验。

实验装置包括加热、冷却和数据采集三个部分，其实验装置简图如图 4-3-19 所示。

脉动热管由外径 3mm，内径 2mm 的紫铜管弯折而成，共有 5 个弯头。蒸发端采用直径为 0.3mm 的镍镉电热丝加热来模拟发热元件，通过调节电压得到不同的加热功率。冷凝端采用风冷冷凝。蒸发端和冷凝端采用 T 形热电偶测温，标定后精度为 0.1℃。蒸发端均匀布置 5 个热电偶，冷凝端布置 4 个。加热功率记录采用功率表，精度为 0.5 级，量程为 250W。实验数据采用 Agilent 34970A 采集。实验工质采用去离子水，为了防止管道内部的杂质等产生的堵塞现象，在实验前，利用高压氮气吹 6h 以带走管道内部的杂物。根据计算，管内部总容积约 6.6mL。根据经验，充注工质应占管道总容积的 20%~80%，故实验取充注量为 2mL。

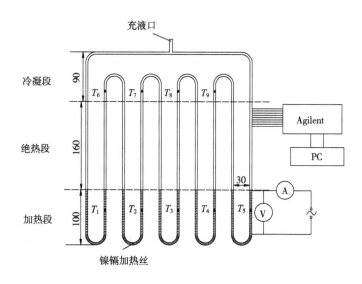

图 4-3-19 脉动热管实验装置简图（单位：mm）

从图 4-3-20 所示的实验结果可以看出，蒸发端温度达到约 80℃ 时，脉动热管蒸发端温度出现了明显振荡，说明脉动热管已经起振。尽管其起振温度仍较高，但和纯水平布置相比，这一 L 形的布置方式更具优势。此外，在实验中，蒸发端与冷凝端只

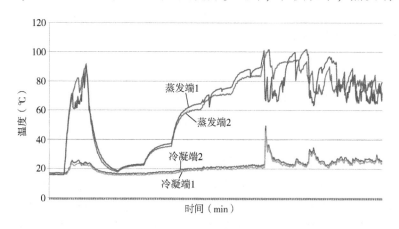

图 4-3-20 测试结果

分别布置了5层与4层管道结构，虽然启动效果不是特别明显，但考虑到更为复杂的设计和今后可能投入市场的产品时，可以尝试将蒸发端的间距减小，从而在一定空间内放入更多的脉动热管吸收热量。采用的工质，可以在后期选用HFC制冷剂、磁流体、纳米流体等，增加工质换热能力。采用的管材，可以考虑内螺纹管、三维肋管等强化管。这些方式都可以进一步强化脉动热管的传热能力，从而扩展这种L形脉动热管的应用空间。

本作品目的在于尝试打破传统的脉动热管布置设计，不局限于常规的竖直蛇形盘管模式，为脉动热管的实用化提供新的思路。L形的设计方式，使脉动热管较水平布置具有更好的起振性能，较竖直布置具有更佳的空间适应性。但L形设计的起振温度还相对较高，为了进一步降低起振难度，除了前述采用新工质、强化管等方式，还可以在L形的设计概念上，开发更多空间布置模式，提高脉动热管的实际应用能力。

3. 作品成果

本作品曾获得2014年第八届中国制冷空调行业大学生科技竞赛华东赛区总决赛一等奖。

4. 专家点评

韩晓红：该作品从平时实验所发现的问题开始探究思考，针对目前脉动热管竖直放置启动容易，水平放置运行困难的现状，采用竖直布置和水平布置相结合的方式，设计了L形布置模式。独立设计并搭建实验装置验证得到L形布置的脉动热管较水平布置具有更好的起振性能，较竖直布置具有更佳的空间适应性。这一尝试不局限于脉动热管传统的蛇形盘管竖直布置模式，为之后脉动热管实际应用拓展了新的思路方向，具有较强的创新力。

(二) 利用热电技术的可旋转风塔式换气装置

（作者：同济大学 熊文浪、张子杨、李根；指导教师：李铮伟）

1. 创新背景

此风塔式换气装置灵感来源于中东的传统风塔，这种装置在不外加能源的情况下可以较好地改善室内的空气流动情况，增加房屋的换气次数。其原理是：利用室内外的压差，如热压或者风压，使空气流动，但其适用地区多为气候干燥区。为了扩展传统风塔的适用范围，该作品创新性地将热电技术与传统风塔结合，提出了一种利用热电技术的可旋转风塔式换气装置。

2. 技术方案

本作品所设计的捕风装置由捕风器主体、热电片、滚动轴承、基座四部分组成（图4-3-21和图4-3-22）。装在房屋顶部，作为通风装置，将室外的新风引入室内，并将排风引出。捕风器为工作主体，中间的半导体热电片将捕风器分为进风和排风两部分。当室外风速不足或者室内温度较高时，开启热电系统进行制冷。热电片的冷面出现正压使风携带冷量进入室内，同时热电片的热面出现负压，将室内的空气抽送出来，实现连续换气。热电片可由太阳能电池驱动，有效利用新能源；当风速达到该装置的启动风速，而进风百叶口与风向呈一定角度不能捕捉最大风量时，由于使用了轴承和风舵，风舵会在两侧力矩作用下转动，最终平衡位置与风向平行，即可获得最大风量。

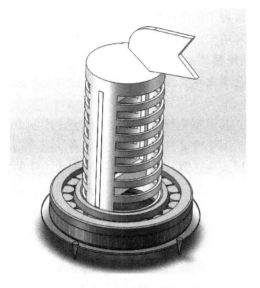

图 4-3-21　捕风装置的结构

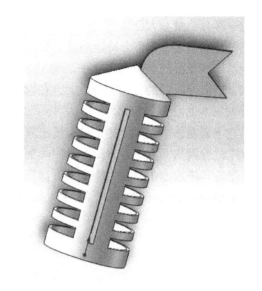

图 4-3-22　捕风器主体结构

　　与传统的机械换气装置比，该装置无机械噪声，同时有效减小了室外复杂风况对进风量的影响，再者，也可以在房屋门窗紧闭时增强换气，加强了房屋的安全性；与传统风塔相比，加强了风速较小时的换气动力来源，同时加入了制冷的功能。由此，该设计的适用范围大大提高，不再受传统风塔只适用于干燥环境的限制，在实际场所中，该设计可以应用于有噪声限制要求的场所，比如医院和关怀中心；由于安装在房屋顶部，该设计也适用于四周门窗通风不满足换气需求的场合，或者对自然通风要求较高的场所，比如大型商场、会议礼堂或者教学楼。

3. 作品成果

　　本作品曾获得 2014 年第八届中国制冷空调行业大学生科技竞赛华东赛区总决赛一等奖。

4. 专家点评

　　李铮伟：该作品创新性地将热电制冷技术与中东地区的传统风塔结合，使风塔这种古老、有效的自然通风技术能够适用于较潮湿的地区，赋予传统通风技术新的生命。

三、冷冻冷藏设备与系统

(一) 大型冷库水循环梯级利用节能系统

　　　（作者：哈尔滨商业大学　杨柳、黄荣鹏、杨倩玉；指导教师：甄欠、杨大恒）

1. 创新背景

　　随着世界范围的能源日趋紧张，矿物燃料减少和能源需求的明显增长，促使人们探索节能的新途径和提高能源的有效利用率。据统计43%~70%的能源主要以废热的形式丢失，因此充分利用废热是节能的有效途径。任何一种废热要有利用价值，自身必须具备几个条件：排放量相对较大；排放量较为集中；排放量在相对长的时间内较为稳定。对于冷库的制冷系统来说，冷凝热具备废热利用回收的特点，而且冷凝热是冷库排放量大污染程度高的一部分热量：大型生产性冷库制冷系统在制冷过程中制冷压缩机排出的气体温度都远远高于环境温度，这部分冷凝热排放到大气中，对环境来说是一种热污染，这种污染是导致全球气候变暖的重要因素之一。同时大型冷库制冷循环系统的冷凝热由冷凝器传给冷却水，进而冷凝器的负荷就会很大，在设计时往往会增大冷凝器的换热面积，这样就增加了投入成本也浪费了资源。

本创新作品克服上述不足，提出解决的办法，其内容是利用板式换热器将冷库制冷系统中的冷凝热回收，并将冷凝热回收到蓄热器中，用于冷风机冲霜；冲霜后将低温冲霜水排进冷却塔水池中，在为冷库冷凝器降温后进入板式换热器。通过上述循环实现冷库的制冷系统废热回收利用，降低冷库投入运行成本，同时对于环境保护和节能减排具有重要意义。

2. 技术方案

本作品是一个板式换热器和蓄热多功能的水箱设计（图4-3-23），能够解决冷库冷凝热排放到大气中对环境污染的问题，同时可实现节能的目的。水箱的外部设有保温聚氨酯材料，箱体结构采用钢材料，内部设有紫铜换热盘管，水箱外部设有一个出水口，一个补水口。水箱中一部分水可供用户使用，另一部分水可以作为冷库冲霜水使用。

图4-3-23　蓄热水箱示意图

蓄热水箱将冷库的冷凝热储存，以水为蓄热材料，可以防止以石蜡为材料时导致的温度分布不均匀的状况。蓄热箱采用的内置盘管的储热水箱，结构简单，保温效果好，降低了初始投资，而且供水量相对平衡稳定。若不放入内置盘管，直接换热，虽然换热效率高，但是不够清洁，水在循环一段时间后就会掺杂许多的杂质。

从冷库制冷系统中排出的高温制冷剂蒸汽通过换热器的板加热板间的水，并且储存于蓄热水箱中。以往的蓄热水箱设计中，都以生活用水为主要的应用，我们的设计对象为生产性的大型冷库，蓄热水箱储存的热水除了可以提供生活热水，还可以用于冷风机冲霜。

冲霜对于冷库来说是十分重要的，湿空气流经蒸发器时，当翅片的温度低于空气露点时，空气中的水蒸气将析出，并在翅片上结露；当翅片的温度低于0℃时，凝结水还会在翅片表面形成霜层，此时的霜层起到了翅片的作用，增加了传热效率；但是随着霜的积累，不仅增加了翅片的导热热阻，减少换热量，而且使翅片间的通道面积减少，流经蒸发器的空气流量下降，使得换热器的传热性能和工况恶化，流经换热器的空气阻力变得大，最终影响制冷系统的性能。在以往的热氨和水结合的冲霜技术上，总是在用自来水冲霜时出现问题，随着冲霜水量的增加，使排水的管道产生冰堵塞，影响制冷系统的正常运行，对于大型的生产性冷库，冻结库的使用较为频繁，利用率较高，为了保证每天达到足够的冻结生产数量，平均每天至少需要进行一次冲霜。

本设计的冲霜水能够达到35℃左右，高于自来水的温度，可以更好地减少堵塞，减少冲霜时间，避免水的浪费，还可以使冷库更加安全地运行，解决系统因冲霜所产生的问题。

为了节约用水，冲霜后的低温水，决不能忽视为无用的废水，而把它白白地浪费。国内的水资源紧张，建立一个完整的冲霜水再利用的系统，能够起到很好的经济效益。我们将冲霜后的低温水经过过滤处理，排到冷却塔的循环水池中，这部分水温比常温的冷却水温低，对冷库制冷系统的冷凝效果将会有很大的好处，大大降低系统的冷凝压力和冷凝温度。特别在炎炎的夏日，室外的温度达到40℃左右，而库内要保持-28℃左右，温差高达70℃，造成冷库的冷凝负荷居高不下，对制冷系统形成了压力，增加了安全隐患并且增加了耗电量，这对系统的安全性和经济性是不利的。排到冷却塔的循环水池中的冲霜水进入冷凝器加热后引入蓄热水箱的入水口补水，使得水介质（用于冷凝热回收）的初温提高，提高了冷凝热回收的效率。到此，形成了一个与制冷系统耦合的水环路（冷库蒸发器的废冷、冷凝器的废热都能加以利用），实现了大型冷库水循环梯级利用节能系统设计。

（1）该作品的特点。

①使用范围广，占地小，易维护，灵活性强；

②热损小，阻力损失小，冷却水量少，传热效率高。

（2）该作品的创新点。

①以往研究均针对冷库冷凝热回收、冲霜水再利用等某一环节进行节能设计，本设计针对大型冷库废热和废冷的回收进行循环整体研究；

②现阶段大多数冷库的冷凝热回收后，主要用于工人生活用水，制作出蓄热器后，这部分热量可以有更多种用途，同时可以缩小冷却塔的规模及运行成本；

③利用冷库制冷系统排出的废热为冷风机冲霜，节能环保；

④冲霜水温度高于自来水水温，能更好地减少堵塞，避免水的浪费，还可以使冷库更加安全地运行。

（3）该作品的关键技术。

①吸收冷凝热的换热器强化传热技术；

②蓄热装置进出水管需结合冷热水分布和工艺过程进行设置；

③冲霜过程和冲霜水再利用的回路设置。

（4）该作品的具体技术方案。

①蓄热装置的进出水管设置。在应用中，在原有的冷库制冷系统的基础上，在压缩机的排气口和冷凝器之间串联一个本装置，对来自压缩机的部分冷凝热进行回收，制冷剂热流体在换热板内换热，冷流体在板间以逆流形式流动。蓄热水箱的内置盘管的材料为紫铜管，形状为U形，U形保温材料为聚氨酯。热流体流向为上进下出，水的流向为冷水下进，热水上出（热水的密度比较小）。压缩机出口处于过热蒸汽状态，压缩机的排气温度在70~120℃，这个温度可以直接将水加热到50~60℃，而不需要额外的升温能耗，所以可以用蓄热器将这部分冷凝热收集起来。

当冷库正常工作时，打开压缩机排气口和板式换热器的阀门，高温高压的制冷剂气体与水换热，使水升温，水就将这部分废热在蓄热器中保存起来。当蒸发器需要冲霜时，打开蓄热器热水的阀门，利用蓄热器中的水给冷风机冲霜，冲霜的速度更快。当冷库正常工作的时候，打开压缩机排气口和板式换热器的阀门，高温高压的制冷剂气体与水换热，使水升温，水就将这部分废热在蓄热水箱中保存起来。当蒸发器需要冲霜时，打开蓄热水的阀门，利用蓄热器中的水给冷风机冲霜，冲霜后将低温冲霜水排进冷却塔水池中，为冷库冷凝降温，冲霜水进入冷凝器加热后引入蓄热水箱的入水口，实现水的循环梯级利用。如图4-3-24所示。

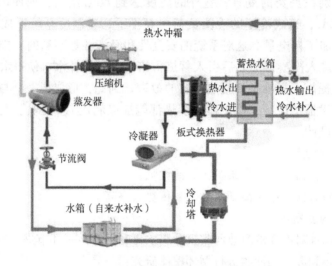

图4-3-24　水循环梯级利用原理图

②吸收冷凝热的换热器强化传热技术。利用板式换热器进行换热直接回收从压缩机出来的热量。板式换热器（图4-3-25）是由一系列具有一定波形的金属片相互叠装而成的一种高效换热器。换热器的各个板片之间形成许多小的流通断面流道，通过板片进行热量交换，与常规的壳式换热器相比，在相同的流动阻力和泵功率消耗情况下，其传热系数要高出很多。近年来，板式换热器技术日益成熟，其传热系数高、体积小、重量轻、污垢系数低、拆卸方便的特点使板式换热器在各个行业中得到广泛应用。

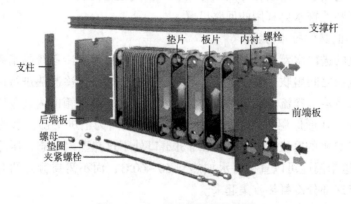

图4-3-25　板式换热器结构图

③冷库蒸发器冲霜技术。湿空气流经蒸发器时，当翅片的温度低于空气露点时，空气中的水蒸气将析出，并在翅片上结露，当翅片的温度低于0℃时，凝结水还会在翅片表面形成霜层，此时的霜层可以增加翅片的传热效率。但是随着霜层的积累，不仅增加了翅片的导热热阻，减少其换热量，而且使翅片间的通道面积减少，导致流经蒸发器的空气流量下降，使得翅片的传热性能降低和运行工况恶化，最终影响制冷系统的性能。本作品设计的冲霜系统能够方便地对冷库蒸发器进行冲霜，解决冷库蒸发器系统因结霜和冲霜所产生的传热性能降低和运行工况恶化问题。

④冲霜水再利用技术。在炎热的夏天，冲霜后水的温度会降低5~7℃，经过管段的运输，水温也远远低于夏季的地表水的温度，通过本作品的冲霜水再利用技术能够有效提高冷库冷凝器的冷凝效率。冲霜后将冲霜水引入冷却水池，再进入冷凝器，经加热后引入板式换热器的入水口，使得水介质（用于冷凝热回收）的初温提高，进而提高了冷凝热回收的效率。同时，通过降低系统的冷凝温度，保证系统的安全运行。

3. 作品成果

本作品曾获得2015年第九届中国制冷空调行业大学生科技竞赛东北赛区总决赛一等奖。

4. 专家点评

杨大恒：该装置将冷库制冷时释放的冷凝热量通过蓄热水箱中的水保存起来。蓄热水箱的一部分水可供车间工人使用，另一部分已吸收冷凝热的水可引入冷风机处，为冷风机冲霜。通过该装置与制冷系统巧妙地连接，能够解决冷库部分冷凝热排放造成的大气环境污染问题，同时通过吸收冷凝热的换热器强化传热技术，冲霜过程和冲霜水再利用的回路设置可实现大型冷库水循环梯级利用，具有良好的节能效果。

（二）热气旁通联合相变蓄热的风冷冰箱新型除霜技术

（作者：北京工业大学　赵飞、袁梦、张冉；指导教师：刘忠宝）

1. 创新背景

随着生活水平的提高和生活节奏的加快，冰箱的需求也在日益增加。当冰箱长时间运行时，霜层变得越来越厚，加厚的霜层增加了蒸发器的表面热阻，阻塞了散热片之间的通道，降低了系统的蒸发温度。因此，当霜层达到一定的厚度时，就必须要对冰箱进行除霜。

Pradee、Fernando、宋新洲、韩志涛等人均对化霜过程进行了大量的研究，然而目前压缩机壳体废热蓄热与热气旁通相结合除霜的技术多用于空气源热泵。此外，刘忠宝等人提出了一种结合热气旁通的新型蓄热除霜技术，虽然该技术能够达到节能的目的，但是该技术在高温高湿条件下将不再适用。

目前风冷冰箱常用的除霜方式是电加热除霜（EHD），但是这种除霜方式耗电量很大，而反向除霜（RCD）不能用在冰箱系统中，因为四通阀频繁的反向运行会导致制冷剂的泄露，这是不安全的。本参赛作品设计了热气旁通联合相变蓄热除霜（BCD-CCTS）来改进除霜过程，利用压缩机壳体废热联合热气旁通来优化除霜方式。除霜过程利用双螺旋管的相变换热器来强化蓄热材料与制冷剂之间的传热。这样不仅充分利用了制冷系统多余的热量，还节省了电加热化霜的电量，真正做到了节能环保。

2. 技术方案

（1）制冷/除霜系统工作原理。图 4-3-26 显示了冰箱的正常制冷和除霜时的操作示意图。

正常制冷工作状态：常闭电磁阀 7、9 关闭，常开电磁阀 6 打开。低温低压制冷剂从蒸发器 4 流出进入压缩机 1 被压缩成高温高压的气态制冷剂；在正常运行过程中压缩机壳体不断产生废热，包裹在压缩机壳体上的蓄热包将会不断蓄存压缩机壳体的废热，使得 PCM 发生相变，压缩机壳体废热将以潜热的形式被储存在蓄热包中；随后，高温高压气态制冷剂进入冷凝器 2 被冷凝成高温高压的液态制冷剂，然后制冷剂经过毛细管被节流，最后再进入蒸发器 4 被蒸发成为低温低压的气态制冷剂，最后再进入压缩机 1 完成整个制冷循环。

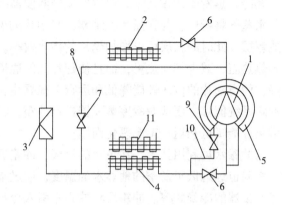

图 4-3-26　冰箱正常制冷循环以及除霜循环的原理图

1—压缩机　2—冷凝器　3—节流装置
4—蒸发器　5—相变蓄热包　6—常开电磁阀
7—常闭电磁阀　8—旁通管道　9—常闭电磁阀
10—制冷剂过热旁通管道　11—电加热器

除霜工作状态：随着制冷时间的延长，在蒸发器 4 外表面会形成霜层，常闭电磁阀 7、9 打开，常开电磁阀 6 关闭，从压缩机 1 流出的高温高压制冷剂通过旁通管 8 进入蒸发器 4 中，高温制冷剂气体与蒸发器外表面的霜层进行换热，使其溶化，随后从蒸发器 4 流出的制冷剂流经过热旁通管道 10 在相变蓄热包中进行受热处于过热状态，之后进入压缩机 1，制冷剂如此循环进行除霜。

（2）实验。

①实验方法和实验设备。本参赛题目参考 GB 12021.2—2015 中的相关规定制订了详细的测试方法和测试条件，测试过程在中国合肥美的集团冰箱研究开发中心的冰箱标准实验室进行。表 4-3-1 列出了标准性能冰箱实验室的主要设备参数。

表 4-3-1　冰箱标准性能实验室的主要参数

设备名称	性能参数	品牌
空调机组	10HP	谷轮
温度控制器	$(-5\sim60)\,℃\pm0.3℃$	希曼顿 UT35A
湿度控制器	$(40\%\sim93\%)\,RH\pm3\%RH$	希曼顿 STH-TW1-RTH2
热电偶	$\pm0.5℃$	美国欧米伽 $\Phi0.3T$ 型
温度参数采集仪		横河 DA100
功率计		青智 A8775B1

实验室设定环境温度为25℃。为了统一变量，将相同的负载（相同温度、质量和体积的水）放入冰箱中，并且控制参数使得测试冰箱箱室的温度、湿度和真实冰箱箱室的温度、湿度一致。图4-3-27显示了蒸发器表面温度为-15℃（除霜过程开始）和蒸发器表面温度达到15℃（除霜过程结束）时的测量温度点。通过控制这些参数，使得冰箱蒸发器表面的霜层厚度一致，从而保证实验结果拥有高可信度。

图4-3-27　蒸发器表面的温度测点

②制冷设备。为了降低实验处理和数据收集的难度，本参赛题目搭建了一个测试模型，可以提供足够的空间来安装蓄热包和旁通管道，如图4-3-28所示。该冰箱模型以美的BCD-372风冷冰箱为模型（表4-3-2、图4-3-29），该测试模型的箱体模拟的是BCD-372冰箱的风道。蒸发器位于风道内，风门在除霜过程中关闭。表4-3-2列出了标准性能冰箱的主要参数，实验室温度设定为25℃。功率输入是220 V/50 Hz，压缩机功率是50 W，冷凝器风扇的功率是25W，蒸发器风扇的功率是25W，使用的制冷剂是R600a。本参赛作品的制冷循环工作12h除霜一次，所采用温控器的精度为±0.5℃。

图4-3-28　冰箱实验模型

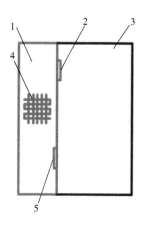

图4-3-29　BCD-372冰箱的风道
1—风道　2—风门　3—BCD-372冰箱箱室
4—蒸发器　5—风门

（3）结果与讨论。

①压缩机壳体温度的测量与分析。本参赛作品利用热电偶测试了压缩机运行 3000min 之后的壳体温度，图 4-3-30 显示了压缩机壳体温度测试的测点位置，图 4-3-31 显示压缩机壳体温度在 3000min 内的变化，正常运行的压缩机壳体温度稳定在 60℃左右。

表 4-3-2　BCD-372WTV 冰箱的主要技术参数

技术参数名称	参数	技术参数名称	参数
型号	BCD-372WTV	耗电量（kW·h/24h）	0.86
气候类型	T	能效等级（级）	1
防触电保护类别	I 类	额定电流（A）	1.4
星级标志	✱ ✱✱✱	化霜额定输入功率（W）	180
总有效容积（L）	372	照明灯额定输入功率（W）	4
冷冻室有效容积（L）	112	重量（kg）	104
变温室有效容积（L）	40	外形尺寸（mm）	696×716×1836
冷冻能力（kg/24h）	10	制冷剂和充注量（g）	R600a，63
电源	220V～/50Hz	噪声［Db（A）］	42

图 4-3-30　压缩机壳体温度的测量点位置

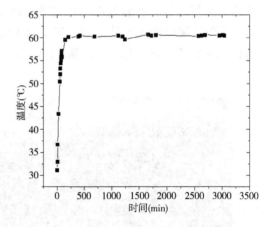

图 4-3-31　压缩机壳体温度变化

②蓄热材料的选择。实验表明，压缩机运行产生的壳体平均温度约为 60℃。考虑到无机材料在反复相变过程中容易发生相变，降低材料的可靠性，故在本实验中选用有机材料作为相变蓄热材料。

本参赛作品以石蜡为相变蓄热材料，在实验中加入相变温度为 17℃的液状石蜡，其石蜡固液比为 6∶4。表 4-3-3 显示了石蜡相变时的潜热。图 4-3-32 表示蓄热包的温度变化。

表 4-3-3 蓄热材料（石蜡）的相变温度和相变潜热

参数	混合相变蓄热材料	参数	混合相变蓄热材料
相变潜热（J/g）	77.3	相变初始温度（℃）	20.2
相变峰值温度（℃）	35.3	相变温度区间（℃）	15.1

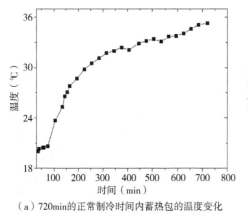

（a）720min的正常制冷时间内蓄热包的温度变化

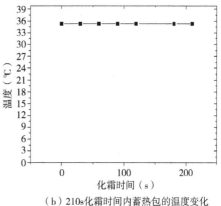

（b）210s化霜时间内蓄热包的温度变化

图 4-3-32 蓄热包在制冷/化霜时的温度变化

图 4-3-33 所示为相变材料在蓄热前后的对比。

（a）蓄热之前

（b）蓄热之后

图 4-3-33 蓄热前后相变材料石蜡的对比

本参赛作品所使用的中冰箱压缩机的额定功率为 50W，EHD 的额定功率为 410W，平均除霜时间为 210s。理论上储存在蓄热包中的用以除霜的热量应等于 EHD 所消耗的热量。

因此，该制冷系统电加热除霜所需要的热量计算如下：

$$Q = P \cdot T = 410 \times 600 = 246000 \text{ J/s}$$

Q——该制冷系统电加热除霜所需要的热量，W；

P——EHD 的额定功率，W；

T——除霜时间，s。

蓄热除霜时蓄热包所需要的石蜡质量为：

$$M = \frac{Q}{\alpha} = \frac{246}{77} = 3.2\ \text{kg}$$

M——质量，kg；

Q——热量，kW；

α——石蜡的相变潜热，J/g。

③蓄热换热器的设计。

a. 相变蓄热包的换热强化。本参赛题目通过添加翅片提高了相变蓄热材料的传热效率（图4-3-34）。图4-3-35 表示测试模型的完型图。

图 4-3-34　相变蓄热包的传热强化图

图 4-3-35　相变蓄热包最终成型图

由于压缩机外形的不规则，以及考虑到生产成本和加工难度，本参赛题目设计将金属焊接成接收器的形状，压气机底部用金属板包裹。

b. 换热器基本结构和尺寸设计。添加 3.2kg 的相变蓄热材料的所需体积可计算如下：

$$V_\text{m} = \frac{m}{\rho} = \frac{3.2}{732} = 0.00437\text{m}^3$$

测量压缩机的直径为 0.22m，高度为 0.26m。因此，该压缩机体积是：

$$V_\text{y} = \pi \cdot 0.11^2 \cdot 0.26 = 0.00989\text{m}^3$$

因此蓄热包的体积可计算如下：

$$V_\text{l} = V_\text{m} + V_\text{y} = 0.00437 + 0.00989 = 0.01426\text{m}^3$$

考虑到铜管和其他因素的体积，实验采用安全系数 $\lambda = 1.3$。因此，热存储包的实际体积可以计算为：

$$V_\text{s} = V_\text{l} \cdot \lambda = 0.01426 \times 1.3 = 0.01854\text{m}^3$$

因此，计算得出蓄热包的直径为 0.28m，高度为 0.3m。

④蓄热除霜系统的安全测试。在本项目中，压缩机运行 12h 除霜一次，即除霜循环为 12h 一次。此外，利用温控器控制压缩机的工作周期，并将其温度设定在 $-12 \sim -6$℃。

a. 压缩机吸排气温度变化实验。图4-3-36所示为当压缩机正常运行10h的实验时间内通过热电偶测量压缩机的吸排气温度变化，图4-3-37所示为BCD-CCTS除霜过程中压缩机吸排气温度变化。正如图4-3-36和图4-3-37所示，压缩机不论是在正常制冷时还是在蓄热除霜时均是安全的，在蓄热除霜过程中压缩机吸气温度在23℃左右，可以有效防止压缩机的液击。

b. 压缩机长时间运行的壳体温度变化实验。本实验在压缩机运行60h的时间内，观察BCD-CCTS模式下的压缩机壳体温度变化情况，实验结果发现，暴露在空气中的压缩机壳体温度最终稳定在60℃左右，而被蓄热包包裹的压缩机壳体温度最终稳定在54℃左右（图4-3-38）。

⑤EHD和BCD-CCTS的比较实验。

a. 化霜时间。在相同的实验条件下，410W的EHD化霜时间是600s，180W的EHD化霜时间是932s，而BCD-CCTS的化霜时间是210s（图4-3-39），BCD-CCTS的化霜速度要明显比EHD快。图4-3-40是BCD-CCTS和EHD的化霜过程对比图。

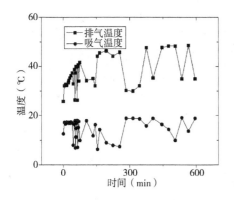

图4-3-36 压缩机正常制冷10h内
吸排气温度变化

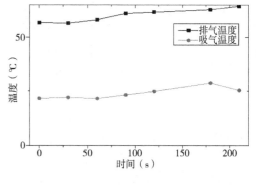

图4-3-37 BCD-CCTS除霜过程中压缩机
吸排气温度变化

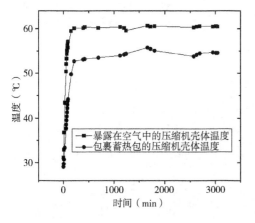

图4-3-38 压缩机正常制冷60h
内的壳体温度变化

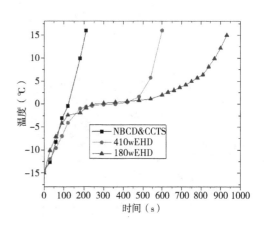

图4-3-39 不同除霜模式下的
蒸发器温度变化

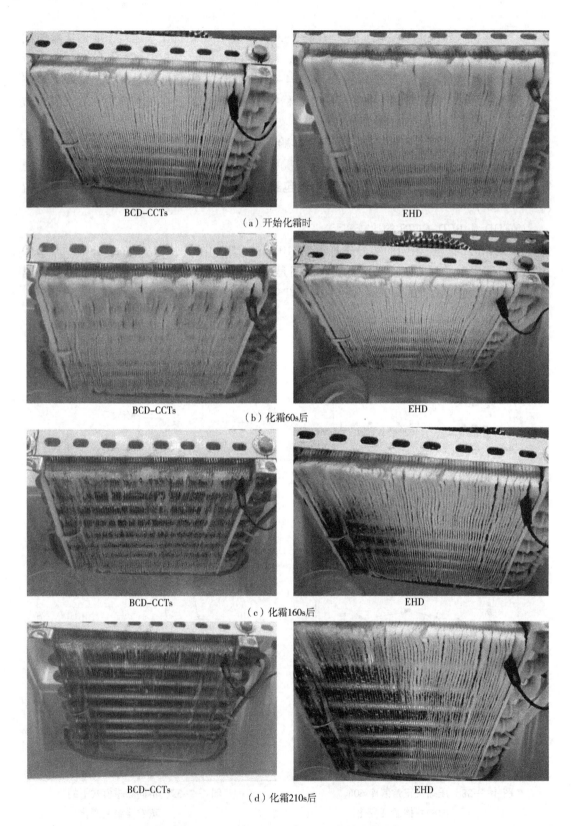

（a）开始化霜时

（b）化霜60s后

（c）化霜160s后

（d）化霜210s后

图 4-3-40　BCD-CCTS 与 EHD 化霜过程比较

b. 化霜功率消耗。蓄热除霜的化霜时间是210s，电能消耗是19284J，0.00054kW·h（图4-3-41）。410W的EHD化霜时间是600s，电能消耗是246000J，0.068 kW·h。180W的EHD化霜时间是932s，电能消耗是167760J，0.047kW·h。实验结果表明，蓄热除霜节约了大量的电能。

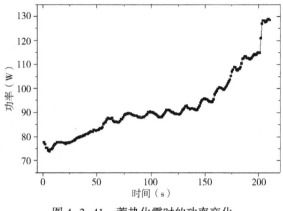

图4-3-41 蓄热化霜时的功率变化

c. EHD和BCD-CCTS的对比情况。经过实验与传统的电加热化霜进行对比，得出的实验结果如表4-3-4所示。

表4-3-4 EHD与BCD-CCTS的对比

项目	蓄热化霜（BCD-CCTs）	电加热化霜（410W的EHD）	节约量
1次消耗电能	0.00054kW·h	0.068kW·h	节电99%
一年耗电（12h除霜一次）	0.39kW·h	49.88kW·h	年节约电费24.5元
除霜时间	210s	600s	省时65%
成本	90.2元	65元	贵25.2元

⑥蓄热包对于压缩机噪声的影响实验。压缩机噪声实验是于晚上10点在实验室利用HT-825分贝仪进行测量的［范围30~130 dB，精度级±1.5dB，B类不确定度的综合是0.867dB（A），扩展不确定度的综合是49.7±1.7dB（A）］。实验室的环境非常安静，测得其环境噪声平均为37.2dB，然后测量了由蓄热包包裹的压缩机的工作噪声，噪声测量3min，平均噪声49.7dB。为了进行对比实验分析，本实验项目对另一台完全相同的制冷压缩机（不包裹蓄热包）进行了噪声测试，噪声测量3 min，平均噪声58.9dB。结果表明，蓄热包对压缩机的运行噪声有明显的抑制作用，能够有效降低18.5%。

⑦蓄热包对压缩机启停特性以及系统制冷量的影响。温控器温度设定为1~5 ℃（当温度达到1℃时压缩机停止运转，温度达到5℃压缩机开始运转），在压缩机正常运行13h的实验时间内，压缩机壳体温度稳定在58.2℃左右。当温度从5℃降低到1℃时，压缩机运行9′22″；当温度从1℃升高到5℃时压缩机运行8′40″。在24h之后，温度从5℃降低到1℃时，压缩机运行9′25″；当温度从1℃升高到5℃时，压缩机运行8′40″。图4-3-42表示系统的制冷量保持稳定并且蓄热包对系统制冷量不会产生影响。

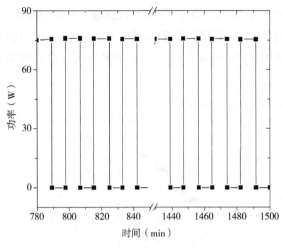

图 4-3-42　压缩机的功率变化

（4）小结。实验结果表明，BCD-CCTS 的除霜时间比 180～410 W 的 EHD 缩短了 65%～77%，除霜能耗比 180～410 W 的 EHD 降低了 89%～92%。压缩机正常运行 60h 后，暴露在空气中的压缩机壳体温度保持在 60℃ 左右，而蓄热包包裹的压缩机壳体温度保持在 54℃ 左右，蓄热包的存在不仅不会引起压缩机壳体温度的升高，相反，它还可以使压缩机壳体温度有所降低。此外，蓄热包的存在也可以有效降低压缩机运行产生的噪声，与同类型的压缩机相比可以有效降低噪声 18.5%。

3. 作品成果

本项目作品获得了 1 项国家实用新型专利授权，在国际重要期刊 *Applied Thermal Engineering* 上发表 1 篇科研论文 *Performance of bypass cycle defrosting system using compressor casing thermal storage for air-cooled household refrigerators*（SCI 收录）；参加全国性科技竞赛取得了优异成绩，如获得了第十一届中国制冷空调行业大学生科技竞赛华北赛区一等奖，以及第十届全国大学生节能减排与科技竞赛一等奖。

4. 专家点评

刘忠宝：本参赛题目为制冷冰箱系统中一种优化的新型除霜技术。如今家用风冷冰箱的化霜方法为电加热化霜，电加热化霜耗电量大，占到冰箱日耗电量的 5%～10%，大大增加了风冷冰箱的耗电量。针对这一问题，参赛团队对风冷冰箱的化霜技术做了显著的改进，且对节能减排有实质性效果。由于对压缩机壳体废热与压缩功回收利用，将此热量通过相变潜热的形式储存起来用于化霜，具有节能环保的理念。相比传统电化霜，在化霜时可节能 99%，化霜时间缩短 65%，节能高效。虽然成本比电加热高出 25.2 元，但年节省电费约 24.5 元，一年半即可收回成本。压缩机壳体外的蓄热材料也能有效降低冰箱运行时压缩机所产生的噪声。且该技术简单可行，可靠性高，添加电磁阀分别控制制冷和化霜系统，对整体冰箱改造不大。市场前景广阔。

（三）一种基于物联网技术的冷链信息追踪与报警装置

（作者：浙江商业职业技术学院　高启标、胡卓珍、徐志豪；指导教师：徐中干）

1. 创新背景

国内许多大型商贸公司虽然设有冷链物流部，但都没有统一的管理标准，硬件设施不足。据统计，农产品、海产品、奶制品损失率大约占 2.5%，主要原因是过程温度监控不到位。药品行业的货物运输也是冷链的一个大客户群体，据统计，我国医药流通规模超过 1 万亿元人民币，其中药品的货损约有 14% 是来自运输过程，约有 6% 是来自仓储过程，其中主要也是因为温湿度控制不理想造成的。从前几年查处的药品质量案件中，30% 左右涉及需冷藏药品的储存、运输不符合冷链要求。冷链的监控主要涉及在库和在途温湿度监管控制两个方面，在冷库中只要配备了自动控制系统，一般而言，可以实现在库自动温湿度的实时监控，但对于在途温湿度监管控制由于技术上的原因存在着一定的困难，往往只能在货物到达目的地验收时才能发现问题并进行处理。

目前，我国不仅冷链发展尚不够发达，在冷链中"断链"现象也比较严重。导致冷链"断链"的原因有很多，其中技术水平低是断链的原因之一。因此，在库自动温湿度监控系统、在途温湿度监控系统的应用，可以规范冷链产品的出入库、运输操作标准流程，防止人为原因导致的冷链药品过长时间暴露在不符合要求的温湿度环境里。

另外，目前我国的大型冷库很多都采用氨制冷系统，但氨一旦泄露往往会造成重大的安全事故，8·31上海液氨泄漏事件的后果触目惊心。冷库一般采用值班人员现场监控管理制度，出现安全隐患由值班人员逐级汇报处理，信息传递往往是单一通道的，如果出现值班人员疏忽或者逐级汇报延时太久往往会造成重大损失。因此，利用先进的自动控制系统和物联网系统针对可能出现的重大安全问题采取现场处理和多通道信息传递有着重要的意义。

2. 技术方案

本设计利用物联网技术构建了一种冷链信息追踪及报警系统，可以实现冷链所涉及货物的在库和在途信息的全程实时监控，同时还能提供冷链中偏离设定值的重要信息和安全信息，实施多通道报警功能。

本设计的冷链信息追踪系统，主要分为在库信息追踪和在途信息追踪两个系统，其中核心部分为冷链信息采集中心，由 ARM 系统组成，该系统可以通过有线和无线的方式和在库或在途的信息采集装置和控制装置进行通信。图 4-3-43 为冷链信息追踪及报警系统构架。

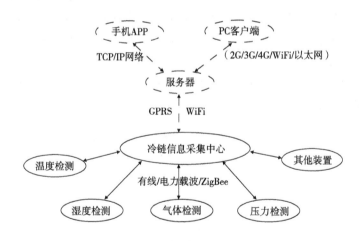

图 4-3-43　冷链信息追踪及报警系统构架图

整个系统采用模块化结构，其中冷链信息采集中心是由 ARM 系统构建的主机模块，温度检测、湿度检测、气体检测、压力检测、其他装置等作为分机模块，可以根据不同的需求进行灵活的组合。

主机模块与分机模块之间的通信可以采用有线传输、电力载波传输、ZigBee 传输等多种形式，可以适应不同场合的应用。

下面通过实施案例，对本设计的技术方案作进一步的说明。

（1）在库冷链信息监控系统。一般中心冷库的设施比较齐备，需要采集的信息也比较多，可以采用一个主机模块（冷链信息采集中心）和多个分机模块（温度检测、湿度检测、气体检测、压力检测、其他装置等）来构建图 4-3-44 所示的在库冷链信息监控系统。主机和分机之间的联系可以采用从简单的有线连接到方便的电力载波连接以及 ZigBee（一种类似于蓝牙的局域连接方式）连接等多种连接方式。

图 4-3-44　在库冷链信息监控系统构架图

主机模块（冷链信息采集中心）可以采用 GPRS 和 WiFi 两种形式与外部的服务器连接，有网络的场合可以采用 WiFi 连接形式，无网络的场合可以采用 GPRS 连接形式。所有信息可以通过服务器实时的传输给各类移动和固定的终端如手机、PC 机等，这样就建立了双向的、实时的信息监控。

同时，可以利用分机模块中的其他装置模块进行一些控制，比如开关阀门、开启通风换气、开启或封闭某些区域、启动消防设施、启动安防设施、处理紧急事件等。

（2）在途冷链信息监控系统。冷链物流的全部环节中，在途运输环节是最容易断链、信息最不透明的环节。一般委托方根本不知道货物在运输环节中经历了什么，即使一些委托方在高档货物运输过程中安放了诸如 USB 温度记录仪、一次性感温标签等，但只能事后检测，无法实时报警，一旦出现问题往往会产生巨大的损失。

随着新技术的出现，现在在途冷链信息监控系统也有了一些进展，表 4-3-5 给出了一些目前可以采用的技术方案。

表 4-3-5　现有的冷链信息监控技术

项目	GPRS 感温模块	有源感温标签	RFID 感温标签	USB 温度仪
价格（元）	800~1500	100	100	100~300
运行费用	GPRS 流量	无	无	无
读取距离	移动网络	0~40m	10cm	有线连接
数据实时读取	支持	支持	不支持	不支持
实时报警	支持	支持	不支持	不支持
委托方读取数据（防数据作假）	不支持	支持	支持	支持

从表 4-3-5 可以看出，各类方案都有一定的缺陷，难以满足委托方和承运方的需求。理想的方案应该是：利用电信运营商的 GPRS 无线网络和 GPS 或北斗的空间定位功能，实

现对每辆运输车在途实时环境温湿度和冷链设备运行状况的故障点监控。在途运输车一旦出现冷链环境的改变，即时通知远方的相关管理人员，通过采取应急方案（如备用车、紧急接泊点等），实现对运输车运输过程的冷链安全监管。

图4-3-45所示的系统构架就是实现这种在途冷链信息监控的一种形式。图4-3-46是产品的效果图。该系统的核心还是冷链信息采集中心［即图4-3-46（a）的主机模块］，根据不同用户的需求配置不同的分机模块。

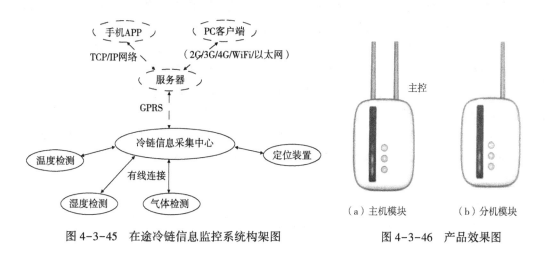

图4-3-45　在途冷链信息监控系统构架图　　图4-3-46　产品效果图

由于运输车的空间比较小，分机模块与主机的连接采用最便宜的有线连接。如果需求更简单、制造批量大的话，可以不用分机，全部功能一次性集成在主机里，传感器用插头形式连接，简单布线即可使用。

增加定位装置模块，可以采用GPS或国产的北斗定位模块，这样委托方和承运方可以很方便地了解运输车的状况和活动轨迹，一有异常即可采取措施处理。

冷链信息采集中心通过GPRS网络与远程的管理中心取得联系，只要运输车在无线网络覆盖的区域内活动，所有信息都可以远程传输。

（3）报警系统。报警系统可以根据用户的需求自行定义。对于中心冷库而言，报警系统主要可以应用于两个方面，一是冷链信息采集中心数据的汇报层级，比如某个库区的温度异常且超过了一定的时间，将会对该库区的存储物品带来损害，可以怀疑值班人员因为种种原因未做妥善处理时，冷链信息采集中心通过连接的服务器直接将该信息作为报警信号传递到高层管理者的手机或PC机上，提醒进行下一步的处理；二是针对一些涉及重大安全隐患的问题比如氨泄漏，由于氨泄漏产生后留给处理者的时间很短，层层逐级汇报往往会造成贻误，可以增加氨泄漏检测分机，一旦发现问题冷链信息采集中心即可将该信息作为报警信号传递到高层管理者或消防部门的手机或PC机上，各方必将立即采取相应的措施，由于大大缩短了延误时间，可将损失减小到最低程度。

对于在途货物而言，由于承运人员较少且不够专业或者存在交接过程，往往会使冷链货物处于失控的状态，这也是最为常见的所谓"断链"。我们在调研时就遇到过浙江某个原料药制造商出口英国的一个价值上千万的集装箱药品，在上海浦东机场的停机坪耽搁过久造成货物抵到伦敦时被拒收的事故。因此，冷链信息采集中心获取的冷链信息一旦出现异常且在规定时间内未做处理，将会对运输物品带来损害，如果启动报警系统，通过无线网络远程传递给委托方和承运方，提醒需要采取措施，就能避免造成重大损失。

综上所述，本设计利用物联网技术构建了一种冷链信息追踪及报警系统，可以实现冷链所涉及货物的在库和在途信息的全程实时监控，同时还能提供冷链中偏离设定值的重要信息和安全信息实施多通道报警功能。由于采用了模块化的设计理念，分机模块可以根据不同用户的不同需求进行灵活的设置和拓展，增加各类不同的应用功能。主机模块与分机模块之间的通信可以采用有线传输、电力载波传输、ZigBee 传输等多种形式，可以适应不同场合的应用。同时，由于模块化设计和高度集成性，本设计的产品一旦投入规模化生产，产品价格会比较低廉，为大范围的普及应用奠定了良好的基础。

本设计迄今为止，也仅仅是一种基于物联网技术的冷链信息追踪与报警装置。未来的设想是将本设计的核心部分与实现自动化管理的中心冷库的 DCS（分布式控制系统）、FCS（现场总线控制系统）、PLC 系统（可编程逻辑控制系统）连接起来；和冷冻冷藏车辆制造商合作，将本设计与车辆上的冷链设备连接起来。这样就可以初步实现物联网冷链的设想。

3. 作品成果

本作品曾获得了 2017 年第十一届中国制冷空调行业大学生科技竞赛华东地区一等奖。

4. 专家点评

徐中干：该项目通过先进的 GPS 技术、传感技术、无线通信等技术的有机结合，在需要温度管理来保证食品的质量，将温度变化数据记录并传送到车载智能终端上，并同时实时地通过 GPRS 或 WiFi 上传到企业管理平台，对食品的品质进行有效细致的管理，可以轻松解决冷链物流过程中质量监控问题并有效实施应急措施，具有很大的市场推广应用价值。

（四）LNG 动力船的余热与冷能综合利用系统设计

（作者：广东海洋大学　卢承聪、黄勇明、罗斌斌；指导教师：李敏、曾冬琪）

随着国际海事组织确定在 2020 年实行更加严格的排放标准，LNG 作为环保燃料成为未来船舶燃料的最佳选择。本设计针对 LNG 动力船，以 30 万吨的 LNG 动力油轮为例，对船舶的余热和 LNG 冷能的综合利用进行设计。一方面，采用溴化锂—水吸收式系统对船舶尾气的余热进行回收；另一方面，采用乙二醇溶液作为蓄冷介质对液化天然气气化产生的冷能进行梯级的利用。

1. 创新背景

推动新能源的利用是落实国家战略，也是节能减排的重要措施，在全世界绿色浪潮中，中国推进节能减排不遗余力。2016 年 10 月 27 日国际海事组织（IMO）在伦敦会议上做出决定：要求到 2020 年，船舶燃料油含硫量必须低于 0.5%，而不是推迟五年至 2025 年。LNG 素有"未来燃料"的美誉，在作为船用燃料方面也越来越受欢迎。使用 LNG 燃料能减少氮氧化物排放近 90%，减少二氧化碳排放量 25%~30%，硫氧化物和颗粒物排放则几乎可以忽略不计。正是由于 LNG 完美的环保性能，世界各国均大力发展 LNG 动力船舶。要满足这一规定要求，船舶采用 LNG（液化天然气）动力是最佳选择之一。2016 年 10 月 16 日，从浙江省交通运输厅传来消息，我国首个可为国际航运船舶加注液化天然气的项目——舟山液化天然气接收及加注站项目，在浙江省舟山岛东北部海岸开建。这也是我国首个可在公海为国际航运船舶加注 LNG 的供应基地，LNG 动力船发展的黄金时代来临了。

LNG 动力船的燃料在使用前先经汽化吸热，如果冷量直接释放到空气中，将会造成巨大的冷能浪费，在现有研究中，都重视对 LNG 动力船的冷能的利用，供船舶上的食物储藏冷库和空调设备使用或利用冷能给动力装置降温。燃烧后的废气排气温度约 350℃，这部分低品位热能若直接排放到大气中，不仅会造成能量浪费，还会引起热污染，加剧温室效应。在该系统中，利用这部分废热进行海水淡化，不仅解决了热污染问题，提高能源利用率，还为船上提供生活用水，可谓一举多得。

2. 技术方案

（1）本设计的基本思路。

①利用溴化锂—水吸收式系统回收 LNG 动力船余热发电后排出的烟气余热，冷凝器用于加热使海水闪蒸，蒸发器和水汽凝结器（LNG 冷能提供）让水蒸气冷凝成淡水。

②LNG 由于气化的不均匀性，采用 60% 的乙二醇溶液作为中间媒介，再让乙二醇作为载冷介质依次流经低温库、高温库、空调系统、水汽凝结器，实现冷能的梯级利用。设计思路如图 4-3-47 所示，系统运行原理如图 4-3-48 所示。

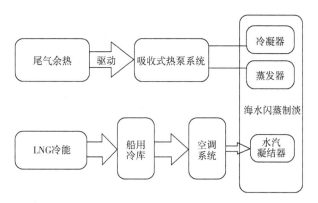

图 4-3-47　系统设计思路框架图

如图 4-3-48 所示，本系统主要由两部分组成。一部分以船舶尾气作为驱动溴化锂—水吸收式海水淡化系统。溴化锂吸收式海水淡化系统由发生器、冷凝器、海水预热器（过冷器）、蒸发器、吸收器、制冷剂储罐、浓溶液储罐、稀溶液储罐、海水闪蒸罐、真空泵、节流阀以及各类循环所需泵和热交换器组成。另一部分采用 60% 的乙二醇溶液作为蓄冷介质对 LNG 气化产生的冷能进行回收。冷能回收系统主要由乙二醇储液桶、换热器、溶液泵和相应的调节设备组成。

余热驱动的溴化锂—水吸收式系统，通过冷凝器来加热海水使其闪蒸，并用蒸发器承担大部分的冷负荷，让闪蒸的水蒸气迅速冷凝得到淡水。冷能回收部分，采用 60% 的乙二醇溶液蓄冷，通过隔板将乙二醇储液桶的乙二醇溶液分为冷端和热端，溶液泵将冷端的乙二醇溶液由一条主路依次流经低温库、高温库、空调系统和水汽凝结器。低温库、高温库、空调系统各自通过支路阀门根据负荷来调节流量，进而稳定实现冷能的梯级利用。通

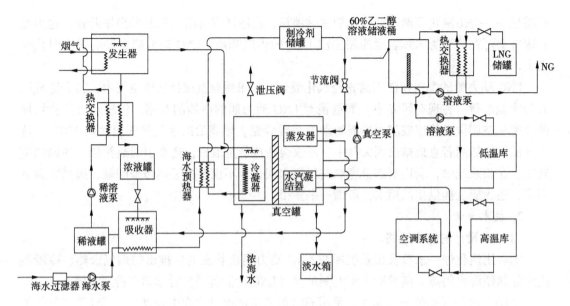

图 4-3-48　系统原理图

过对部分排气余热和 LNG 冷能的综合利用，解决船舶淡水、冷库、空调的需求。

（2）样机设计。

①进行与之匹配的溴化锂—水吸收式热泵系统的整装设计，结合冷能与余热综合利用的整体装置，其整装外形如图 4-3-49 所示，其俯视图和透视图分别如图 4-3-50 和图 4-3-51 所示。

②进行海水闪蒸淡化模块的组合设计，其组合设计透视图如图 4-3-52 所示。

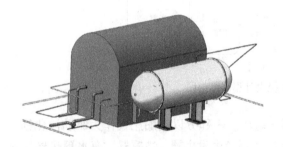

图 4-3-49　吸收式热泵整装外形图

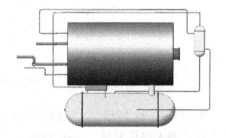

图 4-3-50　吸收式系统整装俯视图

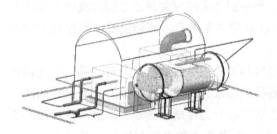

图 4-3-51　吸收式系统整装透视图

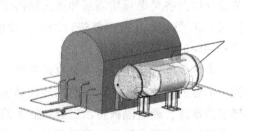

图 4-3-52　海水淡化闪蒸模块透视图

③完成冷能与余热利用系统的整体运行模式设计，其整体模拟运行模式如图4-3-53所示。

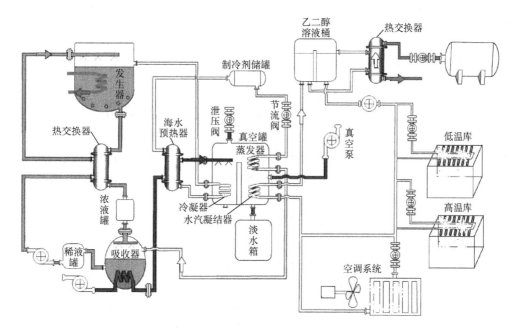

图4-3-53　系统整体模拟运行图

（3）创新点。

①针对LNG动力船的尾气较低品位热能没有得到有效利用的现状，首次提出用溴化锂—水吸收式系统用于尾气的余热回收，并提出具体设计。

②提出将余热回收与冷能梯级利用相结合，为LNG的低品位冷能利用提供一种新的思路。

③对于溴化锂—水吸收式海水淡化系统，采用将冷凝器放出的热量用于海水加热，蒸发器和水汽凝结器用于冷凝制淡，充分利用了烟气的余热。

④在LNG冷能利用方面，巧妙地采用一块隔板将乙二醇溶液储液桶分为冷端和热端，简单实用。既可以增强LNG与乙二醇的换热，把LNG加热到更高温度，也可以得到更低温的乙二醇溶液，提高冷能的品位。

⑤针对船舶（特别是远洋船舶）的刚需，提出了一种新的方案，解决船用淡水、冷库、空调等实际需求。

3. 作品成果

本作品获得了2017年第十一届中国制冷空调行业大学生科技竞赛华南赛区一等奖，同时获得全国大学生节能减排比赛三等奖，并获得了国家实用新型专利。

4. 专家点评

李敏：本设计结合LNG运输船冷能和热能排放的实际进行了有效利用其冷能和余热利用的组合设计，一方面利用余热驱动溴化锂吸收式热泵实现海水淡化，另一方面利用LNG冷能回收实现冷冻冷藏的冷能梯级利用，全方位解决了海上运输船只冷库和淡水问题。通过在原理上的耦合和详细的计算匹配，对整个系统及分系统进行设备选型和管网组装设计，系统设计计算正确，选型组合合理，使海上运输船在实现全部功能的同时，极大地减少了能源消耗。同时，作品首次实现了 LNG 船上冷热能利用上的组合创新。

四、余热与可再生能源利用

（一）锅炉烟气深度热回收装置

（作者：清华大学　纪文杰、耿阳、潘文彪；指导教师：石文星、王宝龙）

1. 创新背景

燃煤、燃气是我国最主要的一次能源。据不完全统计，我国的锅炉总量近 220 万台，在电力、冶金、纺织、食品等行业发挥着重要作用。与我们生活息息相关的供热采暖以及生活热水也需要锅炉提供热量。

锅炉最大的热损失是排烟损失。小型锅炉的排烟温度较高，可达到 180~220℃，大中型锅炉的排烟温度也在 110~180℃。一般来说，排烟温度每升高 15~20℃，锅炉热效率大约降低 1.0%，可见，锅炉排烟是一个潜力很大的余热资源。因此，对不同种类锅炉（包括以热电联产形式运行的燃气电厂等）的烟气进行深度余热回收，可回收的热量约占燃气低位发热热值的 1/10~1/3 不等。因此，锅炉排烟温度高是造成燃气锅炉高能耗、高成本运行，同时还造成氮氧化物和二氧化碳等高排放的重要原因。

当前，我国火力发电厂大部分采用烟气与供热回水直接换热方式回收烟气余热，但是，在回水温度约 60℃条件下，这种方式仅能回收烟气的部分显热，故回收的热量很少。因此，开发更为高效的深度回收烟气余热的设备势在必行。

现有余热回收技术都是针对锅炉排出的烟气进行研究的，主要是研究如何更多、更高效地回收其中的能量，也就是在烟气固有的显热和潜热中进行回收。研究小组（纪文杰、耿阳、潘文彪）另辟蹊径，从余热源头出发进行思考，设想能否通过一种技术手段提高烟气露点温度，从而利用热网的回水从烟气中提取更多的潜热，以提高烟气余热回收效率。

下面简要阐述小组构思的"锅炉烟气深度热回收装置"（简称：热回收装置）的技术方案。

2. 技术方案

（1）方案设计。热回收装置的工作原理如图 4-3-54 所示。烟气首先经过传统的省煤器（烟气—回水换热装置）进行一次热回收（A 点→B 点），并产生一定量的高温凝水，然后进入我们设计的热回收装置中进一步实现深度热回收。

以下分三个部分对热回收装置的流程进行说明。

①锅炉排烟。锅炉排出的高温烟气（A 点）首先进入省煤器与一次网的回水进行换热，回收烟气中的显热和潜热（烟气深度热回收的热量最终都从该处转移到一次网的回水中），并冷凝出一部分凝结水（高温凝水）。由于省煤器排出的烟气（B 点）的温度和含湿量均较高，故将省煤器排烟引入我们设计的图 4-3-55 所示的热回收装置中进行深度热回收。

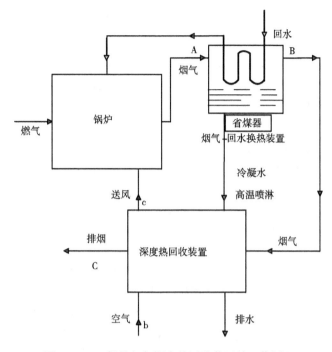

图 4-3-54 锅炉烟气深度热回收装置的工作原理

我们采用对锅炉进风进行两级喷淋（参见图 4-3-56，先经热回收装置产生的低温凝水喷淋，再经烟气—回水换热装置产生的高温凝水喷淋）的方法，以增加锅炉进风的含湿量，从而增大进风的比焓，这样则将烟气中冷凝出来的液态水又以水蒸气的方式转移到锅炉的进风中，提高了锅炉排烟的含湿量或烟气露点温度，从而可用热网回水来冷凝锅炉烟气中的水蒸气（即回收烟气中的潜热），最终降低排烟的温度和含湿量，实现烟气的深度余热回收。

②锅炉进风。锅炉进风（即室外干冷空气，b 点）经过高、低温凝水两级喷淋并与烟气进行热质交换后被加热、加湿后（c 点）再送入锅炉中助燃，不仅可以提高排烟含湿量，还有利于提高燃烧效率、减少氮氧化物的排放。

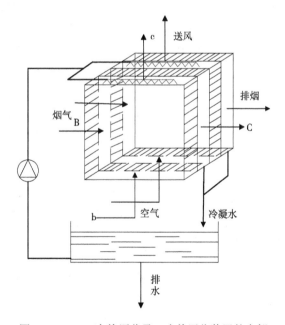

图 4-3-55 一次热回收及二次热回收装置的内部
结构示意图（烟气与空气叉流换热）

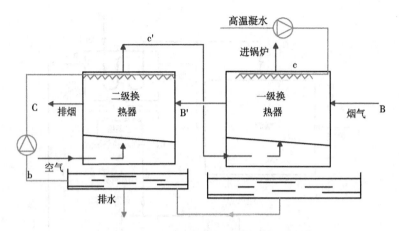

图 4-3-56　深度热回收装置的结构示意图

③换热器结构。为了实现能量的梯级利用，采用串联喷淋换热器方式，逐级对锅炉进风进行低温凝水喷淋和高温凝水喷淋。烟气（B 点）在这两级换热器中逐级被除湿、冷却，实现了深度热回收。一级换热器利用了省煤器冷凝出的高温凝水，由于这部分水量较大，因此可实现连续喷淋；喷淋后的水则落入水槽中，并用水泵循环喷淋在二级换热器上，使低温低湿的新风（b 点）得到加热、加湿。

对于每一级喷淋换热器，采用叉流板式换热器结构，让烟气与空气在板式换热器中的相间流道中流动，分别左进右出与下进上出，同时在空气流道顶部进行喷淋。从空气侧喷淋流下的水直接进入水槽，烟气潜热被再一次回收会冷凝出大量的水。考虑到烟气低温凝水的排出和收集问题，将换热器低端设计成向水槽略微倾斜（5°左右）的结构，从而使低温凝水通过重力作用直接落入水槽中。

（2）设计计算。根据上述方案，进行设计计算。选取 7MW（10t/h）燃气锅炉进行试算，锅炉的主要参数如表 4-3-6 所示。假定设计工况为：回水温度 45℃，流量 350t/h，烟气初始温度为 135℃，天然气消耗量为 2000 Nm^3/h。

表 4-3-6　锅炉选型及主要参数

锅炉选型	供暖功率 （MW）	热效率 （%）	燃气耗量 （MW）	排烟温度 （℃）	热水流量 （t/h）
WNS7.0-1.0/115/-70-Y（Q）	7	91	7.69	200	175

根据北京供应天然气的成分（体积成分）进行计算。其天然气成分为：CH_4（甲烷）为 95.9494%，C_2H_6（乙烷）为 0.9075%，C_3H_8（丙烷）为 0.1367%，H_2S 为 0.0002%，CO_2 为 3.0000%，H_2O 为 0.0052%。

选取部分工况参数如表 4-3-7 所示。

烟气与空气换热过程的焓湿图如图 4-3-57 所示（图中状态点序号与图 4-3-54～图 4-3-56 对应），出口烟气（A 点）先与回水进行换热（变为 B 点），然后进入深度热回收装置，通过与高温凝水和低温凝水的两次换热，有效地降低了烟气的焓值（C 点）。

表 4-3-7　工况参数及具体数值

工况参数	具体数值	工况参数	具体数值
二次热回收器入口空气	$t=-10℃$，$d=1g/kg$	一次网回水温度	45℃
二次热回收器出口空气	$t=20℃$，$\phi=90\%$	一次网出水温度	50℃
一次热回收器出口空气	$t=45℃$，$\phi=90\%$	过量空气系数	1.1

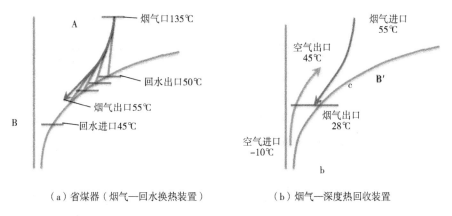

（a）省煤器（烟气—回水换热装置）　　（b）烟气—深度热回收装置

图 4-3-57　烟气—空气换热过程的焓湿图分析

经计算，增设深度热回收装置后，总余热回收量为 1646kW（其中，省煤器回收 1018kW，深度热回收装置回收 628kW），使锅炉的热效率提升 21.4%，具体计算结果参见图 4-3-58（a）。

从图 4-3-58（b）中可以看出，送入锅炉的空气经加热、加湿后，使-10℃、含湿量 1g/kg 的新风（b 点）加热加湿到 45℃、含湿量 65g/kg（c 点）；而烟气经过两级喷淋冷却除湿，最终变为 28℃的饱和烟气（C 点），其含湿量减少了 85.7%。

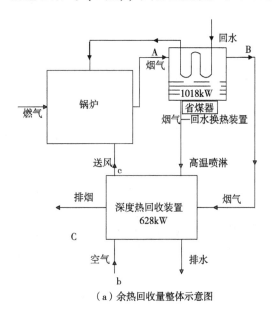

（a）余热回收量整体示意图

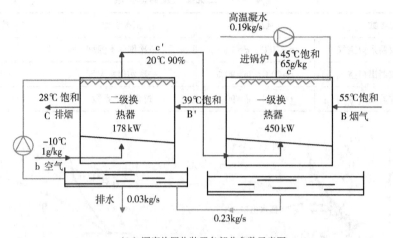

（b）深度热回收装置各部分参数示意图

图4-3-58　计算结果示意图（包括余热回收量，凝水量和饱和空气温度）

　　图4-3-59给出了该装置的节能减排效果。与现有热回收装置相比，该装置能够进一步降低排烟温度，增大热回收量，提高锅炉效率，节省燃料；在减排方面，算例中7MW的锅炉每年节省的天然气可降低污染物排放量，其中可减少806t二氧化碳。因此，该装置具有显著的节能减排效果。

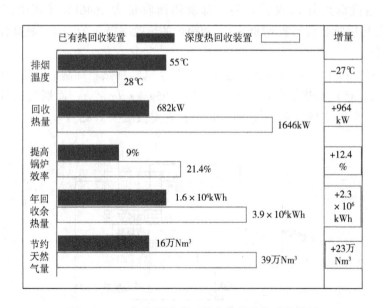

图4-3-59　烟气深度热回收装置的节能减排效果

　　（4）创新点。本装置的创新点：采用双级空气—烟气喷淋换热器，将烟气中冷凝出来的凝结水喷淋锅炉的进风，以提高烟气的露点温度，从而使热网回水可以从烟气中回收更多的水蒸气潜热。

　　与燃气吸收式热泵机组的回收余热方式相比，锅炉烟气深度热回收装置的成本更低；

相较于已有的烟气—空气换热烟气余热回收方式，其余热回收率更高，排烟温度更低，具有更高的节能效果。

（5）装置的特点。

①通过空气与烟气的传热传质，将烟气中的水分转移到锅炉进风中，以提高排烟露点温度，则可将更多的烟气余热转移到回水中，实现烟气潜热的回收，节约能源。

②大幅度降低烟气温度，减少碳、氮氧化物的排放。

③设备结构简单，采用模块化结构设计，并通过串、并联组合方式应用于实际工程，能适应不同容量的锅炉烟气余热回收需求。

④装置主要由多级喷淋构成，成本低廉，运行安全。

（6）应用前景。本装置安装运行简单，只需把空气和烟气的输送管道分别接入装置的两个入口，烟气冷凝下来的水引入水槽即可实现烟气的深度热回收功能；同时不产生额外的能源流向（不需要制备低温水来回收烟气潜热），可减少装置的设备投资和能量耗散。鉴于该装置的上述优势，通过进一步的深化设计和工程应用，有望对我国供热领域的节能减排起到一定的推动作用。

3. 作品成果

本作品获得 2014 年"大金空调杯"第八届中国制冷空调行业大学生科技竞赛华北赛区创新模块设计一等奖，并获得 2014 年"金川"杯第七届全国大学生节能减排社会实践与科技竞赛二等奖。

本作品的技术方案获得了国家发明专利（一种锅炉烟气深度热回收装置及方法，专利号：ZL201410374397.0，授权日：2016-01-13）。

4. 专家点评

石文星、王宝龙：烟气余热回收特别是回收烟气中的水蒸气潜热是提高锅炉效率的重要途径。实现烟气的潜热回收主要有三条技术路线：①降低回水温度。在锅炉排烟工况条件下，降低回水温度，如在热力站采用大温差吸收式换热器，降低回水温度，再通过省煤器回收烟气中的潜热；②用人工冷源冷却烟气。在回水温度和锅炉排烟条件不变的前提下，采用人工冷源实现烟气余热的深度热回收，如采用吸收式热泵机组制取冷水，并用冷水处理高温高湿的烟气，从而回收烟气潜热，并通过热泵的冷凝器制取热水送入热网；③提高烟气露点温度。在回水温度和锅炉排烟条件不变的前提下，采取措施提高锅炉排烟的露点温度，并利用热网回水与高露点烟气进行换热，实现烟气的潜热回收。

现有技术多采用①和②的技术路线。本作品创新性地提出了实现第③种技术路线的技术方案，从而实现了烟气余热的深度热回收，同时降低了热回收装置的制造成本。该作品充分利用了"温度对口、梯级利用"的热能利用原则，创造性地提出采用两级空气—烟气热质交换设备处理烟气和锅炉进风，将热回收装置和省煤器中冷凝出的不同温度的水按顺序喷淋锅炉进风，对进风进行加热、加湿，从而提高锅炉排烟露点，并利用热网回水将烟气中的潜热取出并送入热网，从而实现锅炉余热的深度热回收。

该方案获得了国家专利权（ZL201410374397.0），研究团队以该方案为基础，通过大量的理论和实验研究，进一步改造工艺流程，形成了一系列的技术方案，并在实际工程中得到应用，如山东德州临邑县恒利热电有限责任公司的 2 台 75t/h 燃煤锅炉烟气余热回收节能改造工程等，不仅实现了烟气余热的深度热回收，同时取得了良好的排烟"消白"效果（即消除烟囱排出的"白烟"，这种白烟是烟囱排烟与室外低温空气混合进入雾区而出现的白雾现象）。

（二）一种有效利用机房废热和室外自然冷量的节能空调系统

（作者：哈尔滨工业大学　张卓、李丰志、任燕；指导教师：董建锴）

1. 创新背景

动力、通信等机房中的设备在实际使用过程中会散发大量的废热，如果无法及时排除这些热量，高温环境可能会降低设备的运行效率，甚至导致设备运行故障等问题。因此，该类机房需要常年供冷。而机房的周围一般会有相关的办公区，为了保证办公人员的工作环境，此区域有供暖供冷的需求。针对这种情况，我们一般采用安装空调机组的方式以满足机房区的冷负荷，采用安装热泵机组的方式以满足办公区的冷热负荷。但是，这样的组合系统存在安装、管理复杂，经济性差的缺点。另外，这样的组合系统没有进行机房废热的回收利用，对室外自然冷量的利用也不够合理，白白浪费了可以利用的能源，这在以"节能减排"为主题的当今社会是不可取的。基于以上问题的存在，本作品将克服这些不足，提出了有效利用机房废热和室外自然冷量，并满足机房区和办公区不同负荷的需求，为空调节能提供了新思路。

2. 技术方案

发明一种有效利用机房废热和室外自然冷量的节能空调系统。该系统包括截止阀、电磁阀、氟泵、室内热交换器、电子膨胀阀、压缩机、减压阀、气液分离器；机房区包括第一电磁阀、第七电磁阀、第三氟泵和多个机房室内热交换器；办公区包括第二电磁阀、第一氟泵、第三电磁阀、第四电磁阀和多个办公区室内热交换器；室外区包括第五电磁阀、电子膨胀阀、室外热交换器、第二氟泵、压缩机、第六电磁阀和减压阀。

（1）技术方案的实现。多个机房室内热交换器并联设置，多个机房室内热交换器并联后的总管路与第三氟泵连通，第三氟泵与第七电磁阀连通，第七电磁阀与气液分离器连通。

多个办公区室内热交换器并联布置，多个办公区室内热交换器并联后的总管路与第一氟泵连通，第一氟泵与第四电磁阀连通，第四电磁阀与气液分离器连通，第三电磁阀的一端与第四电磁阀连通，第三电磁阀的另一端与第一氟泵连通，多个机房室内热交换器并联后与多个办公区室内热交换器并联后连通的管路上安装有截止阀，截止阀的两端分别与气液分离器连通的管路上安装有第一电磁阀和第二电磁阀。

室外热交换器与气液分离器连通的第一管路上安装有第二氟泵和第六电磁阀，室外热交换器与气液分离器连通的第二管路上安装有电子膨胀阀，减压阀与气液分离器连通，减压阀与压缩机连通，压缩机与所述第一管路和第二管路连通，第五电磁阀与电子膨胀阀并联设置。所有管路内的液体介质均为氟制冷剂。

（2）具体实施方式。

①具体实施方式一。结合图4-3-60予以说明。本实施方式的一种有效利用机房废热和室外自然冷量的节能空调系统包括截止阀3、气液分离器4、机房区、办公区和室外区。

机房区包括第一电磁阀2、第七电磁阀17、第三氟泵18和多个机房室内热交换器1；

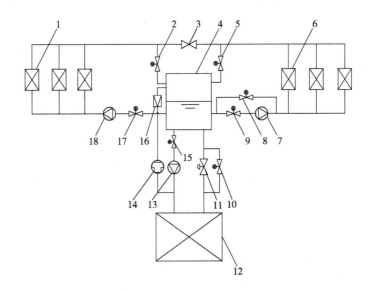

图 4-3-60 有效利用机房废热和室外自然冷量的节能空调系统原理图

1—机房室内热交换器 2—第一电磁阀 3—截止阀 4—气液分离器 5—第二电磁阀 6—办公区室内热交换器

7—第一氟泵 8—第三电磁阀 9—第四电磁阀 10—第五电磁阀 11—电子膨胀阀 12—室外热交换器

13—第二氟泵 14—压缩机 15—第六电磁阀 16—减压阀 17—第七电磁阀 18—第三氟泵

办公区包括第二电磁阀 5、第一氟泵 7、第三电磁阀 8、第四电磁阀 9 和多个办公区室内热交换器 6；室外区包括第五电磁阀 10、电子膨胀阀 11、室外热交换器 12、第二氟泵 13、压缩机 14、第六电磁阀 15 和减压阀 16。

多个机房室内热交换器 1 并联设置，多个机房室内热交换器 1 并联后的总管路与第三氟泵 18 连通，第三氟泵 18 与第七电磁阀 17 连通，第七电磁阀 17 与气液分离器 4 连通。

多个办公区室内热交换器 6 并联布置，多个办公区室内热交换器 6 并联后的总管路与第一氟泵 7 连通，第一氟泵 7 与第四电磁阀 9 连通，第四电磁阀 9 与气液分离器 4 连通，第三电磁阀 8 的一端与第四电磁阀 9 连通，第三电磁阀 8 的另一端与第一氟泵 7 连通，多个机房室内热交换器 1 并联后与多个办公区室内热交换器 6 并联后连通的管路上安装有截止阀 3，截止阀 3 的两端分别与气液分离器 4 连通的管路上安装有第一电磁阀 2 和第二电磁阀 5。

室外热交换器 12 与气液分离器 4 连通的第一管路上安装有第二氟泵 13 和第六电磁阀 15，室外热交换器 12 与气液分离器 4 连通的第二管路上安装有电子膨胀阀 11，减压阀 16 与气液分离器 4 连通，减压阀 16 与压缩机 14 连通，压缩机 14 与所述第一管路和第二管路连通，第五电磁阀 10 与电子膨胀阀 11 并联设置。所有管路内的液体介质均为氟制冷剂。

本实施方式的截止阀 3 能起到双向关断、单向流通的作用。

②具体实施方式二。参见图 4-3-60，本实施方式所述的机房室内热交换器 1 为空气热交换器。如此设置，使用方便可靠，满足设计要求和实际需要。其他与具体实施方式一相同。

③具体实施方式三。参见图 4-3-60，本实施方式所述的办公区室内热交换器 6 为空

气热交换器。如此设置，使用方便可靠，满足设计要求和实际需要。其他与具体实施方式一或二相同。

④具体实施方式四。参见图4-3-60，本实施方式所述的室外热交换器12为空气热交换器。如此设置，使用方便可靠，满足设计要求和实际需要。其他与具体实施方式一相同。

⑤具体实施方式五。参见图4-3-60，本实施方式所述氟制冷剂为R410A。如此设置，安全环保，制冷（暖）效率高，提高空调性能，不破坏臭氧层。其他与具体实施方式一、二或四相同。

⑥具体实施方式六。参见图4-3-60，本实施方式所述机房室内热交换器1和办公区室内热交换器6的数量均为3个。如此设置，满足实际工作的需要。其他与具体实施方式五相同。

（3）工作原理。

①当办公区有热负荷时。启动第二氟泵13和第三氟泵18，同时开启截止阀3，打开第三电磁阀8、第五电磁阀10、第六电磁阀15和第七电磁阀17，关闭其他阀门和设备。气液分离器4内一定量的制冷剂通过第七电磁阀17和第三氟泵18进入机房室内热交换器1蒸发吸热，然后通过截止阀3进入办公区室内热交换器6冷凝放热，再通过第三电磁阀8回气液分离器4。同时，气液分离器4内另有一定量的制冷剂通过第六电磁阀15、第二氟泵13进入室外热交换器12冷凝放热给室外空气，再通过第五电磁阀10回气液分离器4。

②当办公区有冷负荷时。启动第一氟泵7、第三氟泵18和压缩机14，开启第一电磁阀2、第二电磁阀5、第四电磁阀9、第六电磁阀15和第七电磁阀17，关闭其他阀门和设备。气液分离器4内分别有一定量的制冷剂通过第一氟泵7和第三氟泵18输送到机房室内热交换器1和办公区室内热交换器6，机房室内热交换器1和办公区室内热交换器6蒸发吸热后产生的制冷剂蒸汽通过减压阀16降压后进入压缩机14，之后在室外热交换器12中冷凝放热，再通过电子膨胀阀11的节流降压后回到气液分离器4内进行循环。

③当办公区无冷热负荷时。在室外温度比较高的情况下，打开第一电磁阀2和第七电磁阀17，启动第三氟泵18和压缩机14，打开减压阀16，开启电子膨胀阀11，关闭其他阀门和设备。气液分离器4内一定量的制冷剂通过第七电磁阀17和第三氟泵18进入机房室内热交换器1吸热蒸发，然后通过第一电磁阀2回到气液分离器4，制冷剂蒸汽通过减压阀16进入压缩机14，然后通过室外热交换器12冷凝后再回到气液分离器4进行循环；

在室外温度比较低的情况下，打开第一电磁阀2、第五电磁阀10、第六电磁阀15和第七电磁阀17，启动第二氟泵13和第三氟泵18，关闭其他阀门和设备。气液分离器4内一定量的制冷剂通过第七电磁阀17和第三氟泵18进入机房室内热交换器1吸热蒸发，然后通过第一电磁阀2回到气液分离器4。气液分离器4内另有一定量的制冷剂通过第六电磁阀15、第二氟泵13进入室外热交换器12冷凝放热给室外空气，再通过第五电磁阀10回到气液分离器4进行循环。

3. 作品成果

本作品获得2014年第八届中国制冷空调行业大学生科技竞赛东北赛区一等奖，并申请了国家专利。

4. 专家点评

董建锷：本项目的创新点主要在于提出了一种有效利用机房废热和室外自然冷量的节能空调系统，并设计了适用于新系统的多功能气液分离器。该空调系统由氟泵提供制冷剂循环的动力，在室外温度比较低时，可以充分利用室外冷量，启动氟泵而不用压缩机，可以节约电能，从而达到节能减排的目的。该团队考虑了机房废热和室外自然冷量的利用，设计了一种能同时满足机房区和办公区不同负荷要求的节能空调系统。

建议：今后对废热和自然冷能的利用进行试验研究，通过系统性能实验研究，探索一种适合实际场合的运行方式。①废热的用途可以有多种方式，包括直接热源、吸收制冷热源、热泵热源等；②采用氟泵进行自然冷能的利用时，在提高节能效果方面，可以考虑采用变频泵，通过实验研究，得到比较经济节能的运行频率。

（三）被动式辐射制冷装置

（作者：华南理工大学　黄杰、卢炯、罗嘉奇；指导教师：许雄文）

1. 创新背景

随着人们生产生活水平的日益提高，人类能源消耗量也迅速增加，由此带来的环境污染和全球变暖问题日益突出，节能减排日益受到人们的重视，目前制冷设备耗电量占全球总耗电量的比重相当大。如果能够找到一种不耗费能量的制冷方式，对于节能减排具有非常重大的意义。但是制冷是把热从低温物体传到高温物体，在这种情况下想要不消耗能量，违背了热力学第二定律。但是宇宙中有个天然的冷源，那就是外太空。外太空的温度非常低，达到了-270℃，远远低于地球表面物体的温度，因此地球表面向外太空传递热量是可以不消耗能量的。那能不能把热量从需要冷却的物体表面传到外太空呢？这是一个很有意思的课题。

首先，向外太空传热只能通过热辐射的方式，而且辐射要穿过厚厚的大气层，同时辐射体也会接收外界对它的辐射，这些都是实现向外太空传热需要解决的问题。因此，我们查阅了国内外大量相关的文献，对这种通过向外太空辐射传热实现制冷的方式的可行性进行了深入的了解和研究，最后设计并制作出了被动式辐射制冷装置。

2. 技术方案

（1）工作原理。被动式辐射制冷是利用大气在 $8 \sim 13 \mu m$ 波长的红外光波段（即大气窗口）穿透率很高的特点，通过热辐射的方式向外太空释放热量，从而实现制冷。

在大多数波段下，大气层会阻挡地面的辐射波向太空中传递，相当于对地面产生了保温作用，地面温度因此不会降得过低。然而，对某些特定波段如 $0.3 \sim 3 \mu m$，$3.2 \sim 4.8 \mu m$ 和 $8 \sim 13 \mu m$ 的电磁波，大气层具有相当高的透射率。其中 $8 \sim 13 \mu m$ 波段，恰好是大地向外热辐射的主要波段，利用这个窗口可实现对外太空辐射热量。地球表面通过向外太空辐射热量的方式获得制冷能力的现象称为光谱选择性辐射制冷。这也是被动式辐射制冷装置能够工作的根本动力。

辐射制冷装置的辐射表面与外界的热交换如图 4-3-61 所示。当辐射表面向外辐射传递的热量大于外界对其辐射（P_{atm}）、对流和导热所传递的总热量时（$P_{cond+conv}$），辐射表面向外的总传热量大于 0，辐射表面温度将降低。随着辐射表面温度的降低，其与环境的温差增大，P_{atm} 和 $P_{cond+conv}$ 将逐渐增大，最终达到平衡状态，此时辐射表面温度与环境温度达到一个最大温差。在相同的条件下，装置的制冷能力越强，最终所能达到的温差越大，所以可以用此温差来评价装置的性能。

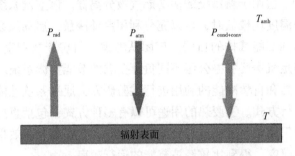

图 4-3-61　辐射表面与外界热交换示意图

T_{amb}—环境温度　T—辐射表面温度　P_{rad}—向外辐射传热功率

P_{atm}—大气向内辐射传热功率　$P_{cond+conv}$—对流和导热换热功率

（2）作品设计。从图 4-3-61 进行分析，想要使装置实现制冷，需要尽可能的增大 P_{rad} 而减小 P_{atm} 和 $P_{cond+conv}$。增大 P_{rad} 和减小 P_{atm} 要求辐射表面具有这样的特性：对于短波辐射具有很高的反射率，能够把太阳辐射尽可能地反射回去；在大气窗口对应的波段上具有很高的发射率，能够将热量辐射到外太空去。而减小 $P_{cond+conv}$ 则要求装置具有非常好的保温性能。从这两点出发，我们对被动式辐射制冷装置进行了设计。

首先，为使装置具有优秀的保温性能，我们选用聚苯乙烯挤塑板作为保温材料，其导热系数为 0.029 W/（m·K）。整个装置形状为正四棱柱，外部总轮廓尺寸为 600mm×600mm×150mm，辐射表面的面积为 400mm×400mm。顶部采用一层 12.5μm 厚的低密度聚乙烯膜（LDPE）将装置封起来，薄膜与下方的辐射层之间形成空气层。低密度聚乙烯几乎在全波段都有 0.9 的穿透率，可以保证辐射的顺利通过。空气层的导热系数只有 0.026W/（m·K），设置空气层可以增强保温效果，但空气层不是越厚越好，当空气层厚度过大时，装置内部会产生自然对流，反而会破坏保温效果。经计算，我们将空气层厚度定为 10mm。装置的效果图和实物图如图 4-3-62、图 4-3-63 所示。

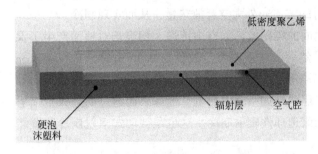

图 4-3-62　被动式辐射制冷装置效果图

图 4-3-63　被动式辐射制冷装置实物图

对于辐射层的设计，我们根据白天和夜晚不同的使用条件设计了两种方案。在夜间，由于没有太阳辐射，所以辐射表面只需要满足在大气窗口波段具有很高的发射率即可。我们选择在一块普通铝板上涂上一层石墨烯涂层，使该表面在所有波段都具有较高的发射率。而在白天，辐射表面除了要向外太空辐射能量，还要把太阳辐射尽可能地反射回去。我们选择在一块镜面铝板上贴一层 PET 薄膜，镜面铝板可以将大部分的太阳辐射反射回去，而 PET 层在红外光波段具有较高的发射率，将这两者结合可以满足要求。

根据以上设计，我们制作出了两个作品，1 号制冷装置以石墨烯涂层为辐射材料，2 号制冷装置以 PET 薄膜为辐射材料。

（3）实验测试。由于天空方向温度是随天顶角的增大而增大的，因此一般情况下将装置水平放置能使获得的制冷能力最大化。同时，为了尽量避免周围环境中建筑、树木等产生的热辐射进入装置，应将装置放置于较高建筑的屋顶，从而使辐射层正对温度较低的天空，利用热辐射而产生制冷量。

根据以上分析，2017 年 5 月 28 日下午在华南理工大学 30 号楼楼顶对两个作品的制冷效果进行了实验测试，实验时装置所处环境如图 4-3-64 所示。实验中采用 JK804 多路温度测量仪的三个通道分别测量 1 号制冷装置的辐射体温度、2 号制冷装置的辐射体温度以及环境温度，仪器的测试精确度为±0.1℃。

图 4-3-64 实验现场环境

实验结果如图 4-3-65 所示，辐射材料为石墨烯涂层的 1 号制冷装置，在下午太阳光照射下，温度上升得很快，最高温度达到了远高于空气温度的 44℃，而在夜间则可以取得良好的制冷效果，制冷温差可达 5℃左右。辐射材料为 PET 薄膜的 2 号制冷装置，在下午太阳光照射下，温度上升较为平缓，最高温度接近空气温度，而在夜间效果良好，可以取得 6℃ 左右的最大制冷温差，相比于石墨烯涂层表面最大制冷温差高 0.8℃ 左右。实验结果表明，两个制冷装置在夜间的制冷效果基本符合预期，而在日间的制冷效果仍有待改进。

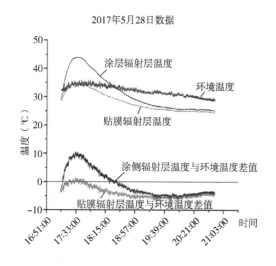

图 4-3-65 实验结果

3. 作品成果

本作品获得了 2017 年"盾安环境杯"第十一届中国制冷空调行业大学生科技竞赛华南赛区一等奖。

4. 专家点评

许雄文：本作品从思考不耗能空调出发，结合热力学第二定律，大胆提出了向外太空辐射要冷量的设想，并小心求证。通过阅读相关文献，制作了辐射制冷表面及制冷装置，并进行了实验验证，达到了一定的制冷效果。体现了作者较好的学习、思考和动手能力。

该作品主要应当应用于高大厂房的屋顶，减少厂房内的热负荷，但通过实验结果可以看出，该作品还存在制冷量小、白天无法制冷的问题，目前距离实际应用还有比较长的路要走。

（四）餐饮余热驱动热泵空调系统设计

（作者：广东工业大学　陈炽明、李洪智、刘定；指导教师：罗向龙）

1. 创新背景

近年来，建筑终端能耗占到全社会终端能耗的20%左右，我国对于建筑节能问题越来越重视。而餐饮建筑作为一类特殊的建筑，能源消耗巨大，其能源利用效率也普遍较低，在使用过程中产生的大量低品位能源未能得到有效利用，绝大部分能量被作为废热直接排入环境中。此外，餐饮行业排放的油烟也普遍未能达到排放标准，对大气及环境造成一定的污染。基于上述问题，本作品提出了一套行之有效的系统，该系统在回收利用这部分低品位能源的同时也可能实现油烟的净化，不仅产生可观的经济效益而且具有积极的环保意义。

2. 技术方案

（1）发明内容。本创新发明提出了一套利用餐饮余热驱动热泵空调系统，通过特定的热回收设备有效回收余热，用于夏季供冷、冬季采暖并且实现全年生活热水的制备；同时在热交换器前加装高压静电油烟过滤器，用以吸附油滴和颗粒物，实现油烟的净化。

（2）技术方案。

①炉灶通过暗藏热管回收余热，在热管的蒸发段与炉灶外壁之间填充导热硅胶、导热泥等高效导热材料吸收炉灶外壁的热量，外观上与普通炉灶无异，同时热管的传热性能极佳，能迅速有效吸收炉灶壁面散发的热量。

②在油烟余热回收热交换器前加装高压静电油烟过滤器，在净化油烟的同时，起到避免油滴等污垢积累于换热器表面，进而影响翅片管道换热效果的作用。

③该系统的气液分离器带有辅热装置，从而可以确保运行过程中装置能提供连续不断的饱和水蒸气。

（3）发明创新点。

①该系统通过暗藏热管作为热交换器回收炉灶的余热，在有效利用这部分能量的同时，能极大降低有害热辐射，同时减小厨房冷负荷，提高厨房热舒适性。通过回收排气管废热，制取系统所需热源水。夏季时，热水流往制冷系统，驱动溴化锂吸收式制冷系统；冬季时，热水则流往加热系统，起到采暖的作用。

②该系统采用翅片管式热交换器回收烟气余热，同时在热交换器前加装高压静电油烟过滤器用以吸附油滴和颗粒物。实现了在有效回收这部分能量的同时，缓解城市的热岛效应，并且使油烟符合排放标准，达到保护环境的目的。

（4）技术说明。

①系统介绍。图4-3-66为餐饮余热驱动热泵空调系统功能图，该系统将餐饮建筑的烟道与炉灶进行适当的改造并增加热交换设备，以此回收餐饮余热，制取系统所需的热源

水。夏季工作模式时，电磁阀门 1 开启，电磁阀门 2 关闭，热水流往制冷系统，驱动溴化锂吸收式制冷系统，经过发生器换热的热水储存于蓄热水箱中，提供生活热水和制冷系统的驱动热源，避免餐饮余热不足造成制冷系统不稳定，并且经过气液分离器的部分饱和高温蒸汽可用于餐具的消毒杀菌；冬季工作模式时，电磁阀门 1 关闭，电磁阀门 2 开启，制冷系统不工作，但系统制备生活热水和高温蒸汽；经过烟道和炉灶的换热得到的热水存储于蓄热水箱，为建筑提供生活热水和进行采暖，采暖系统利用蓄热水箱热水，热水流室内机加热室内空气，起到采暖的作用。

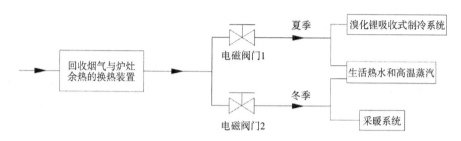

图 4-3-66　餐饮余热驱动热泵空调系统功能图

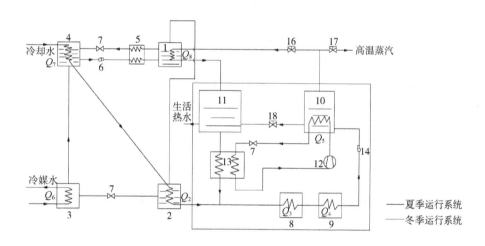

图 4-3-67　餐饮余热驱动热泵空调系统结构图

1—发生器　2—冷凝器　3—蒸发器　4—吸收器　5—溶液交换器　6—溶液泵　7—节流阀
8—烟气余热换热装置　9—炉灶余热换热装置　10—气液分离器（具有加热装置）　11—蓄热水箱
12—热泵压缩机　13—换热器　14—溶液泵　15，16，17，18—电磁阀门

图 4-3-67 为餐饮余热驱动热泵空调系统结构图。其中，溴化锂制冷系统包括发生器 1、冷凝器 2、蒸发器 3、吸收器 4、溶液交换器 5、溶液泵 6 以及节流阀 7。

溴化锂制冷系统以回收余热作为驱动热源，驱动热源加热发生器 1 中的溴化锂—水溶液，水蒸气随后进入冷凝器 2 冷凝为高压常温液态水，液态水溶液经过节流阀 7 降温降压后进入蒸发器 3 吸热，最后，气态水蒸气进入吸收器 4 中并溶解于高浓度的溴化锂水溶液中。溶液泵 6 将溴化锂溶液重新输送至发生器 1 中，完成一个循环。

热泵空调系统包括热泵压缩机 12、气液分离器 10、节流阀 7、换热器 13。热泵压缩机

12 将制冷工质升温升压后送入气液分离器 10，高温高压工质在气液分离器 10 中冷凝成为高压常温液态工质，随后，常温液态工质经过节流阀 7 降温降压后进入换热器 13 吸热蒸发，成为低温低压气态工质后重新回到热泵压缩机 12 完成一个循环；用于回收余热的烟气余热换热装置 8、炉灶余热换热装置 9、溶液泵 14、储热水箱 11、换热器 13 以及 4 个电磁阀 15、16、17、18。

a. 烟气余热回收装置。为了达到对烟气余热的充分利用，在烟气排气管道处设置一个高效的热交换器，让低温水吸收烟气的热量从而升高温度，实现烟气余热中低品位热量的回收。

图 4-3-68 为烟气余热翅片管热交换器，此热交换器的结构类似于一般的翅片管热交换器。在烟气进入换热器前需加设一个高压静电油烟过滤器，吸附油滴和颗粒物，避免油烟等污垢积累于换热器表面，影响翅片管道的换热效果。加设翅片是为了增大其换热面积，增强传热效果。一般的餐饮建筑的烟道烟气温度都有 100~150℃，所以经过翅片管换热器的热水温度可达到 60~70℃，同时也可降低排除烟气的温度，避免能量的浪费和环境的热污染。

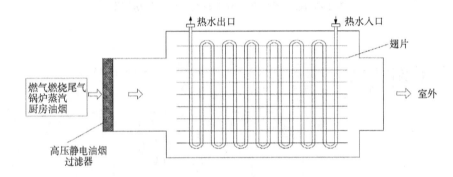

图 4-3-68　烟气余热翅片管热交换器

b. 炉灶余热回收装置。炒菜的炉灶在使用一段时间后，炉灶炉膛内壁的耐火砖被烧得通红，其温度高达 900℃以上。然而这部分热能却被白白地浪费掉了，并且热辐射会对工作人员的健康造成危害。

对餐饮厨房的炉灶设备进行改造，在其外壁加设一个热管换热器。图 4-3-69 为烟气余热翅片管热交换器，在热管的蒸发段与炉灶外壁之间填充高效导热材料（导热硅胶、导热泥等）吸收炉灶外壁的热量，使热管中的蒸发段液体吸热蒸发，在冷凝段被热水冷却从而冷凝成液体。利用热管换热器转移热量的性质，把炉灶外壁的热量转移到热管的冷凝端热水中，从而达到加热热水的目的，极大地降低了炉灶余热的浪费和对工作人员造成的热辐射。

②具体实施方式。本创新发明包含夏季制冷工作模式和冬季采暖工作模式，图 4-3-70 为夏季制冷系统，图 4-3-71 为冬季采暖系统，下面就这两种工作模式阐述其具体实施方法。

a. 夏季制冷工作模式。

（a）如图 4-3-70 所示，冷却水先经过系统的吸收器再经过冷凝器，从而回收吸收器

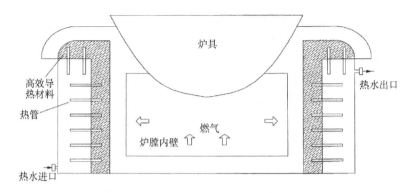

图 4-3-69　烟气余热翅片管热交换器

和冷凝器冷却释放的低品位热量，得到的热水经过烟气余热换热器和炉灶余热换热器后，水管中的热水温度继续升高，最后成为气液混合的流体；气液混合的流体经过气液分离器，分离出的饱和水蒸气一少部分可用于对餐具的消毒杀菌，另一部分饱和水蒸气进入溴化锂吸收式制冷系统的发生器，作为发生器的驱动热源。

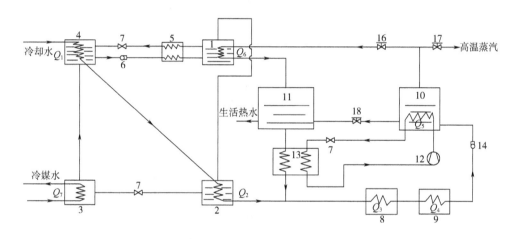

图 4-3-70　夏季制冷系统图

1—发生器　2—冷凝器　3—蒸发器　4—吸收器　5—溶液交换器　6—溶液泵　7—节流阀
8—烟气余热换热装置　9—炉灶余热换热装置　10—气液分离器（具有加热装置）　11—蓄热水箱
12—热泵压缩机　13—换热器　14—溶液泵　15，16，17，18—电磁阀门

（b）经过发生器后得到 60~70℃ 的热水，把热水存储于蓄热水箱，一部分为餐饮建筑提供生活热水；另一部分流进热泵热水器的换热器进行换热，使热泵热水器获得低品位热量，进而能够加热气液分离器中的热水。经过热泵的换热器使热水温度降低，热水又流回烟气余热和炉灶余热换热器加热的管道，从而形成一个循环。

（c）驱动热源的饱和水蒸气流到发生器处，加热发生器中的稀溴化锂溶液，并使溶液中的大部低沸点的水蒸发出来。

（d）水蒸气进入冷凝器中，冷却水把高温蒸汽冷凝成低温液体，再经节流器降压到蒸发压力。

（e）水经节流阀后与冷媒水进行换热，再把冷媒水输送到制冷系统室内机中，吸收被冷却系统中的热量从而达到制冷降温效果。

（f）在发生器中经发生过程剩余的浓溴化锂溶液（高沸点的溴化锂以及少量未蒸发的水）经吸收剂节流器降到蒸发压力进入吸收器中，与从蒸发器出来的低压制冷剂蒸气相混合，吸收低压制冷剂蒸气后恢复到原来的浓度。

（g）吸收过程往往是一个放热过程，故需在吸收器中用冷却水来冷却混合溶液。在吸收器中恢复了浓度的溶液又经溶液泵升压后送入发生器中继续循环。

②冬季采暖工作模式。如图 4-3-71 所示，该系统水暖系统与燃气热水器类似，当热水经过烟气余热和炉灶余热换热装置后为气液混合流体，其温度可达 110℃。混合的高温流体在气液分离器中进行气液分离，分离出来的高温蒸汽用作餐具的消毒杀菌；随后热水通过管道输送并储存于蓄热水箱，蓄热水箱中的热水为餐饮建筑提供生活热水和采暖热水，采暖热水进入空调器的加热器加热空气，调节餐饮建筑的室内温度。加热器里的热水溶液放热后被冷却，冷却后的热水又流经烟气余热和炉灶余热换热装置进行加热，完成一次采暖循环。

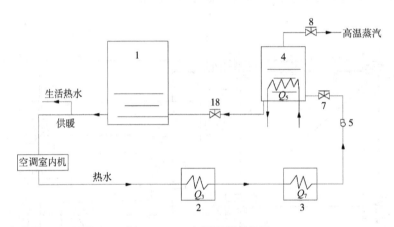

图 4-3-71　冬季采暖系统图

1—蓄热水箱　2—烟气余热换热装置　3—炉灶余热换热装置　4—加热装置　5—溶液泵　6，7，8—电磁阀门

3. 作品成果

本作品获得了 2015 年"盾安环境杯"第九届中国制冷空调行业大学生科技竞赛华南赛区一等奖。

4. 专家点评

罗向龙：该作品在余热资源丰富的餐饮行业具有较为广阔的应用前景，其创新之处归结起来有以下两点：①利用高效的热管回收利用厨房的余热资源，并以此作为夏季溴化锂制冷系统的驱动热源，并且在冬季用于采暖；②在回收热能的同时，能有效地净化排气油烟。

该想法在能源回收利用方面具有创新性，将溴化锂制冷系统、热泵空调系统以及热回收系统有机地结合起来，用以制备生活热水、制冷以及采暖，使得余热得到更为充分的利用，且设置了排烟过滤系统，在绿色环保方面也具有创新性。

（五）双轴自控式零能耗太阳能跟踪装置

（作者：华中科技大学 刘洁丽，等；指导教师：陈焕新）

1. 创新背景

太阳能是未来具有开发潜能的可再生能源，但太阳能能量分布密度低，空间分布不均匀，使其利用效率不高。目前，太阳跟踪方式有很多，比如基于光电传感器和微处理器的跟踪系统，基于天体运动数据库和时间的跟踪系统，基于卫星定位的"向日葵"跟踪系统。目前已存在的跟踪装置主要有机械式、程控室、光电式、控放式等，其中机械式、程控式、控放式结构较复杂，控放式仅能实现单轴追踪，机械式、程控室、光电式不能脱离外界人工能源的输入，在提高太阳能接收效率的同时造成能源的消耗。上述跟踪系统分别存在耗能量大、机构复杂、造价昂贵等不足，不利于推广，且均不能离开人工能源的输入。针对上述问题，本作品巧妙地利用制冷剂（R600a）的热效应，将太阳能转换为制冷剂的热能，产生推动气缸活塞的压力差，通过齿轮齿条传动机构，使太阳能接收平板转动，跟踪太阳位置，提高太阳能接收率。

2. 技术方案

（1）设计方案。本装置主要包括台架、遮光器、集热装置、驱动气缸四大部分，其整体结构如图 4-3-72 所示。

①台架。台架起到支持作用，整体由型材拼接而成，方便购买，内含两个铰接座，为系统提供两个自由度。

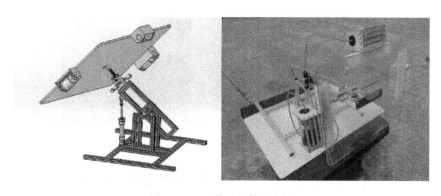

图 4-3-72 装置整体示意图

②遮光器。遮光器除起到遮光调节作用外，也尽量避免自身受热对集热罐的影响。遮光器为 45°木栅，图 4-3-73 为透射状态，阳光可以透射；图 4-3-74 为非透射状态，阳光无法透射。阳光未直射平台时，控制东西旋向的两遮光器处于不同的两种状态，致使两侧集热装置受热状态不同，而起到调节作用。

③集热装置。集热装置由储气罐、密封装置组成，如图 4-3-75 所示。储气罐为铝制耐压罐，用于存放制冷剂 R600a，通过软管将升温膨胀后的 R600a 气体传递到驱动气缸，提供蒸汽压差驱动执行机构动作。本装置总共三个集热罐，太阳能接收平板两侧对称布置两个，跟踪太阳方位角，平板上方布置一个集热罐，跟踪太阳高度角。

图 4-3-73 透射状态

图 4-3-74 非透射状态

此外，根据本装置的工作原理，初步对工质的特性提出以下要求：对铝制气缸壁、储气罐无腐蚀作用；性质稳定，不易燃、不易爆、对环境无害；沸点在 20～50℃；工质在 150℃时蒸汽压不超过 10bar，保证安全性。初步选定工质为 R600a，它的用量是通过初始用量计算、多次实验调整确定的。

④驱动气缸。铝制微型气缸，由缸筒、端盖、活塞、活塞杆和密封件等组成，其外观如图 4-3-76 所示。最高工作压力为 10bar，通过集热罐中产生的蒸汽压差驱动产生推力。本装置总共三个驱动气缸，与集热罐配套布置。东西向气缸使平板东西转动，图 4-3-76 示出了气缸实现南北俯仰的状态。

图 4-3-75 集热装置

图 4-3-76 驱动气缸外观

（2）技术原理。本装置为基于制冷剂热效应的太阳能自动跟踪平台，其闭环自动控制原理和执行机构分如图 4-3-77 和图 4-3-78 所示。平板两侧对称布置的集热罐接收太阳的位置信号，集热罐受热不同，产生温差，温度高的集热罐内的 R600a 受热膨胀，使左右两边气缸产生压差，通过齿轮齿条传动机构，使平板转动。

本装置在受到阳光照射时，假如阳光

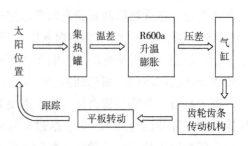

图 4-3-77 装置自动控制原理

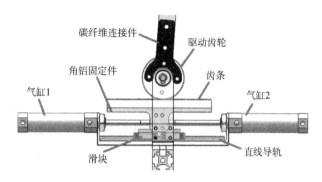

图 4-3-78 东西向调整对准执行机构

不能直射太阳能接收平板（工作时可以安装太阳能热水器、太阳能光伏板等太阳能利用装置），由于遮光板的作用，左右两侧的集热罐仅有阳光偏向的一侧能接收到太阳光照射，另外一侧无法接受太阳光照射。当早晨太阳初升时，能够接收太阳光照射的东侧集热罐温度升高，储气罐内工质因温度升高而膨胀，气管及气缸内蒸汽压提高。

由于储气罐通过气管连接到同侧的气缸，此时该侧气缸由于缸内气压升高，推力大于另一侧气缸，压差推动气缸活塞运动、滑块带动齿条平动、驱动齿轮转动，从而实现平板的转动，进行太阳能跟踪。直至太阳直射平板时，遮光器使得东西两集热罐均不受热，压差不变，机构停止转动，当太阳继续向西转动后，西边的集热罐受热而东边一侧不再受到光照，平板反向向西转动，直至太阳西下，完成跟踪周期。如果推动角度偏大，则仅有另一侧受热罐能接收到阳光辐射，动作机理相同，自身组成一个闭环控制系统，直至正对阳光。垂直方向的俯仰调节与上述情况类似。

（3）系统整体结构。系统的整体结构如图 4-3-79 和图 4-3-80 所示。本系统是基于材料相变的太阳能自动跟踪平台，太阳的相对位置信号由太阳能接收平板两侧的集热装置接收。集热罐内盛放有汽化温度较低、安全的正戊烷，两个集热罐由于接受太阳照射条件不同，受热不同，其内部正戊烷的汽化量不同，通过软管将集热罐与气缸相连，把汽化量不同产生的压差转化为推动气缸活塞运动、滑块带动齿条平动、齿轮转动的动力，从而实现平板的转动，进行太阳能跟踪。

图 4-3-79 系统正视图

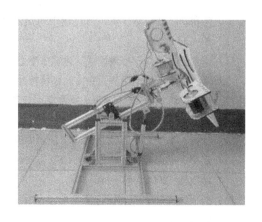

图 4-3-80 系统侧视图

3. 作品成果

本作品获得了 2015 年"恩布拉科杯"中国制冷学会创新大赛三等奖、2015 年台湾东元科技创意竞赛技术奖、第七届全国节能减排大赛一等奖。

4. 专家点评

陈焕新：本装置利用了相变材料在受热不均时产生的压差转为推动力，使得装置可东西向转动、南北俯仰，始终保证太阳能设备的能量转换部分所在平面与太阳光线垂直，提高了太阳能利用率。构思巧妙，创新点和优势也十分明显。①无需消耗人工能源：利用制冷剂热效应产生的压差实现太阳能自动跟踪，无需电动机控制部分及外接电源，不耗费电能；②闭环自动控制：遮光板调节集热罐的受热情况，更准确接收太阳位置信号，并使整个装置成为一套闭环系统，自动跟踪太阳，自动周期往复；③装置结构简单：巧妙利用制冷剂热效应，无需电控设备，装置结构简单，成本低；④应用范围广：本装置为太阳能跟踪平台，可用于太阳能热水器、太阳能光热发电系统。

更难能可贵的是，作者较为巧妙地结合了能源与动力工程学院所教授的课程，如机械原理（整体结构设计）、制冷装置（R600a 的选用与分析）等，设计并构造了此系统。这也鼓励大学生融汇所学内容，并用于实践与创新。

参考文献

[1] 谷波，田树波，孙涛，等. 风冷热泵机组的结霜特性研究 [J]. 暖通空调，2001，31（1）：81-82.
[2] 黄东，袁秀玲. 风冷热泵冷热水机组热气旁通除霜与逆循环除霜性能对比 [J]. 西安交通大学学报，2006，40（5）：539-543.
[3] 韩志涛. 空气源热泵常规除霜与蓄能除霜特性实验究 [D]. 哈尔滨：哈尔滨工业大学，2007.
[4] 胡文举. 空气源热泵相变蓄能除霜系统动态特性研究 [D]. 哈尔滨：哈尔滨工业大学，2010.
[5] 董建锴. 空气源热泵延缓结霜及除霜方法研究 [D]. 哈尔滨：哈尔滨工业大学，2012.
[6] 陈超，欧阳军，王秀丽，等. 空气源热泵机组冬季除霜补偿新方法 [J]. 制冷学报，2006，27（4）：37-40.
[7] 石文星，王宝龙，邵双全. 小型空调热泵装置设计 [M]. 北京：中国建筑工业出版社，2013.6.
[8] 王厚华. 传热学 [M]. 重庆：重庆大学出版社，2006.
[9] 龙天渝、蔡增基，等. 流体力学 [M]. 北京：中国建筑工业出版社，2008.
[10] 丁勇花，狄育慧. 室内气流运动对热舒适性影响因素的分析 [J]. 洁净与空调技术，2014（3）：20-24.
[11] 李亚亚. 夏热冬冷地区居住建筑冬季室内热舒适研究 [D]. 西安：西安建筑科技大学，2013.
[12] 肖勇强. 冬季空调房间室内热环境特性的研究 [D]. 西安：西安建筑科技大学，2004.
[13] 谢东，刘泽华，熊军，等. 空调室内气流组织与热舒适数值模拟和实验 [J]. 建筑热能通风空调，2013，32（3）：62-65.
[14] 徐薇. 基于 CFD 的室内热环境模拟研究 [J]. 四川建材，2012，38（1）：44-47.
[15] 赵彬，李先庭，彦启森. 用 CFD 方法改进室内非等温送风气流组织设计 [J]. 应用基础与工程科学学报，2000（4）：376-386.
[16] 商福民，刘建红，潘欣，等. 脉动热管 CPU 散热装置传热性能实验研究 [C]. 第十二届全国热管会议论文集，2010.
[17] 范春利，曲伟，杨立，等. 微槽平板热管传热性能的试验研究 [J]. 海军工程大学学报，2005，16

（2）：204-207.

[18] 范春利，曲伟，孙丰瑞，等．重力对微槽平板热管传热性能的影响 [J]．热能动力工程，2004，1（1）：99-103.

[19] 苏俊林．电子设备冷却用小型平板热管的研究开发 [D]．长春：吉林大学，2003.

[20] 庄骏，张红．热管技术及其工程应用 [M]．北京：化学工业出版社，2000.

[21] LIU P S.，LIANG K M. Functional materials of porous metals made by P/M, electroplating and some other techniques. Journal of Materials Science [J]．2001，36：5059-5072.

[22] 李庆友，王文，周根明．电子元器件散热方法研究 [J]．电子器件．2005，12：28-34.

[23] 屈健．脉动热管技术研究及应用进展 [J]．化工进展，2013，32（1）：33-41.

[24] 史一忠．某冷库制冷系统废热利用的可行性研究 [J]．冷藏技术，1990（2）：17-20.

[25] 林丹玲，蓝青．氨卧式冷凝器的传热系数 K 值——作为冷凝热回收换热器时 [J]．集美大学学报：自然科学版，1993（2）：63-69.

[26] 吴献忠，夏波，吕林泉，等．冷凝热热回收机组的开发和应用 [J]．制冷与空调，2001，1（6）：29-32.

[27] 赖伟彬，刘文利，陈伟群．小型风冷型装配式冷库热回收改装 [J]．制冷，2014（2）：79-82.

[28] 魏洪生，朱世龙，孙铁军．小型屠宰工厂冷凝热回收及高温热泵热水系统的应用 [J]．肉类工业，2014（7）：40-42.

[29] 邱文国．冷风机融霜水量的确定及再利用 [J]．渔业现代化，1991（1）：20-22.

[30] 农秉茂，仇富强．冷库冻结库蒸发器冲霜水回收利用技术研究 [J]．漯河职业技术学院学报，2014（2）：9-11.

[31] 张可．板式换热器在氨系统中的应用 [J]．冷藏技术，2007（2）：50-51.

[32] MELO C.，KNABBEN F.，PEREIRA P. An experimental study on defrost heaters applied to frost-free household refrigerators [J]．Applied Thermal Engineering，2013，51：239-245.

[33] HERMES, C. J. L.，PIUCCO R. O.，BARBOSA, J. R.，MELO C. A study of frost growth and densification on flat surfaces [J]．Experimental Thermal and Fluid Science，2009，33：371-379.

[34] TUDOR, V. Control of Frost Growth in Refrigeration Systems using the EHD Technique [D]．Maryland：University of Maryland，2003.

[35] HEWITT, N.，HUANG, M. J. Defrost cycle performance for a circular shape evaporator air source heat pump [J]．Int. J. Refrigeration，2008，31：444-452.

[36] BANSAL, P.，FOTHERGILL D.，FERNANDES R. Thermal Analysis of the Defrost cycle in a Domestic Freezer [J]．International Journal of Refrigeration，2010，33：589-599.

[37] MELO, C.，KNABBEN F.，PEREIRA P. An Experimental Study on Defrost Heaters Applied to Frost-free Household Refrigerators [J]．Applied Thermal Engineering，2013，51：239-245.

[38] 宋新洲，范志军．利用冷藏室循环热进行化霜预处理的蒸发器化霜系统的试验研究 [J]．制冷技术，2012（1）：15-18.

[39] 韩志涛．空气源热泵常规除霜与蓄能除霜特性实验研究 [D]．哈尔滨：哈尔滨工业大学，2007.

[40] ZHANG L. A Novel Defrosting Method Using Heat Energy Dissipated by the Compressor of an Air Source Heat Pump [J]．Applied Thermal Engineering，2014，118：256-265.

[41] LIU, Z.，LI A.，WANG Q.，CHI Y.，ZHANG L. Experimental Study on a New Type of Thermal Storage Defrosting System for Frost-Free Household Refrigerators [J]．Appl. Therm. Eng.，2017，118，256-265.

[42] 樊世清，于泽，郭红军．论物联网技术对供应链管理的影响 [J]．中国经贸导刊，2009（19）：66.

[43] 李霞．浅谈物流信息技术与物联网 [J]．商场现代化，2010（5）：48-49.

［44］ 李芳. 多技术整合——物联网应用案例分享［OL］. 中国自动识别网，2009-12-16.

［45］ 吴功宜，吴英. 物联网工程导论［M］. 北京：高等教育出版社，2012.

［46］ 魏亦强，王随林，陈康，等. 锅炉排烟余热深度回收利用节能改造工程实测分析［J］. 暖通空调，2013，43（4）：59-63.

［47］ 王随林，潘树源，穆连波，等. 天然气锅炉烟气余热利用节能改造工程实测分析［J］. 暖通空调，2011，41（7）：22-24，17.

［48］ 谭青，王东平，王伟敏，等. 锅炉烟气余热回收装置［J］. 上海节能，2012，5：30-33.

［49］ FU L, ZHAO X L, ZHANG S G, JIANG Y, et al. Laboratory research on combined cooling, heating and power (CCHP) systems［J］. Energy Conversion and Management, 2009, 50 (4)：977-982.

［50］ 赵玺灵，付林，江亿. 天然气供热中烟气余热利用的潜力及途径［J］. 区域供热，2013，(3)：41-45.

［51］ 杨世铭，陶文铨. 传热学［M］. 3版. 北京：高等教育出版社，1998.

［52］ RAMAN A P, ANOMA M A, ZHU L, REPHAELI E, FAN S. Passive radiative cooling below ambient air temperature underdirect sunlight［J］. Nature, 2014, 515 (7528)：540-544.

［53］ REPHAELI E, RAMAN A, FAN S. 2013. Ultrabroadband Photonic Structures To Achieve High-Performance Daytime Radiative Cooling［J］. Nano Letters：1813854361.

［54］ LUSHIKU ELIAS M, GRANQVIST CLAES-GORAN. Radiative cooling with selectively infrared-emitting gases［J］. Appl Opt, 1984, 23 (11)：1835-1843.

［55］ GENTLE A R, DYBDAL K L, SMITH G B. Polymeric mesh for durable infra-red transparent convection shields：applications in cool roofs and sky cooling［J］. Sol Energy Mater Sol Cells, 2013, 115：79-85.

［56］ FARAHANI MOIEN FARMAHINI, HEIDARINEJADA GHASSEM, DELFANI SHAHRAM. A two-stage system of nocturnal radiative and indirect evaporative cooling for conditions in Tehran［J］. Energy Build, 2010, 42：2131-2138.

［57］ HU M, PEI G, WANG Q, LI J, WANG Y, JI J. 2016. Field test and preliminary analysis of a combined diurnal solar heating and nocturnal radiative coolingsystem［J］. Applied Energy, 179：899-908.

［58］ Awanou C N. Clear sky emissivity as a function of the zenithdirection［J］. Renewable Energy, 1998, 13 (2)：227-248.

［59］ TONGCAI WANG, WEILING LUAN, WEI WANG, et al. Waste heat recovery through plate heat exchanger based thermoelectric generator system［J］. Applied Energy, 2014, 136：860-865.

［60］ 赵之军，冯伟忠，张玲，等. 电站锅炉排烟余热回收的理论分析与工程实践［J］. Journal of Power Engineering, 2009, 29 (11)：994-997, 1012.

［61］ 齐朝晖，汤广发. 吸附制冷技术在余热回收中的应用［J］. 中国能源，2001（4）：30-32.

［62］ 杨世铭，陶文铨. 传热学［M］. 3版. 北京：高等教育出版社，1998.

［63］ 吴业正，朱瑞琪，曹小林，等. 制冷原理及设备［M］. 3版. 西安：西安交通大学出版社，2010.

［64］ 李建英，吕文华，贺晓雷，等. 一种智能型全自动太阳跟踪装置的机械设计［J］. 太阳能学报，2003，24（3）：330-334.

［65］ 王建田. 提升太阳能系统供电效率的分布式最大功率追踪架构［J］. 中国电子商情（基础电子），2010（7）：43-46.

［66］ 樊国梁，张晓燕. 定时跟踪太阳时角提高光伏发电效率［J］. 内蒙古大学学报（自然版），2010，41（1）：116-119.

［67］ 林清利，李玉兰，刘旭东. 压力机液压、气动原理图CAD系统［J］. 锻压机械，2001，36（6）：70-70.

［68］赵玉文．太阳能利用的发展概况和未来趋势［J］．中国电力，2003，36（9）：63-69.

［69］江小涛，吴麟章，周明杰．太阳电池最大功率点跟踪研究［J］．通信电源技术，2005，22（4）：33-35.

［70］陈兴峰，曹志峰，许洪华，等．光伏发电的最大功率跟踪算法研究［J］．可再生能源，2005（1）：8-11.

［71］钱伯章．太阳能光伏发电成本及展望［J］．中国环保产业，2009（4）：24-28.

第五章　创新与发展展望

制冷空调技术涉及热工、传热、机械、电气、电子、材料、自动控制等多个专业，是一个跨学科、跨领域综合性集成应用技术。制冷空调应用还涉及设计、制造、安装、维护、运行管理等多个领域。制冷空调技术的发展涉及多学科、多领域的创新研究和开发。在现实生活中，制冷空调设备的创新应用层出不穷。

第一节　与节能环保相关的关键技术

一、低 GWP 值制冷剂替代技术

制冷剂如同人体中的血液，在制冷系统循环中发挥着重要的作用。自 20 世纪 30 年代合成 CFCs、HCFCs 等含氟制冷剂以来，因其具有良好的热工性能、安全性和稳定性，在随后的几十年中获得了广泛的应用。20 世纪 70 年代，国际社会发现 CFCs、HCFCs 的大量使用和排放，造成了臭氧层的严重破坏。为了控制臭氧层有破坏作用的各类物质的生产和消费，国际社会于 1985 年缔结了《保护臭氧层维也纳公约》，在 1987 年进一步签署了《蒙特利尔议定书》。截至 2010 年 1 月 1 日，在全球范围内已实现了 CFCs 的全面淘汰；对于 HCFCs，目前正在按照国际社会 2007 年达成的《蒙特利尔议定书》调整案开展加速淘汰工作。国际上现在普遍采用的替代 CFCs、HCFCs 的制冷剂 HFCs，包括常用的 R134a、R410A、R407C、R404A 等，均属于《联合国气候变化框架公约》框架下的《京都议定书》所列明的应实施减排的六大类温室气体之一。

消耗臭氧层物质的淘汰取得重要进展的同时，温室气体排放所导致的全球变暖问题上升成为全球环境保护的首要任务和课题。随着国际社会对高 GWP 值的 HFCs 的削减控制呼声不断高涨，2016 年 10 月，《蒙特利尔议定书》第 28 次缔约方会议达成了"基加利修正案"，规定了在全球范围内逐步削减 HFCs 的生产和使用，到 21 世纪中叶"基加利修正案"规定的目标期限内，各个国家将削减基线水平的 80%~85%。

"基加利修正案"明确提出在开展未来的 HFCs 削减活动时要关注能效提升的协同效应。在未来制冷剂的替代选择上，多年来国际社会公认的选择标准是，替代制冷剂不仅要满足零 ODP、尽可能低的 GWP 外，还应综合考虑制冷剂本身的性质，制冷系统的节能性、环保性、安全性、经济性以及制冷剂的整个寿命期气候性能（LCCP），选择对全球气候变化影响更低的替代物，这样才能实现环境效益的最大化。

从目前的技术发展状况看，在全球范围内都还没有找到符合零 ODP、低 GWP、安全、高能效的完全理想的替代制冷剂，未来几乎不存在像过去 R11、R12 或 R22 那样用一种制冷剂全面满足各种不同领域使用要求的可能性。今后的趋势是在不同的产品领域使用不同

的制冷剂进行替代。在目前全球技术的发展趋势下，零 ODP 值、低 GWP 值的替代品，如 CO_2、NH_3、R290、R32、HFOs 及其混合物等逐步走入了我们的视野，也成为未来新一代替代技术的主要选择方向。

在替代制冷剂选择过程中，由于着重考虑了环保性，新一代制冷剂与上一代的 HCFCs 制冷剂相比，或多或少存在着不足和缺陷，如压力过高、可燃、易爆或具有毒性等。因此未来的新型替代制冷剂的选择，将是一种各方面因素统筹考虑和综合平衡的结果。在未来的推广应用中，需要针对替代制冷剂存在的各种缺陷组织开展技术研究，开发适用的技术和装备，通过对不同制冷剂进行"缺陷管理"的模式保证新制冷剂的安全推广使用。另外，减少系统中制冷剂的充注量，逐步完善制造、运输、存储、使用和维护过程中的安全设置和防护措施，制修订相关的法规、标准，加强培训等，也是保证这些替代技术成熟应用所必不可少的环节和手段。

二、压缩机技术

压缩机是制冷空调系统的"心脏"，是系统循环动力的来源，也是系统的最为关键部件之一。近年来，压缩机技术发展很快，应用范围也缘于用户市场的需求而不断变化和扩展。

随着压缩机研究和制造技术的进步以及市场的发展变化，传统压缩机的技术也在不断发展。滚动转子式压缩机因其结构简单，制造成本低，具有非常好的市场推广价值，但也由于结构所限，过去只在 3HP 以下小容量的产品领域使用。基于市场的需求和成本考虑，相关单位通过技术开发，推进滚动转子压缩机不断向大容量市场拓展，目前 5HP 的双转子压缩机已批量推向市场，15HP 的单机也已开发出来。滚动转子压缩机向大容量的推进以及成本优势所在，未来将挤占很大一部分涡旋压缩机的市场份额。涡旋压缩机则将面临市场结构调整，努力向更大容量推进，目前涡旋压缩机单机达到 60HP 的压缩机已开发成功，它的推出在将来又将挤占一部分螺杆压缩机的市场。对于螺杆压缩机，除了传统的双螺杆压缩机外，单螺杆和三螺杆压缩机因在震动、噪声和效率等方面的局部优势，也在市场中取得了较好的应用。在离心机领域直流和磁悬浮技术使得离心式压缩机组向小容量发展的趋势不断加强，目前市场上磁悬浮离心压缩机最小容量已低至 60 冷吨。

新型替代制冷剂的应用，如采用 CO_2、NH_3、R290、R32、HFOs 等，需要压缩机针对每种新制冷剂的特性改进设计或重新开发，保证产品的性能和可靠性，这方面的工作任务量大，也存在很多的技术难点。比如跨临界系统中，CO_2 压缩机的工作压力可能超过 10 MPa，该压力是常规 R22 压缩机工作压力的 3~5 倍，对压缩机的材料、设计、制造、加工工艺都提出了很高的要求；针对 CO_2 跨临界循环存在过热损失和节流损失比较大的问题，开发带膨胀机的 CO_2 压缩机，采用膨胀机代替节流阀，回收膨胀过程中的可用能以此保证具有良好的循环效率。对于 R290 等易燃可爆的制冷剂，需要采取防爆设计，尽可能地减少系统制冷剂的充注量，降低制冷剂的泄漏率等安全防护措施，并在安装使用服务等环节采取一系列的安全保障措施，并强化用户端的安全意识，方能保证其使用的安全性。采用 R32 作为替代制冷剂的压缩机，存在排气温度比较高的问题，可以通过吸气干度控制、带补气增焓/喷液结构等方法有效降低排气温度，保证压缩机的运行可靠性。另外带补气增焓/喷液结构的压缩机还可以提高压缩机的效率，改善压缩机的低温适应性。目前带补气增焓的空调用涡旋压缩机的开发有效推动了热泵产品在低环境温度地区的应用拓展，为国家"煤改电"工程的成功实施提供了重要的支撑和保障。

随着技术的进步，一些新型压缩机也不断涌现，比如永磁直驱离心式压缩机、磁悬浮离心式压缩机、直线压缩机等。永磁直驱离心式压缩机，采用高速永磁电动机直接驱动叶轮工作，取代了原来的增速齿轮结构，具有高效率、低谐波、体积小等优势。磁悬浮离心式压缩机采用磁悬浮轴承，可实现无油运转，与直流驱动和控制技术相结合，压缩机结构紧凑、体积小、摩擦小、震动小、效率高、运行噪声低。直线压缩机，采用直线电动机驱动，将传统往复式压缩机的旋转运动转换为直线往复运动，减少了摩擦功耗和磨损，效率高、结构简单、体积小，采用直线压缩机的冰箱已实现小批量生产和销售。

三、高效传热技术

使用空间与外界环境之间的热量是通过换热设备进行交换，针对不同的应用场合、不同环境条件和用户需求，需要采用不同的结构；制冷空调设备常见的换热设备包括蒸发器、冷凝器、过冷器、中间冷却器、蒸发冷凝器、回热器等。换热设备的传热特性对制冷空调设备的性能具有重要的影响，涉及节能性、经济性、安全性、可靠性等。国内外对制冷换热器研究总的趋势是：通过传热机理及强化传热的研究，开发高效、紧凑、重量轻、可靠性高的新型换热器。

对流换热强化的分类方法，通常依据该技术是否需要额外的动力划分为无源技术（被动技术）和有源技术（主动技术）。在制冷空调领域无源技术的应用比有源技术更为广泛。无源技术通常分为表面处理、粗超表面、扩展表面、扰流元件、旋流发生器、表面张力器、添加物，共7类。应用以上两种或两种以上的强化措施可以获得更好的传热强化效果。这些传热措施的采用面临一个普遍问题是传热强化的同时，阻力损失也增加很多，因此阻碍了很多高效强化技术的实际应用。为了解决该问题，从能量方程出发，把对流换热比拟为有内热源的导热问题，通过对速度场和热流场的协同，在不增加阻力损失条件下能显著强化换热，具有很好的节能效果。在场协同理论基础上所发展的传热强化技术，在制冷空调系统中的各类换热设备中的应用可分为四个层次：肋的形状、位置和间距；换热管的大小和形状；管束的排列和折流板的位置；流程的组织和换热器网的优化。针对传热管的强化换热技术不断取得进步，行业近年来发展起来的新型换热器有小管径换热器、椭圆管换热器和降膜式换热器等。

小管径换热器可有效提升换热效率，降低材料成本，减少系统的制冷剂充灌量，耐压性能提高。换热器换热管的管径不断减小，进而向微通道方向发展。采用全铝的微通道换热器在国内外汽车空调上获得了广泛的应用，目前正在向各类制冷空调产品生产领域逐步拓展。采用小管径换热器后，将明显降低系统的制冷剂充注量，这对推动可燃性制冷剂的应用具有重要的意义。换热器采用小管径铜管后，也导致翅片间距变小，其主要的传热和压降性能也随之发生变化，存在空气侧阻力增大、容易积灰、不易排水化霜以及各管之间流量分配不均匀等问题需要解决。同时管径缩小后，由于加工工艺的限制，也对小管径的应用带来了新的挑战，这些都需要通过相应的技术开发研究加以解决。

圆管换热管存在低速的回流尾迹死区即热屏蔽区,热屏蔽区的存在阻碍了铜管中部分区域、部分翅片和空气相互之间充分的热交换,对管外换热系数的下降影响相当突出。采用异型管的换热器可以减少热屏蔽区。考虑到加工制作的困难,异型管的发展仍受到一定程度旳限制。目前国内已经成功开发出椭圆管换热器。采用椭圆管的换热器和圆管换热器比较,扰流小,温度场更均匀,有效换热面积更大,换热器风侧阻力降低40%~50%,换热性能提高10%~15%。

降膜式换热器是从蒸发器顶部流下的制冷剂液体冲刷换热管,在其外部绕流成膜,形成降膜蒸发达到充分冷却管内热流体的目的;在液固、气液界面上都可能发生相变,所以降膜蒸发表现出较高的换热性能;降膜结构在提高效率的同时,还可有效减少系统的制冷剂充灌量;但使用端的良好安装质量是降膜换热器推广应用取得好的节能效果的关键所在。

四、容量调节技术

制冷空调设备用户端的负荷是随着时间和环境条件而不断改变的。为了满足用户的需求,制冷空调设备需要具备相应的容量调节手段。制冷空调设备的容量调节方法包括变转速调节、改变压缩机的工作容积调节等。变转速调节包括间歇运行调节、交流变频调节、直流调速等;改变工作容积调节包括多机并联、气缸卸载、改变压缩腔容积以及管路旁通等方式。另外,结合自动控制技术,诸如数码涡旋式压缩机变容量调节;补气增焓/喷液技术也可以进行容量的调节。现已有相关单位开发了三缸双级变容积比压缩机,根据用户端需求,可进行三缸的灵活匹配组合,实现容积比可调,在室外环境温度较低时应用于热泵产品中可保证制热量不出现明显衰减。

随着技术的发展,采用电子技术的调节方式逐步取代传统的机械调节方式。直流调速是一种近年来取得迅猛发展的新型电子调节控制技术,也是未来容量调节技术的主要发展方向之一。直流调速技术的飞速发展推动并实现了制冷量的连续稳定调节,为机组的变工况运行提供了可靠保障,使得被控制目标温度波动更小,在增加舒适性的同时也可以有效地提高系统的综合能效水平。空调用直流调速滚动活塞和涡旋压缩机已广泛应用;冰箱用直流调速活塞压缩机产量也逐渐扩大;直流调速逐渐应用到大型机组中,目前直流调速离心式冷水机组已在市场上投入商业化运行。直流调速技术的普及应用也将会给行业的产业和产品结构带来革命性的变化,未来直流调速技术的发展将会向更多的产品领域延伸,包括螺杆式压缩机以及风机、水泵、冷却塔等附属设备的控制和调节。更精准的调节、更高自动化程度的系统集成技术将会带来更多的节能潜力和效益。

直流调速技术中所用的直流电动机,现在基本上都是采用稀土永磁铁芯,制造成本较高,使用铁氧体材料替代稀土永磁材料,是许多单位正在研究的方向,目前已有取得应用的报道。另外,直流调速技术需要使用变频器,会产生微量的辐射;直流调速技术在适应电网的同时,也给电网带来了一定的干扰,这些都是未来需要重点解决的问题。

五、自动控制技术

随着自控技术的不断发展,先进的控制技术不断推广应用到制冷空调设备中,使得制冷空调系统的控制更加自动化、智能化，也充分提高了系统的安全性、可靠性和运行效率。

制冷空调系统的自动控制系统包括的环节有：①自动采集、检测制冷空调装置的工艺参数，如压力、温度、流量、液位、湿度、成分等，这些参数是实现控制的依据；②自动调节某些工艺参数，使之恒定或者按一定规律变化；③对装置的自动控制和自动保护等。

现代先进的自动控制理论包括模糊控制、神经网络控制等。模糊控制已经成功应用于变频空调器、变频冰箱等设备中；空调器的模糊控制，就是通过传感器获得室温变化、室内外温度、房间情况等大量数据，将这些实测数据与大量经验数据相比较，应用模糊理论使变频压缩机、电子膨胀阀、风机转速及风门这些执行机构做出相应的快速调节。模糊控制规则的获取和调整，是今后发展的一个重要研究方向。

随着大数据、人工智能的发展，新的控制技术开始实际运用于空调。通过大数据技术，可以搜集大量空调设备实际运行数据，这是机器学习的重要前提。通过物联网平台，机组还可以获取普通传感器无法获取的信息，如基于互联网技术获取区域定位信息、天气预报等信息，使得原有孤立的单一控制，变为互联网下的联动式控制、模糊控制等，实现最大程度地降低能耗，这是传统空调控制技术无法实现的。现有空调行业标准是特定工况下的参考值，不同用户行为模式导致空调能耗相差较大，传统的经典理论控制将逐步发生变化，转变形成从实验数据到仿真、到大数据应用的深刻改变，实现全样本、全工况的全新控制标准和方法。

六、降噪技术

近年来，随着人们生活质量的不断提高，对空调系统的舒适度要求也逐渐提升，不光体现在温度、湿度等常规控制参数方面，人们对空调系统造成的噪声问题也越来越关注。噪声的危害是多方面的，一方面对人体产生危害，比如损伤听力、诱发疾病、干扰语言交谈、影响睡眠等；另一方面还会影响空调设备的正常运转、缩短使用寿命、损害建筑结构等。造成空调系统噪声的因素比较多，系统设计缺陷、空调设备减震处理不当、密封性不好、设备管道安装不规范等，都可能带来噪声的增加。目前降噪研究在传统实验方法的基础上，与数值模拟相结合得到广泛的应用。

制冷空调机组的噪声主要包括机械噪声和流体噪声。机械噪声主要来自压缩机等运动部件以及管路、支撑件等振动发出的声音。流体噪声主要由于制冷剂的压力脉动、在压缩机壳体以及循环系统内震荡引起的共鸣声等。机械噪声降噪措施一般包括进行合理的减震设计和采用减震装置，尽力平衡运动部件的惯性力和惯性力矩；提高零件的加工精度和装配精度，保持润滑面良好的润滑状态、降低零件相互撞击的噪声；对于压缩机，降噪措施还包括改善压缩机壳体形状，提高刚度及自振频率等；降低流体噪声的方法则包括优化系统管路的设计和设置消声器等措施。

对制冷空调系统良好设计、安装、运行维护也是降低噪声的有效方法之一，比如改善室内的风道系统和风扇设计，定期清洗水系统的过滤网、消除固定装置松动、清洁风扇电动机等。

七、可靠性提升

可靠性是产品在规定的条件下和规定的时间内，完成规定功能的能力。产品可靠性是产品质量的一个重要组成部分。产品的可靠性是在设计中赋予，在生产制造中加以保证，在使用中发挥。产品可靠性要求是开展可靠性设计、分析和试验工作的依据，也是产品研发结束前定型阶段或设计与开发确认阶段对产品进行考核与验证的依据。根据需要和可能的原则，科学、合理的确定可靠性要求是产品研发过程中开展一系列可靠性工作的前提。

制冷空调设备的可靠性涉及很多学科的综合应用，包括机械设计、材料力学、流体力学、工程热力学、大数据及数理统计分析、计算机技术等，可靠性研究往往需要在数值模拟分析的基础上，辅之以大量的基础测试、疲劳极限及加速寿命实验，通过全方位考量，进行定性和定量分析，发现关键问题所在，科学制订解决方案，找到提升产品可靠性的必要方法，这些工作需要大量基础研究以及长期的技术积累。

以变频多联机空调产品为例，其可靠性分析需要从系统的可靠性、结构的可靠性、电控的可靠性等方面进行。

（1）系统的可靠性主要从零部件设计选型可靠性思路、系统的逻辑控制保证、可靠性实验验证三下面考虑。系统中最关键的部件的部件是压缩机，而压缩机的回油、回液、保护是压缩机运行可靠性分析的主要问题。

（2）结构的可靠性首先是通过软件进行分析，然后对其进行实验验证。结构可靠性分析的重点是针对压缩机及风机两种运动部件对结构件的振动、应力及噪声影响，特别是铜管焊接处的应力影响。

（3）电控的可靠性主要包括硬件的可靠性和软件的可靠性，其中硬件可靠性方面主要是电磁兼容以及元器件的发热、温升等问题，软件可靠性方面则主要围绕如何保证压缩机正常运行、保证化霜的可靠性等进行。

八、循环利用技术

中国已成为全球最大的制冷空调设备生产国和消费国，同时也是废弃品大国。对废弃制冷空调设备的回收处理，在实现对紧缺资源循环利用的同时，也可大大减少对环境的污染和破坏。中国政府近年来先后颁布了《循环经济促进法》《废弃电器电子产品回收处理管理条例》《生产者责任延伸制度推行方案》《中国制造 2025》《绿色制造工程实施指南（2016—2020 年）》《消耗臭氧层物质管理条例》等法规和政策文件，规范和引导资源的循环利用，促进行业的可持续发展。

国际上普遍形成了在资源循环利用过程中实施生产者责任延伸制度（Extended Producer Responsibility，简称 EPR）的共识，即明确产品生产者承担产品废弃后的回收和资源化利用责任，引导企业构建产品绿色设计、绿色生产、绿色消费、绿色物流以及绿色回收和处理的全生命周期绿色供应链的责任，激励生产者推行产品源头控制，采用市场化的原则建立起废弃产品的循环利用体系，在产品全生命周期中最大限度提升资源利用效率。针对与老百姓生活密切的电器电子产品，《电器电子产品有害物质限制使用管理办法》对其回收再利用做出了明确的规定：①在设计电器电子产品时采用无害或低害、易于降解、便于回收利用等方案；②在生产电器电子产品时采用资源利用率高、易回收处理、有利于环境保护的材料、技术和工艺；③对其投放市场的电器电子产品中含有的有害物质进行标注，标明有害物质的名称、含量、所在部件及其产品可否回收利用。

我国废弃制冷空调产品处理以手工拆解与机械处理相结合的方式，机械化、自动化水平正在逐步提升。我国废弃制冷空调产品处理行业总体资源化利用水平不高，但越来越多的处理企业开始关注拆解产物的深加工，尤其是废塑料的深加工和资源化利用。我国废弃制冷空调产品处理技术和设备以国产和自主研发为主。拆解工艺、制冷剂回收流程和处理技术等向高效化发展。随着处理企业的发展，处理产品品种和产能的扩大，拆解工艺与设备的柔性设计和高效利用空间设计成为行业新的需求，处理企业逐步开始进行技术和装备的升级改造。

近年来，我国废弃产品的回收模式也不断创新，包括互联网+回收、两网融合发展、新型交易平台、智能回收模式等。大量创新回收公司涌现，利用"互联网+"、大数据等现代信息手段，推动再生资源回收模式创新，完善废弃产品回收体系。越来越多的生产和处理企业建立了废弃产品信息化管理系统，对废弃产品的入库、贮存、拆解、销售等进行信息化管理。

目前制冷空调产品中普遍采用的 HCFCs 和 HFCs 制冷剂，排放后将破坏臭氧层或者带来温室效应，受到《蒙特利尔议定书》的管控，正在或即将逐步淘汰或削减。对制冷剂的回收再利用将减少新制冷剂的使用，同时也减少对环境的破坏性影响。国家大力鼓励制冷剂的回收、循环再利用技术，包括：鼓励回收制冷剂的净化技术的研究和开发，提高回收制冷剂的再循环使用；鼓励回收制冷剂的再生技术的研究和开发，降低回收制冷剂的再生成本并提高其效率；针对回收后无法再应用的废旧制冷剂其处理成本高昂的特点，鼓励资源化利用技术的开发，将回收的制冷剂转化为其他高附加值的产品，实现资源的高效利用和节能减排。

九、制冷空调设备和系统清洗技术

随着人民生活水平的提高，老百姓对空调的要求从基础的制冷制热转变为健康、节能和舒适。空调使用一段时间以后，换热器普遍存在不同程度的堵塞和结垢的现象，降低换热器的传热效果，从而增加了空调的使用能耗；空调通风系统的新风、回风也携带有各种污染物（如灰尘、细菌、病毒等），在进入系统内时如未被及时净化处理，空调系统反而会成为传播病毒和扩散污染的媒介，使得室内空气受到污染，严重影响人们的健康。

1. 风冷换热器的清洗

对于空调的室外换热器，一些具有长效亲水性和自清洁能力的新型纳米复合材料可应用于换热器的翅片上，与普通空调亲水翅片相比，能持续保持冷凝器表面不累积水珠和不易附着尘埃等成霜凝结核，并且能缩短化霜时间；较大的光活性材料，在可见光区域具有较强的有机物分解能力，在一定程度上能起到分解换热器污垢和自清洁灰尘的作用。室外换热器可以采用水冲洗；也有工程采用室外风机反转法清除风冷冷凝器翅片上的灰尘、柳絮等大面积附着物。

对于空调的室内蒸发器，可以在过滤网上方安装刷头，定时清洁过滤网上的灰尘，同时在过滤网上凝结水珠，将灰尘溶入水中，再冲洗进入排水管，将灰尘排到室外后自动烘干蒸发器，防止细菌滋生。

近年来，利用空调器自身的制冷循环系统来实现换热器的清洁技术逐步发展和完善。该技术先快速制冷，利用空气中的水蒸气快速在室内蒸发器表面结霜或结冰；然后快速制热，使蒸发器表面霜或冰受热后变成水带走表面的灰尘或其他细小杂物，然后烘干蒸发器并保持较高的温度，实现空调室内换热器的清洗同时达到高温杀菌的目的。该技术还可以通过切换制冷和制热模式，对室内换热器和室外换热器轮流实现清洁，形成室外清洁与室内干燥杀菌的同步进行。

2. 水冷换热器的清洗

水冷换热器在长时间使用后产生水垢，热阻增大，水冷换热器的清洗也得到了广泛的关注，可以通过在管路上安装对污垢热阻的监测装置，实现对换热器换热性能的评估，并根据需要进行清洗处理。目前已经有胶球清洗、化学清洗、电磁处理、水处理药剂等技术。对换热器应根据需要设定清洗周期，使得换热管内壁保持干净。另外，安装高效的过滤器或净水装置也是保持水冷换热器换热性能的有效措施。

3. 风道的清洗

目前，空调通风风道的清洗越来越多地由自动清洗机器人进行作业，但在设计阶段，要预留空调清洗的操作口，风管设计要尽量标准化，便于自动清洗机器人作业；还需要加强集中空调清洗技术和自动清洗机器人等设备的研发，促进风道清洗的高效、经济和智能化。

参考文献

[1] 中国制冷学会. 中国制冷行业战略发展研究报告.［M］. 北京：中国建筑工业出版社，2016.
[2] 王如竹，丁国良，等. 最新制冷空调技术［M］. 北京：科学出版社，2002.
[3] 吴业正，李红旗，张华，等. 制冷压缩机［M］. 北京：机械工业出版社，2010.
[4] 刘卫华. 制冷空调新技术及进展［M］. 北京：机械工业出版社，2004.
[5] 中国质量协会，李良巧. 可靠性工程师手册［M］. 北京：中国人民大学出版社，2012.
[6] 杨兵. 变频多联机系统控制策略及可靠性试验研究［D］. 南京：东南大学，2016.

第二节　多种能源综合利用

一、热泵技术

热泵作为一种由电力驱动的可再生能源装备，获取环境介质、余热中的低品位能量，提供可被利用的高品位热能，是一种高效节能的清洁能源产品。热泵系统可以在满足制冷需求的同时利用冷凝热提供热水，大大提升了能源的利用效率。热泵在烘干等工农业生产的诸多领域应用潜力巨大。近年来，国家高度重视大气环境污染的防治工作，推出了"煤改电"等相关政策，用热泵替代现存的燃煤锅炉是实现清洁供暖重要的解决途径之一。这些新兴市场为热泵技术和产品提供了新的发展机遇。

从目前热泵应用的经验来看，根据用户的供暖、供热水和制冷空调的各种需求，结合建筑特征、气候环境变化以及热泵的节能环保优势，配合系统、末端进行综合改造治理，提供合适的综合技术解决方案具有极大的节能价值和环保潜力。而未来要重视和推广各种能源的综合利用，把空气源、污水源、海水源、江湖水源、余热和废热、太阳能等适当地组合利用，克服热源单一的缺点，从而充分提高供热供冷的综合集成效率，取得最佳的节能效益。

空气源热泵是近年来"煤改电"应用的主要形式之一，为国家的雾霾治理发挥了重要的作用。空气源热泵产品根据使用侧换热器的型式，可分为热风型和热水型。对空气源热泵来说，大家比较关注的关键技术包括低环境温度下性能的改善、换热器除霜、增加可靠性、降低噪声等问题。空气源热泵低温性能的改善和可靠性的提高的主要技术包括变频技术、双级压缩技术、双级耦合技术、压缩机中间补气技术等。常用的除霜方式有电加热除霜、逆循环除霜、蓄热除霜等方式，以及研发新的翅片表面处理材料和方法，减少结霜速度和除霜次数。目前农村"煤改电"项目热泵供暖应用中，安装问题也是值得关注的一个重要问题。由于农民每家每户的情况都不完全相同，就需要做到一户一设计、一户一方案，这需要企业建立起完善的设计、施工和监督流程。

二、余热利用

据介绍，我国各种工业领域的能源热利用效率仅为 20%~60%，未被利用的热量大部分在 30~200℃ 温度范围内以余热的形式排放。采用不同的制冷/热泵技术对各种余热、废热热源进行充分的回收再利用，将可为国家节约大量能源资源。但余热资源能量品位较低、能流密度较小、资源分散、输出不稳定等特点，使得其高效经济利用成为难点。我国余热资源非常丰富，提升利用潜力巨大，对于实现能源产业的可持续发展至关重要。余热利用已成为国际能源领域技术竞争的焦点。近年来利用热泵技术在电力、石化、冶金、纺织、食品加工等领域开展余热回收和再利用已取得了非常好的效果。新型余热回收技术不断涌现，如余热 ORC 发电技术、超高温热泵技术、喷射器余热发电技术、冷热电联供技术等。

在民用领域，制冷空调系统中的余热资源主要集中在系统排风、空调系统换热器等处，余热量较大。随着建筑体量的加大以及玻璃幕墙的广泛使用，大型商场写字楼等出现了明显的室温分布不平衡现象，冬季外区需要供热，而内区需要常年供冷，在冬季出现了一边供热一边供冷的"矛盾"现象。若在系统内加装余热回收装置，将制冷空调系余热回收再利用，用以预热新风、制取生产生活热水或抵消一部分供热负荷，可以有效减少余热的直接排放，提高能源的综合利用率。目前市场化应用的换气热回收设备有新风全热交换机组、金属板式换热器、整体热管式热回收器、转轮式换热器和单通道墙式热回收器等。随着人民生活水平的提高和国家对节能要求的提高，换气热回收设备应用范围将持续扩大，未来会继续朝着开发适宜的结构与系统形式、研发新材料、提升热回收效率的方向发展。

三、太阳能利用

太阳能是大自然提供的取之不尽、用之不竭的最清洁的能源。将太阳能与制冷空调系统相结合，采用直接或间接驱动等方式实现对建筑环境的供暖与供冷，最大幅度提高太阳能的利用率是当前国内外同行共同关注的热门方向与课题。其中较为成熟和应用较多的技术主要有太阳热能集热器、太阳能光伏发电和太阳热能发电等。太阳能空调通常包括太阳能吸收式制冷、太阳能吸附式制冷、太阳能除湿空调系统、太阳能蒸汽喷射式制冷和太阳能光伏空调等形式。降低太阳能空调的初投资成本和发展太阳能复合建筑供能系统，是未来太阳能在制冷空调行业应用的主要方向。

太阳能作为辅助热源进行系统集成互补是目前发展的一大方向，太阳能光伏与光热（PV/T）技术还处于发展的初级阶段，但从发展趋势来看，光伏板系统设置、集热器工质循环方式、太阳能综合利用效率的提高以及与建筑构件的一体化创新研究，是今后太阳能光伏与光热技术发展的重要方向，降低集热成本、提升集热/光伏转换效率是未来研究的重点。

目前行业内已经开发出太阳能光伏直驱的空调（热泵）系统并成功应用在多种场合。太阳能光伏直驱的空调（热泵）系统将光伏直流电直接并入机组自带的变频器直流母线，省去了上网和供电时的交/直流电变换，避免了这之间的能量损耗，提升了效率，同时提高了可靠性和降低了成本。对于太阳能光伏直驱的空调（热泵）系统，针对光伏空调自发自用的特点开发光伏空调的设计模拟软件，制定光伏空调的智能控制策略以实现其稳定运行、最大限度提高经济效益和建筑的能源管理，是未来的研究发展方向。

四、蒸发冷却技术

蒸发冷却技术是通过水的蒸发冷却，吸收空气的显热实现降温，不需要消耗压缩功，节约能源，且初投资较低。蒸发冷却技术根据水与被处理空气是否直接接触，以及功能段的不同组合，可分为直接蒸发冷却空调技术、间接蒸发冷却空调技术、间接—直接蒸发冷却空调技术、蒸发冷却—机械制冷联合空调技术。蒸发冷却技术在我国北方干燥地区和许多工业场合得到推广应用，也是实现节能应用的有效途径之一。蒸发冷却由于其降温原理，存在降温有限且不易实现除湿功能、设备体积较大、水质要求较高等问题。因此尽可能提高蒸发冷却的降温幅度以及蒸发冷却与除湿技术相结合是其未来发展的主要方向。

露点间接蒸发冷却可以提高蒸发冷却的温降，其相对于传统间接蒸发冷却而言最大不同之处在于，干通道的空气经预冷后一部分可以进入湿通道，继续作为二次空气与水进行热湿交换，进而冷却干通道内的空气。利用多个通道不同状态的气流组合，进行能量的梯级利用，获得湿球温度不断降低的二次空气，最终实现使干通道的产出空气温度逼近露点温度。露点间接蒸发冷却设备目前已具有一定应用规模，改善换热器材质、提高换热效率，仍需要进一步的开发与研究。

除湿空调技术的迅速发展为除湿技术和蒸发冷却技术的联合应用提供了一个良好的途径，包括蒸发冷却与转轮除湿技术的结合以及蒸发冷却与溶液除湿技术的结合，在干燥、炎热地区具有广阔的发展潜力和应用前景。

五、自然冷源利用

我们的祖先很早就收集冰和雪等天然冷源应用于食品保鲜、防暑降温等方面。现代北方的冰雕是自然冷源利用与艺术展现的有机结合，利用自然冷源的滑冰场则为人民群众提供了惬意的运动场所。除了冰和雪，自然冷源还包括冷的空气、水、永久冻土等。近年来，随着能源短缺问题的加剧，自然冷源在制冷空调行业得到越来越多的应用。

国际上在非民用建筑物设计中越来越重视窗户的可开启性和调节性，有些建筑可以纯粹采用自然通风来供冷，有些可以采用自然通风与机械通风相结合的混合送风供冷方式；在合适的季节里，引入自然新风可以较为显著地降低建筑物能耗。

近年来，数据中心随着互联网和移动通信的普及而得到蓬勃发展，数据中心空调系统需要全年不间断运行，在冬季、过渡季节等气温较低的季节，可以充分利用自然冷却替代机械制冷为数据中心降温冷却。目前采用的自然冷却方式主要分为风侧自然冷却方式、水侧自然冷却方式和热管自然冷却方式。对于大型数据中心，过渡季主要采用通过冷却塔的冷水实现供冷，也有采用在室外空气侧喷水蒸发降温的间壁式空气—空气换气器，用室外空气直接冷却室内空气。对于小型数据中心，多使用热管换热技术的换热机组实现自然冷却。数据中心密集安装、高热流密度渐成趋势，散热要求越来越高，这对自然冷源的利用提出了新的要求。

自然冷源利用受地区或者季节影响比较大，自然冷源如何跟使用侧需求、机械制冷相匹配是需要重点考虑解决的问题；另外，像空气等自然冷源冷量密度比较低且有粉尘、杂质等，这些都是使用时需要考虑和解决的问题。自然冷源是一种成本很低的能源，随着技术开发和应用的进一步拓展，自然冷源的应用领域会越来越广泛而深入，未来具有良好的发展前景。

参考文献

[1] 张朝晖，王若楠，等. 热泵技术的应用现状与发展前景 [J]. 制冷与空调，2018，1（1）：1-14.

[2] 江亿，吴元炜，潘秋生，等. 制冷学科的研究现状与发展前景 [C].//2010—2011制冷及低温工程学科发展报告. 北京：中国科学出版社，2011.

[3] 陈雪梅，王如竹，李勇. 太阳能光伏空调研究及进展 [J]. 制冷学报，2016，37（5）：1-9.

[4] 中国制冷学会，王如竹. 制冷学科进展研究与发展报告 [M]. 北京：科学出版社.2007.

第三节　互联网、大数据及人工智能在制冷空调行业的应用

近年来，随着"大数据"和"互联网+"的概念提出以及"中国制造2025"的深入实施，制冷空调企业推进制造业与互联网、大数据、人工智能的融合发展，这给制冷空调行业带来了新的发展机遇和新的经济增长点。

"互联网+"在制冷空调行业的应用是把互联网的创新成果与行业各个方面的深度融合，将互联网作为生产、销售、使用、维护保养、办公等各个环节共享信息的重要平台，推动技术进步、效率提升和组织变革，提升行业创新力和生产力。

大数据应用是通过收集大量的基础性数据，通过对比分析掌握和推演出更优的设计、制造或应用方案。大数据具有巨量性、及时性、多样性、不确定性。大数据分析最重要和关键的，在于用它来做什么，即数据挖掘，旨在从大量的、不完全的、模糊的、随机的数

据中，提取隐含在其中的、人们事先不知道而又潜在有用的信息和知识；从复杂的大数据中挖掘出有用的数据，建立起合适和准确的应用模型，这是大数据能够发挥巨大作用和潜能之处。

人工智能（AI）是通过研究、开发，来找到用于模拟、延伸和扩展人的智能的理论、方法、技术及应用系统的一门新的综合性科学技术。其表现为，让计算机系统通过机器学习等方式，来获得可以履行原本只有依靠我们人类的智慧才能胜任的复杂指令任务的才能。

大数据是人工智能发展的基础和催化剂，而人工智能是大数据的一种终极表现形式，两者都体现了对于以互联网为基础平台的海量信息数据的处理和利用。

一、互联网应用

通过互联网销售中小制冷空调产品已经是制冷空调产品销售的重要渠道之一。制冷空调企业现今一方面利用公共电商平台销售制冷空调产品，另一方面也纷纷建立自己的网络商城，通过互联网直卖制冷空调设备，探索线上和线下高度融合，使得产品周转率、物流时效均得到了大幅度提升。互联网与大数据相结合，能够帮助企业准确分析客户的要求，制定针对性的营销策略，迅速定位相应的产品并向客户进行推送。目前已有部分企业建立起了互联网自动化工厂。它强调从用户角度出发，实现自动化生产与用户个性化要求的统一。工厂的生产模式与工艺设备布局实现标准化、模块化及自动化相结合，通过互联网和软件支持，实现在线设备的监控与外界订单、原材料供应商及产品设计部门之间的互动，可以随时按照 B2C 模式，由用户个性化要求来进行配制或定制，可以增强客户的购买体验，提升客户的购买效率，并极大地提升企业的盈利能力和服务质量。

二、大数据应用

大数据在技术研发的过程中，与传统采样和现场调查数据手段相比，能够海量采样，并及时客观地发现隐蔽的规律，实现精准研发。利用大量的实际运行数据，分析有用的信息，识别关键点，找到理论分析无法找到的技术突破点，进行技术改进，可大大提升研发效率。

制冷空调系统运行时间长，有些系统甚至全年运行，这些运行特点使系统维护时间短、故障排除不及时以及可能需要频繁的人工巡检，造成了高额的维护费用。利用数据挖掘技术，根据空调系统的历史运行数据建立模型，通过实时数据的接收和计算，可对空调系统中冷水机组、水泵、风机等设备的性能（能效）进行监控，在故障发生前能及时预警，寻找出故障源并实现维护预测，进而达到节省能耗、节省维护时间、降低人工维护成本的目的。大数据系统故障诊断有自动、准确、预防等优势，可为系统以及设备提供全生命周期的健康管理，及时预测潜在的故障，出现问题后进行全方位的诊断，对症下药，可及时排除故障，提高系统和设备的可靠性，减少损失。

在制冷空调系统的运行过程中，运行效率与运行环境、用户使用习惯等密切相关，通过大数据长期分析与监测。对制冷空调系统的运行数据、能耗数据、当地气象数据和环境数据等进行分析，以系统能耗为输出，在其他数据中选择部分或全部作为输入，采用数据挖掘算法，建立制冷空调系统能耗预测模型，提前预测系统未来能耗，从而精确匹配机组运行参数，优化系统控制，提高运行效率，能够很好地弥补仅仅依靠人工经验设置参数的不足，使系统始终在满足室内负荷的条件下最优化运行，从而达到节能的目的。

三、人工智能应用

智能化是自动化的未来发展方向。在制冷空调行业各个环节几乎都可以广泛应用人工智能技术，比如将神经网络和模糊控制技术等先进的智能方法应用于产品和工程设计、工艺过程设计、生产调度、故障诊断、运行维护和使用等环节，实现产品本身的智能化、制造智能化、运行维护智能化。推进人工智能应用是一项复杂而庞大的系统工程，也是一件新生事物，这需要一个不断探索、试错的过程。

第四节　运行管理

制冷空调设备应用十分广泛，在用产品市场容量非常巨大，也是国家能源消耗的大户。制冷空调行业在节能减排中责任重大，而制冷空调系统的运行管理作为应用中的重要一环，对设备的正常运行和用户的需求保障有着重要的意义。

从技术层面上来说，空调系统由冷热源、空气处理机组、风管风口、风机、水泵、控制系统等组成。空调系统的运行管理就是在空调运行过程中监测各设备的运行状态，获取运行参数以便即时调节、调整设备运行状态及参数，保持空调系统的各设备处在安全、可靠的运行状态，从而实现降低整个系统能耗，减少污染，延长各设备的使用寿命的目标，达到节能经济运行。

空调系统的运行是一个动态的过程，当发生冷热源负荷变化或出现某一台故障停机时，固定的运行策略就很难覆盖这种情况，就需要在实际运行中，结合负荷变化特点，观察监测数据变化，及时调整设备参数，保障设备的高效稳定运行。

智慧运维是未来的趋势，精细化的运行管理需要大数据提供良好的基础支持，同时又可以通过对数据进行测评，快速发现问题，实现故障预防、快速维修，这对提高运行管理水平，实现节能减排十分重要。

第五节　室内空气品质提升

清新的空气是人类赖以生存的基本需求，近年来，豪华的室内装修以及雾霾浓度爆表带来严重的空气污染问题，进而导致大量的呼吸系统及免疫系统疾病的发生。随着人民对空气质量越发重视，对室内空气品质的要求也越来越高。空气品质是一个多因子、多途径诱发的问题，改善空气品质也是一个系统工程。近年来，政府通过制定相应的标准法规，在政策上推进北方地区冬季清洁取暖等措施，力争从源头上改善空气品质。

改善室内空气品质方面的措施主要有三方面：消除和控制污染源、保证足够新风量和改善新风品质、开发合适的带空气净化功能的空调系统并保证严格的运行管理和定期维护。消除和控制污染源，采用的措施包括选用健康材料和设备，将一些污染源隔离等。发挥新风效应，既要注重新风的量，更要注重新风的品质，系统性的对"新风入室"的整个过程进行严格控制：采集高品质的新风、加强过滤、尽量缩短新风入室的距离、减少污染途径，最大限度保留新风特有的气味。在设备方面要开发合适的带空气净化功能的制冷空调系统，合理控制室内空气的温度和湿度；对于送风系统，要防止形成较大的、稳定的涡流区、滞止区；提高空气过滤器的效率，根据污染物的情况采用吸附器或光触媒等去除室内无机气体和有机气体污染；对回风进行合适的处理与控制；对制冷空调系统进行严格的运行管理和维护，定期清洗风道、换热器、风机、过滤网等。

参考文献

[1] 刘卫华. 制冷空调新技术及进展 [M]. 北京：机械工业出版社，2004.

第六节 食品安全

近年来，随着生活水平的提高，国民对于食品的质量和安全意识越来越高，冷藏链技术是保证食品安全和食品品质的重要途径。新版《食品安全法》于2015年10月1日起实施以来，食品在整个运输供应流程中的安全监控越来越受关注；2017年1月商务部等五部委发布的《商贸物流发展"十三五"规划》中提出了"发展冷链物流，加强多温层节能冷库、加工配送中心、末端冷链设施建设，鼓励应用专业冷藏运输、全程温湿度监控等先进技术设备，建设标准健全、功能完善、上下游有效衔接的冷链物流服务体系"，冷链物流及其相关制冷设备产业迎来快速发展的契机。

食品从产地到餐桌，需要经过一系列的环节，包括预处理、运输、加工、储存等。其中，预冷是第一步，可以迅速排出果实采收后的田间热，降低呼吸作用，抑制酶和乙烯的释放，延缓其成熟衰老的速度，预冷技术主要包括压差预冷、冷水预冷、冰预冷和真空预冷。不同品种的果蔬，对于具体的预冷方式、预冷速率、包装以及码垛方式等配套工艺有不同的要求，在实际生产应用中需要对预冷过程给出合理的安排管理。

速冻是在很短的时间内使食品中心温度达到储藏或保鲜温度的一种冷加工工艺，可以延长食品的贮存期。速冻设备分为强烈鼓风机式、流化床式、隧道式、螺旋式、接触式、直接冻结式等。我国速冻食品种类较少、人均占有量偏低、产品质量参差不齐。因此，一方面需要开发更多的不同种类、速冻温度的定制化速冻设备，来满足速冻产品多元化的需求；另一方面，还要注重提升产品的质量，从安全、卫生、清洁等方面着手不断改进设备和工艺。

装配式冷库因其安装方便，维护简单，在国内发展迅速，其在中、小型冷库中得到了大量应用。土建式冷库和自动化立体冷库以冷藏保鲜为主，库容量较大。气调冷库在实现冷藏保鲜的功能基础上，增加气体成分调节，通过对贮藏环境中温度、湿度、二氧化碳等气体成分的控制，更好的保持农产品的新鲜度和质量。随着冷链的发展，冷库的功能已不再拘泥于传统的低温储藏，而是向着库存中心、配送中心、增值服务中心、先进冷链技术应用中心等多重角色演化，从而能够满足冷库上下游环节对物流畅通、货物存取方便、信息可追溯的需求。

我国冷藏运输方式主要有公路、水路、铁路和航空运输。在公路运输方面有机械冷藏车、液氮冷藏车、干冰冷藏车和冷板冷藏车，铁路运输方面有机冷车和铁路集装箱；水路冷藏运输有渔业冷藏船、冷藏运输船；航空业中主要使用的是航空集装箱。投资和运输成本高是冷藏运输设备的主要问题。一般冷藏车的造价相比于普通货车来说要高出数倍，而且还需要建造与运输配套的地面设施。此外，由于运输途中需要始终维持货物的低温环境，所需的燃油费和电费也均较高。解决方案是研究开发低能耗的制冷机、应用多温区多空间（目的是合理调配运输资源）的冷藏运输系统技术。

我国冷链物流技术基础薄弱，冷链装备普遍存在能耗高、自动化程度低、种类少、缺乏竞争力、断链等问题。具体表现在：果蔬预冷工艺研究不完善、预冷装备能耗大、成本高、适用性差，专用预冷设备的研发和应用严重不足；在速冻技术方面，速冻设备的适应性差、自动化水平低；在冷库方面，库的单位容量能耗大，涉氨冷库安全隐患较多，超低温冷藏设备等特种功能性冷库欠缺；在冷藏运输技术方面，存在投资和运营成本高、不同技术要求的易腐食品同车运送，食品品质监测缺失等问题，从零售商到达消费者的最后一公里终端配送环节薄弱；在冷链信息化技术方面，冷链物流信息感知能力弱，各流通环节的上下游信息整合性差，设备与预测或决策模型耦合度低，亟需建立冷链大数据中心，使整个物流过程更加信息化、透明化，实现对各种货物的全程跟踪，动态监控，提高整个行业的流通效率，形成绿色可持续的低碳冷链物流体系。

参考文献

［1］中国制冷空调工业协会．中国战略性新兴产业研究与发展［M］．北京：机械工业出版社，2018.
［2］中国制冷学会．中国制冷行业战略发展研究报告［M］．北京：中国建筑工业出版社，2016.

第七节　标准化

2018年1月1日实施的新版《中华人民共和国标准化法》将国家的标准体系结构确定为：国家标准、行业标准、团体标准、地方标准、企业标准。对保障人身健康和生命财产安全、国家安全、生态环境安全以及满足经济社会管理基本需要的技术要求，应当制定强制性国家标准；对满足基础通用、与强制性国家标准配套、对各有关行业起引领作用等需要的技术要求，可以制定推荐性国家标准。对没有推荐性国家标准、需要在全国某个行业范围内统一的技术要求，可以制定行业标准。国家鼓励协会等社会团体协调相关市场主体共同制定满足市场和创新需要的团体标准。强制性标准等同法规，推荐性国家标准、行业标准、地方标准、团体标准、企业标准的技术要求不得低于强制性国家标准的相关技术要求。

一、产品能效评价体系的改进

制冷空调设备在实际使用过程中，运行工况经常会随着室外温度、房间负荷的变化而不断变化，满足额定工况的时间很少，大部分时间都是偏离额定工况的，因此用额定工况的性能系数 COP 和 EER 并不能充分显示设备实际使用过程中能源使用效率。随着节能减排工作的深入开展和全社会对设备运行实际耗能情况的关注，推动制冷空调产品能效的评价方法和评价指标发生了变化。另外，随着国家"煤改电"政策的推进，热泵产品应用越来越广泛，制冷空调产品的制热运行比重也在不断加大。因此在能效评价标准体系中，制热性能的考核也越来越受到重视。产品能效评价指标的改变体现在由满负荷评价逐步过渡到综合性能评价指标，包括综合部分负荷性能系数（IPLV）、全年性能系数（APF）、全年综合性能系数（ACOP）和全年能效比（AEER）等。由满负荷名义工况能效指标考核转变为对设备实际运行时综合性能系数的考核，体现了行业对产品实际应用时的节能效果的关注，也更切合当前政府所倡导的节能减排的政策方向。

能效指标考核体系的转变促使产业界对各类不同的制冷空调设备的设计准则与开发思路发生了根本性的变化，实现更大节能效果的各种新产品的推广应用对缓解制冷空调产品大量使用所带来的能源紧张局面产生积极的作用。

制冷空调设备能效评价体系的适用性也是目前行业关注的一个热点。随着热泵技术的发展，在北方农村地区的"煤改电"等场合采用热泵供暖的机组，基本上都是单一制热功能的产品，因地域原因，其在设计时无须考虑夏季制冷的要求。目前，这些专门用来单一供暖的热泵产品，还没有专用的能效标准，这也给市场上如何评价单一供暖的各类热泵产品的优劣带来了困难。为了规范市场，需要针对单一供暖的热泵产品尽快制定相应的能效标准。

经济运行是产品发挥良好效能的一个重要方面。国家能效标准归口管理机构近年来制定了多项制冷空调系统的经济运行标准，如：GB/T 17981—2007《空气调节系统经济运行》、GB/T 31512—2015《水源热泵系统经济运行》、GB/T 33841.1—2017《制冷系统节能运行规程 第1部分：氨制冷系统》、GB/T 31510—2015《远置式压缩冷凝机组冷藏陈列柜系统经济运行》等。有效推动了制冷空调系统的经济运行水平的提升，但是目前还存在着在役制冷设备的现场性能测试与节能评价方法方面的一些空白，这也是未来标准工作中需要解决的一个重要问题。

二、安全标准

目前，全球正在按照《蒙特利尔议定书》的要求开展 HCFCs 的加速淘汰工作；同时国际社会也达成了关于 HFCs 削减的"基加利修正案"，这给制冷空调行业带来了巨大的压力和挑战。从目前的技术发展状况看，在全球范围内都没有找到符合零 ODP、低 GWP、安全、高效的完全理想的替代制冷剂，大部分新一代替代制冷剂都存在着可燃、高压力或具有毒性等缺陷，这就需要国内行业各界乃至全球同行联手开展研究和攻关工作，找到这些安全问题的解决方法和措施，特别是制修订相关的安全标准。

多年来，国际社会一直在共同致力于行业安全标准的制修订工作。为了对安全标准的制修订提供支撑，标准的相关制定机构和行业组织开展了大量安全方面的研究和风险评估，包括国际标准化组织（ISO）、国际电工委员会（IEC）、中国国家标准化管理委员会（SAC）、美国空调制冷和供暖协会（AHRI）、日本冷冻空调工业协会（JRAIA）、中国制冷空调工业协会（CRAA）等均在这方面做了大量工作，涉及众多的环保替代制冷剂的推广应用。这些专项研究和风险评估工作已成为了行业的热点，相关成果应用到国际标准和各国标准中，大大地促进新一代环保型替代制冷剂的推广和应用。

最新版的中国国家标准《制冷剂编号方法和安全性分类》（GB/T 7778—2017）新增加了2L微可燃性分类，R32、NH_3、R1234yf、R1234ze 等制冷剂都属于 2L 类别；国家标准《制冷系统及热泵 安全与环境要求》（GB/T 9237—2017）和《家用和类似用途电器的安全 热泵、空调器和除湿机的特殊要求》（GB 4706.32—2012）规定了可燃性制冷剂使用的门槛，这些基础性安全标准的修订为促进环保型替代制冷剂的市场化应用和推广奠定了基础。除了基础性安全标准，制冷空调产品的安全问题还涉及运输、储存、安装、维修、使用、报废和回收等多个环节，行业内一些与安全相关的产品标准也被纳入了修订计划。但围绕着制冷剂的全面替代，目前在产业的很多环节还存在着标准和规范的诸多缺口，在今后的工作中需要逐步完善。

三、与国际标准接轨

与制冷空调产业密切相关的国际标准化组织主要有国际标准化组织 ISO（International Organization for Standardization）和国际电工委员会 IEC（International Electrotechnical Commission）。国际标准化组织是世界上最大的综合性国际标准化机构，国际电工委员会是负责国际电工电子标准的专业性国际标准化机构。中国是国际标准化组织和国际电工委员会的正式成员，中国国家标准化管理委员会（SAC）代表中国参加这两个国际标准机构的相关工作；国内技术对口单位具体承担 ISO 和 IEC 技术机构的国内技术对口工作，负责组织相关的生产企业、检验检测认证机构、高等院校、消费者团体和行业协会等各有关方面参观相关的活动。

除了国际标准，国外发达国家和地区性的标准化组织制订的一系列标准对国内产业发展也有重要的影响。这些产业标准体系包括：美国标准、日本标准和欧盟标准等。美国制冷空调产业标准包括美国国家标准（ANSI）、美国空调供暖和制冷工业协会标准（AHRI）、美国供暖制冷和空调工程师学会标准（ASHRAE）、美国空气流动和控制协会标准（AMCA）等。日本产业标准包括日本国家标准（JIS）、日本冷冻空调工业协会标准（JRAIA）等。欧盟产业标准包括欧盟标准（EN）、欧洲室内环境冷却处理及食品冷链行业协会标准（EUROVENT）、欧洲制冷压缩机及零部件制造商协会标准（ASERCOM）等。

我国政府鼓励中国的国家和行业标准与国际标准接轨。2018 年新修订的《中华人民共和国标准化法》中第八条明确规定"国家积极推动参与国际标准化活动，开展标准化对外合作与交流，参与制定国际标准，结合国情采用国际标准，推进中国标准与国外标准之间的转化运用。国家鼓励企业、社会团体和教育、科研机构等参与国际标准化活动"。只有积极参与到国际标准的编写，才能在国际标准的制定过程中有足够的话语权；制定国内标准时，采用或参考国际标准，并加强国家标准的输出与国外标准的互认，才有利于我国产品的出口以及标准化发展，消除国际贸易中的技术壁垒。中国制冷空调行业通过对国际和国外先进标准的等同、等效采用到参与国际标准制定等方面的工作，逐步实现标准化工作与国际接轨。

自 2008 年起，中国制冷空调工业协会与欧洲制冷压缩机及零部件制造商协会、美国空调供暖和制冷工业协会间建立起了中美欧三方标准一体化合作机制，通过这一机制，中国制冷空调工业协会取得了直接参与国际同行间标准和规则制定的机会，实现了我国行业标准化工作与国际同行间的真实接轨。以这一合作机制为依托的三方间第一个标准一体化合作项目已顺利完成，与之对应的中国国家标准 GB/T 29030—2012《容积式 CO_2 制冷压缩机（组）》于 2012 年正式获得中国国标委的批准发布。这一国际同行间合作机制的形成与推进，不仅使得我们真正站在了国际行业标准制订的第一线，同时也在国际同行间进一步树立起了中国行业和中国制造的正面形象，并有效增进了中国行业在国际同行间的认知度和话语权。

参考文献

［1］中国制冷空调工业协会，产业在线（北京智信道科技股份有限公司）.2017 年中国制冷空调产业发展白皮书 .2017.

［2］中国制冷空调工业协会，合肥通用机械研究院 . 工商用制冷剂压缩机产品及技术现状与发展趋势［J］. 制冷与空调，2017，17（2）：49-57.